普通高等院校地理信息科学系列教材

地理信息系统工程概论

崔铁军 等 编著

天津市品牌专业经费资助

科学出版社

北 京

内 容 简 介

地理信息系统建设是一项艰巨而复杂的信息系统工程,涵盖了计算机环境安装调试、地理空间数据库建设、地理信息系统软件开发、人员培训和标准规范制定等内容。本书以系统论、控制论为基础理论,运用系统分析、设计与综合评价(性能、费用和时间等)等基本方法,解决系统建设中复杂的管理问题。全书分 11 章,全面介绍了项目可行性论证、GIS 需求分析、GIS 总体概念设计、GIS 计算环境设计、地理数据库设计、GIS 软件详细设计、GIS 建设与测试、GIS 质量与控制、GIS 验收与评价和 GIS 标准与标准化等地理信息工程技术体系。

本书既适合作为地理信息科学专业或相关专业本科生、研究生教材,又可供从事信息化建设、信息系统开发等有关科研、企事业单位的科技工作者阅读参考。

图书在版编目(CIP)数据

地理信息系统工程概论 / 崔铁军等编著. —北京:科学出版社,2019.7
普通高等院校地理信息科学系列教材
ISBN 978-7-03-061820-7

Ⅰ. ①地… Ⅱ. ①崔… Ⅲ. ①地理信息系统-高等学校-教材 Ⅳ. ①P208.2

中国版本图书馆 CIP 数据核字(2019)第 137947 号

责任编辑:杨 红 郑欣虹/责任校对:樊雅琼
责任印制:张 伟/封面设计:陈 敬

科 学 出 版 社 出版
北京东黄城根北街 16 号
邮政编码:100717
http://www.sciencep.com

北京九州迅驰传媒文化有限公司 印刷
科学出版社发行 各地新华书店经销
*
2019 年 7 月第 一 版 开本:787×1092 1/16
2020 年 1 月第二次印刷 印张:22 1/4
字数:556 000
定价:79.00 元
(如有印装质量问题,我社负责调换)

前　言

地理信息已经在国民经济和社会发展的各个领域得到广泛应用,如政府决策、城市规划、环境监测、卫生防疫、社会经济统计、公安指挥、资源管理、交通管理、地籍管理、房地产管理、基础设施管理、电信电力资源管理、物流管理及位置服务等;其中,物流、石油、电网和电信等行业已经成为做大地理信息产业的主体。地理信息系统(geographic information system,GIS)、遥感(remote sensing,RS)和全球导航卫星系统(global navigation satellite system,GNSS)技术应用于企业导航、监控等基于位置的服务(location based service,LBS)领域。

地理信息系统服务于人们的生活,并带来便利。电子地图、卫星导航、遥感影像这些地理信息产业链上的新生事物正在创造奇迹,经济和社会效益突显。以现代测绘技术、信息技术、计算机技术、通信技术和网络技术相结合而发展起来的地理信息产业,既包括地理信息系统软件产业、卫星定位与导航产业、航空航天遥感产业,又包括传统测绘产业和地理信息系统的各类应用产业,还包括基于位置的服务、地理信息服务和各类相关应用的信息产业。它是当今国际公认的高新技术产业,具有广阔的市场需求和发展前景。

我国的地理信息产业在五个领域快速发展:一是遥感数据获取和处理,测绘应用卫星、高中空航摄飞机、低空无人机、地面遥感等遥感系统快速发展和应用;二是地理信息装备制造,带动相关配套零部件生产企业向"专、精、特"方向发展;三是地理信息软件研发和产业化水平提高,结合新一代互联网、物联网、云计算等新技术的发展趋势,大力推进地理信息软件研发;四是地理信息与导航定位融合服务,加快推进现代测绘基准的广泛使用;五是地理信息深层次应用,推进面向政府管理决策、面向企业生产运营管理和面向人民群众生活与出行等领域。

各类地理信息系统建设、开发和应用包括地理空间数据工程、地理信息软件工程和信息系统集成工程三大工程建设任务,是一项复杂的系统工程。面对艰巨而复杂的工程建设任务,从系统论和控制论原理出发,应用工程化的方法,实现系统的最优设计、项目建设最优控制运行、最优管理,以及人、财、物资源的合理投入、配置和组织等,逐步完善形成了系统可行论证、需求分析、系统设计、实施管理、质量评估和标准体系构建等地理信息工程技术体系。这些工程技术构成了本书的重要内容。

作者到天津师范大学地理与环境科学学院工作以来,一直致力于地理信息科学专业的教学改革,为了适应地理信息工程建设人才需求,将地理信息工程技术方法纳入地理信息科学本科教学中。编著这本书的目的是给学生提供相关参考资料;同时,也是抛砖引玉,为了引起国内学者对地理信息系统工程方法的探讨和思考,关注地理信息系统工程研究,共同推动地理信息科学持续发展。

天津师范大学地理信息科学专业的张虎、张伟、毛健和梁玉斌老师参与了本书编写。全书编写分工为:张虎负责第3和第4章;张伟负责第5章;毛健负责第7和第8章;梁玉斌负责第9～11章;其余章节由崔铁军负责编写。全书由崔铁军统稿和定稿。在本书撰写过程中，郭鹏副教授认真细致校对了全部内容，并提出许多宝贵意见；在读研究生协助完成了插图绘制和初稿校对等工作。在此，一并表示衷心的感谢！

还需要说明的是，本书在编著过程中吸收了大量国内外有关论著的理论和技术成果，书中仅列出了部分参考文献，未公开出版的文献没有列在书后参考文献中，部分资料可能来自于某些网站，但未能够注明其出处，在此向这些资料的原作者们表示感谢！

值此成书之际，感谢天津师范大学地理与环境科学学院领导和老师的支持；感谢历届博士生、硕士生在地理信息科学研究方面所做出的不懈努力。本书的撰写得到科学出版社杨红编辑的热情指导和帮助，在此表示衷心的感谢！

由于作者水平有限，再加上地理信息系统工程还处在不断发展和完善阶段，书中疏漏在所难免，希望同仁及读者给予批评指正。

作　者

2018 年 12 月 1 日于天津

目　　录

第1章　绪　　论

地理信息系统（geographic information system 或 geo-information system，GIS）建设是一项艰巨而复杂的信息系统工程，涵盖了计算机与网络硬件设计安装和调试、地理空间数据库建设管理和维护、软件设计开发运行和维护、系统验收、质量控制评价和标准制定等内容。针对地理信息系统的某种应用，以系统论、控制论的理论观点，用定量和定性相结合的系统思想，运用系统分析、设计与综合评价（性能、费用和时间等）等基本方法处理大型、复杂的系统建设问题，逐步完善形成项目可行性论证、GIS 需求分析、GIS 总体概念设计、GIS 计算环境设计、地理数据库设计、GIS 软件详细设计、GIS 建设与测试、GIS 质量与控制、GIS 验收与评价和GIS 标准与标准化等地理信息工程技术体系，实现系统项目的最优规划设计、最优控制运行和最佳管理，以及人、财、物资源的合理投入使用，以求系统建设和长期运行的最佳效果。

1.1　GIS 工程概念

1.1.1　地理信息与表达

1. 地理信息

1）地理

地理是指地球表层的自然和人文现象的空间分布、相互作用和时间演变规律。地理学是研究地理要素或者地理综合体的空间分布规律、时间演变过程和区域特征的一门学科。它是人类知识宝库的重要组成部分，旨在探索自然规律，昭示人文精华，是关于地球表层自然和人类社会各事物在空间上相互依存与相互作用机理的知识体系，探讨地球表面众多现象、过程、特征及人类和自然环境的相互关系在空间及时间上的分布，如地表自然的地带性、非地带性规律，生物、气候、地形、水文的区域分布、结构、组织，以及空间演化规律，具有综合性、交叉性和区域性的特点。它还研究快速变化的地球表面，以地理科学的系统视角，运用科学工具，分析和理解当今人类社会面临的重大问题。地理现实世界是复杂多样的，要正确地认识、掌握与应用这些广泛而复杂的现象，需要进行去粗取精、去伪存真的加工，这就要求对地理环境进行科学的认识。信息技术为地理科学的发展提供了重要的机遇。

2）信息

人类社会赖以生存、发展的三大基础，是物质、能量和信息。世界是由物质组成的，物质是运动变化的。能量是一切物质运动的动力，信息是事物运动的状态与方式，是物质的一种属性。客观变化的事物不断呈现出各种信息。信息是指运动变化的客观事物所蕴含的内容。信息是人类了解自然及人类社会的凭据。人类的一切生存活动和自然存在所积累和传播的信息，是人类文明进步的基础。

信息无处不在，信息就在大家身边。信息具有主观和客观两重性。信息的客观性表现为信息是客观事物发出的信息，信息以客观为依据；信息的主观性反映在信息是人对客观的感受，是人们感觉器官的反应和在大脑思维中的重组。人的五官生来就是为了感受信息的，它们是信息的接收器，时刻在感受来自外界的信息。人们能感受到各种各样的信息，然而，还有大量的信息是人们的五官不能直接感受的，人类正通过各种手段，发明各种仪器来感知它们、发现它们。人们需要对获得的信息进行加工处理，并加以利用。人类通过获得、识别自然界和社会的不同信息来区别不同事物，得以认识和改造世界。扩展人类的信息器官功能，提高人类对信息的接收和处理的能力，一直是人类认识世界和改造世界的目标。

信息是音讯、消息、通信系统传输和处理的对象，泛指人类社会传播的一切内容。信息不同于消息，消息只是信息的外壳，信息则是消息的内核；信息不同于信号，信号是信息的载体，信息则是信号所载荷的内容；信息不同于数据，数据是记录信息的一种形式，同样的信息也可以用文字或图像来表述；信息还不同于情报和知识，知识是对信息的认识、理解和升华，情报是人们为一定目的而传递、收集的有使用价值的知识或信息，信息的外延最广，知识和情报是信息的一部分，在一定条件下，情报、信息和知识是可以相互转化的。

信息技术是研究信息的获取、传输和处理的技术，由计算机技术、通信技术、微电子技术结合而成，有时也称"现代信息技术"。也就是说，信息技术是利用计算机进行信息处理，利用现代电子通信技术从事信息采集、存储、加工、利用，以及相关产品制造、技术开发、信息服务的新学科。

3）地理信息

在自然界和人类社会中，位置与时间是人类活动中信息的基本属性。地理信息（geographic information）是指与地球表层各种自然和人文现象的空间分布、相互联系和发展变化有关的信息，是表示地表物体和环境固有的数量、质量、分布特征、相互联系和发展规律的文字、图形、语音、图像和数字等的总称。地理信息除具备信息的一般特性外，还具备区域、多维和动态三个独特特征。

地理学主要是根据空间来研究地理事物和现象的，自然景观和人文景观区域差异性是地理学研究的基础，因而"区域性"构成了地理学的基本特征。地理信息是通过空间位置进行标识的，这是地理信息区别于其他类型信息最显著的标志。定位特征是指按照特定的经纬网或公里网建立的地理坐标来实现空间位置的识别，并可以按照指定的区域进行信息的并或分。

多维性具体是指在三维地球表面空间的基础上，实现多个专题的多维结构，指在一个坐标位置上具有多个专题和属性信息。例如，在一个地面点上，可取得高程、污染、交通等多种信息。

动态性主要是指地理信息的动态变化特征，即时序特征。可以按照时间尺度将地球信息划分为超短期的（如台风、地震）、短期的（如江河洪水、秋季低温）、中期的（如土地利用、作物估产）、长期的（如城市化、水土流失）、超长期的（如地壳变动、气候变化）等，从而使地理信息常以时间尺度划分成不同时间段信息，这就要求及时采集和更新地理信息，并根据多时相区域性指定特定的区域得到的数据和信息来寻找时间分布规律，进而对未来做出预测和预报。

2. 地理信息表达

人们对复杂对象的认识是一个从感性认识到理性认识的抽象过程。对于同一客观世界，不同社会部门或学科领域的人群，往往在所关心的问题、研究的对象等方面存在着差异，这就会产生不同的环境映像。人类对地理环境的认知主要通过两种途径：一种是实地考察，通过直接认知获得地理知识，但世界之大，人生有限，一个人在有限的生命里不可能阅历地球的方方面面；另一种是阅读文字资料。地理信息在传播过程中，形成地理语言、图形和文字。

1）地理语言

人们在认识自然和改造自然活动中，长期以来用语言、文字、地图等描述自然现象和人文社会现象的发生和演变的空间位置、形状、大小范围及其分布特征等方面的地理信息（图1.1）。

地理信息需要载体（地理语言）在人们之间交流和传递。文字表达、语言交流或者地图，都是地理语言的一部分，通过真实的地理环境和人们所描述的地理环境结合，人类相互传递着所要表达的信息，从而更好地理解人类所生存的环境。地图是空间信息的图形表达形式，是一种视觉语言，利用人类的视觉特征获取知识。严密的数学基础（投影理论）、科学抽象概括地理和人文现象（地图综合理论）及系统化的表达方法（地图符号理论）是地图学的三

图 1.1 地理实体的描述

个基础理论。为了使计算机能够识别、存储和处理地理实体，人们不得不将以连续的模拟方式存在于地理空间的空间物体离散化。空间物体离散化的基本任务就是将以图形模拟的空间物体表示成计算机能够接受的数字形式。

2）地理世界的地图表达

人类借助感官了解外面的地理现象，在认识过程中，把所感知的事物的共同本质特点抽象出来，加以概括，就成为概念。在概念层次的世界充满了复杂的形状、样式、细节。人类在表达概念的过程中形成语言，包括自然语言、文字和图形。地图就是人类表达地理知识的图形语言，是客观存在的地理环境的概念模型。它具有严格的数学基础、符号系统、文字注记，并能用地图概括原则，按照比例建立空间模型，运用符号系统和最佳感受效果表达人类对地理环境的科学认识，是"空间信息的载体"和"空间信息的传递通道"。现代地图已不仅是描述和表达地理现象分布规律的信息载体，还是区域综合分析研究的成果，能综合分析自然与社会现象的空间分布、组合、联系、数量和质量特征及其在时间中的发展变化。地图在抽象概括表达过程中有如下两种观点描述现实世界。

（1）场的观点。地理现象在空间上是连续的、充满地球表层的。地球表面的任何一点都处于三维空间，如果包含时间，则是四维空间离散世界，如大气污染、降水、地表温度、土壤湿度，以及空气与水的流动速度和方向等。场的思想是把地理空间的事物和现象作为连续的变量来看待，借助物理学中场的概念表示一类具有共同属性值的地理实体或者地理目标的集合，根据应用的不同，场可以表现为二维或三维。一个二维场就是在二维空间中任何已知的点上，都有一个表现这一现象的值；而一个三维场就是在三维空间中对于任何位置来说都有一个值。一些现象，如空气污染物在空间中本质上是三维的。基于场模型在地理空间上任意给定的空间位置都对应一个唯一的属性值。根据这种属性分布的表示方法，场模型可分为图斑模型、等值线模型和选样模型。

（2）对象观点。地球表层空间被散布的各种对象（地理实体）所填充，地理对象指自然界现象和社会经济事件中不能再被分割的单元，它是一个具有概括性、复杂性和相对意义的概念。对象之间具有明确的边界，每一个对象都有一系列的属性。对象的思想是采用面向实

体的构模方法，将地球表面的现实世界抽象为点、线、面、体等基本单元，每个基本单元表示为一个实体对象。每个对象由唯一的几何位置形态来表示，并用属性表示对象的质量和数量特征。几何位置形态用来描述实体的位置、形状、大小的信息，在地理空间中可以用经纬度、坐标表达。属性描述空间对象的质量和数量特性，表明其"是什么"，是对地理要素语义的定义，包括各个地理单元中社会、经济或其他专题数据，是对地理单元（实体）专题内容的广泛、深刻的描述，如对象的类别、等级、名称、数量等。

地理实体变化也是一个很重要的特征，时间因素赋予地图要素动态性质。时间特征用资料说明和作业时间（地图出版版本）来反映，时间因素也是评价空间数据质量的重要因素。

3）地理世界的数字化表达

随着将计算机引入地图学，人们把地理实体数字化，将其表示成计算机能够接受的数字形式。人们用数据表达地理信息时，往往先用地图思维将地理现象抽象和概括为地图，再进行数字化转变，成为地理空间数据。地理空间数据是描述地球表面一定范围（地理圈和地理空间）内地理事物（地理实体）的位置、形态、数量、质量、分布特征、相互关系和变化规律的数据。地理空间数据代表了现实世界地理实体或现象在信息世界的映射，是地理空间抽象的数字描述和离散表达。

（1）地理信息的多模式表达。地理现象以连续的模拟方式存在于地理空间，为了能让计算机以数字方式对其进行描述，必须将其离散化。受地图思维的影响，用离散数据描述连续的地理客观世界也有两种模式：一是表达场分布的连续的地理现象；二是表达离散的地理对象。

离散对象的矢量数据表达也有两种不同侧面：一是基于图形可视化的地图矢量数据。地图矢量数据是一种通过图形和样式表示地理实体特征的数据类型，其中图形指地理实体的几何信息，样式与地图符号相关。二是基于空间分析的地理矢量数据。地理矢量数据主要描述地理实体的定性、数量、质量、时间及地理实体的空间关系。空间关系包括拓扑关系、顺序关系和度量关系。地图矢量数据和地理矢量数据是地理信息两种不同的表示方法，地图矢量数据强调数据可视化，采用"图形表现属性"方式，忽略了实体的空间关系；而地理矢量数据主要通过属性数据描述地理实体的数量和质量特征。地图矢量数据和地理矢量数据所具有的共同特征是地理空间坐标，统称为地理空间数据。与其他数据相比，地理空间数据具有特殊的地球空间基准、非结构化数据结构和动态变化的时序特征。

连续分布地理现象的栅格数据表达也有三种不同侧面：一是利用光学摄影机获取的可见光图像数据，包含了地物大量几何信息和物理信息；二是运用传感器/遥感器感知物体的电磁波的辐射和反射特性，获取物体光谱特性数据；三是利用测量原理，测绘地形起伏变化的高程数据。

数字表面模型（digital surface model，DSM）是指物体表面形态以数字表达的集合。DSM采样点往往是不规则离散分布的地表的特征点（点云）。数字表面模型获取有两种方式：一种是倾斜摄影测量；另一种是激光雷达扫描。点云构建曲面一般用不规则三角网（triangulated irregular network，TIN）数据结构，根据区域的有限个点云将区域划分为不规则三角面网络。

三维地物同二维一样，也存在栅格和矢量两种形式。地物三维表达是地物几何、纹理和属性信息的综合集成。三维模型内容可分为三个部分：侧重实体表面的三维模型、侧重建筑属性的建筑信息模型（building information modeling，BIM）和侧重三维实体内部属性描述的模型。侧重实体表面的三维模型是矢量数据和栅格数据的组合。地物三维的几何形态用矢量数据描述，地物三维的表面纹理用栅格数据表达。三维地物模型描述建筑模型的"空壳"，只有几何模型与外表纹理，没有建筑物室内信息，无法进行室内空间信息的查询和分析。BIM是以建筑物的三维数字化为载体，以建筑物全生命周期（设计、施工建造、运营、拆除）为主线，将建筑物生产各个环节所需要的信息关联起来，所形成的建筑信息集。三维实体内部构模方法归纳为栅格和矢量两种形式。矢量结构采用四面体格网（tetrahedral network，TEN），将地理实体用无缝但不重叠的不规则四面体形成的格网来表示，四面体的集合就是对原三维物体的逼近。栅格结构将地理实体的三维空间分成细小的单元，称为体元或体元素。为了提高效率，用八叉树来建立三维形体索引。三维实体模型常常以栅格结构的八叉树作为对象描述其空间的分布，变化剧烈的局部区域常常以矢量结构的不规则四面体精确地描述其细碎部分。

（2）地理信息的多尺度表达。尺度一般表示物体的尺寸与尺码，有时也用来表示处事或看待事物的标准。尺度是地理学的重要特征，凡是与地球参考位置有关的物体都具有空间尺度。在地理学的研究中，尺度概念有两方面的含义：一是物体粒度或空间分辨率，表示测量的最小单位；二是范围，表示研究区域的大小。人们认知世界、研究地理环境时，往往从不同空间尺度（比例尺）上对地理现象进行观察、抽象、概括、描述、分析和表达，传递不同尺度的地理信息，这就需要多种比例尺地理数据的支撑。尺度变化不仅引起地理实体的大小变化，通过不同比例尺之间的制图综合，还会引起地理实体形态的变化和空间位置关系（制图综合中位移）的变化。在不同尺度背景下，地理空间要素往往表现出不同的空间形态、结构和细节。实现对地理要素的多尺度表达，概括起来有三种基本方法：其一是单一比例尺，地理信息仅用一种比例尺的地理空间数据表达，其他比例尺的地理空间数据从中综合导出，缺点是当比例尺跨度较大时，综合导出难度大；其二是全部存储系列比例尺地理空间数据，问题是多种比例尺地理空间数据更新维护困难；其三是前两种方法的折中，维护少量基础比例尺地理空间数据，由此构建系列比例尺地理数据。

（3）地理信息的多形态表达。地球表面物体在地理空间场中维度延伸，地物形态决定了空间物体具有方向、距离、层次和地理位置等。早期利用二维地图表达地理物体，无法真实表达三维地理空间。三维地物映射到平面而形成曲线和面状图形，只能将地理物体抽象为点状、线状和面状几何形态。人们用数据表达地理信息时，三维地理世界抽象成曲面和立体，形成了地物几何表面表达的三维模型和地物实体内部表达的模型。地理数据的多态特性主要表现为：①同尺度下不同地理实体按轮廓形态特征可分为点状分布特征、线状形态特征、面状轮廓特征、立体三维外表形态和三维内部分布特征。②同一地理实体在不同尺度下表现为点、线、面、体四种形态。地理信息多尺度的表达引发地理信息的多态性。地理对象不同形态有不同属性特征、形态特征、逻辑关系和行为控制机制等的描述方法，不同形态地理对象有不同的生成、消亡、分解、组合、转换、关联、运动和表达等的计算与操作方法。

（4）地理信息的多时态表达。地理实体和地理现象本身具有空间分布、空间变化和类聚群分三个基本特征。地理现象的分布规律包括时间上的分布规律和空间上的分布规律，地理多时态描绘了空间对象随着时间的迁移行为和状态的变化。地理数据时态表达分为三类：一是时间作为附加的属性数据，这种方法以关系数据模型为实现基础；二是基于对象模型描述地物在时间上的变化，变化也通常被认为是事件的集合；三是基于位置的时空快照表达，地理数据记录的只是这个不断变化的世界的某一"瞬间"的影像。当地理现象随时间发生变化时，新数据又成为世界的另一个"瞬间"，犹如快照一般，如遥感图像。地理信息的多时态表达主要表现为：①地理物体随时间发生空间形态变化，空间形态变化主要表现为地理实体的形状、大小、方位和距离等空间位置、空间分布、空间组合和空间联系的变化；②地理物体随时间属性性质发生变化；③地理物体随时间形态和属性发生变化；④地理物体随时间灭亡或重组。

（5）地理信息的多主题表达。地球是一个非常复杂的系统，为此地学研究又划分为许多学科，建立一个非常全面的描述多学科的地理空间数据库是非常困难的，往往一种地理数据只能从某一个专业、某（些）侧面或角度描述地理事物的属性特征。属性则表示空间数据所代表的空间对象的客观存在的性质。这些属性不仅存在表达内容的取舍，还存在描述方式的选择，如用文字和数字描述事物或用图像来描述地理现象。专题地理数据是根据应用主题的要求突出而完善地表示与主题相关的一种或几种要素，内容侧重于某种专业应用。地理信息的多主题表现为同一个地理实体在几何形态上是一致的，面对不同的应用存在不同的属性。

地理空间数据代表了现实世界地理实体或现象在信息世界的映射，是地理空间抽象的数字描述和离散表达。地理空间数据是描述地球表面一定范围（地理圈、地理空间）内地理事物（地理实体）的位置、形态、数量、质量、分布特征、相互关系和变化规律的数据。地理空间数据作为数据的一类，除具有空间特征、属性特征和时间特征外，还具有抽样性、时序性、详细性与概括性、专题性与选择性、多态性、不确定性、可靠性与完备性等特点。这些特点构成了地理空间数据与其他数据的差别。

3. 地理数据特征

地理数据指的是地理信息系统在计算机物理存储介质上存储的与应用相关的地理数据的总和，一般以一系列特定结构的文件的形式组织在存储介质之上。地理数据是指与空间位置和空间关系相联系的数据。归纳起来它具有以下五个基本特征。

（1）空间特征。每个地理对象都具有空间坐标，即空间对象隐含了空间分布特征。这意味着在空间数据组织方面，要考虑它的空间分布特征。除了通用性数据库管理系统或文件系统关键字的索引和辅助关键字索引以外，一般需要建立空间索引。

（2）非结构化特征。在当前通用的关系数据库管理系统中，数据记录一般是结构化的，即它满足关系数据模型的第一范式要求，每一条记录是定长的，数据项表达的只能是原子数据，不允许嵌套记录。而空间数据则不能满足这种结构化要求。若用一条记录表达一个空间对象，它的数据项可能是变长的。例如，一条弧段的坐标，其长度是不可限定的，它可能是两对坐标，也可能是10万对坐标。另外，一个对象可能包含另外的一个或多个对象。例如，一个多边形，它可能含有多条弧段。若一条记录表示一条弧段，在这种情况下，一条多边形的记录就可能嵌套多条弧段的记录，所以它不满足关系数据模型的范式要求，这也就是空间图形数据难以直接采用通用的关系数据管理系统的主要原因。

（3）空间关系特征。除了前面所述的空间坐标隐含了空间分布关系外，地理数据中记录的拓扑信息也表达了多种空间关系。这种拓扑数据结构一方面方便了地理数据的查询和空间分析，另一方面也给地理数据的一致性和完整性维护增加了复杂性。特别是有些几何对象，没有直接记录空间坐标的信息，如拓扑的面状目标，仅记录组成它的弧段的标识，因而进行查找、显示和分析操作时都要操纵和检索多个数据文件才能实现。

（4）分类编码特征。一般而言，每一个地理对象都有一个分类编码，而这种分类编码往往属于国家标准或行业标准或地区标准，每一种地物的类型在某个 GIS 中的属性项个数是相同的。因而在许多情况下，一种地物类型对应于一个属性数据表文件。当然，如果几种地物类型的属性项相同，也可以共用一个属性数据表文件。

（5）海量数据特征。地理数据量是巨大的，比一般的通用数据要大得多，通常称为海量数据。一个城市地理信息系统的数据量可能达几十 GB，如果考虑影像数据的存储，可能达几百 TB。这样的数据量在城市管理的其他数据库中是很少见的。正因为空间数据量大，所以需要在二维空间上划分块或者图幅，在垂直方向上划分层来进行组织。

1.1.2 地理信息系统概述

利用计算机处理地理信息产生了地理信息系统（GIS），它是在计算机硬、软件系统支持下，对整个或部分地球表层（包括大气层）空间中的有关地理分布数据进行采集、储存、管理、运算、分析、显示和描述的技术系统。这种技术系统把地图独特的视觉化效果和地理分析功能与一般的数据库操作（如查询和统计分析等）集成在一起。

1. 地理信息系统组成

地理信息系统主要由四部分组成：计算机硬件系统、计算机软件系统、地理空间数据及系统的组织和使用维护人员即用户。其核心内容是计算机硬件和软件，地理空间数据反映了应用地理信息系统的信息内容，用户决定了系统的工作方式。

（1）计算机硬件系统。计算机硬件系统是计算机系统中实际物理设备的总称，主要包括计算机主机、输入设备、存储设备和输出设备。

（2）计算机软件系统。计算机软件系统是地理信息系统运行时所必需的各种程序，主要包括：①计算机系统软件；②地理信息系统软件及其支撑软件，主要有地理信息系统工具或地理信息系统实用软件程序，以完成空间数据的输入、存储、转换、输出及其用户接口等功能；③应用程序，这是根据专题分析模型编制的特定应用任务的程序，是地理信息系统功能的扩充和延伸。

（3）地理空间数据。地理空间数据是地理信息系统的重要组成部分，是系统分析加工的对象，是地理信息系统表达现实世界的、经过抽象的实质性内容。它一般包括三个方面的内容：空间位置坐标数据、地理实体之间空间拓扑关系及相应的空间位置的属性数据。通常，它们以一定的逻辑结构存放在地理空间数据库中，地理空间数据来源比较复杂，随着研究对象不同、范围不同、类型不同，可采用不同的空间数据结构和编码方法，其目的就是更好地管理和分析空间数据。

（4）系统的组织和使用维护人员。主要包括具有地理信息系统知识和专业知识的高级应用人才、具有计算机知识和专业知识的软件应用人才，以及具有较强实际操作能力的硬软件维护人才。

2. 地理信息系统功能

地理信息系统包含了处理空间或地理信息的各种基础的和高级的功能，其基本功能是对数据的采集、管理、处理、分析和输出。同时，地理信息系统依托这些基本功能，通过空间分析技术、模型分析技术、网络技术和数据库集成技术等，进一步演绎丰富相关功能，以满足社会和用户的广泛需求。从总体上看，地理信息系统的功能可分为：数据采集与编辑、数据处理与存储管理、空间查询与分析，以及图形显示与地图制作。

1）数据采集与编辑

数据采集与编辑主要用于获取数据，保证地理信息系统数据库中的数据在内容与空间上的完整性、数值逻辑一致性与正确性等。一般而论，地理信息系统数据库的建设占整个系统建设投资的70%或更多，并且这种比例在近期内不会有明显的改变。因此，信息共享与自动化数据输入成为地理信息系统研究的重要内容。目前，可用于地理信息系统数据采集的方法与技术有很多，有些仅用于地理信息系统，如手扶跟踪数字化仪。自动化扫描输入与遥感数据集成最被人们所关注，对扫描技术进行应用与改进，实现扫描数据的自动化编辑与处理仍是地理信息系统数据获取研究的关键。

2）数据处理与存储管理

对数据处理而言，初步的数据处理主要包括数据格式化、转换、概括。数据格式化是指不同数据结构的数据间变换，是一种耗时、易错、需要大量计算的工作，应尽可能避免。数据转换包括数据格式转化、数据比例尺的变化等。在数据格式的转换方式上，矢量到栅格的转换要比其逆运算快速、简单。数据比例尺的变换涉及数据比例尺缩放、平移、旋转等方面，其中最为重要的是投影变换。制图综合（generalization）包括数据平滑、特征集结等。目前，地理信息系统所提供的数据概括功能较弱，与地图综合的要求还有很大差距，需要进一步发展。

数据存储与组织是建立地理信息系统数据库的关键步骤，涉及空间数据和属性数据的组织。栅格模型、矢量模型或栅格/矢量混合模型是常用的空间数据组织方法。在地理数据组织与管理中，最为关键的是如何将空间数据与属性数据融合为一体。目前大多数系统都是将二者分开存储，通过公共项（一般定义为地物标识码）来连接。这种组织方式的缺点是数据的定义与数据操作相分离，无法有效记录地物在时间域上的变化属性。

3）空间查询与分析

空间查询与分析是地理信息系统最核心的功能。空间查询是地理信息系统及许多其他自动化地理数据处理系统应具备的最基本的分析功能；而空间分析是地理信息系统的核心功能，也是地理信息系统与其他计算机系统的根本区别；模型分析是在地理信息系统支持下，分析和解决现实世界中与空间相关的问题，它是地理信息系统应用深化的重要标志。地理信息系统的空间分析可分为三个不同的层次：首先是空间检索，包括从空间位置检索空间物体及其属性和从属性条件集检索空间物体。"空间索引"是空间检索的关键技术，如何有效地从大型的地理信息系统数据库中检索出所需信息，将影响地理信息系统的分析能力。另外，空间物体的图形表达也是空间检索的重要部分。其次是空间拓扑叠加分析，空间拓扑叠加实现了输入要素属性的合并及要素属性在空间上的连接。空间拓扑叠加本质是空间意义上的布尔运算。最后是空间模型分析，在此方面，目前多数研究工作着重于如何将地理信息系统与空间模型分析相结合。其研究可分三类：第一类是地理信息系统外部的空间模型分析，将地理信息系统当作一个通用的空间数据库，而空间模型分析功能则借助于其他软件；第二类是地理信息系统内部的空间模型分析，试图利用地理信息系统软件来提供空间分析模块，以及发展适用于问题解决模型的宏语言，这种方法一般基于空间分析的复杂性与多样性，易于理解和应用，但由于地理信息系统软件所能提供的空间分析功能极为有限，这种紧密结合的空间模型分析方法在实际地理信息系统的设计中较少使用；第三类是混合型的空间模型分析，其宗旨在于尽可能地利用地理信息系统所提供的功能，同时充分发挥地理信息系统使用者的能动性。

4）图形显示与地图制作

图形与交互显示同样是一项重要功能。地理信息系统为用户提供了许多用于地理数据表现的工具，其形式既可以是计算机屏幕显示，又可以是如报告、表格、地图等硬拷贝图件，尤其要强调的是地理信息系统的地图输出功能。一个好的地理信息系统应能提供一种良好的、交互式的制图环境，以供地理信息系统的使用者能够设计和制作出高质量的地图。

3. 地理信息系统类型

根据地理信息系统的应用方式，可分为两大基本类型：通用型地理信息系统和应用型地理信息系统。地理信息系统结构分成三类。

1）基础地理信息系统

基础地理信息系统软件被誉为地理信息行业的操作系统，指具有数据输入、编辑、结构化存储、处理、查询分析、输出、二次开发、数据交换等全套功能的 GIS 软件产品，解决大多数用户共性问题，能够管理资源的空间数据和属性数据，进行通用型的问题分析，又称为通用型地理信息系统。它独立性强、规模大、功能全、费用高，是自地理信息系统出现以来的主流产品，分为两类：大型系统具有复杂的数据结构、完善的功能体系；桌面系统为便于用户使用及与其他系统的结合，提取常用的 GIS 功能，采用简单的数据结构，实现了从输入、存储、查询、简单的分析到输出的完整流程。

2）网络地理信息系统

随着网络和 Internet 技术的发展，运行于 Internet 或 Intranet 环境下的地理信息系统，其目标是实现地理信息的分布式存储和信息共享，以及远程空间导航等。网络地理信息系统（WebGIS）是传统的 GIS 在网络上的延伸和发展，具有传统 GIS 的特点，可以实现空间数据的检索、查询、制图输出、编辑等 GIS 基本功能，同时也是 Internet 上地理信息发布、共享和交流协作的基础。WebGIS 是 Internet 技术应用于 GIS 开发的产物。GIS 通过 Web 功能得以扩展，真正成为一种大众使用的工具。从 Web 的任意一个节点，Internet 用户可以浏览 WebGIS 站点中的空间数据、制作专题图，以及进行各种空间检索和空间分析，从而使 GIS 进入千家万户。WebGIS 的核心是在 GIS 中嵌入 HTTP 标准的应用体系，实现 Internet 环境下的空间信息管理和发布。WebGIS 可采用多主机、多数据库进行分布式部署，通过 Internet/Intranet 实现互联，是一种浏览器/服务器（browser/server，B/S）结构，服务器端向客户端提供信息和服务，浏览器（客户端）具有获得各种空间信息和应用的功能。

3）移动地理信息系统

移动 GIS（mobile GIS）是建立在移动计算环境、有限处理能力的移动终端条件下，提供移动中的、分布式的、随遇性的移动地理信息服务的 GIS，是一个集 GIS、GPS、移动通信（GSM/GPRS/CDMA）三大技术于一体的系统。它通过 GIS 完成空间数据管理和分析，GPS 进行定位和跟踪，利用个人数字助手（personal digital assistant，PDA）完成数据获取功能，借助移动通信技术完成图形、文字、声音等数据的传输。

与传统 GIS 相比，移动 GIS 的体系结构略微复杂些，因为它要求实时地将空间信息传输给服务器。移动 GIS 的体系结构主要由三部分组成：客户端部分、服务器部分和数据源部分，分别承载在表现层、中间层和数据层。表现层是客户端的承载层，直接与用户打交道，是向用户提供 GIS 服务的窗口。该层支持各种终端，包括手机、PDA、车载终端，还包括 PC 机，为移动 GIS 提供更新支持。数据层是移动 GIS 各类数据的集散地，是确保 GIS 功能实现的基础和支撑。中间层是移动 GIS 的核心部分，系统的服务器都集中在该层，主要负责传输和处理空间数据信息，执行移动 GIS 的功能等。

嵌入式 GIS（embedded GIS）是移动 GIS 的基础。它是运行在嵌入式计算机系统上高度浓缩、高度精简的 GIS 软件系统。嵌入式计算机系统是隐藏在各种装置、产品和系统（如掌上电脑、机顶盒、车载盒、手机等信息电器）之中的一种软硬件高度专业化的特定计算机系统。嵌入式 GIS 是 GIS 走向大众化、服务于大众的一种应用，同时它也是导航、定位、地图查询和空间数据管理的一种理想解决方案。

1.1.3 地理信息系统应用

地理信息系统在最近的 30 多年内取得了惊人的发展，广泛应用于资源调查、环境评估、灾害预测、国土管理、城市规划、邮电通信、交通运输、军事公安、水利电力、公共设施管理、农林牧业、统计、商业金融等几乎所有领域。

1. 地理信息系统应用分类

GIS 在应用领域的发展沿着两个方向：其一仍是在专业领域（如测绘、环境、规划、土地、房产、资源、军事等应用系统）的深化，由数据驱动的空间信息管理系统发展为模型驱动的空间决策支持系统，主要包括资源开发、环境分析、灾害监测；其二就是作为空间平台和其他信息技术相融合（如物流信息系统、智能交通和城市管理信息系统等），通过分布式计算等技术实现和其他系统、模型及应用的集成而深入到行业应用中，如电子政务、电子商务、公众服务、数字城市、数字农业、区域可持续发展，以及全球变化等领域。

1）电子政务中的地理信息应用

在电子政务中，往往需要提供各级政府所管辖的行政空间范围，以及所管辖范围内的企业、事业单位甚至个人家庭的空间分布，所管辖范围内的城市基础设施、功能设施的空间分布等信息。另外，政府各职能部门也需要提供其部门独特的行业信息，如城市规划、交通管理等。电子政务中的信息服务（地理信息服务是其中一个重要的组成部分）主要目的是加强政府与企业、政府与公众之间的联系与沟通。GIS 应用在环境评价和监测系统方面，主要用于环境影响评价、污染评价、灌溉适宜性评价、灾害监测（森林火灾、洪水灾情、救灾抢险等）、生态系统的研究、生物圈遗迹管理、自然资源管理等。GIS 在土地和资源评价管理方面，广泛应用于土地管理、水资源清查、矿产资源评价（矿产预测、矿产评价、工程地质、地质灾害）中。GIS 在市政工程建设方面，应用于公共供应网络（电、气、水、废水）、电信网络、交通领域、区域和城市规划、道路工程中。GIS 可为政府和企业提供极为有力的管理、规划和决策工具。它可用于企业生产经营管理、税收、地籍管理、宏观规划、开发评价管理、交通工程、公共设施使用、道路维护、市区设计、公共卫生管理、经济发展、赈灾服务等。

资源管理（resource management）：主要应用于农业和林业领域，解决农业和林业领域各种资源（如土地、森林、草场）分布、分级、统计、制图等问题。城市规划和管理（urban planning and management）：空间规划是 GIS 的一个重要应用领域，城市规划和管理是其中的主要内容。例如，在大规模城市基础设施建设中如何保证绿地的比例和合理分布，如何保证学校、公共设施、运动场所、服务设施等能够有最大的服务面（城市资源配置问题）等。土地信息系统和地籍管理（land information system and cadastral application）：土地和地籍管理涉及土地使用性质变化、地块轮廓变化、地籍权属关系变化等许多内容，借助 GIS 技术可以高效、高质量地完成这些工作。生态、环境管理与模拟（environmental management and modeling）：包括区域生态规划、环境现状评价、环境影响评价、污染物削减分配的决策支持、环境与区域可持续发展的决策支持、环保设施的管理、环境规划等。基础设施管理（facilities management）：城市的地上地下基础设施（电信、自来水、道路交通、天然气管线、排污设施、电力设施等）广泛分布于城市的各个角落，且这些设施明显具有地理参照特征。它们的管理、统计、汇总都可以借助 GIS 完成，而且可以大大提高工作效率。

2）电子商务中的地理信息应用

在电子商务中，企业往往需要向客户（企业或个人）提供销售、配送或服务网点的空间分布等空间信息，同时允许客户在电子地图上标注自己的位置或输入门牌号等信息，这样可以准确定位客户的位置。为了使电子商务得以高效实施，企业往往还配备了相应的信息管理系统，以对客户、销售点、配送中心、服务网点等信息加以管理，并实现最近配送点搜索、路径规划、配送车辆监控等功能。电子商务中的地理信息服务是以提高电子商务的效率、增加销售额和降低成本为主要目的的。

商业与市场（business and marketing）。商业设施的建立充分考虑其市场潜力。例如，大型商场的建立如果不考虑其他商场的分布、待建区周围居民区的分布和人数，建成之后就可能无法达到预期的市场和服务面。有时甚至商场销售的品种和市场定位都必须与待建区的人口结构（年龄构成、性别构成、文化水平）、消费水平等结合起来考虑。地理信息系统的空间分析和数据库功能可以解决这些问题。房地产开发和销售过程中也可以利用 GIS 功能进行决策和分析。选址分析（site selecting analysis）是指根据区域地理环境的特点，综合考虑资源配置、市场潜力、交通条件、地形特征、环境影响等因素，在区域范围内选择最佳位置，是 GIS 的一个典型应用领域，充分体现了 GIS 的空间分析功能。

3）面向公众的综合地理信息应用

向公众提供与之衣食住行密切相关的各类地理信息，如购物商场、旅游景点、公共交通、休闲娱乐、宾馆饭店、房地产、医院、学校等空间查询服务。从服务的空间范围来说，有的覆盖全国，有的覆盖全省（自治区、直辖市），有的覆盖某个地区，也有的覆盖某个城市。面向公众的综合地理信息服务正在以迅猛的速度发展。网络分析（network system analysis）建立交通网络、地下管线网络等的计算机模型，研究交通流量，进行交通事故、地下管线突发事件（爆管、断路）等应急处理。警务和医疗救护的路径优选、车辆导航等也是 GIS 网络分析应用的实例。

4）辅助政府和企业决策的综合地理信息应用

政府和企业在进行决策时，往往需要地理信息系统作为辅助支持的工具。例如，企业往往非常关注经济状况、投资资讯、合作对象、企业形象、产品宣传、市场分析、客户分布、交通信息，以及其他相关信息；政府部门非常关注基础设施、交通信息、投资环境、行业分布、企业信息、经济状况、房地产、人口分布等信息。资源是指社会经济活动中人力、物力和财力的总和，是社会经济发展的基本物质条件。在社会经济发展的一定阶段，相对于人们的需求而言，资源总是表现出相对的稀缺性，从而要求人们对有限的、相对稀缺的资源进行合理配置，以使用最少的资源耗费，生产出最适用的商品和劳务，获取最佳效益。资源配置合理与否，对一个国家经济发展的成败有着极其重要的影响。为了选择合理配置资源的方案，需要及时、全面地获取相关的信息作为依据。GIS 在这类应用中的目标是保证资源的最合理配置和发挥最大效益。应急响应（emergency response）解决在发生洪水、战争、核事故等重大自然或人为灾害时，如何安排最佳的人员撤离路线，并配备相应的运输和保障设施的问题。

5）地学研究与应用

GIS 在地学中的应用主要解决四类基本问题：①与分布、位置有关的基本问题，回答了以下两个问题：一是对象（地物）在哪里；二是哪些地方符合特定的条件。②各因素之间的相互关系，即揭示各种地物之间的空间关系，如交通、人口密度和商业网点之间的关联关系。③事物发展动态过程和发展趋势，表示空间特征与属性特征随时间变化的过程，回答某个时间的空间特征与属性特征，从何时起发生了哪些变化。④模拟问题。利用数据及已掌握的规律建立模型，就可以模拟某个地方如具备某种条件时将出现的结果。

2. 地理信息系统分类与开发模式

早期 GIS 应用主要以数据的采集、存储、管理、查询检索，以及简单的空间分析功能为主，可称为管理型 GIS。随着应用领域的拓展，领域问题复杂性的逐渐提高，GIS 空间分析功能已经不能满足解决复杂领域问题的需求，GIS 向空间信息的知识表现和推理、自动学习的智能化决策工具方向发展。为解决复杂的空间决策问题，在 GIS 基础上开发了空间决策支持系统，充分发挥其模拟、评估、科学预测和目标决策的功能，使之成为提高现代化城市管理、规划和决策水平的有效手段。为了解决一类或多类实际应用的问题，依据应用部门的业务需求和应用目的，空间分析功能与部门专业应用模型完全集成为构建 GIS 应用的主要模式，实现了部门专业应用系统分析、模拟和推理等方面的功能。GIS 应用模型具有综合性、复杂性和多层次性特点，其自身往往是一种逻辑框架、一种集成模式，或者是一种解决方案。GIS 在专业领域应用的深度，取决于对 GIS 应用模型研究的深度。GIS 应用模型研究成为提高 GIS 辅助决策水平和拓展 GIS 应用领域的关键。

1）GIS 分类

地理信息系统开发按内容、功能和作用可分为三类：工具型（基础）GIS、应用型 GIS 和大众 GIS。

（1）工具型（基础）GIS。工具型（基础）GIS 也称为 GIS 开发平台，它是具有 GIS 基本功能，供其他系统调用或用户进行二次开发的操作平台。

（2）应用型 GIS。应用型 GIS 是根据用户的需求和应用目的而设计的一种解决一类或多类实际应用问题的 GIS，除了具有 GIS 基本功能外，还具有解决地理实体的空间分布规律、分布特性、相互依赖关系和时序变化规律的应用模型和方法。应用型 GIS 按研究对象性质和内容又可以分为专题 GIS 和区域 GIS。

专题 GIS 是具有有限目标和专业特点的 GIS，为特定部门服务，如水资源管理信息系统、矿产资源信息系统、农作物估产信息系统、水土流失信息系统、地籍管理信息系统、土地利用信息系统、环境监测信息系统、城市管网信息系统等。

区域 GIS 主要以区域综合研究和全面信息服务为目标，可以有不同的规模，如世界级、国家级、省级、地区级、区县级等为不同级别服务的区域信息系统，也可以以自然单元分区，如河流流域、盆地、山脉、高原等。例如，国家地理信息系统、黄河流域地理信息系统、北京水土流失信息系统等。

（3）大众 GIS。大众 GIS 是一种面向大众、不涉及具体专业的信息系统。例如，网络地图信息系统有地图量算基本功能，也有出行导航、社会服务信息查询等专题功能。

2）GIS 开发模式

当前，GIS 软件开发分为自主 GIS 开发、基于 GIS 平台二次开发和基于网络 GIS 平台开发三种模式。

（1）自主 GIS 开发。完全从底层开始，不依赖于任何 GIS 平台，针对应用需求，运用程序语言在一定的操作系统平台上编程实现地理信息采集、处理、存储、分析、可视化和地图制图输出等功能。这种方法的优点是按需开发、量体裁衣、功能精炼、结构优化、有效利用计算机资源。但是对于大多数 GIS 应用者来说，这种模式专业人才要求高、难度大、周期长、软件质量难控制。

（2）基于 GIS 平台二次开发。GIS 应用型软件开发，针对应用的特殊需求，在基础 GIS 软件上进行功能扩展（二次开发），达到自己想要的功能。这种方式具有省力省时、开发效率高等优点，但缺乏灵活性、受很多限制，开发出来的系统不能离开基础 GIS 平台。

（3）基于网络 GIS 平台开发。基于网络 GIS 平台开发，应用者利用 GIS 网络服务商提供的地理数据和服务功能 API 开发应用系统，如位置服务、物流信息系统等。这种模式不需要庞大的硬件与技术投资就可以轻松快捷地建立 GIS 应用系统。这是实现地理信息共享的最佳途径，让开发者开发一个有价值的应用，付出的成本更少，成功的机会更多，已经成为越来越多互联网企业发展服务的必然选择。

3. 地理信息系统应用特点

（1）GIS 应用领域不断扩大。地理信息系统已在 60 多个领域得到广泛应用，涉及农业、林业、地质、水利、能源、气象、旅游、海洋、电力、通信、交通、军事及城市规划与管理、土地管理、资源与环境评价等。

（2）GIS 应用环境网络化、集成化。在地理信息系统中，有很多基础数据，它们是社会共享资源，如基础地形库、人口、资源库、经济数据库。因此，必须建立国家及省、市地区级基础数据库。发达国家，常由政府投资建立实用基础数据库，由应用部门投资建立专业数据库，用户可通过网络及时地获取正确的基础数据。显然，网络化能提高这些数据的利用率，这是发展的必然趋势。此外，由于各行各业中信息数量的日益增长，信息种类及其表达的多样化，各种集成环境对地理信息系统的推广应用十分重要，如 3S（GIS、RS、GNSS）集成系统等。

（3）GIS 应用模型多样化。GIS 在专业领域中的应用，需开发本专业模型，随着专业的不断发展，GIS 应用模型越来越多，既有定量模型，又有定性模型；既有结构化模型，又有非结构化模型。GIS 在专业中的应用能否成功与模型开发的成败息息相关。一个新的趋势是将具体的模型与 GIS 方法结合起来用于规划管理，如噪声分析、环境污染、公共供应网络、旅游规划、航空、生态生物学模型等。

（4）GIS 应用研究不断深入。GIS 早期应用强调制图和空间数据库管理，这些应用逐渐发展为强调制图现象间相互关系的模拟，大多数应用都包括了制图模拟，如地图再分类、叠加和简单缓冲区的建立等。新的应用集中体现在空间模拟上，即利用空间统计和先进的分析算子进行应用模型的分析和模拟。

1.1.4 地理信息系统工程概述

1. 工程

工程是将自然科学的理论应用到具体工农业生产部门中形成的各学科的总称。18 世纪，欧洲出现了“工程”一词，其本来含义是有关兵器制造、具有军事目的的各项劳作，后扩展到许多领域，如建筑屋宇、制造机器、架桥修路等。

随着人类文明的发展，人们可以建造出比单一产品更大、更复杂的产品，这些产品不再是结构或功能单一的东西，而是各种各样的“人造系统”（如建筑物、轮船、铁路工程、海上工程、飞机等），于是工程的概念就产生了，并且逐渐发展为一门独立的学科和技艺。工程是指建设项目从设想、选择、评估、决策、设计、施工到竣工验收、投入生产整个过程中应当遵守的内在规律和组织制度。

依照工程对科学的关系，工程的所有各分支领域都有如下主要职能。

（1）研究：应用数学和自然科学概念、原理、实验技术等，探求新的工作原理和方法。

（2）开发：解决把研究成果应用于实际过程中遇到的各种问题。

（3）设计：选择不同的方法、特定的材料并确定符合技术要求和性能规格的设计方案，以满足结构或产品的要求。

（4）施工：包括准备场地、材料存放、选定既经济又安全并能达到质量要求的工作步骤，以及人员的组织和设备利用。

（5）生产：在考虑人和经济因素的情况下，选择工厂布局、生产设备、工具、材料、元件和工艺流程，进行产品的试验和检查。

（6）操作：管理机器、设备，以及动力供应、运输和通信，使各类设备经济可靠地运行。

（7）管理及其他职能。

工程的观念是在人们处理自然、改造自然的社会生产过程中形成的工程方法论，传统的工程观念是针对生产技术的实践而言，而且以硬件为目标与对象，如机械工程、电气工程、铁路工程、水利工程等。

2. 系统

在自然界和人类社会中，可以说任何事物都是以系统的形式存在的，每个所要研究的问题对象都可以被看成一个系统。人们在认识客观事物或改造客观事物的过程中，用综合分析的思维方式看待事物，根据事物内在的、本质的、必然的联系，从整体的角度进行研究和分析。

系统一词来自英文 system 的音译。系统是由相互作用、相互依赖的若干组成部分结合而成的，具有特定功能的有机整体，而且这个有机整体又是它从属的更大系统的组成部分。

系统是由两个或以上有机联系、相互作用的要素所组成，具有特定功能、结构和环境的整体。系统必须由两个或以上的要素所组成，要素是构成系统的最基本单位，因而也是系统存在的基础和实际载体，系统离开了要素就不能称为系统。任一系统又是它所从属的一个更大系统的组成部分（要素），这个更大的系统就是该系统的环境。系统和要素的概念是相对的。系统整体与要素、要素与要素、整体与环境之间，存在着相互作用和相互联系的机制，这些有机联系构成了系统的结构。任何系统都有特定的功能，这是整体具有不同于各个组成要素的新功能，这种新功能是由系统内部的有机联系和结构所决定的。

这个定义指出了系统的三个特性：一是多元性，系统是多样性的统一、差异性的统一。二是相关性，系统不存在孤立元素组分，所有元素或组分间相互依存、相互作用、相互制约。三是整体性，系统是所有元素构成的复合统一整体。这个定义强调元素间的相互作用及系统对元素的整合作用。

这个定义说明了一般系统的基本特征，将系统与非系统区别开来，但对于定义复杂系统有着局限性。另外，严格意义上现实世界的"非系统"是不存在的，构成整体的而没有联系性的多元集是不存在的。

一个整体系统是任何相互依存的集或群暂时的互动部分。"部分"又是由系统本身和其他部分所组成的，这个系统又同时是构成其他系统的部分或"子整体"。这个定义既归纳了系统的一般特征，又引入了时空与动态观念，也就是说，任何系统都不是永恒的，是暂时的、动态的。

系统是普遍存在的，在宇宙间，从基本粒子到河外星系，从人类社会到人的思维，从无机界到有机界，从自然科学到社会科学，系统无所不在。按宏观层面分类，它大致可以分为自然系统、人工系统和复合系统。

3. 系统工程

系统工程是从实践中产生的，用定量和定性相结合的系统思想和方法处理大型复杂系统的问题，无论是系统的设计或组织建立，还是系统的经营管理，都可以统一地看成一类工程实践，统称为系统工程。

系统工程是一门工程技术，但是，系统工程又是包括了许多类工程技术的一大工程技术门类，涉及范围很广，不仅要用到数学、物理、化学、生物等自然科学，还要用到社会学、心理学、经济学、医学等与人的思想、行为、能力有关的学科。系统工程所需要的基础理论包括运筹学、控制论、信息论、管理科学等。

根据总体协调的需要，系统工程把自然科学和社会科学的某些思想、理论、方法、策略和手段等有机地联系起来，把人们的生产、科研、经济和社会活动有效地组织起来，应用定量和定性分析相结合的方法和计算机等技术工具，对系统的构成要素、组织结构、信息交换和反馈控制等功能进行分析、设计、制造和服务，从而达到最优设计、最优控制和最优管理的目的，以便最充分地发挥人力、物力和信息的潜力，通过各种组织管理技术，使局部和整体之间的关系协调配合，在不同程度上揭示了系统的一些性质和规律，以实现系统的综合最优化。

构成系统工程的基本要素是人、物、财、目标、机器设备、信息等六大因素。各个因素之间是互相联系、互相制约的关系。系统工程大体上可分为系统开发、系统制造和系统运用三个阶段，每个阶段又可划分为若干小阶段或步骤。

系统工程的基本特点是把研究对象作为整体看待，要求对任一对象的研究都必须从它的组成、结构、功能、相互联系方式、历史的发展和外部环境等方面进行综合的考察，做到分析与综合的统一。最常用的系统工程方法，是系统工程创始人之一霍尔创立的，称为三维结构图：①时间维。对一个具体工程，从规划起一直到更新为止，全部程序可分为规划、拟订方案、研制、生产、安装、运转和更新七个阶段。②逻辑维。对一个大型项目可分为明确目的、指标设计、系统方案组合、系统分析、最优化、做出决定和制定方案七个步骤。③知识维。系统工程需使用各种专业知识，霍尔把这些知识分成工程、医药、建筑、商业、法律、管理、社会科学和艺术等，这些专业知识称为知识维。

系统工程的基本方法是：系统分析、系统设计与系统的综合评价（性能、费用和时间等）。具体地说，就是用数学模型和逻辑模型来描述系统，通过模拟反映系统的运行，求得系统的最优组合方案和最优的运行方案。其特点如下。

（1）系统工程研究问题一般采用先决定整体框架，后进入详细设计的程序，一般是先进行系统的逻辑思维过程总体设计，然后进行各子系统或具体问题的研究。

（2）系统工程方法是以系统整体功能最佳为目标，通过对系统的综合、系统分析、构造系统模型来调整改善系统的结构，使之达到整体最优化。

（3）系统工程的研究强调系统与环境的融合，近期利益与长远利益相结合，社会效益、生态效益与经济效益相结合。

（4）系统工程研究是以系统思想为指导，采取的理论和方法是综合集成各学科、各领域的理论和方法。

（5）系统工程研究强调多学科协作，根据研究问题涉及的学科和专业范围，组成一个知识结构合理的专家体系。

（6）各类系统问题均可以采用系统工程的方法来研究，系统工程方法具有广泛的适用性。

（7）强调多方案设计与评价。

4. 信息系统工程

信息系统是由计算机硬件、网络和通信设备、计算机软件、信息资源、信息用户和规章制度组成的以处理信息流为目的的人机一体化系统。信息系统工程简称"信息工程"，指按照工程学原理构建信息系统的过程。包括以下主要阶段：立项、规划、建设、应用、维护。

信息工程总是面向具体的应用而存在，它伴随着用户的背景、要求、能力、用途等诸多因素而发生变化。它是系统原理和方法在信息工程建设领域内的具体应用。这一方面说明信息工程具有很强的功用性，另一方面则要求从系统的高度抽象出符合一般信息工程设计和建设的思路和模式，用以指导各种信息工程建设。

信息工程的基本原理是系统工程，在很大程度上是计算机软件系统。它在软件设计和实现上要遵循软件工程的原理，研究软件开发方法和工具，争取以较少的代价获取用户满意的软件产品。

5. 地理信息系统工程

地理信息系统工程是应用系统工程原理和方法，针对特定的实际应用目的和要求，统筹设计、优化、建设、评价、维护 GIS 的全部过程和步骤的统称。

GIS 工程建设涉及因素众多，概括起来可以分为硬件、软件、地理数据及人。硬件是构成 GIS 系统的物理基础；软件形成 GIS 系统的驱动模型；地理数据是 GIS 系统的血液；人则是活跃在 GIS 工程中的另一个十分重要的因素，人既是系统的提出者，又是系统的设计者、建设者，同时还是系统的使用者、维护者。如果人的作用发挥得好，可以增强系统的功能，增加系统的效益，为系统增值，反之会削弱系统应有的潜能。如果说硬件、软件、数据表现出某种层次关系的话，即软件构筑于硬件之上，数据依赖软件而存在，那么，人的作用就嵌入整个 GIS 工程领域之中。

地理信息系统工程的基本原理是系统工程，即从系统的观点出发，立足于整体，统筹全局，又将系统分析和系统综合有机地结合起来，采用定量的或定性与定量相结合的方法，提供 GIS 工程的建设模式。同时，GIS 工程在很大程度上是计算机系统，它涵盖：①计算机硬件网络系统设计、安装和调试；②地理数据设计、采集和处理；③GIS 软件设计、编码和调试。

GIS 工程总是面向具体的应用而存在，它伴随着用户的背景、要求、能力、用途等多种因素而发生变化。这一方面说明 GIS 具有很强的功能性，另一方面则要求从系统的高度抽象出符合一般 GIS 工程设计和建设的思路和模式，用以指导各种 GIS 工程建设。它贯穿工程可行性论证、需求分析、设计、优化、建设、评价、维护更新等全过程，并综合考虑人的因素、物的因素，做到"物尽其用，人尽其能"，以最小的代价取得最佳的收益。

6. 地理信息系统工程特性

与一般信息系统相比，GIS 是以管理具有定位特征的空间数据为其主要特征的计算机软硬件系统，其功能强大，种类繁多，数据种类多样，应用性强，结构复杂，主要表现在以下方面。

（1）横跨多学科的边缘体系。GIS 是由计算机科学、测绘遥感学、摄影测量学、地理学、地图制图学、人工智能、专家系统、信息学等组成的边缘学科。

（2）地理信息系统以采集和处理地理数据为主，地理数据类型和来源多种多样。地理数据包含图形数据、属性数据和拓扑数据。图形数据表示地球表面地物的位置和形态信息，具有很高的位置精度。图形数据获取需要测绘技术手段，图形数据处理需要严密的数学公式。应尽量提高数据采集和处理过程的几何精度。属性数据包括文本数据、统计数据、表格数据，如地名、河流名称、区域名称等。所有属性数据皆与位置数据关联。拓扑数据表示地理实体之间的连接关系，如道路交点、相邻街道、街区等。此外，还有样本数据、地球表面数据和地图符号数据。样本数据，如气象站、航线、野外样方分布区等。地球表面数据，如高程点、等高线、等值区域等。地图符号数据，如点状符号、线状符号、面状符号（晕线）等。地理数据的多样性和几何精度造成了地理信息系统采集和维护成本较高。据统计，地理数据获取费用占 GIS 工程费用的 70%。

（3）地理数据结构复杂。地理数据结构主要有栅格结构和矢量结构。栅格结构是以规则的阵列来表示空间地物或现象分布的数据组织，组织中的每个数据表示地物或现象的非几何属性特征。矢量结构即通过记录坐标的方式尽可能精确地表示点、线、多边形等地理实体。矢量数据结构对矢量数据模型进行数据的组织。矢量数据结构直接以几何空间坐标为基础，记录取样点坐标，对复杂数据以最小的数据冗余进行存储，具有数据精度高、存储空间小等特点，是一种高效的图形数据结构。矢量数据结构中，传统的方法是几何图形及其关系用文件方式组织，而属性数据通常采用关系型表文件记录，两者通过实体标识符连接。矢量数据结构按其是否明确表示地理实体间的空间关系分为实体数据结构和拓扑数据结构两大类。地理数据复杂的数据结构给数据存储管理带来极大困难。

（4）系统功能以空间分析和地图显示为主，应用类型多样。空间分析是 GIS 的核心和灵魂，是 GIS 区别于一般的信息系统、CAD 或者电子地图系统的主要标志之一。

空间分析是为了解决地理问题而进行的数据分析与数据挖掘，是从 GIS 目标之间的空间关系中获取派生的信息和新的知识，也是从一个或多个地理数据图层中获取信息的过程。

空间分析是对于地理空间现象的定量研究，其常规能力是操纵地理数据使之成为不同的形式，使得地理空间数据更为直观地表达出其潜在含义，探测空间数据中的本质，研究地理数据间的关系，通过地理计算和空间表达挖掘潜在的空间信息，提高地理空间事件的预测和控制能力。

空间分析能力（特别是对空间隐含信息的提取和传输能力）是地理信息系统区别于一般信息系统的主要方面，也是评价一个地理信息系统成功与否的主要指标。

地图显示是借助计算机和绘图机或图形显示器输出或显示地图的一种技术，是 GIS 的基本功能。地理事物的运动或现象的变化过程，可用连续画面表示，产生动态视觉效应，如湖泊沼泽化、河床演变、河流三角洲延伸、洪水淹浸、冰川雪被消长等现象均可按专家设计的地学动态模型和地图演示模式生动地展现在屏幕上。GIS 通过多种色彩、多层次画面、立体透视、浓淡图像，从水平、垂直、剖面、旋转等各个角度形象而逼真地显示地学景观。

GIS 利用地图显示进行人机信息交流。通过各种辅助设备，如操作杆、跟踪球、图形板、功能键盘等，随机输入观察者的反馈信息，实现人机系统灵活的双向信息交流。地理学家可以实时地控制地学过程的有关地理因子和输入相应参数，操纵地学过程的模拟，不断改进模型使之更符合实际规律。因此，地图显示技术使制图不限于输出地图，而成为一种研究手段和过程，有助于探索自然和社会现象的空间分布及其变化规律。

综上所述，GIS 以应用为主要目标，针对不同领域具有不同 GIS，如土地信息系统、资源与环境信息系统、辅助规划系统、地籍信息系统等。不同的 GIS 具有不同的复杂性、功能和要求。这就决定了 GIS 工程建设是一项十分复杂的系统工程，投资大、周期长、风险大、涉及因素繁多。它具有一般工程所具有的共性，同时又存在着自己的特殊性。在一个具体的 GIS 开发建设过程中，需要领导层、技术人员、数据拥有单位、各用户单位与开发单位的相互合作，涉及项目立项、系统调查、系统分析、系统设计、系统开发、系统运行和维护多阶段的逐步建设，需要进行资金调拨、人员配置、开发环境策划、开发进度控制等多方面的组织和管理。形成一套科学高效的方法、发展一套可行的开发工具进行 GIS 的开发和建设，是获得理想 GIS 产品的关键和保证。

1.2　GIS 工程过程

GIS 建设和应用开发包括硬件网络实施建设、地理空间数据获取和软件开发三大部分，涉及系统的最优设计、最优控制运行、最优管理，以及人、财、物资源的合理投入、配置和组织等。根据 GIS 建设的时间序列，可以把建设过程分为五个阶段（图 1.2）：项目可行性论证（项目建议书、项目可行性报告）、需求分析（调查分析、需求报告）、系统设计（总体方案设计、详细方案设计）、项目开发与实施（软件编码、数据加工处理）和系统调试（系统维护和系统评价）。工程建设每一阶段，都会形成一定的文档资料，以保证 GIS 的开发运行和便于建成后维护，这些文档作为软件产品的成果之一，集中体现了 GIS 开发建设人员的大量脑力劳动成果，是 GIS 不可缺少的组成部分。

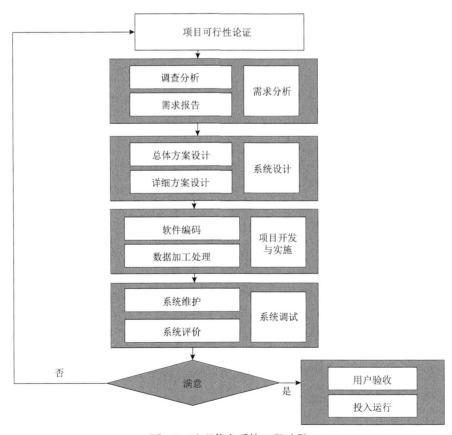

图 1.2　地理信息系统工程过程

1.2.1 可行性论证

可行性论证主要从市场需求、技术、经济、效益、法律等方面分析工程项目建设是否可行。可行性研究的目的是用最小的代价在尽可能短的时间内确定问题是否能够解决，知道问题有无可行解决方案，即搞清楚问题是否值得解，而不是去解决问题。它是一次压缩简化了的系统分析和设计过程，即在较高层次上以较抽象的方式进行设计的过程。可行性论证分为项目建议书和可行性报告两个阶段。

1. 项目建议书

项目建议是项目筹建单位根据自身业务现实需求、中长期业务规划和建设条件提出的某一具体项目的建议文件，是对拟建项目提出的框架性的总体设想。向主管部门申报项目申请，其目的是获得项目主管部门立项。项目建议书内容一般包括：①项目建设的依据和必要性；②项目建设的内容和指标；③项目建设的技术方案；④投资估算和资金筹措；⑤经济效益和社会效益。

2. 项目可行性报告

项目可行性报告是项目决策前，对项目有关的需求、技术、经济、环境、政策、投资、效益和风险等方面做详尽、全面的调查、系统研究与分析，对各种可能的建设技术和工程方案进行充分的比较论证，确定有利和不利的因素，估计成功率大小、经济效益和社会效果程度，为决策者和主管机关的审批提供依据。项目可行性报告内容一般包括：①项目的必要性和意义；②项目建设目标和任务；③项目建设内容和技术方案；④项目施工方案、质量控制和验收；⑤项目投资估算和资金筹措方案；⑥项目效益分析和风险评估；⑦国家有关部门要求提供的其他内容。

1.2.2 需求分析

1. 需求分析定义

从广义上理解，需求分析包括需求的获取、业务分析、规格说明、变更、验证、管理等一系列需求工程。从狭义上理解，需求分析指需求的分析、定义过程。在 GIS 工程中，需求分析指的是在建立一个新的或改变一个现存的 GIS 过程中描写新系统的目的、范围、定义和功能时所要做的所有的工作。需求分析是 GIS 工程中的一个关键过程。在这个过程中，系统分析员和工程师确定用户的需要，只有在确定了这些需要后，他们才能够分析和寻求新系统的解决方法。需求分析阶段的任务是确定 GIS 功能。在 GIS 工程的历史中，很长时间里人们一直认为需求分析是整个 GIS 工程中最简单的一个步骤。但在近 10 年内，越来越多的人认识到，需求分析是整个过程中最关键的一个部分。假如在需求分析时分析者们未能正确地认识到用户的需要，那么最后的 GIS 不可能达到用户的实际需要，或者 GIS 项目无法在规定的时间里完工。

2. 需求分析特点

需求分析是一项重要的工作，也是最困难的工作。该阶段工作有以下特点。

（1）供需交流困难。需求分析是面向用户的，是对用户的业务活动进行分析，明确在用户的业务环境中系统应该"做什么"。但是在开始时，开发人员和用户双方都不能准确地提出系统要"做什么"。因为系统开发人员不是用户问题领域的专家，不熟悉用户的业务活动和业务环境，又不可能在短期内搞清楚；而用户不熟悉计算机应用的有关问题。因为双方互相不了解对方的工作，又缺乏有效沟通，所以在交流时存在着隔阂。

（2）需求动态化。对于一个大型而复杂的 GIS，用户很难精确完整地提出它的功能和性能要求。一开始只能提出一个大概、模糊的功能，只有经过长时间的反复认识才能逐步明确。有时进入设计、编程阶段才能明确，更有甚者，到开发后期还在提新的要求。这无疑给软件开发带来困难。

（3）后续影响复杂。需求分析是开发的基础，假定在该阶段发现一个错误，解决它需要用 1 小时的时间，而到设计、编程、测试和维护阶段解决，则要花 2.5 倍、5 倍、25 倍甚至 100 倍的时间。需求分析之所以重要，是因为它具有决策性、方向性、策略性的作用，它在软件开发的过程中具有举足轻重的地位，开发者和用户一定要对需求分析具有足够的重视。在一个大型软件系统的开发中，需求分析的作用要远远大于程序设计。

3. 需求分析任务

需求分析的任务是通过详细调查现实世界要处理的对象，充分了解原系统工作概况，明确用户的各种需求，然后在此基础上确定新系统的功能。新系统必须充分考虑今后可能的扩充和改变，不能仅仅按当前的应用需求来设计数据库。

（1）功能需求是对软件系统的一项基本需求，功能需求规定开发人员必须在 GIS 中实现的软件功能，用户利用这些功能来完成任务，满足业务需求。

（2）数据需求是需求分析的一个重要任务。分析系统的数据要求通常采用建立数据模型的方法。复杂的数据由许多基本的数据元素组成，数据结构表示数据元素之间的逻辑关系。利用数据字典可以全面地定义数据，但是数据字典的缺点是不够直观。为了提高可理解性，常常利用图形化工具辅助描述数据结构。

综合上述两项分析的结果可以导出系统详细的逻辑模型，通常用数据流图、实体联系图（entity relationship diagram， E-R 图）、状态转换图、数据字典和主要的处理算法描述逻辑模型。

4. 需求分析步骤

（1）调查组织机构情况。包括了解该组织的部门组成情况、各部门的职能等，为分析信息流程做准备。

（2）调查各部门的业务活动情况。包括了解各个部门输入和使用什么数据、如何加工处理这些数据、输出什么信息、输出到什么部门、输出结果的格式是什么。

（3）帮助用户明确对新系统的各种要求。包括信息要求、处理要求、完全性与完整性要求。

（4）定义新系统的边界。确定哪些功能由计算机完成或将来准备让计算机完成，哪些活动由人工完成。由计算机完成的功能就是新系统应该实现的功能。

（5）分析系统功能。从用户观点出发建立系统用户模型。用户模型从概念上全方位表达系统需求及系统与用户的相互关系。系统分析在用户模型的基础上，建立适应性强的独立于系统实现环境的逻辑结构。在系统分析阶段，系统的逻辑结构应从以下三方面全面反映系统的功能与性能：①信息。完整描述系统中所处理的全部信息。②行为。完全描述系统状态变化所需的处理或功能。③表示。详细描述系统的对外接口与界面。

（6）分析系统数据。地理数据是确保 GIS 功能有效性的首要条件，GIS 功能可以为收集地理数据、分析数据提供清晰的目标。地理数据需求是 GIS 辅佐用户决策和过程控制的基础，提供决策的信息是否充分、可信，是否存在因信息不足、失准、滞后而导致决策失误的问题，完全取决于地理数据质量。

（7）编写分析报告。

5. 需求分析方法

需求分析的方法很多，这里只讨论原型化方法。原型化方法就是尽可能快地建造一个粗糙的系统，这个系统实现了目标系统的某些或全部功能。但是这个系统可能在可靠性、界面的友好性或其他方面存在缺陷。建造这样一个系统的目的是考察某一方面的可行性，如算法的可行性、技术的可行性或是否满足用户的需求等。例如，为了考察是否满足用户的需求，可以用某些软件工具快速地建造一个原型系统，这个系统只是一个界面，然后听取用户的意见，改进这个原型。以后的目标系统就在原型系统的基础上开发。原型主要有三种类型：探索型、实验型、进化型。

（1）探索型：目的是弄清楚对目标系统的要求，确定所希望的特性，并探讨多种方案的可行性。

（2）实验型：用于大规模开发和实现前，考核方案是否合适，规格说明是否可靠。

（3）进化型：目的不在于改进规格说明，而是将系统建造得易于变化，在改进原型的过程中，逐步将原型进化成最终系统。

在使用原型化方法时有两种不同的策略：废弃策略、追加策略。

（1）废弃策略：先建造一个功能简单而且质量要求不高的模型系统，针对这个系统反复进行修改，形成比较好的思想，据此设计出较完整、准确、一致、可靠的最终系统。系统构造完成后，原来的模型系统就被废弃不用。探索型和实验型属于这种策略。

（2）追加策略：先构造一个功能简单而且质量要求不高的模型系统，作为最终系统的核心，然后通过不断地扩充修改，逐步追加新要求，发展成为最终系统。进化型属于这种策略。

需求分析的最后阶段由分析员提交用户需求分析报告。用户需求分析报告一般应经过用户主管部门的批准，在经过用户和开发者双方认可后，往往作为项目合同的附件，是 GIS 建设中进行开发设计和验收的依据。

1.2.3　系统设计

根据需求分析阶段所确定的新系统的业务模型、数据流程、功能要求，系统设计给出一个系统建设方案，即建立新系统的物理模型。这个阶段的任务是设计软件系统的模块层次结构、设计数据库的结构及设计模块的控制流程，其目的是明确软件系统"如何做"。这个阶段又分两个步骤：概要设计和详细设计。

1. 概要设计

概要设计解决 GIS 软件系统的模块划分和模块的层次机构及地理数据库设计，其任务主要如下。

1）GIS 计算环境设计

GIS 计算硬件环境是支持软件运行的硬件标准，是指计算机及其外围设备组成的 GIS 物理系统。组建一个完备的 GIS 物理系统并非易事，有许多相关问题需要考虑。例如，所建立的网络能否满足当前业务应用需求；能否满足今后业务增长需要；新增硬件和软件能否方便地接入网络；采用什么样的网络结构形式与网络技术；选择什么样的硬件服务平台和软件服务平台；选择什么样的数据库系统才能使网络系统运行稳定、可靠、安全、易于管理；网络建成后的生命周期有多长，等等。当然还要考虑当前的有效投入；如何保护投资效益；尽量节省开支；如何充分发挥现有设备的作用与功能等许多方面的问题。

（1）硬件配置设计。硬件包括计算机、存储设备、数字化仪、绘图仪、打印机、其他外部设备。说明其型号、数量、内存等性能指标，画出硬件设备配置图；说明与硬件设备协调的系统软件、开发平台软件等。

（2）网络设计。包括对网络的结构、功能两方面的设计。例如，在城市规划与国土信息系统中，基础信息、规划管理、土地管理、市政管线、房地产管理、建筑设计管理等子系统间存在着数据共享和功能调用关系，由于各自针对不同的部门使用，就要求设计相应的网络结构，实现相互间及其与总系统的联网。

2）地理数据库设计

地理数据库设计是针对一个特定的应用领域，构造最优的数据库模式，建立数据库及其管理系统，使之能够有效地存储、高效检索地理数据，满足用户各种应用需求。数据库设计是地理信息系统开发和建设的核心。因为地理数据库管理系统的复杂性，为了支持相关程序运行，数据库设计就变得异常复杂，所以最佳设计不可能一蹴而就，而只能是一种"反复探寻，逐步求精"的过程，也就是规划和结构化数据库中的数据对象及这些数据对象之间关系的过程。

地理数据库设计的内容包括：概念结构设计、逻辑结构设计、物理结构设计、数据库的实施及数据库的运行和维护。

3）GIS 软件设计

GIS 软件设计是从软件需求规格说明书出发，根据需求分析阶段确定的功能设计软件系统的整体结构、划分功能模块、确定每个模块的实现算法及编写具体的代码，形成软件的具体设计方案。软件设计包括软件的结构设计、数据设计、接口设计和过程设计。结构设计是指定义软件系统各主要部件之间的关系。数据设计是指将模型转换成数据结构的定义。接口设计是指软件内部、软件和操作系统间及软件和人之间如何通信。过程设计是指系统结构部件转换成软件的过程描述。

（1）系统的目的、目标及属性的确定。系统的目的是系统建成后应达到的水平标志，或称系统预期达到的水平。GIS 工程必须提出明确的系统目的，以指导工作的展开。系统目标是实现目的过程中的努力方向，GIS 工程中提出的系统目标因具体问题而变化，在处理实际问题时，常常遇到系统目标不止一个，而是多个的情况，它们共同构成目标集合。对目标集合的处理，往往把目标分解，按子集、分层次画成树状结构，称为目标树。构造目标树的原则是：①目标子集按目标的性质进行分类，把同一类目标划分在一个目标子集内；②目标分解，直至可量度为止。

把目标结构画成树状结构的优点是目标集合的构成与分类比较清晰、直观；更为重要的是，按目标性质分为子集，便于进行目标间的价值权衡，也就是说，在确定目标的权重系数过程中，能够明确地表明应该和哪些层次、哪些部门的决策者对话。

（2）进行各子系统或模块的划分与功能描述。按照 GIS 各功能的聚散程度和耦合程度、用户职能部门的划分、处理过程的相似性、数据资源的共享程度将 GIS 划分为若干子系统或若干功能模块，构成系统总体结构图，并对各系统或模块的功能进行描述。

（3）模块或子系统间的接口设计。各子系统或模块作为整个 GIS 的一部分，相互间在功能调用、信息共享、信息传递方面都存在着或多或少的联系，故应对其接口方式、权限设置进行设计。例如，一个城市规划与国土信息系统可划分为基础信息、规划信息、土地管理、市政管线、房地产管理、建筑设计管理等子系统，相互间要共享有关基础数据、规划数据、市政管线数据、地籍数据，同时存在相互调用，应对调用方式、数据共享权限等做出严格规定与设计。

（4）输入输出与数据存储要求。对新建 GIS 输入、输出的种类、形式要求等，以及对数据库的用途、组织方式、数据共享、文件种类作一般说明，具体内容在详细设计中考虑。

2. 详细设计

详细设计是在概要设计基础上的进一步深化，解决每个模块的控制流程、内部算法和数据结构的设计。主要内容如下。

1）地理数据库详细设计

地理数据库详细设计要完成地理数据模型设计、地理数据存储设计和数据获取方案设计。

（1）地理数据模型设计。对于一个大型的 GIS，数据库的设计是一个十分复杂的过程，要求数据库设计者对数据库系统和 GIS 应用系统有相当深入的了解。空间数据库的设计要对数据分层、要素属性定义、空间索引或检索等作明确的设计。

（2）地理数据存储设计。常用的关系数据库并不适合对 GIS 中大量的空间数据的有效管理。GIS 中一般应包含两个数据库：空间数据库和属性数据库。一般来说，GIS 的开发平台已经提供相应的数据库管理系统或从现有的系统中选购。

（3）数据获取方案设计。数字化作为 GIS 数据采集的重要方式，是 GIS 获取有关图形图件信息的重要手段。数字化方案设计的内容包括：内容选取与分层，数字化中要素关系的处理原则与策略，相应专题内容的数字化方案、数字化作业步骤、数字化质量保证等。

2）GIS 软件详细设计

GIS 软件模块设计中的各模块进行逐个模块的程序描述，主要包括算法和程序流程、输入输出项、与外部的接口等。

（1）模块详细设计。详细设计是对总体设计中已划分的子系统或各大模块的进一步深入细化设计。按照内聚度和耦合度、功能完整性、可修改性进一步划分模块，形成进一步功能独立、规模适当的模块，要求各模块高内聚、低耦合（即块内紧、块间松），对各模块进行设计，画出各模块结构组成图，详细描述各模块的内容和功能。

（2）代码设计。GIS 数据量大、类型多样，为减少数据冗余，方便对数据的分类、统计、检索和分析处理，提高处理速度，便于管理，节约存储空间，需要对有关数据元素或数据结构（如用地分类、公共建设设施性质、管道类型、管道名称等）进行代码设计、形成编码文件，必要时还应建设代码字典，记载代码与数据间的对应关系。GIS 中所设计的代码应具有唯一性、标准性和通用性、可扩充性和稳定性、易修改性、易识别和记忆等特点。

（3）界面设计。界面设计是人与机器之间传递和交换信息的媒介。作为一种可视产品，一个人机界面友好、简单易学、灵活方便的界面对 GIS 来说十分重要。GIS 界面设计要涉及多图面布局形式、图面布局内容、色调搭配、菜单形式、菜单布局、对话作业方式等内容。

（4）输入输出设计。在总体设计的基础上，对输入输出的内容、种类、格式、所用设备、介质、精度、承担者做出明确的规定。

（5）安全性能设计。用来避免存在的各种危险而造成的事故，确保 GIS 系统使用安全，运行可靠。按照待建 GIS 的状况和用户对象，进行如下某些内容的设计：对用户分级，设置相应的操作权限；对数据分类，设置不同的访问权限；口令检查，建立运行日志文件，跟踪系统运行；数据加密；数据转储、备份与恢复；计算机病毒的防治。

系统设计的主要成果是系统设计说明书，包括总体设计说明书和详细设计说明书，是 GIS 系统的物理模型，也是 GIS 实施的重要依据。

1.2.4　项目开发与实施

项目开发与实施是 GIS 建设付诸实现的实践阶段，实现系统设计阶段完成的 GIS 物理模型的建立，把系统设计方案加以具体实施。在这一过程中，需要投入大量的人力、物力，占用较长的时间，因此必须根据系统设计说明书的要求组织工作，安排计划，培训人员，开发和实施内容。

1. 实施方案设计

实施方案是指对某项工作，从目标要求、工作内容、方式方法及工作步骤等做出全面、具体而又明确安排的计划类文书。一般来说，包括以下几部分。

（1）项目目标，说明本项目的指导思想、任务目标和年度阶段目标。

（2）项目详细工作内容，说明项目的工作范围、具体内容和技术要求等，在项目实施方案创建过程中，这一部分内容能量化的指标应尽可能量化。

（3）项目实施所采取的方法手段。

（4）预期效果，说明项目完成时所达到的有形或无形的效果。

（5）项目工作进度安排，详细说明各阶段工作安排的时间和项目工作内容完成的时间，这需要项目实施方案的负责人对项目有全方位的掌控和评估能力，尽力让项目实施的时间进度与方案所计划的时间吻合。

（6）实施组织形式，详细说明承担单位、协作单位和各自分工的主要内容。

（7）项目实施预算表，这是项目实施方案中很重要的一项，能够评估项目的价值和项目能为建设单位带来的利润或收益。具体到每一项目，则要根据项目的特点来制定适合的项目实施方案。

实施方案要把某项工作的内容、目标要求、实施的方法步骤，以及领导保证、督促检查等各个环节都做出具体明确的安排。工作分几个阶段、什么时间开展、什么人来负责、领导及监督如何保障等，都要做出明确安排。实施方案是为完成某项目而进行的活动或努力工作过程的方案制定，是项目单位能否顺利和成功实施的重要保障和依据。

2. 计算机网络采购、安装和调试

计算机网络包括计算机和网络两部分。按照系统设计说明书所列举的设备清单采购计算机和网络设备，系统施工人员安装和调试计算机和网络设备。

3. 程序编制与调试

程序编制与调试的主要任务是将详细设计产生的每一模块用某种程序设计语言予以实现，并检验程序的正确性。为了保证程序编制与调试及后续工作的顺利进行，一般情况下，程序的编制与调试在 GIS 提供的环境下进行，根据具体的问题，分析、编写详细的程序流程图，确定程序规范化措施，最后完成程序的编制、调试、测试。程序编制可以采用结构化程序设计方法，使每一程序都具有较强的可读性和可修改性。当然也可以采用面向对象的程序设计方法。每一个程序都应有详细的程序说明书，包括程序流程图、源程序、调试记录及要求的数据输入格式和产生的输出形式。

4. 数据采集与数据库建立

GIS 过程中需要投入大量的人力进行数据的采集、整理和录入工作。GIS 规模大，数据类型复杂多样，数据的收集与准备是一项既繁琐，工作量又巨大的任务。要求数据库模式确定后就进行数据的输入，对数据的输入应按数字化作业方案的要求严格进行，输入人员应进行相应程序的培训工作。

5. 系统测试

系统调试与测试是指对新建 GIS 系统进行从上到下全面的测试和检验，看它是否符合系统需求分析所规定的功能要求，发现系统中的错误，保证 GIS 的可靠性。一般来说，应当由系统分析员提供测试标准，制定测试计划，确定测试方法，然后和用户、系统设计员、程序设计员共同对系统进行测试。测试的数据可以是模拟的，也可以是来自用户的实际业务，经过新建 GIS 的处理，检验输出的数据是否符合预期的结果，能否满足用户的实际需求，对不足之处加以改进，直到满足用户要求为止。

测试可采用如下流程实施：设计一组测试用例→用各个测试用例的输入数据实际运行被测程序→检测实际输出结果与预期的输出结果是否一致。这里供测试用的数据具有非常重要的作用，为了测试不同的功能，测试数据应满足多方面的要求，含有一定的错误数据，数据之间的关系应符合程序要求。

6. 人员的技术培训

GIS 的建设需要很多人员参加，包括系统开发人员和操作人员，为了保证 GIS 的调试和用户尽快掌握，应提前对有关开发人员、操作人员进行培训，掌握 GIS 的概貌和使用方法。对于一般人员和领导，也应给予一定的宣传和教育，使其对新建 GIS 系统有所了解，关心和支持 GIS 的实施工作。

GIS 的开发与实施阶段将产生一系列的系统文档资料，一般包括用户手册、使用手册、系统测试说明书、程序设计说明书、测试报告等。

1.2.5 系统调试

1. 系统维护

GIS 的维护主要包括以下四个方面的内容。

（1）纠错。纠错性维护是在系统运行中发生异常或故障时进行的，往往是对在开发期间未能发现的遗留错误的纠正。任何一个大型的 GIS 系统在交付使用后，都可能发现潜藏的错误。

（2）数据更新。数据是 GIS 运行的"血液"，为保证 GIS 中数据的现势性，需进行数据的及时更新，包括地形图、各类专题图、统计数据、文本数据等空间数据和属性数据。由于空间数据在 GIS 中具有庞大的数据量，研究如何利用航空和多种遥感数据实现对 GIS 数据库的实时更新具有重要的意义。例如，可借助航空影像实现对地图的更新。

（3）完善和适应性维护。包括软件功能扩充、性能提高、用户业务变化、硬件更新、操作系统升级、数据形式变换引起的对系统的修改维护。

（4）硬件设备的维护。包括机器设备的日常管理和维护工作。例如，一旦机器发生故障，就要有专门人员进行修理。另外，随着业务的需要和发展，还需对硬件设备进行更新。为了避免系统维护过程中带来的副作用（对其他过程或子系统的影响），加强维护过程中的管理工作是非常重要的，要求按如下步骤严格执行：提出修改需求→领导批准→分配维护任务→验收工作结果。

2．系统评价

评价是指对 GIS 的性能进行估计、检查、测试、分析和评审。包括用实际指标与计划指标进行比较，以及评价系统目标实现的程度，在 GIS 运行一段时间后进行。系统评价的指标包括经济指标、性能指标和管理指标各个方面，最后的评价结果应形成系统评价报告。

1.3　GIS 工程研究内容

GIS 工程总是面向具体的应用而存在，针对工程建设领域内的具体应用，GIS 工程研究内容主要表现为不同应用环境下的硬件网络系统建设；支持种类繁多、格式多样、结构复杂的海量数据的软件开发；多模式、多尺度、多形态、多时态和多主题的地理空间数据库建立。

1.3.1　系统工程的理论研究

系统工程作为一门交叉学科，日益向多种学科渗透和交叉发展。系统工程的大量实践，运筹学、控制论、信息论等学科的迅速发展，以及其他科学技术部门，特别是物理学、数学、理论生物学、系统生态学、数量经济学、定量社会学等，都有了新的发展和突破，这些不同领域的科学成就，除了具有本学科的特点之外，实际上都在不同程度上揭示了系统的一些性质和规律。系统工程作为一门软科学，日益受到人们的重视。软科学是日本学者在 20 世纪 70 年代提出的。软科学需要运用现代科学技术体系以至整个人类知识体系所提供的知识，去研究和解决实践中的复杂性问题，为决策和组织管理提供科学依据。20 世纪 80 年代中期，国际科学界兴起了对复杂性问题的研究，一个突出的标志是 1984 年在美国新墨西哥州成立了以研究复杂性为宗旨的圣菲研究所（the Santa Fe Institute，SFI）。1994 年，在圣菲研究所成立 10 周年之际，霍兰正式提出复杂适应系统（complex adaptive system，CAS）理论。CAS 理论的提出为人们认识、理解、控制、管理复杂系统提供了新的思路。由于思想新颖和富有启发性，它已经在许多领域得到了应用。在经济、生物、生态与环境及其他一些社会科学与自然科学领域中，CAS 理论的概念和方法都得到了不同程度的应用和验证。

1．系统工程科学的学科体系

我国著名科学家钱学森提出了一个清晰的现代科学技术的体系结构，认为从应用实践到基础理论，现代科学技术可以分为四个层次：首先是工程技术这一层次；其次是直接为工程技术提供理论基础的技术科学这一层次；再次是基础科学这一层次；再进一步综合，最后才是练达到最高概括的马克思主义哲学，如图 1.3 所示。

在此基础上钱学森又进一步提出了一个系统科学的体系结构，认为系统科学是

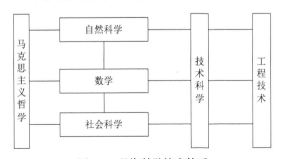

图 1.3　现代科学技术体系

由系统工程这类工程技术、系统工程的理论方法（如运筹学、系统理论等）这一类技术科学（统称为系统学），以及它们的基础理论和哲学层面的科学所组成的一类新兴科学，如图 1.4 所示。

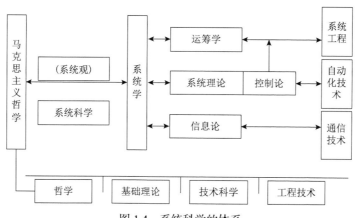

图 1.4 系统科学的体系

系统科学的体系结构分为四个层次：第一层次是系统工程、自动化技术、通信技术等，这是直接改造自然界的工程技术层次；第二层有运筹学、系统理论、控制论、信息论等，是系统工程的直接理论，属技术科学层次；第三层次是系统学，它是系统科学的基础理论；最高一层是系统观，这是系统的哲学和方法论的观点，是系统科学通向马克思主义哲学的桥梁和中介。

系统学主要研究系统的普遍属性和运动规律，研究系统演化、转化、协同和控制的一般规律，研究系统间复杂关系的形成法则，结构和功能的关系，有序、无序状态的形成规律，以及系统仿真的基本原理等，随着科学的发展，它的内容也在不断丰富。由于其尚处于起步阶段，还不够成熟，因而学者们对系统科学学科体系的认识仍有较大差异。

系统工程是从实践中产生的，它用系统的思想与定量和定性相结合的系统方法处理大型复杂系统的问题，是一门交叉学科。系统工程是根据总体协调的需要，把自然科学和社会科学的某些思想、理论、方法、策略和手段等有机地联系起来，把人们的生产、科研、经济和社会活动有效地组织起来，应用定量和定性分析相结合的方法和计算机等技术工具，对系统的构成要素、组织结构、信息交换和反馈控制等功能进行分析、设计、制造和服务，从而达到最优设计、最优控制和最优管理的目的，以便最充分地发挥人力、物力和信息的潜力，通过各种组织管理技术，使局部和整体之间的关系协调配合，以实现系统的综合最优化。

系统工程是一门工程技术，但它与机械工程、电子工程、水利工程等其他工程学的某些性质不尽相同。上述各门工程学都有其特定的工程物质对象，而系统工程则不然，任何一种物质系统都能成为它的研究对象，而且不只限于物质系统，它可以包括自然系统、社会经济系统、经营管理系统、军事指挥系统等。因为系统工程处理的对象主要是信息，所以系统工程是一门"软科学"。系统工程在自然科学与社会科学之间架设了一座沟通桥梁。现代数学方法和计算机技术，通过系统工程，为社会科学研究增加了极为有用的定量方法、模型方法、模拟实验方法和优化方法。系统工程为从事自然科学的工程技术人员和从事社会科学的研究人员的相互合作开辟了广阔的道路。

2. 系统工程的理论基础

1）信息论

信息论是研究信息的产生、获取、变换、传输、存储、处理识别及利用的学科。信息论还研究信道的容量、消息的编码与调制问题，以及噪声与滤波的理论等方面的内容。

信息论于 20 世纪 40 年代末产生，其主要创立者是美国的数学家香农和维纳。人们根据不同的研究内容，把信息论分成三种不同的类型：狭义信息论，即香农信息论，主要研究消息的信息量、信道（传输消息的通道）容量及消息的编码问题。一般信息论，主要研究通信问题，但还包括噪声理论、信号滤波与预测、调制、信息处理等问题。广义信息论，不仅包括前两项的研究内容，而且包括所有与信息有关的领域，但其研究范围却比通信领域广泛得多，是狭义信息论在各个领域的应用和推广，因此，它的规律也更一般化，适用于各个领域，所以它是一门横断学科。广义信息论，也称为信息科学。信息科学是以信息为主要研究对象，以信息的运动规律和应用方法为主要研究内容，以计算机等技术为主要研究工具，以扩展人类的信息功能为主要目标的一门新兴的综合性学科。

信息具有主客体二重性。信息是物质相互作用的一种属性，涉及主客体双方；信息表征信源客体存在方式和运动状态的特性，所以它具有客体性、绝对性；但接收者所获得的信息量和价值的大小，与信宿主体的背景有关，表现了信息的主体性和相对性。信息的产生、存在和流通，依赖于物质和能量，没有物质和能量就没有能动作用。信息可以控制和支配物质与能量的流动。

信息量是信息论中量度信息多少的一个物理量。它从量上反映具有确定概率的事件发生时所传递的信息。信息的量度与它所代表的事件的随机性或各种事件发生的概率有关，事件发生的概率大，事先容易判断，有关此事件的消息排队事件发生的不确定程度小，则包含的信息量就小；反之则大。从这一点出发，信息论利用统计热力学中熵的概念，建立了对信息的量度方法。在统计热力学中，熵是系统的无序状态的量度，即系统的不确定性的量度。

信息论研究运用了类比方法和统计方法：①信息论运用了科学抽象和类比方法，将消息、信号、情报等不同领域中的具体概念进行类比，抽象出了信息概念和信息论模型；②针对信息的随机性特点，运用统计数学（概率论与随机过程），解决了信息量问题，并扩展了信息概念，充实了语义信息、有效信息、主观信息、相对信息、模糊信息等方面的内容。

2）控制论

控制论（cybernetics）是研究动物（包括人类）和机器内部的控制与通信的一般规律的学科，着重于研究过程中的数学关系，是综合研究各类系统的控制、信息交换、反馈调节的科学，是跨人类工程学、控制工程学、通信工程学、计算机工程学、一般生理学、神经生理学、心理学、数学、逻辑学、社会学等众多学科的交叉学科。在控制论中，"控制"的定义是：为了"改善"某个或某些受控对象的功能或发展，获得并使用信息，以这种信息为基础而选出的、加于该对象上的作用。由此可见，控制的基础是信息，一切信息传递都是为了控制，进而任何控制又都有赖于信息反馈来实现。信息反馈是控制论的一个极其重要的概念。通俗地说，信息反馈就是指由控制系统把信息输送出去，又把其作用结果返送回来，并对信息的再输出发生影响，起到制约的作用，以达到预定的目的。信息和控制是信息科学的基础和核心。信息和控制在 cybernetics 中具有同等地位，两者是不可分割的，它们一起反映了客观世界的可知性和可改造性。

工程控制论可以被理解为控制论运用于工程技术方面而形成的自动控制理论。控制论与工程控制论在学科体系中属于两个不同的层次，后者又称为自动控制理论，或简称为控制理论（control theory），还有人称为系统理论（system theory）。必须将控制论与控制理论这两个概念区别开来。控制理论是在运用控制论原理时发展起来的一整套数学理论和设计方法。虽然目前发展已扩大应用到生物、生态、社会、经济等领域，但前期主要立足于工程技术，即为自动控制系统设计服务。早在 Norbert Wiener 提出控制论之前，控制理论已经有了很大的发展，并根据社会生产的需要，在时域频域上围绕稳定性问题提出了相应的数学模型和反馈的概念，同时也得出稳定性的条件和判据。Norbert Wiener 在总结前人理论的基础上，对控制的概念进行了拓展，提出了控制论的概念，其创立的本意在一定意义上更侧重信息的作用，更突出信息的本质，更强调信息在工程技术中、在生物界，以及后来在社会经济领域所具有的特殊功能。

3）系统论

系统论是研究系统的一般模式、结构和规律的学问，它研究各种系统的共同特征，用数学方法定量地描述其功能，寻求并确立适用于一切系统的原理、原则和数学模型，是具有逻辑和数学性质的一门科学。系统论是通过对各种不同的系统进行科学理论研究而形成的关于适用一切种类系统的学说，其主要创始人是美国的理论生物学家贝塔朗菲。

系统论的核心思想是系统的整体观念。贝塔朗菲强调，任何系统都是一个有机的整体，它不是各个部分的机械组合或简单相加，系统的整体功能是各要素在孤立状态下所没有的性质。他用亚里士多德的"整体大于部分之和"的名言来说明系统的整体性，反对那种认为要素性能好，整体性能一定好，以局部说明整体的机械论的观点。同时认为，系统中各要素不是孤立地存在着，每个要素在系统中都处在一定的位置上，起着特定的作用。要素之间相互关联，构成了一个不可分割的整体。要素是整体中的要素，如果将要素从系统整体中割离出来，它将失去要素的作用。一般系统具有物质、能量和信息三个要素。

系统论的基本思想方法就是把所研究和处理的对象当作一个系统，分析系统的结构和功能，研究系统、要素、环境三者的相互关系和变动的规律性，并优化系统观点看问题。系统是多种多样的，可以根据不同的原则和情况来划分系统的类型。按人类干预的情况可划分为自然系统、人工系统；按学科领域就可分成自然系统、社会系统和思维系统；按范围划分则有宏观系统、微观系统；按与环境的关系划分有开放系统、封闭系统、孤立系统；按状态划分有平衡系统、非平衡系统、近平衡系统、远平衡系统等。此外，还有大系统、小系统的相对区别。大系统目前没有严格的定义，一般所说的大系统是指包括工程技术、社会经济、生物、生态等各领域的大型而复杂的系统，其特征就是规模庞大、结构复杂、功能综合。大系统理论的研究对象是大系统，即研究规模庞大、结构复杂、目标多样、功能综合、因素众多的各种工程或非工程的大系统的综合自动化问题的理论，是控制论、系统工程、运筹学的继续和发展，涉及工程技术、社会经济、生物生态三个领域。

系统论的任务，不仅在于认识系统的特点和规律，更重要的还在于利用这些特点和规律去控制、管理、改造或创造一个系统，使它的存在与发展合乎人的目的需要。也就是说，研究系统的目的在于调整系统结构，协调各要素关系，使系统达到优化目标。

3. 系统工程理论新发展

系统论、信息论、控制论俗称老三论。系统理论目前已经显现出几个值得注意的趋势和特点：第一，系统论与控制论、信息论、运筹学、系统工程、电子计算机和现代通信技术等新兴学科有相互渗透、紧密结合的趋势；第二，系统论、控制论、信息论，正朝着"三归一"的方向发展，现已明确系统论是其他两论的基础；第三，耗散结构论、协同论、突变论、模糊系统理论等新的科学理论，从各方面丰富发展了系统论的内容，有必要概括出一门系统学作为系统科学的基础科学理论；第四，系统科学的哲学和方法论问题日益引起人们的重视。在系统科学的这些发展趋势下，国内外许多学者致力于综合各种系统理论的研究，探索建立统一的系统科学体系的途径。瑞典斯德哥尔摩大学萨缪尔教授 1976 年在一般系统论年会上发表了将系统论、控制论、信息论综合成一门新学科的设想。在这种情况下，美国的《系统工程》杂志也改称为《系统科学》杂志。我国有的学者认为系统科学应包括：系统概念、一般系统理论、系统理论分论、系统方法论（系统工程和系统分析包括在内）和系统方法的应用等五个部分。系统科学领域中把耗散结构论、协同论、突变论合称为"新三论"。

1）耗散结构论

20 世纪 70 年代比利时物理学家普利高津提出耗散结构理论，获 1977 年诺贝尔奖。耗散结构论把宏观系统区分为三种：①与外界既无能量交换又无物质交换的孤立系；②与外界有能量交换但无物质交换的封闭系；③与外界既有能量交换又有物质交换的开放系。他指出，孤立系统永远不可能自发地形成有序状态，其发展的趋势是"平衡无序态"；封闭系统在温度充分低时，可以形成"稳定有序的平衡结构"；开放系统在远离平衡态并存在负熵流时，可能形成"稳定有序的耗散结构"。耗散结构理论可概括为：一个远离平衡的开放系统（力学的、物理的、化学的、生物的），在外界条件变化达到某一特定阈值时，量变可能引起质变。系统通过不断与外界交换能量与物质，就可能从原来的无序状态转变为一种时间、空间，或功能的有序状态。

2）协同论

协同论也称协同学或协和学，是研究不同事物共同特征及其协同机理的新兴学科，是近十几年来获得发展并被广泛应用的综合性学科。它着重探讨各种系统从无序变为有序时的相似性。协同论认为，千差万别的系统，尽管其属性不同，但在整个环境中，各个系统间存在着相互影响而又相互合作的关系。

协同论的创始人哈肯说过，他把这个学科称为"协同学"，一方面是由于人们所研究的对象是许多子系统的联合作用，以产生宏观尺度上的结构和功能；另一方面，它又是由许多不同的学科进行合作，来发现自组织系统的一般原理。支配原理是协同论的核心原理。协同论认为考察复杂系统的演变可以发现绝大多数的因素是一些衰减得很快的变量，称为快变量；而另一些少数的变量，在系统的发展中变化较慢，并且主宰着整个系统的演变方向，决定着系统的客观（有序）状态，称为慢变量或序参量。哈肯在协同论中描述了临界点附近的行为，阐述了慢变量支配原则和序参量概念，认为事物的演化受序参量的控制，演化的最终结构和有序程度取决于序参量。不同的系统序参量的物理意义也不同。例如，在激光系统中，光场强度就是序参量。

协同论指出，一方面，对于一种模型，随着参数、边界条件的不同及涨落的作用，所得到的图样可能很不相同；另一方面，对于一些很不相同的系统，却可以产生相同的图样。由此可以得出一个结论：形态发生过程的不同模型可以导致相同的图样。在每一种情况下，都可能存在生成同样图样的一大类模型。

当一个竞争系统中同时存在几个序参量时就会发生合作、反馈、制约或斗争的种种协同作用。当系统处于稳定状态时，系统就是包含着由几个序参量所决定的客观结构的"种子形态"，哪些"种子"能最终主导整个系统或最终成为系统结构的一部分，取决于序参量在系统中具体的竞争与合作的态势。

按哈肯的理解，没有外部工头的命令，工人们也能依靠某种相互默契，协同工作，各尽职责生产产品。自组织的显著特点表现在，行动是在没有外部命令的情况下产生的，即对于自组织系统来说，运动是由内因所驱使的，只有当子系统之间存在着作用与反作用，当且仅当相互作用达到了协调、同步时才会出现。协同作用广泛地表现在生物系统、自然系统和社会系统中。例如，人体就是一个高度协同的有序结构：如果人体内部各子系统间的联系和协调出现紊乱，人便会生病，药物和各种治疗方法的作用就是调节各子系统的联系，使它们能协调地运行，使整体再回到高度自主协调的有序状态（健康状态）。协同论可以解释目前前沿的企业内部的改组及虚拟企业。

3）突变论

"突变"一词，法文原意是"灾变"，是强调变化过程的间断或突然转换的意思。突变论的主要特点是用形象而精确的数学模型来描述和预测事物的连续性中断的质变过程。突变论是研究客观时间非连续性突然变化现象的一门新兴科学，以法国数学家托姆为代表。突变论研究的内容是从一种稳定组态跃迁到另一种稳定组态的现象和规律。

突变论认为，系统所处的状态可用一组参数描述。当系统处于稳定态时，标志该系统状态的某个函数取唯一的值。当参数在某个范围内变化，该函数值有不止一个极值时，系统必然处于不稳定状态。系统从一种稳定状态进入不稳定状态，随参数的再变化，又使不稳定状态进入另一种稳定状态，那么，系统状态就在这一刹那间发生了突变。突变论给出了系统状态的参数变化区域。

突变论提出，高度优化的设计很可能有许多不理想的性质，因为结构上最优，常常联系着对缺陷的高度敏感性，就会产生特别难以对付的破坏性，以致发生真正的"灾变"。在工程建造过程中，高度优化的设计常常具有不稳定性，当出现不可避免的制造缺陷时，由于结构高度敏感，其承载能力将会突然变小，而出现突然的全面的塌陷。突变论不仅能够应用于许多不同的领域，而且能够以不同的方式来应用。

4. 系统工程的运筹学

运筹学（operation research）是应用分析、试验和量化的方法，对经济管理系统中人力资源、资金资源、物质资源在有限的情况下进行统筹安排，为决策者提供充分依据的最优方案，以实现最有效的管理。运筹学的分支为：线性规划（linear program）、非线性规划（non-linear program）、动态规划（dynamic program）、对策论（game theory）、排队论（queue theory）和库存论（inventory theory）。

1）线性规划和非线性规划

在经营管理中，需要恰当地运转由人员、设备、材料、资金、时间等因素构成的体系，以便有效地实现预定工作任务。这一类统筹计划问题用数学语言表达出来，就是在一组约束条件下寻求一个目标函数的极值问题。当约束条件为线性方程式，目标函数为线性函数时，就为线性规划问题；当目标函数和约束条件是非线性时，就为非线性规划问题。

2）动态规划

有些决策问题不是静态的问题，而是复杂的需要多段决策的问题，前一阶段的决策将影响下一阶段的决策。动态规划是将一个复杂的多段决策问题分解为若干相互关联的较易求解的子决策问题，以寻求最优决策的方法。

3）对策论

两方或多方为获取某种利益，达到某种目的进行较量，从而导致优胜劣汰的现象，称为竞争。参与竞争的各方都是理智的主体，拥有各自的策略集（使用对自己有利的策略），通过策略较量而分出胜负、输赢，属于策略性竞争。如何在竞争中通过正确运用策略以赢得竞争，就是对策问题。对策活动可以看成由局中人（拥有策略、参与竞争者）、策略集和得失函数三个要素组成的系统。最典型的案例是田忌赛马。

4）排队论

排队论主要研究排队现象的统计规律性，用以指导服务系统的最优设计和最优经营策略。

服务系统中，顾客和服务台有相互依存和制约的关系。顾客是随机到达的，服务台的服务能力有限，于是出现有时顾客为等待服务而排队，有时服务台因没有顾客而空闲的情况。

顾客来到服务台（称为输入）有其自身的统计特性，排队等待服务须遵守排队规则，服务台提供服务也有一定的服务规则，三者相互关联和制约形成一种特殊的系统。

根据每种具体情况下输入、排队和服务的特性，在服务台收益、服务强度和顾客需要（尽量减少排队损失）之间做出合理的安排，就是排队问题。

5）库存论

人们在生产和日常生活活动中往往将所需的物资、用品和食物暂时地储存起来，以备将来使用或消费。这种储存物品的现象是应对供应（生产）与需求（消费）之间的不协调的一种措施，这种不协调性一般表现为供应量与需求量和供应时期与需求时期的不一致性，出现供不应求或供过于求。人们在供应与需求这两环节之间加入储存这一环节，就能缓解供应与需求之间的不协调，以此为研究对象，利用运筹学的方法去解决最合理、最经济的储存问题。专门研究这类有关存储问题的科学，构成运筹学的一个分支，称为库存论。

1.3.2　GIS 软件工程

软件是对于客观事物工作规律及内在机制的一种具体描述，是客观事物在计算机技术层面的直接反映。其基本的特性是能够反映客观世界不断变化的需要。软件的本质特征是软件的演化性及软件的构造性。应用软件模型实现更为直接的表达，更符合用户的思维习惯，正是对于软件本质属性的阐述。

软件开发从本质意义上来说就是完成高层概念到低层概念之间的映射，实现不同层次的逻辑之间的转换。对于大型应用软件，其映射的结构及映射关系较为复杂。按照目前的基本要求及规范，软件工程是以计算机科学的基本理论及相关技术为基础，采用工程管理的模式及方案，对软件产品进行定义、开发、维护及后期的管理。

软件工程技术研究的主要内容是"低层概念"与"高层概念"之间的映射关系，从而解决"低层处理逻辑"和"高层处理逻辑"之间的问题。对于一项大型的软件开发工程，要处理好这两项工作是十分困难的。不仅要考虑如何设计开发这项工程，还要考虑工作人员的安排、工程资金的开支、工程进度的把握、工程方案的调整、内部人员的协调等问题。工作人员必须计划好开发的软件需要具备怎样的功能，需要何种编程语言，各个工作人员分工负责的板块是哪些，工程的总投资，在工作过程中如何协调不同技术部门的人员，使之密切配合。

这一切都不是一朝一夕能够完成的，因此计算机软件工程技术是一项复杂而繁琐的技术，并不是一个人或一个团队就可以轻易完成的。

软件开发需要注意的原则：其一是要保证设计的软件具有实用性，能够帮助顾客完成一些工作或者提供决策；其二是要提高开发软件的质量，使之能够适应各种型号的电脑，延长软件的使用寿命；其三是能够不断升级该软件，优化其功能；其四是要保证软件的安全性，能够屏蔽客户的隐私，最好能设计出模块化的软件，方便客户使用。

软件工程最为基本的目标是实现产品的正确性、可用性及合算性。正确性就是所设计的软件要能够达到预先设定的目标，完成相应的设计功能；可用性指的是软件的基本结构及相关支撑资料可以满足用户的需求；合算性则指的是软件的成本与性能之间的平衡。因此，软件工程的开发过程就是生产一个最终满足用户需求且达到工程目标的软件产品所需要的步骤。一般而言，主要包含需求设计分析、功能实现、客户确认及支持等一系列过程。

软件工程的开发设计必须遵循以下四个原则：首先是采用合理的设计方法，设计要体现模块化的思维，要能够考虑到软件的一致性及集成组装性等方面的问题；其次是采用合理的开发风格，以保证软件开发的可持续性，不断满足用户提出的新要求；再次是能够为软件开发提供高质量的工程支持，保证按期向客户提交符合要求的软件产品；最后是能够保证对软件工程的有效管理。

对一个软件开发项目来说，需要多个层次、不同分工的人员相配合，在开发项目的各个部分及各开发阶段之间也存在着许多联系和衔接问题。把这些错综复杂的关系协调好，需要有一系列统一的约束和规定。在软件开发项目取得阶段成果和最后完成时，需要进行阶段评审和验收测试。投入运行的软件，其维护工作中遇到的问题又与开发工作有着密切的关系。软件的管理工作则渗透到软件生存期的每一个环节。这些都要求提供统一的行动规范和衡量准则，使得各种工作都能有章可循。

1.3.3 地理空间数据工程

数据工程是关于数据生产和数据使用的信息系统工程。其主要内容包括数据建模、数据标准化、数据管理、数据应用和数据安全等。

随着地理信息系统应用的深入发展，如何更加高效地采集与更新、组织和利用地理空间数据成为空间信息科学研究的一项重要内容。在研究和实践中形成了三方面的共识：①地理空间数据是以地球表面空间位置为参照，描述自然、社会和人文景观的数据。它是 GIS 的操作对象，也是 GIS 工程建设的核心。②在地理信息系统建设中，数据获取方面的成本占据了非常高的比例，据统计，可以高达 50%～70%。③空间数据的数据量非常大，但是数据的加工和处理仍然是一个"瓶颈"。如何低成本、高效地生产和利用空间数据成为地理信息应用建设的重点。

地理空间数据工程实施的难点包括：①不同尺度的地理空间数据获取有不同几何精度的要求，需要相应的测绘技术方法。例如，大比例尺的地理空间数据获取一般采用 GPS 和全站仪实地测量；大中比例尺的地理空间数据获取一般采用航空摄影测量；小比例尺的地理空间数据获取一般采用较大比例尺的地理空间数据缩小编辑或遥感修测。②空间数据海量的特点，使获取成本较高，并且获取活动中易受操作因素的影响，造成一定的数据质量问题。③地理空间实体形态多样，数据结构复杂，从空间数据中提取信息是困难的，即空间数据难以充分利用。④同一客观世界，不同社会部门或学科领域的人群，往往在所关心的问题、研究的对象等方面存在差异，不同信息组团之间存在数据的共享"藩篱"。⑤地理空间数据往往具有时态特征。

在地理空间数据工程实践中，包含的操作活动是多种多样的，如空间数据获取、空间数据分析、空间数据表达、空间数据共享、空间数据再加工衍生新的数据产品等。这些活动可以分为三类，即过程核心活动、过程非核心活动和支持活动，其中，过程核心活动包括空间数据获取、预处理、管理、分析和表达等构成一个 GIS 应用的基本活动；而空间数据共享、空间数据再加工等属于过程非核心活动，它们不是应用过程中必需的活动，但是起到了提高数据使用效率和质量的作用。通常过程核心活动、过程非核心活动都将原始空间数据作为其输入，并且输出结果为经过加工后的空间数据产品，而支持活动并不直接处理空间数据，如文档活动、管理活动等都属于支持活动，它们对于保障空间数据工程的顺利实施具有重要的意义。

为了较好地解决上述问题，地理空间数据工程需要研究的内容可以分为两个主要方面，即工程实践研究和相关支持技术研究，具体包括：①地理空间数据工程活动及方法学研究；②地理空间数据工程过程模型研究；③地理空间数据工程支持工具及地理工作流研究；④地理空间数据质量评估和控制研究；⑤地理空间数据共享和空间元数据研究；⑥多源地理空间数据集成及地理框架数据建设；⑦地理空间数据工程标准和规范及相关法规研究。

1.3.4　地理信息系统标准

地理信息系统主要包括地理信息系统软件和地理空间数据。地理信息系统标准研究也分为地理信息系统软件标准和地理空间数据标准。

1. GIS 软件标准

众所周知，计算机（硬件）一问世，软件即如影随形而来，并进而发展成一门产业——软件产业。20 世纪 60 年代后期，面临软件危机，计算机科学家们开始研究解决软件危机的方法，并逐渐形成了计算机科学技术领域中的一门新兴学科——软件工程学。软件工程学是研究采用工程的概念、原理和方法进行软件开发和维护的一门学科。它是软件发展到一定阶段的产物。软件工程学的出现既有工程技术发展提供的客观背景，也是软件发展的必然。软件发展到软件工程学时代，根本上摆脱了软件"个体式"或"作坊式"的生产方法，人们更注重项目管理和采纳形式化的标准及规范，并以各种生命周期模型来指导项目的开发进程。在此期间出现了计算机辅助软件工程（computer aided software engineering，CASE）工具，被广泛用于辅助人们的分析和设计活动，并试图通过创建软件开发环境和软件工厂等途径来提高软件生产率和软件产品质量。

随着软件工程学的蓬勃发展，政府部门、软件开发机构及使用部门等都深切感到了在软件工程领域内制定各种标准的迫切性，于是软件工程标准应运而生。软件工程标准是对软件开发、运行、维护和引退的方法和过程所做的统一规定。软件工程标准体系可分为四个部分：过程标准、产品标准、行业标准和记法标准。其中，过程标准和产品标准是软件工程标准的最基本也是最主要的组成部分。过程标准是用来规定软件工程过程中（如开发、维护等）所进行的一系列活动或操作及所使用的方法、工具和技术的标准。产品标准用于规定软件工程过程中，正式或非正式使用或产生的那些产品的特性（完整性、可接受性）。软件开发和维护活动的文档化结果就是软件产品。

软件工程标准体系应是一个动态的体系，以适应不断变化的环境需求。对于一些不适用的标准应及时作废或修订，对于新的需求应制定新的标准。对于不断涌现的新的软件工程技术，如软件过程评估、软件安全性分析、软件风险管理及软件重用等也应积极开展标准化研究工作，加强有关标准的制定，以补充完善软件工程标准体系。

软件工程的标准化会给软件工作带来许多好处，例如，提高软件的可靠性、可维护性和可移植性（这表明软件工程标准化可提高软件产品的质量）；提高软件的生产率；提高软件人员的技术水平；提高软件人员之间的通信效率，减少差错和误解；有利于软件管理；有利于降低软件产品的成本和运行维护成本；有利于缩短软件开发周期。

2. 地理空间数据标准

随着我国 GIS 在各领域的广泛应用，已经建成大量的地理信息数据库，这些数据资源分散在各个部门和行业中。首先，由于历史和机制的原因，各个部门基于各自的部门利益，不愿意对外共享数据；其次，由于不同的行业部门采用不同的 GIS 软件，各部门数据采集和管理的方法各不相同，同时，各部门在使用同一商业 GIS 软件时，又做了不同程度的二次开发，于是形成了许多独立、封闭的系统，对数据的共享造成了很大的障碍；最后，不同用户提供的数据可能来自不同的途径，其数据内容、数据格式和数据质量千差万别，因而给数据共享带来了很大困难，有时甚至会遇到数据格式不能转换或数据格式转换后丢失信息的棘手问题，严重阻碍了数据在各部门和各软件系统中的流动与共享。造成上述现象的原因主要是缺乏数据的标准化，以至于数据资源难以共享与利用，导致重复投资和信息资源浪费。降低采集、处理数据的成本，促进数据共享，已经成为各界的共识。

数据标准是指数据的名称、代码、分类编码、数据类型、精度、单位、格式等的标准形式。数据标准的制定对于 GIS 的发展具有重要意义，但目前数据标准的研究仍然落后于 GIS 的发展。数据的标准化是在数据应用实践中，对重复性事物和概念通过制定、发布和实施标准达到统一，以获得最佳秩序和社会效益。

数据标准化不但是一个系统与另一个系统实现数据共享的需要，而且是在一个系统内保持数据的连贯性、持续有效性的需要。GIS 数据的标准化直接影响地理信息的共享，而地理信息共享又直接影响 GIS 的经济效益和社会效益。数据共享的实现除了由国家颁布一定的法律规范来保障外，最需要的是统一的数据标准。数据标准的统一是实现数据共享的前提条件。在数据标准化建设还不是十分成熟的情况下，为了尽可能满足数据共享，在数据生产和数据库建设过程中应尽量满足 GIS 数据标准化所包含的基本内容。

1）统一的地理坐标系统

地理坐标系统又称数据参考系统或空间坐标系，具有公共地理定位基准是地理空间数据的主要特点。通过投影方式、地理坐标、网格坐标对数据进行定位，可使各种来源的地理信息和数据在统一的地理坐标系统上反映出它们的空间位置和四至关系特征。统一的地理坐标系统是各类地理信息收集、存储、检索、相互配准及进行综合分析评价的基础。统一的地理坐标系统是保障数据共享的前提。

2）统一的分类编码

GIS 数据必须有明确的分类体系和分类编码。只有将 GIS 数据按科学的规律进行分类和编码，使其有序地存入计算机，才能对它们进行存储、管理、检索分析、输出和交换等，从而实现信息标准化、数据资源共享等应用需求，并力求实现数据库的协调性、稳定性、高效性。分类过粗会影响将来分析的深度，分类过细则采集工作量太大，在计算机中的存储量也很大。分类编码应遵循科学性、系统性、实用性、统一性、完整性和可扩充性等原则，既要考虑数据本身的属性，又要顾及数据之间的相互关系，保证分类代码的稳定性和唯一性。

3）统一的数据交换格式标准

数据交换格式标准是规定数据交换时采用的数据记录格式，主要用于不同系统之间的数据交换。一个完善的数据交换标准必须能完成两项任务：一是能实现从源系统向目标系统的数据转换，尽管它们之间在数据模型、数据格式、数据结构和存储结构方面存在差别；二是能按一定方法转换空间数据，该方法要跨越两系统硬件结构之间的不同。GIS 软件或数据并不是一次性的"消耗品"，也不是一个专题系统单独使用，而是可多次使用、相互共享的。一般属性数据库仅有几种固定的数据类型，因此数据转换问题比较简单。空间数据与之不同，除了起说明作用的属性数据外，还有起定位作用的空间数据，因此数据共享比较复杂。但是总的原则是制定的数据交换格式应尽量简单实用，能独立于数据提供者和用户的数据格式、数据结构及软硬件环境，数据格式应便于修改、扩充和维护，便于同国内外重要的 GIS 软件数据格式进行交换，保证较强的通用性。在当前 GIS 软件数据格式较多的情况下，应制定一套稳定的数据交换格式标准，并将国家的基础空间数据面向这一标准，逐步向各行业推广。

4）统一的数据采集技术规程

GIS 数据库中涉及多源数据集，它具有数据量大、数据种类繁多，空间定位数据和统计调查数据并存的特点。根据空间数据库的目标和功能，要求数据库全面而准确地拥有尽可能多的有用数据。作业规程中对设备要求、作业步骤、质量控制、数据记录格式、数据库管理及产品验收都应作详细规定。所采集的数据应具有权威性、科学性和现势性等特点。

5）统一的数据质量标准

GIS 数据质量标准是生产、使用和评价数据的依据。数据质量是数据整体性能的综合体现，对数据生产者和用户来说都是一个非常重要的参考因子。它可以使数据生产者正确描述数据集符合生产规范的程度，也是用户决定数据集是否符合应用目的的依据。其内容包括：执行何规范及作业细则；数据情况说明；位置精度或精度评定；属性精度；时间精度；逻辑一致性；数据完整性；表达形式的合理性等。

生产部门数字化作业人员水平，数据生产所采用的各种数据源（地形图、各种遥感影像等）、航摄及解析仪器、数字化设备的精度不同，最终导致 GIS 数据的精度和质量差异。另外，与对地理特征的识别质量和作业人员的专业训练也有很大的关系。为了提高 GIS 数据的质量，需要对 GIS 数据质量进行控制。其内容包括：完整的技术方案；优化的工艺流程；严密的生产组织管理；各环节的质量评价及过程控制等。

6）统一的元数据标准

随着 GIS 数据共享的日益普遍，管理和访问大型数据集正成为数据生产者和用户面临的突出问题。数据生产者需要有效的数据管理、维护和发布办法，用户需要找到快捷、全面和有效的方法，以便发现、访问、获取和使用现势性强、精度高、易于管理和易于访问的 GIS 数据。在这种情况下，数据的内容、质量、状况等元数据信息变得更加重要，成为数据资源有效管理和应用的重要手段。数据生产者和用户都已认识到元数据的重要价值。其内容包括：

基本识别信息；空间数据组织信息；空间参考信息；实体和属性信息；数据质量信息；数据来源信息；其他参考信息。

1.4 GIS 工程与相关学科

任何 GIS 工程都是面向具体的应用的，受用户的背景、要求、能力、用途等诸多因素的制约，用户特定的实际应用目的和要求，贯穿 GIS 建设的设计、建设、评价、维护更新等全过程。从系统的观点出发，立足于整体，统筹全局，又将系统分析和系统综合有机地结合起来，采用定量的或定性与定量相结合的方法，从系统的高度抽象出符合一般 GIS 工程设计和建设的思路和模式，用以指导各种 GIS 工程建设。GIS 工程建设涉及地理空间数据库建设和计算机软件工程两大领域。在地理数据获取中遵循测绘工程原理和方法，采用测绘工程标准，保证地理空间数据的质量；在软件设计和实现上要遵循软件工程的原理，研究软件开发的方法和软件开发工具，争取以较少的代价获取用户满意的软件产品。

1. 系统工程

人们把极其复杂的研制对象称为系统，即由相互作用和相互依赖的若干组成部分结合成具有特定功能的有机整体，而且这个系统本身又是它所从属的一个更大系统的组成部分。系统工程则是组织管理系统的规划、研究、设计、制造、试验和使用的科学方法。系统工程的目的是解决总体优化问题，从复杂问题的总体入手，认为总体大于各部分之和。系统工程所需要的基础理论包括运筹学、控制论、信息论、管理科学等。目前有的大学已开设系统工程专业。

系统工程是一种对所有系统都具有普遍意义的科学方法。地理信息系统建设也是一个复杂的信息工程。地理信息工程是以系统工程的理论为基础，以整体最优的系统的思想为理念，以大型复杂地理信息系统为研究对象，按一定目的进行设计、开发、管理与控制，以期达到总体效果最优的理论与方法。

2. 测绘工程

测绘工程是对地球整体及其表面和外层空间中的各种自然和人造物体上与地理空间分布有关的信息进行采集、处理、管理、更新和利用的科学和技术。测绘是地理信息工程建设获取基础数据的重要手段，然而测绘工程是一项复杂且工作量巨大的工程。现代测绘工程的主要特点概括起来就是"六化"。"六化"即测量内外业作业的一体化、数据获取及处理的自动化、测量过程控制和系统行为的智能化、测量成果和产品的数字化、测量信息管理的可视化、信息共享和传播的网络化。组织测绘工作应遵循的原则是"从整体到局部""先控制后碎部"，这样可以减少误差的累积，保证测图的精度，可以分幅或分区测绘，加快测图进度。现代测绘工程的发展趋势：①以测量机器人为代表的智能和自动化系统的广泛应用；②基于知识和数据挖掘的工程信息系统；③从土木工程测量和三维工业测量到人体医学测量；④多传感器的集成和混合系统；⑤GPS、RS、摄影测量和激光扫描系统等多技术集成与融合；⑥大范围空间数据的快速采集和处理；⑦精密数据处理和海量数据处理方面的数学物理建模；⑧信息服务的网络化和可视化。

3. 软件工程

GIS 软件开发是一项庞大的软件工程，其中既涉及地学、信息处理等科学知识，又涉及图形图像处理、网络、数据库等计算机程序设计的高深技术。GIS 软件开发也存在规划、组织、协调的问题。运用软件工程思想和严格按照软件工程开发的步骤来开发 GIS 软件，不断改进 GIS 软件开发过程的科学管理方法，这样才能开发出完善的具有真正的使用价值的软件系统。

4. 信息工程

地理信息系统工程也是一种信息工程，与一般信息系统相比，地理信息系统工程涉及因素众多，概括起来可以分为硬件、软件、数据及人。

1.5 阅读本书需要的相关知识

地理信息系统是地理信息科学的主要内容之一，是在地理学、地图学、测量学、信息学、遥感、统计学、计算机和应用领域等学科基础上发展起来的。学习本书必须了解掌握五类学科领域的知识：第一类是数学。数学是地理信息获取与处理的基础，必须掌握高等数学、线性代数、概率论、数理统计、离散数学等数学知识。第二类是地理科学知识，如自然地理学、人文地理学、环境学、生态学、经济地理学等。第三类是测绘科学知识。测绘学是地理空间数据获取与处理的基础，包括测绘学概论、测量学基础、GPS 原理与应用、航空摄影测量、遥感图像处理、地图学等。第四类是计算机科学知识和技能，主要掌握程序设计、数据结构算法、计算机图形学、数据库原理、计算机网络和人工智能等专业课程。第五类是地理信息科学基础知识，包括地理信息科学基础理论、地理信息技术（地理空间数据获取与处理、地理空间数据库管理、地理空间数据可视化和空间分析原理）、地理信息系统、地理信息系统应用和服务。每类所含学科内容如图 1.5 所示。

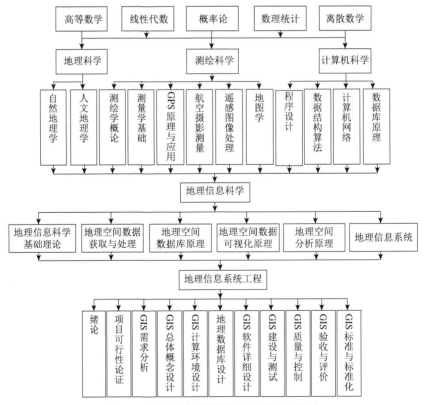

图 1.5 阅读本书所需知识及本书主要内容

第2章 项目可行性论证

可行性论证是项目建设初期最重要的工作。针对项目单位所面临的需求，从市场、技术和经济等方面进行全面、系统地研究分析，并对项目建成后的社会效益和经济效果进行预测，在既定的范围内进行有效的合理选择，以最适当地利用好人力、资源和资金，来较好地达到社会目标和获取经济效益，是项目可行性论证的主要目的。可行性论证分为项目建议和可行性分析两个阶段。项目建议是项目筹建单位根据自身业务现实需求、中长期规划和建设条件，提出某一具体项目的建议文件，是对拟建项目提出的框架性的总体设想，向主管部门申报的项目申请，其目的是获得项目主管部门立项。项目可行性分析是项目决策前，对项目有关的需求、技术、经济、环境、政策、投资、效益和风险等方面做详尽、全面的调查、系统研究与分析，对各种可能的建设技术和工程方案进行充分的比较论证，确定有利和不利的因素、项目是否可行，估计成功率、经济效益和社会效果，为决策者和主管机关的审批提供依据。

2.1 可行性研究概述

一个项目是否值得做，是否可以实现，建设之前必须进行一系列的论证，以免盲目投资。在投资管理中，可行性研究是所有投资项目在筹备或规划阶段必不可少的重要工作，对拟建项目有关的市场、社会、经济、技术等进行调研、分析比较，以及预测建成后的社会经济效益，对有关建设方案、技术方案或施工方案进行技术经济论证。综合论证项目建设的必要性、财务的盈利性、经济上的合理性、技术上的先进性和适应性，以及建设条件的可能性和可行性，从而为投资决策提供科学依据。

2.1.1 可行性研究依据和要求

一般来说，可行性研究以市场需求为立足点，以资源投入为限度，以科学方法为手段，以一系列评价指标为结果。它通常处理两方面的问题：一是确定项目在技术上能否实施，二是如何才能取得最佳效益。

1. 可行性研究政策依据

可行性研究的用途可分为审批性可行性研究报告和决策性可行性研究报告。审批性可行性研究报告主要是项目立项时向政府审批部门申报的书面材料。根据国家投资体制改革要求，我国大部分地区，企业投资类项目采取项目备案制和项目核准制（编制项目申请报告）；政府性项目使用财政资金而编制可行性研究报告。一个拟建项目的可行性研究，必须在国家有关的规划、政策、法规的指导下完成，同时，必须要有相应的各种技术资料。进行可行性研究工作的主要依据如下。

（1）国家经济和社会发展的长期规划，部门与地区规划，经济建设的指导方针、任务、产业政策、投资政策和技术经济政策，以及国家和地方法规等。

（2）有关国家、地区和行业的工程技术、经济方面的法令、法规、标准定额资料等。

（3）有关国家行业部门的相关产业发展现状和规划。

（4）经过批准的项目建议书和在项目建议书批准后签订的意向性协议等。

（5）由国家颁布的建设项目可行性研究及经济评价的有关规定。

（6）包含各种市场信息的市场调研报告。

2. 可行性研究一般要求

可行性研究工作对于整个项目建设过程乃至整个国民经济都有非常重要的意义，为了保证可行性研究工作的科学性、客观性和公正性，有效地防止错误和遗漏，在可行性研究中一般有如下要求。

（1）必须站在客观公正的立场进行调查研究，做好基础资料的收集工作。对于收集的基础资料，要按照客观实际情况进行论证评价，如实地反映客观经济规律，从客观数据出发，通过科学分析，得出项目是否可行的结论。

（2）可行性研究报告的内容深度必须达到国家规定的标准，基本内容要完整，应尽可能多收集数据资料，避免粗制滥造，搞形式主义。

在做法上要掌握好四个要点：①先论证，后决策；②处理好项目建议书、可行性研究、评估这三个阶段的关系，哪一个阶段发现不可行都应当停止研究；③要将调查研究贯彻始终，一定要掌握切实可靠的资料，以保证资料选取的全面性、重要性、客观性和连续性；④多方案比较，择优选取。可行性研究的内容及深度还应尽可能与国际接轨。

（3）为保证可行性研究的工作质量，应保证咨询设计单位足够的工作周期，防止各种原因的不负责任、草率行事。

2.1.2　可行性研究方法和内容

1. 可行性研究方法

可行性研究的方法主要包括调查研究、系统分析和投资估算三个阶段，通常是在用户调查的基础上，针对所建议的解决方案或总体设计，从技术、投资、组织、实施等方面进行的可能性、有效性评估。

1）调查研究

对现行系统调查是 GIS 建设开发的第一步，主要任务是通过用户调查发现系统存在的问题和缺陷，确定新建 GIS 需要解决的问题。调查可采用访问、座谈、填表、抽样、查阅资料、深入现场、与用户一起工作等各种研究方法，获得现行状况的有用资料，解决以下几个问题：①确定对现行系统的调查范围；②发现现行系统存在的问题；③初步确定新建 GIS 的主要目标；④估计新建 GIS 可能带来的效益；⑤根据用户的资金和技术力量分析建立 GIS 是否可行。

（1）发现现行系统存在的问题。通过对现行系统组织机构分工、职能任务范围、业务运作流程、信息处理方法、数据更新情况、设备配置负荷、运维费用开支等各方面的调查研究，指出现行系统在系统架构、系统功能、运行效率、数据更新完善机制、硬件设备、计算环境、管理人员等方面存在的主要问题和薄弱环节，作为待建 GIS 的突破口。

（2）初步确定系统的主要目标。系统目标规定了待建 GIS 建成后所要求达到的运行指标，是进行系统分析与设计、系统实施、系统测试、系统评价与维护的重要依据，对 GIS 生命周期起着重要的作用。通过对现行系统存在的问题、用户多方面的意见和要求、系统建设软硬件环境、当前 GIS 国内外发展水平、投资规模和建设周期等因素的分析，初步确定系统的目标。一般来说，系统目标不可能在调查研究阶段就提得十分具体和确切，随着后续分析和设计工作的逐层深入，新建 GIS 系统目标也将逐步具体化和定量化。

（3）技术力量的调查分析。GIS 是一个横跨多个学科的边缘学科，GIS 建设的各个阶段，需要各种层次、各种专业的技术人员参加，如系统分析人员、设计人员、程序员、地理数据采集和维护人员、软硬件维护人员、组织管理人员等。考虑到新建 GIS 的规模和应用领域，应对从事这些工作的技术人员数量、结构和水平进行调查分析，如果不能投入足够数量的上述人员或者投入人员的技术水平不理想，则可以认为 GIS 建设在技术力量上是不可行的。

（4）资金财力的调查分析。GIS 工程建设需要有足够的资金财力作保证。根据拟建 GIS 的规模，要对 GIS 开发和运行维护过程中所需要的各种费用进行预测估算，包括地理数据采集加工、软件开发、设备购置、人员培训、系统维护和材料消耗等各项支出，衡量能否有足够的资金保证进行 GIS 的工程建设。

（5）地理数据的调查分析。地理数据是地理信息的载体，是系统运行的"血液"。地理数据种类繁多、形式多样、结构复杂，往往同时包括图形数据、图像数据、表格数据、文字数据、统计数据等。要对有关部门所拥有和能够提供的地理数据在数据种类、完备性、准确性、精确性等方面进行深入的调查统计与分析，明确地理数据资料是否实用于 GIS 的有效管理，是否提供 GIS 的有效运行。尤其对于作为定位依据的地理数据，要认真进行精度评估分析。

（6）系统效益调查分析。GIS 建设投资大，短期内效益不明显，往往是社会效益大于经济效益。要对 GIS 建成后带来直接或间接的经济效益和社会效益进行估计，并与 GIS 建设各阶段的投入相比较，看看能够带来多少益处。可从投资回收期、效益/费用、节省人力、减轻劳动强度、改进业务薄弱环节、提高工作效率、提高事务处理的及时性和准确性、辅助决策和提供决策依据等各个方面进行分析预测。

（7）运行可行性的调查分析。评价新建 GIS 运行的可行性及运行后引起的各方面变化（如组织机构、管理方式、工作环境）对社会或人的因素产生的影响，主要包括 GIS 运行后对现有组织机构的影响、现有人员对系统的实用性、对现有人员培训的可行性、人员补充计划的可行性、对环境条件的影响等。

现行系统调查研究要求系统分析员与 GIS 用户、涉及的各部门甚至领导之间进行充分的交流和沟通，正确分析 GIS 建设带来的利弊，最后由系统分析员提交可行性报告。

调查研究法是指通过考察了解客观情况，直接获取有关材料，并对这些材料进行分析的研究方法。调查法可以不受时间和空间的限制。调查研究是可行性研究中一种常用的方法，在描述性、解释性和探索性的研究中都可以运用调查研究的方法。

一般来说，调查研究的基本步骤包括：收集资料、现场考察、数据评估、初步报告。

a. 收集资料。包括建设单位已有的研究成果，市场、项目地点、动力来源、机房设施、硬件设备、地理数据、软件、资金来源、税务、设备材料价格、物价上涨率等有关资料。

b. 现场考察。包括实地调查考察（通过组织人员到所研究的处所实地调查，从而得出结论的方法）、问卷调查法（根据项目的情况和自己要了解的内容设置一些问题，以问卷的形式向相关人员调查的方法）、人物采访法（直接向有关人员采访，以掌握第一手材料的方法）、文献法（通过查阅各类资料、图表等，分析、比较得出结论）等。现场考察多以个体为分析单位，通过问卷、访谈等方法了解调查对象的有关情况，加以分析来开展研究；也可以利用他人收集的调查数据进行分析，即二手资料分析，考察可利用的机房设施、地理数据和软件状况，与建设单位技术人员初步商讨设计资料、设计原则和技术方案。

c. 数据评估。认真检查所有数据及其来源，分析项目潜在的致命缺陷和设计难点，审查并确认可以提高效率、降低成本的技术方案。

d. 初步报告。扼要总结初期工作，列出所收集的设计基础资料，分析项目潜在的致命缺陷，确定参与方案比较的方案。

在项目研究中，应该根据项目的实际情况提出相关的项目研究方法，不一定面面俱到，只要实用就行。初步报告提交建设单位，在得到建设单位的确认后方可进行第二阶段的研究工作。如建设单位认为项目确实存在不可逆转的致命缺陷，则可及时终止研究工作。

2）系统分析

系统分析是可行性研究最基本的方法，可以把一个复杂的项目建设看成系统工程，通过系统目标分析、系统要素分析、系统环境分析、系统资源分析和系统管理分析，准确地诊断问题，深刻地揭示问题起因，有效地提出解决方案和满足客户的需求。根据客户提出的系统功能、性能及实现系统的各项约束条件，从技术的角度研究系统实现的可行性。这是系统开发中最难且最重要的工作。分析重点包括：①风险分析。在给定的条件下能否实现所有功能。②资源分析。建立系统所需资源（人手）能否满足。③技术分析。相关技术的发展是否支持该系统。系统分析方法如下。

（1）分析现行运行过程，获取现行系统流程图。系统分析员在对用户现行工作流程深入调查的基础上，要对现行系统进行深入细致的分析和研究，明确现行系统的目标、规模、界限、主要功能、组织机构、业务流程、数据流程、数据存储、对外联系、日常事务处理与主要存在的问题，获取对现行系统的充分认识与理解。

按照现行系统的职能划分和业务范围，概括抽象出现行系统的业务框图或业务流程图，通过各业务职能的相互关系和可实现程度，初步界定出 GIS 建设可实现的业务内容和可改进的职能。例如，在空间数据库基础上提供空间分析功能的土地管理信息系统，可以实现对土地有关的各项指标的查询、统计，以及进行土地资源的单一或多用途评级、评价，但不可能期望通过该级别 GIS 的建设实现对土地利用的自动规划。

对于以空间数据处理为其对象的部门来说，它的运作需要涉及大量的图形、表格、文档资料，数据流程图是其具体业务过程和作业过程的反映，代表了数据操作的逻辑模型。

（2）进行数据分析，获取数据字典。数据字典是描述数据的信息集合，是对系统中使用的所有数据元素的定义的集合。数据字典对数据流程图中出现的所有空间数据、属性数据进行描述与定义，列出有关数据流条目、文件条目、数据项条目、加工条目的名称、组成、组织方式、取值范围、数据类型、存储形式、存储长度等。

数据流条目：组成、流量、来源、去向。文件条目：文件名、组成、存储方式、存取频率。数据项条目：数据项名、类型、长度、取值范围。处理条目：处理名、输入数据、输出数据、处理逻辑。

（3）现行系统逻辑模型。在理解现行系统"怎样做"的基础上，明确其本质是"做什么"，对现行系统的具体模型进行抽象，去掉那些具体的、非本质的、在进一步深入分析中造成不必要负担的东西，获取反映系统本质的逻辑模型，作为待建 GIS 逻辑模型的依据。

（4）进行用户需求分析与描述。在对现行系统深入分析的基础上，找出现行系统存在的问题和弊端，对用户提出的要求进行综合抽象和提炼，形成对待建 GIS 需求的文字描述，包括对功能需求、性能需求、数据管理能力需求、可靠性需求、安全保密需求、用户接口需求、联网需求、软硬件需求、运行环境需求等的文字描述。

（5）明确待建 GIS 的目标。对可行性分析中的目标进行进一步深化明确，获得待建 GIS 更加明确具体的目标。

（6）导出待建 GIS 的逻辑模型。这是系统分析中实质性的一步。将待建系统的逻辑模型与待建 GIS 的目标相比较，找出逻辑上的差别，决定变化的范围，明确待建 GIS "做什么"；将变化的部分看作新的处理步骤或模块，对现有数据流程图进行调整；由外向内逐层分析，获得待建 GIS 的逻辑模型。

（7）制定设计实施的初步计划。对工作任务进行分解，确定各子系统（或模块）开发的先后顺序，分配工作任务，落实到具体的组织和人；对 GIS 建设的时间进度进行安排；对 GIS 建设费用进行评估。

3）投资估算

投资估算贯穿于整个建设项目投资决策过程之中，投资决策过程可划分为项目的投资机会研究或项目建议书阶段、初步可行性研究阶段及详细可行性研究阶段，因此投资估算工作也分为相应三个阶段。不同阶段所具备的条件和掌握的资料不同，对投资估算的要求也各不相同，因而投资估算的准确程度在不同阶段也不同，进而每个阶段投资估算所起的作用也不同。

（1）投资机会研究或项目建议书阶段。这一阶段主要是选择有利的投资机会，明确投资方向，提出概略的项目投资建议，并编制项目建议书。该阶段工作比较粗略，投资额的估计一般是通过与已建类似项目的对比得来的，因而投资估算的误差率可在 30% 左右。这一阶段的投资估算是相关管理部门审批项目建议书、初步选择投资项目的主要依据之一，对初步可行性研究及投资估算起指导作用，决定一个项目是否真正可行。

（2）初步可行性研究阶段。这一阶段主要是在投资机会研究结论的基础上，弄清项目的投资规模、原材料来源、工艺技术、厂址、组织机构和建设进度等情况，进行经济效益评价，判断项目的可行性，做出初步投资评价。该阶段是介于项目建议书和详细可行性研究之间的中间阶段，误差率一般要求控制在 20% 左右。这一阶段是决定是否进行详细可行性研究的依据之一，也是确定某些关键问题需要进行辅助性专题研究的依据之一，这个阶段可对项目是否真正可行做出初步的决定。

（3）详细可行性研究阶段。详细可行性研究阶段也称为最终可行性研究阶段，主要是进行全面、详细、深入的技术经济分析论证，要评价选择拟建项目的最佳投资方案，对项目的可行性提出结论性意见。该阶段研究内容详尽，投资估算的误差率应控制在 10% 以内。这一阶段的投资估算是进行详尽经济评价、决定项目可行性、选择最佳投资方案的主要依据，也是编制设计文件、控制初步设计及概算的主要依据。

投资估算是拟建项目前期可行性研究的重要内容，是经济效益评价的基础，是项目决策的重要依据。估算质量如何，决定着项目能否纳入投资建设计划。因此，在编制投资估算时应符合下列原则。

（1）从实际出发，深入开展调查研究，掌握第一手资料，不能弄虚作假。

（2）合理利用资源，效益最高的原则。市场经济环境中，利用有限的经费、有限的资源，尽可能满足需要。

（3）尽量做到快、准的原则。一般投资估算误差都比较大，通过艰苦细致的工作，加强研究，积累资料，尽量做到又快、又准拿出项目的投资估算。

（4）适应高科技发展的原则。从编制投资估算角度出发，在资料收集，信息储存、处理、使用及编制方法选择和编制过程中应逐步实现计算机化、网络化。

投资费用一般包括固定资金及流动资金两大部分，固定资金又分为设计开发费、设备费、场地费、安装费及项目管理费等。投资估算是可行性研究中一个重要工作，投资估算的正确与否将直接影响项目的经济效果，因此要求尽量准确。投资估算根据其进程或精确程度可分为数量性估算（即比例估算法）、研究性估算、预算性估算及投标估算等方法。

2. 可行性研究内容

各类投资项目可行性研究的内容及侧重点因行业特点而差异很大，大体可分为市场需求、投资必要性、理论可行性、技术可行性、组织实施可行性、财务可行性、经济可行性、社会可行性、风险因素及对策等方面。

1）市场需求

项目需求和市场分析是可行性研究的前提，是决定投资的目标、范围、规模、技术和设备的关键。主要根据业务需求、市场调查及预测的结果，以及有关的产业政策等因素，论证项目投资建设的必要性。在投资必要性的论证上，一是要做好投资环境的分析，对构成投资环境的各种要素进行全面的分析论证；二是要做好市场研究，包括市场供求预测，竞争力分析，价格分析，市场细分、定位及营销策略论证。

2）投资必要性

项目建设的必要性要从两个层次进行分析：一是从项目层次分析拟建项目在实现企业自身可持续发展重要目标、重要战略和生存壮大能力方面的必要性；二是从国民经济和社会发展层次分析拟建项目是否符合合理配置和有效利用资源的要求，是否符合区域规划、行业发展规划、城市规划的要求，是否符合国家产业政策和技术政策的要求，是否符合保护环境、可持续发展的要求等。

3）理论可行性

从理论上分析 GIS 实现的可行性涉及两个方面的内容：一是 GIS 软件提供的数据结构、数据模型与应用所涉及的专业数据的特征和结构的适应性分析。一般地讲，凡是具有空间特征的信息均可用 GIS 软件处理和分析。但是商用的 GIS 软件仅仅提供一种或两种数据结构（矢量结构和栅格结构）和常用的几种空间分析方法，往往不能满足用户对于解决具体应用问题的需求。工程建设前应再详细地分析研究区域的地理信息种类、特征和分类。分析探究什么样的数据能转换成需要的信息，还要对现有的数据形式、精度、尺度等进行分析，以确定它们的可用性和欠缺数据的采集方法等。在此基础上，设计合适、科学的数据结构，进而选择合适的商业 GIS 软件。二是分析方法和应用模型与 GIS 软件结合的可能性分析。依据各专业的理论，研究解决对于应用问题的新的空间分析方法和应用模型，也是从理论上分析 GIS 软件在特定领域内应用的可能性和可行性。一个良好的 GIS 应用，在很大程度上取决于应用模型的理论水平和应用水平。

4）技术可行性

主要从项目实施的技术角度，合理设计技术方案，并进行比选和评价，进行技术风险评价。从开发者的技术实力、以往的工作基础、问题的复杂性等方面出发，判断系统开发在时间、费用等限制条件下成功的可能性。

技术可行性分析是针对解决方案进行技术评估，包括产品的成熟程度评估、系统集成方案复杂程度评估和系统实施的难易程度评估。地理信息工程项目的基本要求是：①采用比较成熟的软件产品，一般不采用自行开发基础软件的技术方案；②系统集成方案不要过于复杂，应用或模块之间关联要尽量少，各个系统单元之间的逻辑关系简明，以便于技术系统集成；③要有合适的专业技术人员。

对软件产品成熟程度的评估，除阅读产品资料、观看产品演示、听取厂商介绍外，还需要查找第三方的性能测试、质量评定和产品对比，或访问该产品的用户，了解产品的使用情况。技术产品的成熟度表现在以下方面：有竞争产品存在、价格比较适中、用户数目较多、技术支持网络发达、合作伙伴较多、采用主流技术等。大型项目一般要综合技术厂商、用户和第三方的产品评估信息，判断技术的成熟程度，小型项目主要依据产品的普及程度、技术支持和价格作出判断。

系统集成复杂程度的判断相对比较困难。GIS 系统集成面临的问题主要有：①系统的总体结构如何，以及软件、硬件、通信如何配置；②如何建立空间数据库以满足数据管理的要求；③如何实现空间数据库开发、共享、维护与更新；④GIS 软件与主流 IT 软件如何集成；⑤如何选择客户化的工具、方法等。

GIS 将多种设备、技术、产品和多源数据集成，其本身就具有一定的复杂性。对于集成方案复杂程度的评估可考虑以下方面：①是否有类似的集成案例，相关案例的实施过程是否顺利（遇到了哪些困难），采用了何种硬件、软件和网络产品，集成的方法、工具和过程如何，对类似案例进行剖析可以判断方案的技术复杂程度；②评估所采用的系统集成方法、集成工具是否主流并经过实践验证，实施步骤是否经过验证且可以重复，是否便于任务分解、实施控制和质量测试；③从硬件设备、软件产品、网络通信、数据库、地图数据方面对解决方案分别做出技术评估；④从系统结构、用户/设备分布、数据传输、运行效率方面模拟或计算关键事务的效率；⑤收集组织机构内部专家意见，或者咨询组织机构外部信息化专家，以及依赖专家的经验评估集成方案的复杂程度。

除产品成熟度、集成方案复杂度以外，还需要从掌握该技术的难易程度判断项目实施方案的可行性，如是否需要招聘技术人员、现有人员需要培训多长时间、最终用户操作的难易程度等。在技术可行性评估中要考察项目组织的技术实力、所在地的技术人才状况。对人才缺乏的环境，项目的成本将大大增加，如果没有合适的系统维护人员，系统后期运行将受到一定影响。

技术可行性是一个相对的概念。如果有比较充足的资源，可以招募到具有高技术水准的人才，就可以实施技术相对复杂的项目。某些具有技术创新意识、技术领先的组织，可能有技术创新动机，乐于研发新的软件，而不是采购现有的产品，这时技术可行性的概念已经超出本书的讨论。另外，信息技术的发展非常迅速，产品结构和市场供应情况可能在短时间内发生较大的变化，这为技术可行性研究带来困难。

技术可行性评价的原则为：①先进性原则。采用的技术在产品水平、工艺水平和装备水平三方面都具有先进性。②适应性原则。采用的技术要考虑符合国家和地区的资源条件，适合当地的人才素质；技术层次要适合当地经济技术发展的实际水平。③安全可靠性原则。采用的技术应是成熟、可靠、安全的，对操作人员和环境没有危害或不利影响。④法规适应性原则。采用的技术应不违反当地政府法律规定和发展规划及有关政策。技术评价的方法主要有：对比表格法、价值工程法、综合费用效率法、盈亏平衡点法、设备寿命周期费用法、损益法等。

在开发 GIS 时，应该选择先进的开发技术和方法，关注 GIS 的新技术和新方法的发展，尽量吸取一些新的技术和手段，以保证所开发 GIS 的技术先进性。

5）组织实施可行性

在 GIS 开发过程中，人是决定性因素。各行业不同项目技术组织实施可行性的研究内容及深度差别很大。

（1）高效、精简的项目运作组织和合理的人员配备，特别是关键岗位人员的素质是保证项目成功实施和运作的重要条件。组织设置主要取决于项目规模、类型及发展策略、政策，以及项目建设期和经营期的需要和条件，并应考虑以下因素：①项目和企业的组织机构应以最佳协调和控制全部项目的投入为目的，保证项目的顺利运作；②组织机构的设置构成项目投资和生产成本的一部分，应明确相关费用和成本；③组织机构应是动态的，应能够根据项目的发展不断调整。

一般企业的组织机构可分为三个层次：最高管理层，负责项目长期性计划、预算、协调和控制；中间操作层，负责项目的具体运作，如生产组织、销售、财务管理等；监督管理层，负责监督日常的经营活动。

（2）项目实施计划编制的目的是确定项目实施的具体时间进度安排，并分析对技术及财务的影响，以保证项目的顺利实施。实施计划的编制，包括项目进度安排、施工组织等，通常使用甘特（Gantt）图[也称线条（Bar Chart）图]来编制项目实施计划。项目实施计划的制定过程，应按每一阶段所需的资源和活动时间，确定实施的各阶段，确定项目必须执行的现场内外工作的类型，确定工作任务的逻辑顺序，考虑完成每项任务需要的时间，编制分时间阶段的实施进度表。

（3）项目的人力资源配置是确保项目成功实施的关键。可行性研究要提出项目对各种技术、管理人员的需求，包括不同层次的管理监督人员、工程技术人员、熟练和非熟练工人等。在配置人员时，必须充分考虑项目所在国的劳动立法、劳动条件、定额、薪金、保险、职业安全、卫生保健和社会安全等因素，可行性研究对项目不同阶段的人员配置编制定员表，对人力资源的来源进行分析，制定招聘计划，确定外聘专家人数，并制定人员培训计划，进行人力成本估算。

制定合理的项目实施进度计划、设计合理的组织机构、选择经验丰富的管理人员、建立良好的协作关系、制定合适的培训计划等，才能保证项目顺利执行。

6）财务可行性

按照投资估算、资金筹措、盈利能力、债务清偿能力的逻辑过程进行分析，主要从项目及投资者的角度，设计合理的财务方案，从企业理财的角度进行资本预算，评价项目的财务盈利能力，进行投资决策，并从融资主体（企业）的角度评价股东投资收益、现金流量计划及债务清偿能力。财务分析一般应该包括以下内容。

（1）项目投资现金流量预测。按照有无对比的原则，根据项目的产品方案、建设规模、工艺技术方案等要求，对项目投资可能产生的现金流量进行估算：①项目投资估算，包括设备购置、安装、土建工程及其他工程费用，生产前的各种资本支出和流动资产投资；②产品销售收入或项目提供的服务营业收入预测；③项目在运营期内的各种运营和维护费用预测，根据估算及预测结果，得出投资方案的现金流量。需要指出的是，按照国际通行的财务管理惯例，这里的投资估算不包括"建设期利息"。事实上，建设期利息在这一阶段还不能估算出来。

（2）投资方案财务评价。根据项目投资方案现金流量预测结果，编制固定资产投资估算表、流动资金（周转资金）估算表、主要产出物与投入物价格表、单位产品生产成本表、固定资产折旧表、无形资产及递延资产摊销估算表、经营成本估算表、销售收入及销售税金计算表等辅助报表，并在此基础上编制项目投资现金流量表，计算各年的息税前利润（earnings before interest and tax，EBIT），评价项目投资的财务盈利能力，进行投资决策。这里的财务指标计算相当于目前我国投资项目财务评价中对"区别投资所得税前"财务评价指标的计算，主要目的是在不考虑折旧、所得税、融资方案等"人为因素"的情况下，分析项目本身所具有的盈利能力，进行拟建项目的投资决策，从项目本身的财务可行性的角度选择投资项目。

（3）融资方案财务评价。对于投资方案财务评价可行的项目，应进一步进行融资方案分析，选择最佳的融资方案。投资方案分析的对象是项目本身，融资方案分析的对象则是项目的融资主体，如果项目的融资主体不是设立项目本身的公司，就要对项目所依托的整个企业进行分析。主要分析内容包括：①根据融资主体的资产负债结构及信用状况等因素，分析各种可能的融资渠道和融资方式。②根据项目本身的盈利能力及整个融资主体的财务状况，分析应采用的财务杠杆水平，进行财务杠杆分析，选择资产负债结构比例及融资方案。③根据融资方案，计算融资成本，编制财务计划现金流量表。该表除包含项目投资现金流量的预测结果外，还应包括建设期及生产运营期借款还本付息、股利分配、税收支付等引起的项目融资主体本身完整的财务计划现金流量，进行财务可持续性分析。④计算所得税后现金流量，评价权益投资的盈利能力及对股东财富增值的影响（这里与我国目前的计算自有资金或股本投资所得税后财务指标有部分相似之处）。⑤进行融资主体的债务清偿能力分析。

7）经济可行性

经济评价从资源配置的角度评价项目的费用和效益，分析项目的经济可行性，进行成本/效益分析，从经济角度判断系统开发是否"合算"。从资源配置的角度衡量项目的价值，评价项目在实现区域经济发展目标、有效配置经济资源、增加供应、创造就业、改善环境、提高人民生活等方面的效益。

财务评价与经济评价的本质区别在于财务评价是从财务管理、现金收支的角度评价项目，所涉及的是与"金钱"有关的问题，经济评价是从资源配置的角度来评价项目，所涉及的是资源使用是否合理的问题。从广义上讲，财务评价包括宏观和微观两个层次，微观层次的财务评价就是前述项目层次的投资方案财务评价和融资方案财务评价，宏观层次的财务评价应是从国民经济的角度评价项目对国民收入、GDP 等的货币收入贡献及其有关的宏观层次的财务问题。与此对应，经济评价也应包括微观和宏观两个层次，微观层次的经济评价即项目层次的经济评价，其理论基础主要是根据微观经济学的有关均衡、支付意愿、消费者剩余、机会成本等理论推导出反映项目所处特定区域的资源"真实经济价值"的影子价格体系，评价项目在特定区域的微观层次的资源优化配置状况，一般采用成本-效益（或损益）分析和成本-效能（或有效性）分析。宏观层次的经济评价，应从项目的宏观区域经济影响的角度，重大项目应从整个国民经济的角度，评价项目对影响区域及整个国民经济的资源配置的影响，如对区域产业结构升级的影响、对培养区域拳头产业的影响、对国家经济安全的影响、对提高国际竞争力和发展民族经济的影响、对区域之间经济平衡发展的影响等。

8）社会可行性

确定系统开发可能导致的任何侵权、妨碍和责任。分析项目对社会的影响，包括政治体制、方针政策、经济结构、法律道德、宗教民族、妇女儿童及社会稳定性等。在可行性研究阶段应进行项目的社会评价,分析项目为实现国家和地区的社会发展目标所做的贡献及影响,以及项目与社会的相互适应性。主要内容涉及人口、就业、移民安置、公平分配、文化历史、妇女、民族宗教、居民生活水平和质量、社会基础设施等,评价的重点是项目周围社区,同时还应考虑项目对技术进步、节约时间、促进地区和部门发展、改善经济布局和产业结构等的影响。评价指标包括就业效果、收入分配效益、资源节约指标、公平分配、扶贫效果、妇女参与、机构发展和持续性等。我国目前的投资项目前期咨询论证中,还没有将社会评价纳入可行性研究的程序和范围。为了与国际接轨,应考虑在可行性研究中加强社会评价工作。

9)风险因素及对策

风险评估主要对项目的市场风险、技术风险、财务风险、组织风险、法律风险、经济及社会风险等风险因素进行评价,制定规避风险的对策,为项目全过程的风险管理提供依据。

风险是人们在活动中遭遇危险、受损失或伤害的可能性或机会,是人们对不确定性的一种主观的、个人的预见,或偏离预期目标的可能结果。对于一个项目而言,风险管理的目标是使项目获得成功,为项目的实施创造一个平静、稳定的环境,降低项目成本,避免损失和浪费,最大限度地减少或消除外部的干扰,使项目顺利投产且效益稳定。在项目决策阶段应考虑的风险包括:投资环境风险、地质风险、设计和技术风险、资源风险、市场风险、原材料风险、布局安全风险、工程建设风险、人力资源风险、资金风险、汇率风险和不可抗拒力的风险等。在财务评价中,应就各种风险因素对财务评价指标的影响进行不确定性和风险分析,包括盈亏平衡分析、敏感性分析、概率分析和决策树分析等。对风险因素应按照一定的方法进行识别,分析风险因素对项目目标的影响,进行风险等级分类,评估风险的影响结果,并根据不同类型风险的具体特点,提出具有针对性的风险规避对策。我国目前的项目前期论证及工程管理过程中缺乏全过程的风险管理规划。为了与国际接轨,提高我国项目投资决策及项目管理水平,在可行性研究阶段必须重视风险分析。

项目的可行性研究工作是由浅到深、由粗到细、前后连接、反复优化的过程。前阶段研究为后阶段更精确地研究提出问题、创造条件。可行性研究要对所有的商务风险、技术风险和利润风险进行准确落实,如果经研究发现某个方面的缺陷,就应通过敏感性参数的揭示,找出主要风险原因,从市场营销、产品规模、技术路线、设备方案、数据生产方案、软件开发方案及工程设施方案等方面寻找更好的替代方案,以提高项目的可行性。如果所有方案都经过反复优选,项目仍是不可行的,应在研究文件中说明理由。但应说明,即使研究结果是不可行的,这项研究仍然是有价值的,因为这避免了资金的滥用和浪费。

2.1.3　建议书与可行性报告区别

项目可行性分析报告是在前一阶段的项目建议书获得审批通过的基础上,主要对项目市场、技术、财务、工程、经济和环境等方面进行精确系统、完备无遗的分析,完成包括市场和销售、规模和产品、厂址、原辅料供应、工艺技术、设备选择、人员组织、实施计划、投资与成本、效益及风险等的计算、论证和评价,选定最佳方案,依此就是否应该投资开发该项目及如何投资,或就此终止投资还是继续投资开发等给出结论性意见,为投资决策提供科学依据,并作为进一步开展工作的基础。建议书与可行性报告区别如下。

（1）含义不同。项目建议书，又称立项申请书，是项目单位就新建、扩建事项向国家发展和改革委员会（简称发改委）项目管理部门申报的书面申请材料。项目建议书的主要作用是决策者通过项目建议书中的内容进行综合评估后，做出对项目批准与否的决定。

可行性研究报告同样是在投资决策之前，对拟建项目进行全面技术经济分析的科学论证，对拟建项目有关的自然、社会、经济、技术等进行调研、分析比较，以及预测建成后的社会经济效益。在此基础上，综合论证项目建设的必要性、财务的盈利性、经济上的合理性、技术上的先进性和适应性，以及建设条件的可能性和可行性，从而为投资决策提供科学依据的书面材料。

（2）角度不同。项目申请报告不是对企业项目从自身角度是否可行所进行的研究，而是在企业认为从企业自身发展的角度看项目已经可行的情况下，回答政府关注的涉及公共利益的有关问题，目的是获得政府投资管理部门的行政许可。因此，项目申请报告侧重于从宏观的角度、外部性的角度进行经济、社会、资源、环境等综合论证。

企业投资项目可行性研究报告是从企业角度进行研究，因此侧重于从企业内部的角度进行技术经济论证，包括市场前景可行性、技术方案可行性、财务可行性、融资方案可行性等，也包括对是否满足国家产业准入条件、环保法规要求等方面的论述。

（3）研究的内容不同。项目建议书是初步选择项目，决定是否需要进行下一步工作，主要考察建议的必要性和可行性。可行性研究则需进行全面深入的技术经济分析论证，做多方案比较，推荐最佳方案，或者否定该项目并提出充分理由，为最终决策提供可靠依据。

（4）基础资料依据不同。项目建议书依据国家的长远规划和行业、地区规划及产业政策，拟建项目的有关自然资源条件和生产布局状况，以及项目主管部门的相关批文。可行性研究报告除把已批准的项目建议书作为研究依据外，还需把文件详细的设计资料和其他数据资料作为编制依据。

（5）内容繁简和深度不同。两个阶段的基本内容大体相似，但项目建议书要求略简单，属于定性性质。可行性研究报告则是在这个基础上进行充实补充，使其更完善，具有更多的定量论证。

（6）投资估算的精度要求不同。项目建议书的投资估算一般根据国内外类似已建工程进行测算或对比推算，估算误差允许控制在20%以内，可行性研究报告必须对项目所需的各项费用进行比较详尽精确的计算，误差要求不超过10%。

（7）法律效力不同。项目申请报告的编写和报送具有政府行政的强制约束，是企业必须履行的社会义务，受国家有关法律法规的制约，如行政许可法及国家行政主管部门有关项目投资管理约定等。

可行性研究报告用于企业内部的投资决策，对企业内部股东及董事会负责，遵循企业内部管理规定及法人治理结构的约束。

2.2　项目建议申请书

地理信息系统多数涉及公益性项目，如果需要获得政府扶持，必须先有项目建议书（又称项目立项申请书或立项申请报告）。项目建议书是项目单位就新建、扩建事项向发改委项目管理部门申报的书面申请文件，它要从宏观上论述项目设立的必要性和可能性，把项目投资的设想变为概略的投资建议。项目建议书编制出来后，要及时报送政府行业主管部门和投资主管部门审批。通过对项目建议书的审查论证后，即可批准该项目立项。这实际上也是一种常见的审批程序，广泛应用于项目的国家立项审批工作中。项目建议申请书经专家论证、通过主管部门筛选和经审定批准后，才可进行以可行性研究为中心的各项工作。

2.2.1　项目建议申请书概述

项目建议申请书是根据国民经济和社会发展长远规划结合行业和地区发展规划的要求提出和编制的。批准立项的主要依据是先有法人后有项目，项目要符合中长期发展规划和国家产业政策要求，符合发展经济的指导思想和原则要求。在项目早期，为了减少项目选择的盲目性，需要论证项目建设的必要性和可行性。项目建议申请书是列入备选项目和建设前期工作计划决策的依据。

1. 研究内容

由于项目处于初始阶段，项目建设目标不明确、需求不详尽、建设方案不够成熟，投资估算也比较粗，一些技术复杂、涉及面广、协调量大的项目，需要对项目建设的必要性和可行性进行研究，包括进行市场调研，对项目产品的市场、项目建设内容、生产技术和设备及重要技术经济指标等进行分析，并对主要原材料的需求量、投资估算、投资方式、资金来源、经济效益等进行初步估算。

项目建议申请书的主要内容是：①项目法人是谁；②为什么要建设这个项目，其建设的必要性和依据是什么；③建设条件是否成熟；④建设内容及规模是什么，包括产品方案的设想；⑤投资估算和资金筹措方案；⑥简单经济评价和分析。

2. 咨询机构

受项目所在细分行业、资金规模、建设地区、投资方式等不同影响，项目建议申请书编写有不同侧重。为了保证项目顺利通过地区或者国家相关部门审批，完成立项备案，项目建议申请书的编制往往聘请有专业经验的咨询机构协助完成。专业咨询机构有资深的调研团队和经验丰富的分析团队。一些大型重要项目立项所提交的项目建议书必须附带相应等级的咨询机构的公章，其中最高一级为国家甲级。

3. 编制区分

项目建议申请书的编制一般区分三种情况：①在一个总体设计范围内，由一个或几个工程组成，行政上实行统一管理、经济上统一核算的主体工程、配套工程及附属设施，编制统一的项目建议申请书；②在一个总体设计范围内，经济上独立核算的各个工程项目，分别编制项目建议申请书；③在一个总体设计范围内，属于分期建设工程项目，分别编制项目建议申请书。

4. 建议申请书作用

项目建议申请书是企业或政府投资项目，为推动项目建设提出的具体项目的建议文件，是专门对拟建项目提出的框架性的总体设想，决策者可以在对项目建议书中的内容进行综合评估后，做出对项目批准与否的决定。

项目建议申请书的作用是：①作为项目拟建主体上报审批部门审批决策的依据；②作为项目批复后编制项目可行性研究报告的依据；③作为项目的投资设想变为现实的投资建议的依据；④作为项目发展周期初始阶段基本情况汇总的依据。

2.2.2　项目建议申请书研究内容

项目建议申请书研究内容包括进行项目需求、建设内容、关键技术、数据资源和设备、项目产品市场及重要技术经济指标等分析，对投资估算、投资方式、资金来源、经济效益等进行初步估算。

1. 项目建设依据和必要性

（1）阐明拟建项目提出的背景、目的和意义。

（2）拟建项目建设依据，出具与项目有关的国家长远规划或行业发展远景、行政法规和政策资料。

（3）对建设项目要说明现有单位和业务情况。

（4）说明建设单位信息化现状和存在问题。

（5）项目建设的目标、内容和技术指标要求。

2. 项目技术方案、建设内容和规模

1）项目技术方案

项目技术方案是为了解决某个问题所采取的技术特征组合清楚完整的描述，有针对性、系统性地提出的方法、应对措施及相关对策。技术方案的编制是一项较为严肃、科学的工作。技术方案需要有一定的现场工作经验的专门技术型人才来编制。技术方案一旦经过相关部门的审核生效，各审核单位将负相应的责任，甚至法律责任。

（1）系统结构：系统结构是指系统内部各组成要素之间的相互联系、相互作用的方式或秩序，即各要素在时间或空间上排列和组合的具体形式，也用来表述对计算机系统中各级机器间界面的划分和定义，以及对各级界面上、下的功能进行分配。

有些系统，特别是大型系统，为了便于研究，可以分解成若干个子系统。子系统在大系统的活动中起一个元素的作用，但是在需要考察子系统的构造时，又可将它分解为更小的子系统。元素是指从研究系统的目的来看不需要再加以分解和追究其内部构造的基本成分。

元素—子系统—系统这种表达系统层次构造的方式具有一定的相对性，这种分解不是唯一的。

（2）数据流程图：数据流模拟系统数据在系统中的传递过程，数据流程图（data flow diagram，DFD）是一种能全面描述信息系统逻辑模型的主要工具。它可以利用少数几种符号综合地反映出信息在系统中的流动、处理和存储的情况。数据流程图具有抽象性和概括性。

为了描述复杂的软件系统的信息流向和加工，可采用分层的 DFD。分层 DFD 有顶层、中间层、底层之分：①顶层。顶层决定系统的范围，决定输入输出数据流，它说明系统的边界，把整个系统的功能抽象为一个加工，顶层 DFD 只有一张。②中间层。顶层之下是若干中间层，某一中间层既是它上一层加工的分解结果，又是它下一层若干加工的抽象，即它又可进一步分解。③底层。若一张 DFD 的加工不能进一步分解，这张 DFD 就是底层的了。底层 DFD 的加工是由基本加工构成的，基本加工是指不能再进行分解的加工。

数据流是指处理功能的输入或输出。它用来表示中间数据流值，但不能用来改变数据值。数据流包括系统的外部实体、处理过程和数据存储三个部分：①外部实体。外部实体指系统以外和系统有联系的人或事物，它说明了数据的外部来源和去处，属于系统的外部和系统的界面。外部实体支持系统数据输入的实体称为源点，支持系统数据输出的实体称为终点。通常外部实体在数据流程图中用正方形框表示，框中写上外部实体名称，为了区分不同的外部实体，可以在正方形的左上角用一个字符表示，同一外部实体可在一张数据流程图中出现多次，这时在该外部实体符号的右下角画上小斜线表示重复。②处理过程。处理指对数据逻辑处理，也就是数据变换，它用来改变数据值。每一种处理又包括数据输入、数据处理和数据输出等部分。在数据流程图中，处理过程用带圆角的长方形表示，长方形分三个部分，标识部分用来标识一个功能，功能描述部分是必不可少的，功能执行部分表示功能由谁来完成。③数据存储。数据存储表示数据保存的地方。系统处理从数据存储中提取数据，也将处理的数据返回数据存储。与数据流不同的是数据存储本身不产生任何操作，它仅仅响应存储和访问数据的要求。

（3）实施方案：项目实施方案也称为项目执行方案，是指正式开始为完成某项目而进行的活动或努力工作过程的方案制定，是项目能否顺利和成功实施的重要保障和依据。项目有一个明确的目标或目的，必须在特定的时间、预算、资源限定内，依据规范完成。项目参数包括项目范围、质量、成本、时间、资源。项目实施方案则将项目所实现的目标效果、项目前中后期的流程和各项参数做成系统而具体的方案，来指导项目的顺利进行。

2）项目建设内容和规模

GIS工程项目建设内容包括计算机网络硬件、地理数据库建设和GIS软件开发三个部分。

（1）计算机网络硬件：计算机网络硬件是计算机网络的物质基础，一个计算机网络就是通过网络设备和通信线路将不同地点的计算机及其外围设备在物理上实现连接。因此，网络硬件主要由可独立工作的计算机、网络设备和传输介质等组成。

计算机：可独立工作的计算机是计算机网络的核心，也是用户主要的网络资源。根据用途的不同可将其分为服务器和网络工作站。服务器一般由功能强大的计算机担任，如小型计算机、专用PC服务器或高档微机。它向网络用户提供服务，并负责对网络资源进行管理。一个计算机网络系统至少要有一台或多台服务器，根据服务器所担任的功能不同又可将其分为文件服务器、通信服务器、备份服务器和打印服务器等。网络工作站是一台供用户使用网络的本地计算机，对它没有特别要求。工作站作为独立的计算机为用户服务，同时又可以按照被授予的一定权限访问服务器。各工作站之间可以相互通信，也可以共享网络资源。在计算机网络中，工作站是一台客户机，即网络服务的一个用户。

网络设备：网络设备是构成计算机网络的一些部件，如网卡、调制解调器（modem）、集线器（hub）、中继器（repeater）、网桥（bridge）、交换机（switch）、路由器（router）和网关（gateway）等。独立工作的计算机通过网络设备访问网络上的其他计算机。

网卡又称网络接口适配器（network interface card，NIC），是计算机与传输介质的接口。每一台服务器和网络工作站都至少配有一块网卡，通过传输介质将它们连接到网络上。网卡的工作是双重的，一方面它负责接收网络上传过来的数据包，解包后将数据通过主板上的总线传输给本地计算机；另一方面它将本地计算机上的数据打包后送入网络。

调制解调器是利用调制解调技术来实现数据信号与模拟信号在通信过程中的相互转换。确切地说，调制解调器的主要工作是将数据设备送来的数据信号转换成能在模拟信道（如电话交换网）传输的模拟信号，反之，也能将来自模拟信道的模拟信号转换为数据信号。

集线器是对网络进行集中管理的重要设备，其主要作用是将信号再生转发。接口数是集线器的一个重要参数，它是指集线器所能连接的计算机的数目。集线器是一个共享设备，其实质是一个中继器。

中继器是最简单的局域网延伸设备，其主要作用是放大传输介质上传输的信号，以便在网络上传输得更远。不同类型的局域网采用不同的中继器。

网桥用于连接使用相同通信协议、传输介质和寻址方式的网络。网桥可以连接不同的局域网，也可以将一个大网分成多个子网，均衡各网段的负荷，提高网络的性能。

交换机有多个端口，每个端口都具有桥接功能，可以连接一个局域网、一台高性能服务器或工作站。所有端口由专用处理器进行控制，并经过控制管理总线转发信息。

路由器的作用是连接局域网和广域网，它有判断网络地址和选择路径的功能。其主要工作是为经过路由器的报文寻找一条最佳路径，并将数据传送到目的站点。

网关不仅具有路由功能，还能实现不同网络协议之间的转换，并将数据重新分组后传送。

传输介质：在计算机网络中，要使不同的计算机能够相互访问对方的资源，必须有一条通路使它们能够相互通信。传输介质是网络通信用的信号线路，它提供了数据信号传输的物理通道。传输介质按特征可分为有线通信介质和无线通信介质两大类，有线通信介质包括双绞线、同轴电缆和光缆等，无线通信介质包括无线电、微波、卫星通信和移动通信等。它们具有不同的传输速率和传输距离，分别支持不同的网络类型。

（2）地理数据库建设：地理数据库建设是 GIS 工程项目的重要建设内容，首要任务是确定地理数据库建设的地理区域范围、地理数据比例尺、地理要素分类（地理要素层）和地理数据来源。

地理数据来源一是要求保证地理空间位置精度；二是具备更新能力。在数据源和更新条件有保障的部门和地区逐步试建数据库。在设计系统数据源的时候要根据应用要求保证数据的精度和获取途径。

（3）GIS 软件开发：GIS 软件是 GIS 的核心，当前，GIS 软件开发分为自主 GIS 软件、应用型 GIS 软件（二次开发）和网络 GIS 三种模式。

自主 GIS 软件开发，完全从底层开始，不依赖于任何 GIS 平台，针对应用需求，运用程序语言在一定的操作系统平台上编程实现地理信息采集、处理、存储、分析、可视化和地图制图输出等功能。这种方法的优点是按需开发、量体裁衣、功能精炼、结构优化，有效利用计算机资源。但是对于大多数 GIS 应用者来说，这种模式专业人才要求高、难度大、周期长、软件质量难控制。

应用型 GIS 软件开发，针对应用的特殊需求，在基础 GIS 软件上进行功能扩展，达到自己想要的功能。这种方式具有省力省时、开发效率高等优点，但缺乏灵活性、受很多限制，开发出来的系统不能离开基础 GIS 平台。

网络 GIS 应用软件开发，应用者利用地理信息网络服务商提供的地理信息数据和服务功能[应用程序编程接口（application programming interface，API）]，不需要庞大的硬件与技术投资就可以轻松快捷地建立 GIS 应用系统，这是实现地理信息共享的最佳途径。让开发者开发一个有应用价值、付出的成本更少、成功机会更多的软件，已经成为越来越多互联网企业发展服务的必然选择。

3）技术来源

（1）主要技术，如拟引进国外技术，应说明引进的国别，以及国内技术与之相比存在的差距，技术来源、技术鉴定及转让等情况。

（2）主要专用设备来源，如拟采用国外设备，应说明引进理由及拟引进设备的国外厂商的概况。

3. 拟建项目主要关键技术和技术指标

1）关键技术

关键技术是本项目解决的关键问题，是指在一个系统、一个环节或一个技术领域中起到重要作用且不可或缺的环节或技术，可以是技术点，也可以是对某个领域起到重要作用的知识，是在基础理论基础上确定技术路线情况下支撑产品实现的技术选择中的关键部分，完成这条思路的技术和工艺就是关键技术。

2）技术指标

GIS 技术指标由这几个方面组成：①性能。关键功能的平均响应时间，最长响应时间，满负荷每小时处理请求数目，对 CPU、内存、硬盘的要求等。②可用性。GIS 稳定性和平均无故障时间，能够提供服务的时间和不能提供服务的时间的比例（通常是维护活动引起的），关键功能容错能力，是否能够恢复，平均无故障时间等。③GIS 联机响应时间、处理速度和吞吐量。④系统的操作灵活性、方便性、容错性。⑤安全性和保密性。⑥地理空间数据的准确性。⑦系统的可扩充性。⑧系统的可维护性。⑨GIS 的利用率。

GIS 的性能由其所能容纳地理空间数据的类型、形式和数据量所决定，只有容纳广大的数据，才能解决众多类型的问题。这其中可包含：①数据的规范化和标准化。②对众多主流 GIS 系统数据的兼容性。③空间数学基础的标准性及地图投影变换能力的强弱。④系统数据库的容量与性能。⑤系统多分辨率数据的兼容性。⑥矢、栅集成能力。⑦无缝数据地理能力。⑧二维、三维数据集成能力。⑨扫描数字化和扫描矢量化能力。⑩数据更新能力及交互处理性能。

地理空间分析是 GIS 的主要应用指标。地理空间分析主要技术指标是区域范围大小和分析结果的准确性，包括：①区域的量度准确性及区域范围。②三维分析的准确性。③叠置分析的颗粒度及区域范围。④缓冲区及类似分析的准确度及区域。⑤大区域乃至全球准确量度分析能力。⑥网络分析的功能、精度及范围。⑦其他专业空间分析功能和能力。

地理信息可视化输出功能和性能：①符号美观、色彩鲜艳，制作方便、动态性。②图形、图像及多媒体信息的显示功能及交互性能。③二维、三维信息的结合显示及性能。④虚拟实景能力。⑤地图的在线编绘能力、交互编绘能力。⑥图面配置的艺术性、智能性。⑦输出 EPS 格式的功能与性能。

4. 项目建设条件和协作关系分析

地理信息工程项目具备的条件包括：机房环境、计算机硬件、网络通信、地理空间数据和 GIS 软件等，说明机房环境、主要电力、协作配套等方面的要求，以及已具备的条件和资源落实情况。

1）拟建项目机房环境情况

机房环境主要包括电气环境、温湿度、防尘、防火和防鼠等方面。

电气环境要求：主要是指防静电要求和防电磁干扰等。机房应铺设抗静电活动地板，地板支架要接地，墙壁也应做防静电处理，机房内不可铺设化纤类地毯。

温湿度要求：电信设备尤其是交换机等设备对机房的温度有着较高的要求。温度偏高，易使机器散热不畅，使晶体管的工作参数产生漂移，影响电路的稳定性和可靠性，严重时还可造成元器件的击穿损坏。通信设备在长期运行工作期间，机器温度控制在 18～25℃较为适宜。通信机房内不要安装暖气并尽可能避免暖气管道从机房内通过。湿度对通信设备的影响也很大。空气潮湿，易引起设备的金属部件和插接件部件产生锈蚀，并引起电路板、插接件和布线的绝缘能力降低，严重时还可造成电路短路。空气太干燥又容易引起静电效应，威胁通信设备的安全。一般说来，机房内的相对湿度保持在 40%～60%较为适宜。

防尘要求：电子器件、金属接插件等部件如果积有灰尘可引起绝缘能力降低和接触不良，严重时还会造成电路短路。空气中存在着大量悬浮物质，在这些悬浮物质中，对通信设备造成危害的污染物不计其数。污染物一旦进入机房，就会吸附在线路板上，形成带电灰尘。随着时间的推移，线路板上吸附的灰尘越来越多，灰尘就会通过不同方式不同程度地影响设备的正常运行。

配套电源保障：随着电源设备的智能化和高度集成化，在一体化方案设计里，各种动力设备应具有良好的电磁兼容性和电气隔离性能，不影响其他设备的正常工作。一体化供电方案在统筹设计保证主设备不间断供电的同时，也应在动力设备之间的数据通信上保证良好的兼容性和通用性。各种数据协议能良好地兼容以组成一个完整的动力监控网络系统，有效地实施互动关联控制，这无疑是对能提供多产品服务厂商的一种考验。

2）拟建项目网络通信和安全分析

GIS 平台网络化是未来趋势，网络通信是地理信息系统的重要组成部分。网络通信的要求和费用，需要和网络通信运营商协商。

3）拟建项目可利用的地理空间数据资源供应的可行性和可靠性

地理空间数据生产和维护需要耗费大量的人力、物力和财力。如果项目中需要使用基础地理空间数据，还需要与基础地理空间数据管理部门协商。基础地理信息数据按照不同使用部门、单位和不同使用目的实行无偿使用或者有偿使用，有偿使用的收费标准由测绘行政主管部门会同物价主管部门制定。

4）拟建项目选用的 GIS 软件

自主 GIS 开发的工作量大，开发周期长。对于大多数开发者来说，能力、时间、财力方面的限制使其开发处理的产品很难在功能上与商业化 GIS 工具软件相比。随着地理信息系统应用领域的扩展，应用型 GIS 的开发工作日显重要。如何针对不同的应用目标，高效地开发出既合乎需要又具有方便、美观、丰富的界面形式的地理信息系统，是 GIS 开发者非常关心的问题。虽然基础 GIS 为人们提供了强大的功能，但由于专业应用领域非常宽泛，任何现有基础 GIS 功能都不能解决所有的专业问题。为此，基础 GIS 厂商提供了开发组件和相应的开发接口，允许用户扩展基础 GIS 的功能。随着 GIS 应用深入，GIS 软件共享的需求越来越大，开发所需的组件功能可由不同厂家生产，要求不同厂家的组件遵守共同的接口标准。建设 GIS 是一个投入大、时间长的过程，这要求平台供应商对用户的应用系统提供长期的支持和维护。因为不同的 GIS 软件之间的数据结构、开发方式、技术支持上的巨大差异，所以当用户从一种 GIS 软件转换到另一种 GIS 软件时，往往意味着巨大的投资被浪费；甚至即使采用同一种 GIS 软件，从一个开发商转换到另一个开发商，也有可能造成数据的丢失。因此项目初期，基础 GIS 软件选择也是一项重要工作。

5. 投资估算和资金筹措的设想

项目建设书中投资估算是研究、分析、计算项目投资经济效益的重要条件，是项目经济评价的基础。

1）投资估算

项目建议书阶段的投资估算是多方案比选、优化设计、合理确定项目投资的基础，是项目主管部门审批项目的依据之一，并对项目的规划、规模起参考作用，从经济上判断项目是否应列入投资计划。

投资估算根据掌握数据的情况，可进行详细估算。投资估算应包括建设期利息、投资方向调节税和考虑一定时期内的涨价影响因素（即涨价预备金），流动资金可参考同类企业条件及利率，说明偿还方式，测算偿还能力。对于技术引进和设备进口项目应估算项目的外汇总用汇额及其用途、外汇的资金来源与偿还方式，以及国内费用的估算和来源。

2）资金筹措

资金筹措是指项目建设主体通过各种渠道和采用不同方式及时、适量地筹集项目建设运营必需资金的行为。资金筹措可以分为两大类，即内部资金筹措与外部资金筹措。外部资金筹措的渠道主要有三种：①向金融机构筹措资金，如从银行借贷，从信托投资公司、保险公司等处获得资金等。②向非金融机构筹措资金。例如，通过商业信用方式获得往来工商企业的短期资金来源；向设备租赁公司租赁相关生产设备获得中长期资金来源等。③在金融市场上发行有价证券。

6. 项目建设进度的安排

项目实施时期是指从确定建设项目开始，到项目竣工投产正常运行这段时期。项目实施计划就是对这一时期各个环节的工作进行统一规划，综合平衡，科学安排和确定合理的建设顺序、时间及建设工期的投产、达产时间。

项目实施计划的主要阶段并非严格地按照一成不变的程序依次进行，往往是在充分考虑时间进度的基础上交叉安排计划或同时从事多项活动。项目实施的各项作业活动所需的时间可以分别确定，但整个项目的实施进度则需要进行统筹计划、综合平衡。如果安排不当，各个环节不能准确、及时地协调配合，都可能会拖长工期，不能及早地形成完整生产能力，影响项目预期的投资经济效果。

项目实施计划一般通过编制项目实施进度表来实现。编制项目实施进度表的方法很多，其中最简便、最常用的方法有甘特图法和网络图法。

7. 经济效益和社会效益估算

1）经济效益

经济效益是衡量一切经济活动的最终的综合指标。经济效益，就是生产总值同生产成本之间的比例关系。用公式表示：经济效益=生产总值/生产成本。经济效益评价是在投资估算的基础上，对其生产成本、收入、税金、利润、贷款偿还年限、资金利润率和内部效益率等进行计算后，对建设项目是否可行做出的结论性方案。

经济影响分析主要包括以下几个方面。

（1）经济费用效益或费用效果分析。从社会资源优化配置的角度，通过经济费用效益或费用效果分析，评价拟建项目的经济合理性。

（2）行业影响分析。阐述行业现状的基本情况及企业在行业中所处地位，分析拟建项目对所在行业及关联产业发展的影响，并对是否可能导致垄断等进行论证。

（3）区域经济影响分析。对区域经济可能产生重大影响的项目，应从区域经济发展、产业空间布局、当地财政收入、社会收入分配、市场竞争结构等角度进行分析论证。

（4）宏观经济影响分析。投资规模巨大、对国民经济有重大影响的项目，应进行宏观经济影响分析。涉及国家经济安全的项目，应分析拟建项目对经济安全的影响，提出维护经济安全的措施。

2）社会效益

社会效益是指项目实施后为社会所做的贡献，也称外部间接经济效益。社会效益是指企业经济活动给社会带来的收入，而社会成本则是其带来的消耗，两者之差就是社会收益，即企业所提供的社会贡献净额。社会效益是指最大限度地利用有限的资源满足社会上人们日益增长的物质文化需求，是指项目对社会的科技、政治、文化、生态、环境等方面所做出或可能做出的贡献。值得注意的是，项目的经济效益和社会效益具有慢热性、非显性的特点，往往要在一段比较长的时间后才能发挥出来。

社会影响分析主要包括以下几个方面。

（1）社会影响效果分析。阐述拟建项目的建设及运营活动对项目所在地可能产生的社会影响和社会效益。

（2）社会适应性分析。分析拟建项目能否为当地的社会环境、人文条件所接纳，评价该项目与当地社会环境的相互适应性。

（3）社会风险及对策分析。针对项目建设所涉及的各种社会因素进行社会分析，提出协调项目与当地社会关系、规避社会风险、促进项目顺利实施的措施方案。

8. 有关的初步结论和建议

初步结论和建议一般应包括如下主要内容：①项目的必要性和可行性；②项目的建设目标、系统结构、功能和主要性能指标是否合理；③经济效益评价和测算依据是否科学。建议项目是否可以批准，或者需要进一步进行可行性论证。

2.3 项目可行性研究报告

可行性研究报告是在前一阶段的项目建议书获得审批通过的基础上，对该项目实施的必要性、可能性、有效性、技术方案及技术政策进行具体、深入、细致的技术论证和经济评价，以求确定一个在技术上合理，经济上合算和建设时机最佳的最优方案。可行性研究报告是投资者根据项目的咨询评估情况对项目最终决策和进行初设计的重要文件。可行性研究报告编制出来后，要及时报送相关部门或投资者进行审查和评估论证，论证通过后，即可上报审批。一经批准，不得随意修改和变更。地理信息系统项目可行性论证是项目投资决策前必不可少的关键环节，要求以全面、系统的分析为主要方法，以经济效益和社会效益为核心，围绕影响项目的各种因素，运用大量的数据资料论证拟建项目是否可行。

2.3.1 报告编制要求

项目评估是项目建设前的一项决定性工作，它的任何失误都可能给企业、国家带来不可估量的损失。项目评估是在项目主办单位可行性研究的基础上进行的再研究，其结论的得出完全建立在对大量的材料进行科学研究和分析的基础之上。评估人员应持有对国家、对企业高度负责的、严肃的、认真的、务实的精神，将项目置于整个国际国内大市场进行纵向分析和横向比较，坚决避免盲目建设、重复建设等现象的发生，使项目建成后确实能够创造良好的效益，发挥应有的作用。在评估工作中，应用全面调查与重点核查相结合，定量分析与定性分析相结合，经验总结与科学预测相结合的方法，以保证相关项目数据的客观性、使用方法的科学性和评估结论的正确性。

1. 报告编制一般要求

可行性研究报告的主要任务是对预先设计的方案进行论证，所以必须设计研究方案，才能明确研究对象。

1）内容真实

可行性研究报告的主要内容要求以全面、系统的分析为主要方法，以经济效益为核心，围绕影响项目的各种因素，运用大量的数据资料论证拟建项目是否可行。可行性研究报告涉及的内容及反映情况的数据，必须绝对真实可靠，不允许有任何偏差及失误，其中所运用的资料、数据，都要经过反复核实，以确保内容的真实性。

2）预测准确

可行性研究报告是投资决策前的活动，是从技术、经济、工程等方面进行调查研究和分析比较，并对项目建成以后可能取得的财务、经济效益及社会环境影响进行预测，对整个可行性研究提出综合分析评价，指出优缺点和建议，为项目决策提供依据的一种综合性的系统分析方法。

它是在事件没有发生之前的研究，是对事物未来发展的情况、可能遇到的问题和结果的估计，具有预测性。因此，必须进行深入的调查研究，充分地应用资料，运用切合实际的预测方法，科学地预测未来前景。

3）论证严密

论证性是可行性研究报告的一个显著特点，可行性研究报告要具有论证性。项目可行性研究报告必须做到运用系统的分析方法，围绕影响项目的各种因素进行全面、系统的分析，既要做宏观的分析，又要做微观的分析，对整个可行性研究提出综合分析评价，指出优缺点和建议。为了结论的需要，往往还要加上一些附件，如试验数据、论证材料、计算图表、附图等，以增强可行性报告的说服力。

2. 报告编制具体要求

可行性分析应具有预见性、公正性、可靠性和科学性。

（1）预见性。可行性研究不仅要对历史、现状资料进行研究和分析，更重要的是对未来的市场需求、投资效益进行预测和估算。

（2）公正性。可行性研究必须坚持实事求是，在调查研究的基础上，按照客观情况进行论证和评价。

（3）可靠性。可行性研究应认真研究确定项目的技术经济措施，以保证项目的安全性和可靠性，对于不可行的项目或方案应提出否定意见，以避免投资决策损失。

（4）科学性。可行性研究必须运用现代科学技术手段进行市场研究，科学评价项目的盈利能力、偿债能力及对经济、社会、环境等产生的影响，为项目决策提供科学依据。

3. 报告编制深度要求

（1）可行性报告的内容齐全、数据准确、论证充分、结论明确，以满足决策者定方案、定项目的需要。

（2）可行性研究中选用的主要设备的规格、参数应能满足预订货的要求，引进的技术设备的资料应能满足合同谈判的要求。

（3）可行性研究中的重大技术、财务方案，应有两个以上方案的比选。

（4）可行性研究中确定的主要工程技术数据，应能满足项目初步设计的要求。

（5）可行性研究阶段对建设投资和生产成本应进行分项详细估算，其误差应控制在±10%以内。

（6）可行性研究确定的融资方案，应能满足银行等金融机构信贷政策的需要。

（7）可行性报告应反映在可行性研究过程中出现的某些方案的重大分歧及未被采纳的理由，以供决策者权衡利弊进行决策。

2.3.2　报告编制内容

各类项目可行性报告内容侧重点差异较大，但一般应包括以下内容。

1. 项目的必要性和意义

项目的必要性强调项目立项原因，包括国内外现状和技术发展趋势，对产业发展的作用与影响，产业关联度分析，市场分析，与国家高技术产业化专项总体思路、原则、目标等相关联情况。投资必要性应站在客观的角度观察行业、政策、竞争者、客户、技术等方面的变化和情况，从项目自身的角度看应该采取什么行动，才不至于在未来发展中处于劣势地位。

项目建设的意义则侧重结果：项目建成后对国家经济、社会、行业、区域和项目单位等有什么影响；该重大关键技术的突破对行业技术进步的重要意义和作用。

2. 项目建设目标和任务

每个项目都具有确定的目标，包括成果性目标和约束性目标。成果性目标是指对项目的功能性要求，也是项目的最终目标；约束性目标是指对项目的约束和限制，如时间、质量、投资等量化的条件。项目建设目标就是要用具体的语言清楚明确地说明要达到的标准。明确的项目建设目标是所有工程项目的要求。很多工程项目失败的重要原因之一就是目标定的模棱两可。项目建设目标又可分为近期具体目标、中期和远期目标。

项目建设的任务就是达到目标所做的工作，也包括项目承担单位所担负的职责和责任。一个建设项目从提出建设的设想、建议、方案选择、评估、决策、勘察、设计、施工一直到竣工、投入使用，是一个有序的过程。项目建设任务主要描述项目的核心工作内容。

目标是具体可量化的，由目的而生，计划是达成目的的筹划，而任务就是计划中的每个完成点。一般先有目的，再有计划，后有目标，用任务完成目标。

在实际工作中，往往是计划赶不上变化。主观上，人对本身能力与任务难度的估计不准，加上客观上任务本身有变数，造成最初制定的计划，在执行了一段时间后会发现效率不高或完成可能性不大。在这种情况下，就要根据执行中发现的问题来及时修订计划。如果是量的问题，可以重新制定任务周期与强度；如果是质的问题，可以询问请教专家什么样的计划才是合理的。不是所有的计划都是合理的，不是所有合理的计划都会有好的结果。

3. 项目建设内容和技术方案

地理信息系统项目的建设内容比较复杂，涉及机房环境、计算机网络硬件、地理空间数据、基础 GIS 软件平台选择、应用软件开发和系统集成等。

项目建设技术方案包括系统建设采用的技术方案和技术特点；设备选型及主要技术指标；地理空间数据库设计、数据加工生产流程、数据标准、质量要求；基础 GIS 软件平台性能、功能和二次开发；应用软件的功能和性能指标；系统集成所需要解决各类设备、子系统间的接口和协议；如何解决系统平台和应用软件之间的互联和互操作性问题；建设期管理等。

4. 项目施工方案、质量控制和验收

施工方案是根据项目确定的，有些项目简单、工期短，不需要制订复杂的方案。施工方案是根据一个施工项目指定的实施方案，其中包括组织机构方案（各职能机构的构成、各自职责、相互关系等），人员组成方案（项目负责人、各机构负责人、各专业负责人等），项目任务分解、分工，进度安排和建设工期、系统联合调试节点，联合调试方案（联合调试总体要求、联合调试环境和保障措施等）。

GIS 工程质量的好坏直接影响其应用领域的各方面效益。质量控制是通过监视质量形成过程，消除质量环上所有阶段引起不合格或不满意效果的因素，以达到质量要求，获取经济效益，而采用的各种质量作业技术和活动。质量控制的目标在于确保产品或服务质量能满足要求（包括明示的、习惯上隐含的或必须履行的规定）。

项目验收是依合同核查项目计划规定范围内各项工作任务是否已经全部完成，可交付成果是否令人满意。项目的验收过程是一个相当复杂的工作，而地理信息工程的验收则更加复杂，需要多方协同合作。需要将项目验收内容、方法、步骤、测试数据、硬件网络环境和成果形式等列入计划，形成项目验收方案，作为验收活动依据，进行项目审验和接收。

5. 项目投资估算和资金筹措方案

投资包括项目总投资估算、投资使用方案、资金筹措方案及财务分析。

投资估算是指在整个投资决策过程中，依据现有的资料和一定的方法，对建设项目的投资额（包括工程造价和流动资金）进行的估计。投资估算总额是指从筹建、施工直至建成投产的全部建设费用，其包括的内容视项目的性质和范围而定。

投资估算是方案选择和投资决策的重要依据，是确定项目投资水平的依据，是正确评价建设项目投资合理性的基础。项目投资估算对工程设计概算起控制作用。可行性研究报告被批准之后，其投资估算额作为设计任务书中下达的投资限额，即作为建设项目投资的最高限额，一般不得随意突破，用以对各设计专业实行投资切块分配，作为控制和指导设计的尺度或标准。项目投资估算是项目资金筹措及制定建设贷款计划的依据，建设单位可根据批准的项目投资估算额，进行资金筹措和向银行申请贷款。

资金筹措方案是指项目建设单位通过各种渠道和采用不同方式及时、适量地筹集项目投资所必需资金的方法和工作具体计划。资金筹措可以分为两大类，即内部资金筹措与外部资金筹措。内部资金筹措就是动用单位积累的财力；外部资金筹措就是向单位外的经济主体筹措资金。外部资金筹措的渠道主要有三种：第一种是向金融机构筹措资金；第二种是向非金融机构筹措资金；第三种则是在金融市场上发行有价证券。

项目财务分析包括内部收益率、投资利润率、投资回收期、贷款偿还期等指标的计算和评价。

6. 项目效益分析和风险评估

项目效益分析包括经济效益和社会效益分析。提高效益是工程建设管理的根本目标，管理就是对最佳管理效益的不断追求，既实现最佳的经济效益，又争取最佳的社会效益。

经济效益是资金占用、成本支出与有用生产成果之间的比较。经济效益好，就是资金占用少，成本支出少，有用成果多。依靠科技进步，采用现代管理方法提高企业经济效益是价值规律的客观要求。经济效益是衡量一切经济活动的最终的综合指标。经济效益评价是在投资估算的基础上，对其生产成本、收入、税金、利润、贷款偿还年限、资金利润率和内部效益率等进行计算后，对建设项目是否可行做出的结论性方案。

用公式表示：经济效益=生产总值/生产成本。

项目经济效益分析是项目可行性研究的一个重要环节，是项目实施前期进行科学决策的重要内容，是科技项目评估、招投标所要求的，在评估体系和评标体系中所占的比重很大。鉴于此，在项目技术可行性的基础上，按照项目经济评价的要求，调查、收集和测算一系列的财务数据，如总投资、销售收入、项目寿命期等，并编制有关财务数据测算表，进行经济效益分析的工作。

社会效益是指项目实施后为社会所做的贡献，也称外部间接经济效益，是指项目在推动科学技术进步，保护自然资源或生态环境，提高国防能力，保障国家和社会安全，改善人民物质文化生活及健康水平等方面所起的作用。

项目投资风险评估是分析确定风险的过程，为减少投资人的投资失误和风险，每一次投资活动都必须建立一套科学的、适应自己的投资活动特征的理论和方法。项目投资风险评估报告是利用丰富的资料和数据，定性和定量相结合，对投资项目的风险进行全面的分析评价，采取相应的措施去减少、化解、规避风险的途径。

项目投资风险评估报告是在全面系统分析目标企业和项目的基础上，站在第三方角度客观公正地对企业、项目的投资风险进行分析。投资风险评估报告包含了投资决策所关心的全部内容，如企业详细介绍、项目详细介绍、产品和服务模式、市场分析、融资需求、运作计划、竞争分析、财务分析等，并在此基础上，以第三方的角度，客观公正地对投资风险进行评估。

7. 国家有关部门要求提供的其他内容

已经获得国家投资管理部门审批或核准的投资项目，其资金申请报告的内容可适当简化，重点论述申请投资补助或贴息资金的主要原因和政策依据。

2.3.3 报告编制用途

可行性研究报告按用途可分为审批性可行性研究报告和决策性可行性研究报告。审批性可行性研究报告主要是项目立项时向政府审批部门申报的书面材料。根据国家投资体制改革要求，我国大部分地区，企业投资类项目采取项目备案制和项目核准制（编制项目申请报告）；政府性项目，使用财政资金编制可行性研究报告。

项目决策性可行性研究报告是对拟建的地理信息系统项目的市场需求、技术方案、资金计划、财务效果、社会影响、投资风险等进行全面的技术经济分析论证。项目单位根据实际使用需要，可以进行不同角度的侧重，阐述项目在各个层面上的可行性与必要性，对于项目审核通过、获取资金支持、理清项目方向、规划抗风险策略都有着相当重要的作用。主要有以下几种用途。

（1）用于企业融资、对外招商合作。此类研究报告通常要求市场分析准确、投资方案合理，并提供竞争分析、营销计划、管理方案、技术研发等实际运作方案。

（2）用于报政府/发改委立项、批地。此类报告须根据《中华人民共和国行政许可法》和国家其他相关规定编写，是大型基础设施项目立项的基础文件，国家或地方发改委根据项目可行性研究报告进行核准、备案或批复，决定某个项目是否实施。此类报告难度相对较低，编制周期短，一般1～3周；报告要求具有工程咨询资质（分甲、乙、丙三个等级）的单位进行编写，绝大多数可行性研究报告都属于此类用途的报告。

（3）用于向银行申请贷款。商业银行或者政策性银行在贷款前进行风险评估时，需要项目方出具详细的可行性研究报告，对于贷款额度较大的项目，银行通常会组织专家评审，以确定是否能够放贷。

（4）项目可行性分析报告是在前一阶段的项目建议书获得审批通过的基础上，主要对项目需求、技术、工程、财务、经济和环境等方面进行精确系统、完备无遗的分析，完成包括硬件、网络、地理空间数据库建设、关键技术、设备选择、人员组织、实施计划、投资与成本、效益及风险等的计算、论证和评价，选定最佳方案，依此就是否应该投资开发该项目及如何投资，或就此终止投资还是继续投资开发等给出结论性意见，为投资决策提供科学依据，并作为进一步开展工作的基础。

第3章　GIS需求分析

项目通过可行性论证，申请获得批准后，进入建设阶段。可行性研究旨在评估目标系统是否值得去开发，问题是否能够解决，而需求分析旨在回答"系统做什么"的问题，确保将来开发出来的系统能够真正满足用户的需要。需求分析是指在可行性研究的基础上，开发人员再次深入细致地进行业务组织机构、工作任务、职能范围、日常工作流程、信息来源及处理方式、资料使用状况、人员配置、设备装置和信息化现状等方面的调查研究，对业务流程模型、业务职能、数据流程、系统功能、运行环境等方面进行分析，将用户对系统的描述进行分析概括，抽象为完整的需求定义，再形成一系列文档的过程。

3.1　项目需求概述

需求分析就是回答做什么的问题。它是一个对用户的需求进行去粗取精、去伪存真、正确理解，然后把它用工程开发语言表达出来的过程。项目需求的基本任务是和用户一起确定要解决的问题，确定项目工程建设内容，编写需求规格说明书文档并最终得到用户的认可。需求问题是造成工程项目失败的主要原因，能否开发出高质量的系统，很大程度上取决于对要解决的问题的认识及如何准确地表达出用户的需求。通过需求分析使得分析者深刻地理解和认识系统，并将其完全、准确地表达，其结果不仅起到沟通（用户和开发者）作用，还是后续工作的依据。

1. 需求的概念

什么是需求？到目前为止还没有公认的定义。需求分析是指对要解决的问题进行详细的分析，弄清楚问题的要求，包括需要输入什么数据、要得到什么结果、最后应输出什么。可以说，工程中的"需求分析"就是确定要计算机"做什么"，要达到什么样的效果。需求分析是开发系统之前必做的工作。

对用户来讲需求是对系统产品的解释，是用户对目标系统在功能、行为、性能、设计和约束等方面的期望；而开发人员所讲的需求对用户来说又像是系统设计。比较权威的定义是电气和电子工程师协会（Institute of Electrical and Electronics Engineers，IEEE）软件工程标准词汇表中对需求的定义：

（1）用户解决问题或达到目标所需的条件或权能（capability）。

（2）系统或系统部件要满足合同、标准、规范或其他正式规定文档所需具有的条件或权能。

（3）一种反映前两条定义所描述的条件或权能的文档说明。

由定义可知，需求一方面反映了系统的外部行为，另一方面反映了系统的内部特性，反映的方式是需求文档。用规范的格式表达出来的文档说明称为需求规格说明书，或者简称为需求说明。

2. 分析的内容

需求涉及的方面有很多。用户调查阶段获得的数据进行进一步抽象、分类、评估，并设定优先级别，为工程设计、工程规划提供依据。在功能方面，需求包括系统要做什么，相对于原系统目标系统需要进行哪些修改，目标用户有哪些，以及不同用户需要通过系统完成何种操作等。在性能方面，需要包括用户对系统执行速度、响应时间、吞吐量和并发度等指标的要求。在运行环境方面，需求包括目标系统对网络设置、硬件设备、温度和湿度等周围环境的要求，以及操作系统、数据库和浏览器等软件配置的要求。在界面方面，需要涉及数据的输入/输出格式的限制及方式、数据的存储介质和显示器的分辨率要求等问题。

1）用户类型分析

需求分析是一项全面而系统的工作，往往花费比较长的时间，需要经验丰富的系统分析员和用户参与完成。具体地讲，需求分析就是对用户要求和用户情况进行调查分析，确定系统的用户结构、工作流程、用户对应用界面和程序接口的要求，以及系统应具备的功能等，是系统开发的准备阶段。用户需求调查与分析的主要目的是系统目标的获取及分析，具体进行如下工作。

确定系统的用户类型，在此基础上进一步开展调查分析确定用户需求，不同用户类型对系统有不同的要求，应用情况也各异。判断用户类型是进行系统建设目标和任务分析的关键。所以，进行系统目标和任务分析首先应确定系统的用户类型，在此基础上才可进一步开展分析并确定用户需求。

用户根据其特定的目的，对 GIS 有不同的功能需求，应用情况也各异。按专业可对用户作如下分类。

（1）具有明确而固定的任务。这类用户希望用 GIS 来实现现有工作业务的现代化，改善数据采集、分析、表示方法及过程。这类用户，如测量调查和制图部门，已投入大量资金来开发工作软件，一旦开始就不会改变。他们所需要解决的问题确定无疑，而且可以解决。

（2）部分工作任务明确、固定，且有大量业务有待开拓与发展，因而需要建立 GIS 来开拓他们的工作。这类用户的信息需求和对 GIS 的要求只是部分已知的。这类用户，如行政或生产管理部门，也包括进行系列专题调查的单位，如进行全国性的土壤普查、森林调查、水资源调查的单位，以及进行特殊项目调查和研究工作的单位。它们很想把空间数据组织在一起，形成统一的系统供各职能机构使用。其中一些用户的基本要求是建立大型地理信息系统，该系统除供本部门使用外，还能供第一类用户使用。但数据标准问题、数据结构和精度问题等却很难解决，各部门的侧重点不同，数据形式不同，业务处理流程不同，对系统功能的要求也各异。

（3）工作任务完全不定，每项工作都可能不同，对信息的需求未知或可变。这类用户，如大学中的研究室和研究所等，想用 GIS 作为科学研究工具，或者开发新的地理信息系统技术。因此，它们所需的 GIS 差别很大，有的希望有功能全面的 GIS 来从事各种科研工作，有的则希望在功能一般的 GIS 的基础上开发，发展成多功能的地理信息系统。

针对不同用户类型，在做需求分析时，应充分注意用户对系统功能需求的不明确而可能给系统设计带来的困难。

2）现行系统分析

通过对现行系统组织机构、工作任务、职能范围、日常工作流程、信息来源及处理方式、资料使用状况、人员配置、设备装置和费用开支等各方面的调查研究，指出现行工作状况在工作效率、费用支付、人力配置等方面存在的主要问题和薄弱环节，作为待建系统的突破口。

现行系统分析主要是分析业务、功能、流程、数据等方面存在的问题，提出技术方案和项目建议，解决存在的问题或者改善组织管理现状。一般提出多个解决方案，通过进一步讨论和可行性分析，最终优化并选择最合适的方案。

根据用户研究的方向、深度，以及用户希望系统解决哪些实际应用问题，可以确定系统设计的目的、应用范围和应用深度，为以后总体设计中的系统功能设计和应用模型设计提供科学、合理的依据。

3）业务流程分析

将不同专业部门按照现行系统的职能划分和业务范围，概括抽象出现行系统的业务框架或业务流程图，通过各业务职能的相互关系和可实现程度，初步界定出 GIS 建设可实现的业务内容，这也是后续子系统或模块设计的重要依据。

4）其他需求分析

其他需求包括物理设备的位置及其分布的集中程度；与其他软件系统的接口及对数据格式的要求；系统用户培训；用户文档；数据格式、数据精度、数据量、接收和发送数据的频率；使用系统需要的设备，开发需要的人力资源、计算机资源、时间表；安全性，如对访问信息的控制程度、数据的备份等；对系统的可靠性要求，平均系统出错时间，可移植性、可维护性等。

需求分析的主要参与者是系统分析员和用户。系统分析员希望通过需求分析，认识、理解和掌握组织或用户的基本需要和需求。而用户希望通过项目实施引进技术，从而达到自己的目的。在需求分析初期，开发人员对于用户需求的理解和用户的技术期望之间可能存在较大的差距，但随着需求分析的展开，用户与系统分析人员之间的交流越来越多，双方逐步获得共识，筛选出合理的、可行的用户需求。

需求分析最终对用户提出的要求应进行综合抽象和提炼，形成对待建 GIS 需求的文字描述，包括功能需求、性能需求、数据管理能力需求、可靠性需求、安全保密需求、用户接口需求、联网需求、软硬件需求、运行环境需求等的文字描述。

3. 需求的层次

需求可分解为四个层次：业务需求、用户需求、功能需求和非功能需求。

1）业务需求

业务需求是反映组织机构或客户对软件高层次的目标、要求。这项需求是用户高层领导机构决定的，它确定了系统的目标、规模和范围。业务需求是需求分析阶段制定需求调研计划、确定用户核心需求和软件功能需求的依据，应在进行需求分析之前确定，通常在项目定义与范围文档中予以说明。

2）用户需求

用户需求是用户使用该软件要完成的任务。要弄清这部分需求，就应该充分调研具体的业务部门，详细了解最终用户的工作过程、所涉及的信息、当前系统的工作情况、与其他系统的接口等。用户需求是最重要的需求，也是最容易出现问题的部分。

3）功能需求

功能需求定义了软件必须实现的功能。因为用户是从完成任务的角度对软件提出需求的，所以提出的需求通常是凌乱的、非系统化的、冗余的，开发人员无法据此编写程序。分

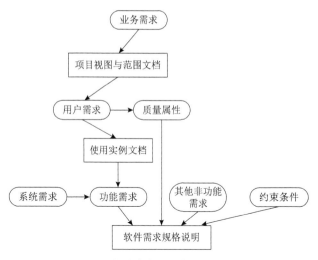

图 3.1　系统需求各组成部分之间的关系

析人员必须在充分理解用户需求的基础上，将用户需求整理成满足特定业务需求的软件功能需求。

4）非功能需求

非功能需求是对功能需求的补充。可以分为两类：一类是用户关心的一些重要属性，如有效性、效率、灵活性、完整性、互操作性、可靠性、健壮性、可用性；另一类是对开发者来说很重要的质量属性，如可维护性、可移植性、可复用性、可测试性。

系统需求各组成部分之间的关系如图 3.1 所示。

3.2　项目需求工具

需求分析是系统分析的基础。对需求调查结果的分析，需要利用统一的、直观的表达方法和表达工具对系统需要分析的结果进行描述。面向 GIS 数据流进行的需求分析过程一般采用 GIS 数据流程图来模拟 GIS 数据处理过程。数据字典是数据流程图中用来严格定义要素的工具。

3.2.1　数据字典

数据字典（data dictionary，DD）用于描述数据库的整体结构、数据内容和定义等。数据字典的内容包括：①数据库的总体组织结构、数据库总体设计的框架。②各数据层详细内容的定义及结构、数据命名的定义。③元数据（有关数据的数据，是对一个数据集的内容、质量条件及操作过程等的描述）。

数据字典是指以特定格式记录下来的、对系统数据流程图中各个基本要素（数据流、文件、加工等）的具体内容和特征所做的完整的定义和说明。它是结构化系统分析的另一重要工具，是对数据流程图的重要补充和注释。数据流程图中对所有的图形元素进行了命名，这些名字是一些属性和内容抽象的概括，没有直接参加定义的人对每个名字可能有不同的理解。在开发一个大型软件项目时，如果对数据流程图上的命名有不同理解，将给以后的开发与维护工作带来困难。为此，还需要利用其他工具对数据流程图加以补充说明，数据字典就是这样的工具。数据字典是各类数据描述的集合，它是指对数据的数据项、数据结构、数据流、数据存储、处理逻辑、外部实体等进行定义和描述，其目的是对数据流程图中的各个元素做出详细的说明。简而言之，数据字典是描述数据的信息集合，是对系统中使用的所有数据元素的定义的集合。一个好的数据字典是一个数据标准规范，可以使数据库的开发者依此来实施数据库的建设、维护和更新，从而降低数据库的冗余度并增强整个数据库的完整性。

1. 数据字典内容

数据字典通常包括数据元素、数据结构、数据流、数据存储和处理过程五个部分。其中，数据元素是数据的最小组成单位，若干个数据元素可以组成一个数据结构，数据字典通过对数据元素和数据结构的定义来描述数据流、数据存储的逻辑内容。

（1）数据元素。数据元素是最小的数据组成单位，也是不可再分的数据单位，对数据元素的描述通常包括数据元素名、别名、数据类型、长度、取值范围、取值含义，与其他数据项的逻辑关系。其中，取值范围、与其他数据项的逻辑关系定义了数据的完整性约束条件，是设计数据检验功能的依据。若干个数据元素可以组成一个数据结构。

（2）数据结构。数据流程图中数据块的数据结构说明。数据结构反映了数据之间的组合关系。一个数据结构可以由若干个数据元素组成，也可以由若干个数据结构组成，或由若干个数据元素和数据结构混合组成。对数据结构的描述通常包括数据结构名、含义说明和结构，其中，结构包括若干个数据元素或数据结构。

（3）数据流。数据流程图中流线的说明。数据流是数据结构在系统内传输的路径。对数据流的描述通常包括数据流名、说明、数据流来源、数据流去处、数据流组成、平均流量、高峰期流量。其中，数据流来源说明该数据流来自哪个过程；数据流去向说明该数据流将到哪个过程；平均流量指在单位时间（每天、每周、每月等）里的传输次数；高峰期流量则指在高峰时期的数据流量。

（4）数据存储。数据流程图中数据块的存储特性说明。数据存储是数据结构停留或保存的地方，也是数据流的来源和去向之一。对数据存储的描述通常包括数据存储名、说明、编号、流入的数据流、流出的数据流、组成、数据量、存取方式。其中，数据量是指每次存取多少数据、每天（或每小时、每周等）存取几次等信息。存取方式包括：是批处理还是联机处理；是检索还是更新；是顺序检索还是随机检索等。另外，流入的数据流要指出其来源，流出的数据流要指出其去向。

（5）处理过程。数据流程图中功能块的说明。一般来说，只要对数据流程图中不再分解的处理过程进行说明就可以了，数据字典中只需要描述处理过程的说明性信息，这些信息通常包括处理过程名、编号、简要说明、输入、输出、处理。其中，简要说明主要说明该处理过程的功能及处理要求，功能是指该处理过程用来做什么（而不是怎么做）；处理要求包括处理频度要求，如单位时间里处理多少事务、多少数据量，以及响应时间要求等。这些处理要求是后面物理设计的输入及性能评价的标准。

（6）外部实体。外部实体是数据的来源和去向。在数据字典中，对外部实体的定义包括外部实体名称、说明、输出数据流、输入数据流、外部实体的数量。

2. 数据字典功能和用途

数据字典最重要的作用是作为分析阶段的工具。任何字典最重要的用途都是供人查询对不了解的条目的解释，在结构化分析中，数据字典的作用是给数据流图上每个成分加以定义和说明。换句话说，数据流程图上所有的成分的定义和解释的文字集合就是数据字典，而且在数据字典中建立一组严密一致的定义很有助于改进分析员和用户的通信。

1）数据字典的功能

数据字典的功能可以表现在以下几个方面：①给管理者和用户提供可利用数据的线索；②为系统分析人员提供数据是否存在的信息；③为编程工作提供数据格式及数据位置。

2）数据字典的用途

数据字典的用途是多方面的，它在数据的整个生命周期里都起着重要的作用。具体可归纳为以下几点：①在系统分析阶段，数据字典用来定义数据流程图中各个成分的属性与含义；②在设计阶段，数据字典提供一套工具以维护对系统设计说明的控制，保证设计人员在早期阶段所确定的需求与实现阶段一致；③在实现阶段，提供元数据描述的生成能力；④在调试阶段，辅助产生测试数据，提供数据检查的能力；⑤在运行和维护阶段，可帮助数据库重新组织和重新构造；⑥在使用阶段，可以作为"用户手册"。

3.2.2 数据流程图

数据流程图（data flow diagram，DFD）是系统分析的重要工具，也是结构化系统分析方法中重要的模拟工具。它描述系统数据流程，将数据独立抽象出来，通过图形方式描述信息的来龙去脉和实际流程。它是一种能全面地描述信息系统逻辑模型的主要工具。它可以利用少数几种符号综合地反映出信息在系统中的流动、处理和存储的情况。数据流程图具有抽象性和概括性。

数据流程图中没有任何具体的物理元素，只是描绘地理信息在 GIS 中流动和处理的情况。因为数据流程图是逻辑系统的图形表示，即使不是专业的 GIS 人员也容易理解，所以是极好的交流工具。此外，设计数据流程图只需考虑系统必须完成的基本逻辑功能，完全不需要考虑如何具体实现这些功能，所以它也是 GIS 软件设计很好的出发点。它的作用有两点：一是给出了系统整体的概念，二是划分子系统的边界。数据流程图描述了数据流动、存储、处理的逻辑关系，也称为逻辑数据流程图。

1. 数据流程图的基本组成

系统部件包括系统的外部实体、处理过程、数据存储和系统中的数据流四个部分，如图 3.2 所示。系统分析时用数据流程图来模拟这些部件及其相互关系。数据流程图中用特定的符号来表示这些部件。

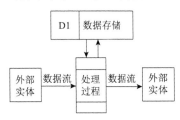

图 3.2　数据流程图基本构成

（1）外部实体。外部实体是指系统以外但又和系统有联系的人或事物，它说明了数据的外部来源和去处，属于系统的外部和系统的界面。例如，用户单位中的其他用户或与系统有关的其他人员属于外部实体。外部实体是支持系统数据输入或数据输出的实体，支持系统数据输入的实体称为源点，支持系统数据输出的实体称为终点。需要指出的是，在数据流程图的最高层上，所有的源点和终点都是构成系统环境的因素。通常外部实体在数据流程图中用正方形框表示，框中写上外部实体的名称。为了区分不同的外部实体，可以在正方形的左上角用一个字符表示，同一外部实体可在一张数据流程图中出现多次，这时在该外部实体符号的右下角画上小斜线表示重复，如图 3.3 所示。

（2）处理过程。处理是指对数据的逻辑处理，也就是数据变换，它用来改变数据值。低层处理是单个数据上的简单操作，而高层处理可扩展成一张完整的数据流程图。例如，数据分析是一系列系统流动，即一系列系统处理的集合。而每种处理又包括数据输入、数据处理和数据输出等部分。在数据流程图中，处理过程用带圆角的长方形表示，长方形分 3 个部分，如图 3.4 所示。

（3）数据流。数据流是指处理功能的输入或输出。它用来表示数据流值，但不能用来改变数据值。数据流是模拟系统数据在系统中传递过程的工具。在数据流程图中，数据流用一个水平箭头或垂直箭头表示，箭头指出数据的流动方向，箭头线旁注明数据流名。

（4）数据存储。数据存储表示数据保存的地方，它用来存储数据。系统处理从数据存储中提取的数据，也将处理的数据返回数据存储。与数据流不同的是，数据存储本身不产生任何操作，它仅仅响应存储和访问数据的要求。在数据流程图中，数据存储用右边开口的长方条表示，在长方条内写上数据存储名字。为了区别和引用方便，数据存储左端加一个小格，其中再加上一个标识，由字母 D 和数字组成，如图 3.5 所示。

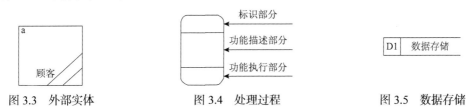

图 3.3　外部实体　　　　　　图 3.4　处理过程　　　　　　图 3.5　数据存储

2. 数据流程图的画法

（1）画数据流程图的基本原则。画数据流程图有以下六个原则：①数据流程图中的所有图形符号必须是前面所述的 4 种基本元素之一。②数据流程图的主图必须含有前面所述的 4 种基本元素，缺一不可。③数据流程图中的数据流必须封闭在外部实体之间，外部实体可以是一个，也可以是多个。④处理过程至少有一个输入数据流和一个输出数据流。⑤任何一个数据流子图必须与其父图上的一个处理过程相对应，两者的输入数据流和输出数据流必须一致，即"平衡"。⑥数据流程图上的每个元素都必须有名字。

（2）画数据流程图的基本步骤。总的来说，在了解系统要求的前提下，从当前系统（人工系统）出发，由外往内，自顶向下，对当前系统进行描述，然后按照系统的目标要求逐步修正，使其功能完善化、处理精细化，大致可分为以下七个步骤：①把一个系统视为一个整体功能，明确信息的输入和输出。②找到系统的外部实体，一旦找到外部实体，系统与外部世界的界面就可以确定下来，系统的数据流的源点和终点也就找到了。③找出外部实体的输入数据流和输出数据流。④在图的边上画出系统的外部实体。⑤从外部实体的输入流（源）出发，按照系统的逻辑需要，逐步画出一系列逻辑处理过程，直至找到外部实体处理所需的输出流，形成数据流的封闭。⑥将系统内部数据处理分别视为整体功能，其内部又有信息的处理、传递、存储过程。⑦如此一级一级地剖析，直到所有处理步骤都很具体为止。

（3）画数据流程图的注意事项。注意事项包括三个方面：①关于层次的划分。逐层扩展数据流程图，是对上一层图中某些处理框加以分解。随着处理的分解，功能越来越具体，数据存储、数据流越来越多。究竟怎样划分层次，划分到什么程度，没有绝对标准，一般认为展开的层次与管理层次一致，也可以划分得更细。处理框的分解要自然，注意功能完整性。一个处理框经过展开，一般以分解为 4~10 个处理框为宜。②检查数据流程图。对一个系统的理解，不可能一开始就完美无缺，开始分析一个系统时，尽管对问题的理解有不正确、不确切的地方，但还是应该根据自己的理解，用数据流程图表达出来，进行核对，逐步修改，获得较为完美的图纸。③提高数据流程图的易理解性。数据流程图是系统分析员调查业务过程、与用户交换思想的工具。因此，数据流程图应简明易懂，这也有利于后面的设计，有利于对系统说明书进行维护。

3.2.3　E-R 图

P.P.Cheh 于 1976 年提出数据实体关系图（E-R 图），也称实体联系模型、实体关系模型或实体联系模式图。E-R 模型提供了用来描述现实世界的表示实体型、属性和联系的方法，是指以实体、关系、属性三个基本概念概括数据的基本结构，从而描述静态数据结构的概念模式。

E-R 模型是在客观事物或系统的基础上形成的，在某种程度上反映了客观现实，反映了用户的需求，因此 E-R 模型具有客观性。但 E-R 模型又不等同于客观事物的本身，它往往反映事物的某一方面，至于选取哪个方面或哪些属性，如何表达则取决于观察者本身的目的与状态，从这个意义上说，E-R 模型又具有主观性。它提供不受任何数据库管理系统（database management system，DBMS）约束的面向用户的表达方法，在数据库设计中被广泛用作数据建模的工具，在数据库设计中 E-R 模型已得到广泛的应用。

1. E-R 模型结构

E-R 模型为分析人员提供了三个主要语义概念：实体、属性和联系。在数据分析中，设计人员使用 E-R 模型的这三个概念描述一个组织。

1）实体

可以区别的客观存在的事物，称为实体。实体具有属性、性质和特征相同的特点。实体集：同一类实体构成的集合，称为实体集。实体类型：实体集中实体的定义，称为实体类型。实体标识符：能唯一标识实体的属性或属性集，称为实体标识符。有时也称为关键码（key），或简称为键。

一般认为，客观上可以相互区分的事物就是实体，实体可以是具体的人和物，也可以是抽象的概念与联系，关键在于一个实体能与另一个实体相区别，具有相同属性的实体具有相同的特征和性质。用实体名及其属性名集合来抽象和刻画同类实体。在 E-R 图中实体用矩形表示，矩形框内写明实体名，如学生张三、学生李四都是实体；如果是弱实体的话，在矩形外面再套实线矩形。

2）属性

实体的某一特性称为属性。一个实体有许多个属性。基本属性：不可再分割的属性，称为基本属性。复合属性：可再分解成其他属性的属性，称为复合属性。单值属性：同一实体的属性只能取一个值，称为单值属性。多值属性：同一实体的属性可能取多个值，称为多值属性。导出属性：通过具有相互依赖的属性推导而产生的属性，称为导出属性。每个属性都关联一个值集（value set），属性的值取自这个值集。

属性是实体所具有的某一特性，一个实体可由若干个属性来刻画。属性不能脱离实体，属性是相对实体而言的。在 E-R 图中用椭圆形表示，并用无向边将其与相应的实体连接起来，如学生的姓名、学号、性别都是属性。如果是多值属性的话，在椭圆形外面再套实线椭圆；如果是派生属性则用虚线椭圆表示。

3）联系

联系用来反映实体内部和实体之间的属性关系。一个或多个实体之间的关联关系称为联系。联系集：同一类联系构成的集合，称为联系集。联系类型：联系集中联系的定义，称为联系类型。

2. E-R 图组成

在 E-R 图中有如下四个成分。

（1）矩形框：表示实体，在框中记入实体名。

（2）菱形框：表示联系，联系以适当的含义命名，在框中记入联系名。

（3）椭圆形框：表示实体或联系的属性，将属性名记入框中。对于主属性名，则在其名称下画一下划线。

（4）连线：实体与属性之间、实体与联系之间、联系与属性之间用直线相连，并在直线上标注联系的类型。对于一对一联系，要在两个实体连线上各写 1；对于一对多联系，要在一的一方写 1，多的一方写 n；对于多对多联系，则要在两个实体连线上各写 n，m。

3. E-R 图一般性约束

实体联系数据模型中的联系型，存在三种一般性约束：一对一约束（联系）、一对多约束（联系）和多对多约束（联系），它们用来描述实体集之间的数量约束。

1）一对一联系（1∶1）

对于两个实体集 A 和 B，若 A 中的每一个值在 B 中最多有一个实体值与之对应，则称实体集 A 和 B 具有一对一的联系，反之亦然。例如，一个学校只有一个校长，而一个校长只在一个学校中任职，则学校与校长之间具有一对一联系。

2）一对多联系（1∶n）

对于两个实体集 A 和 B，若 A 中的每一个值在 B 中有多个实体值与之对应，反之 B 中每一个实体值在 A 中最多有一个实体值与之对应，则称实体集 A 和 B 具有一对多的联系。例如，某中学教师与课程之间存在一对多的联系"教"，即每位教师可以教多门课程，但是每门课程只能由一位教师来教。

3）多对多联系（m∶n）

对于两个实体集 A 和 B，若 A 中每一个实体值在 B 中有多个实体值与之对应，则称实体集 A 与实体集 B 具有多对多联系；反之亦然。例如，表示学生与课程间的联系"选修"是多对多的，即一个学生可以学多门课程，而每门课程也可以有多个学生来学。联系也可能有属性。例如，学生"选修"某门课程所取得的成绩，既不是学生的属性又不是课程的属性，因为"成绩"既依赖于某名特定的学生，又依赖于某门特定的课程，所以它是学生与课程之间的联系"选修"的属性。

实际上，一对一联系是一对多联系的特例，而一对多联系又是多对多联系的特例。在实际情况中并非总有一个属性是键，为描述这类情况，E-R 图引入了弱实体元素，即没有键属性的实体型，如本地电话号码、寝室等（如果其仅按照顺序编号的话）；对应地，存在键属性的实体型则为强实体型。

4. E-R 图设计

在需求分析阶段，通过对应用环境和要求进行详尽的调查分析，用多层数据流程图和数据字典描述了整个系统。

1）分步设计

分步设计 E-R 图的第一步，就是要根据系统的具体情况，在多层的数据流程图中选择一个适当层次的（经验很重要）数据流程图，让这组图中每一部分对应一个局部应用，即可以以这一层次的数据流程图为出发点，设计分 E-R 图。一般而言，中层的数据流程图能较好地反映系统中各局部应用的子系统组成，因此人们往往以中层数据流程图作为设计分 E-R 图的依据。局部应用涉及的数据都已经收集在数据字典中了，现在就是要将这些数据从数据字典中抽取出来。参照数据流程图，步骤分为：①标定局部应用中的实体；②实体的属性、标识实体的码；③确定实体之间的联系及其类型（1∶1、1∶n、m∶n）。

标定局部应用中的实体。现实世界中一组具有某些共同特性和行为的对象就可以抽象为一个实体。对象和实体之间是"is member of"的关系。例如，在学校环境中，可以把张三、李四、王五等对象抽象为学生实体。对象类型的组成成分可以抽象为实体的属性。组成成分与对象类型之间是"is part of"的关系。例如，学号、姓名、专业、年级等可以抽象为学生实体的属性，其中学号为标识学生实体的码。

实体的属性、标识实体的码。实际上实体与属性是相对而言的，很难有截然划分的界限。同一事物，在一种应用环境中作为"属性"，在另一种应用环境中就必须作为"实体"。一般来说，在给定的应用环境中：①属性不能再具有需要描述的性质，即属性必须是不可分的数据项；②属性不能与其他实体具有联系，联系只发生在实体之间。

确定实体之间的联系及其类型（1∶1、1∶n、m∶n）。根据需求分析，要考察实体之间是否存在联系，有无多余联系。

2）合并生成

各分 E-R 图之间的冲突主要有三类：属性冲突、命名冲突和结构冲突。

属性冲突包括：①属性域冲突，即属性值的类型、取值范围或取值集合不同。例如，属性"零件号"有的定义为字符型，有的定义为数值型。②属性取值单位冲突。例如，属性"重量"有的以克为单位，有的以千克为单位。

命名冲突包括：①同名异义。不同意义对象名称相同。②异名同义（一义多名）。同意义对象名称不相同，如项目和课题。

结构冲突包括：①同一对象在不同应用中具有不同的抽象。例如，"课程"在某一局部应用中被当作实体，而在另一局部应用中则被当作属性。②同一实体在不同局部视图中所包含的属性不完全相同，或者属性的排列次序不完全相同。③实体之间的联系在不同局部视图中呈现不同的类型。例如，实体 E1 与 E2 在局部应用 A 中是多对多联系，而在局部应用 B 中是一对多联系；在局部应用 X 中 E1 与 E2 发生联系，而在局部应用 Y 中 E1、E2、E3 三者之间有联系。解决方法是根据应用的语义对实体联系的类型进行综合或调整。

3）修改重构

生成基本 E-R 图。分 E-R 图经过合并生成的是初步 E-R 图，之所以称为初步 E-R 图，是因为其中可能存在冗余的数据和冗余的实体间联系，即存在可由基本数据导出的数据和可由其他联系导出的联系。冗余数据和冗余联系容易破坏数据库的完整性，给数据库维护增加困难，因此得到初步 E-R 图后，还应当进一步检查 E-R 图中是否存在冗余，如果存在，应设法予以消除。修改、重构初步 E-R 图以消除冗余，主要采用分析方法。此外，还可以用规范化理论来消除冗余。

3.3　项目需求过程与方法

3.3.1　需求分析过程

遵循科学的需求分析步骤可以使需求分析工作更高效。需求分析阶段主要通过收集、分析、导出的方法，将客户、业务、用户的需求转换为对应的系统（软件）需求。

1. 获取需求，识别问题

获取需求是需求分析的基础。为了能有效地获取需求，开发人员应该采取科学的需求获取方法。在实践中，获取需求的方法有很多种，如问卷调查、访谈、实地操作、建立原型和研究资料等。

当用户本身对需求的了解不太清晰的时候，开发人员通常采用建立原型系统的方法对用户需求进行挖掘。原型系统就是目标系统的一个可操作的模型。在初步获取需求后，开发人员会快速地开发一个原型系统。通过对原型系统进行模拟操作，开发人员能及时获得用户的意见，从而对需求进行明确。

分析人员要将对原始问题的理解与软件开发经验结合起来，以便发现哪些要求是用户的片面性或短期行为所导致的不合理要求，哪些是用户尚未提出但具有真正价值的潜在需求。开发人员从功能、性能、界面和运行环境等多个方面识别目标系统要解决哪些问题，要满足哪些限制条件，这个过程就是对需求的获取。开发人员通过调查研究，要理解当前系统的工作模型和用户对新系统的设想与要求。此外，在需求获取时，还要明确用户对系统的安全性、可移植性和容错能力等其他要求。

2. 进行数据分析，获取数据字典

对数据流程图中出现的所有空间数据、属性数据进行描述与定义，形成数据字典，列出有关数据流条目、文件条目、数据项条目、加工条目的名称、组成、组织方式、取值范围、数据类型、存储形式、存储长度等。

数据流条目：组成、流量、来源、去向。文件条目：文件名、组成、存储方式、存取频率。数据项条目：数据项名、类型、长度、取值范围。加工条目：加工名、输入数据、输出数据、加工逻辑。此外对隐含在有关图形上的数据也应引起足够重视。

3. 分析业务过程，获得系统流程图

系统分析员在对用户现行工作流程深入调查的基础上，要对现行系统进行深入细致的分析与研究，明确现行系统的目标、规模、界限、主要功能、组织结构、业务流程、数据流程、数据存储、对外联系、日常事务处理与主要存在问题，获取对现行系统的充分认识和理解。

按照现行系统的职能划分和业务范围，概括抽象出现行系统的业务框图或业务流程图；通过各业务职能的聚散、耦合程度和可实现程度，初步界定出 GIS 建设可实现的业务内容和可改进的职能。例如，对于在空间数据库基础上提供空间分析功能的土地管理系统，可以实现对与土地有关的各项指标的查询、统计，以及进行土地资源的单一或多用途评级、评价，但不可能期望通过该级别 GIS 的建设实现对土地利用的自动规划。

按照现行系统对数据的使用、加工与处理过程，获得现行系统的数据流程图。对于以空间数据处理为其对象的部门来说，它的运作需要涉及大量的图形、表格、文档资料，而数据流程图是其具体业务过程和作业程序的反映，代表了数据操作的逻辑模型。

4. 导出现行系统的逻辑模型

在理解现行系统"怎么做"的基础上，明确其本质是"做什么"，对现行系统的具体模型进行抽象，去掉有些具体的、非本质的，进一步深入分析中造成不必要负担的内容，获取反映系统本质的逻辑模型，作为待建 GIS 逻辑模型的依据，如图 3.6 所示。

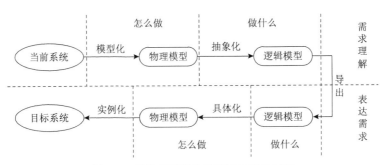

图 3.6　当前系统到目标系统的转换过程

5. 进行用户需求分析与描述

在对现行系统深入分析的基础上，找出现行系统存在的问题与弊端，对用户提出的要求进行综合抽象和提炼，形成对待建 GIS 需求的文字描述，包括对功能需求、性能需求、数据管理能力需求、可靠性需求、安全保密需求、用户接口需求、联网需求、软硬件需求、运行环境需求等的文字描述。

6. 明确待建系统的目标

对用户需求分析中提出的目标进一步深化明确，获得待建 GIS 更加明确具体的目标，即系统结构方案。也就是在调查分析的基础上，明确系统目标和各阶段的任务，确定系统数据关系图和系统软硬件配置，根据数据流程、信息特征、数据处理方法，提出系统结构方案和逻辑模型，包括输入、处理和输出三个主要组成部分，以作为系统研制的基础和依据。

7. 导出待建系统的逻辑模型

这是系统分析中实质性的一步。在获得需求后，开发人员应该对问题进行分析抽象，并在此基础上从高层建立目标系统的逻辑模型。模型是对事物高层次的抽象，通常由一组符号和组织这些符号的规则组成。常用的模型图有数据流图、E-R 图、用例图和状态转换图等，不同的模型从不同的角度或不同的侧重点描述目标系统。绘制模型图的过程，既是开发人员进行逻辑思考的过程，又是开发人员进一步认识目标系统的过程。

通过详细调查现实世界要处理的对象，充分了解原系统工作概况，对用户的需求进行鉴别、综合和建模，清除用户需求的模糊性、歧义性和不一致性，分析系统的数据要求，明确用户的各种需求，然后在此基础上确定新系统的功能，为原始问题及目标系统建立逻辑模型。

将现行系统的逻辑模型与待建 GIS 的目标相比较，找出逻辑上的差别，确定变化的范围，明确待建 GIS "做什么"；将变化的部分看作新的处理步骤或模块，对现有数据流程图进行调整；由外向内逐层分析，获得待建 GIS 的逻辑模型。

8. 将需求文档化

获得需求后要将其描述出来，即将需求文档化。对于简单的软件系统而言，需求阶段只需要输出软件需求文档（即软件需求规格说明书）。软件需求规格说明书主要描述软件的需求，从开发人员的角度对目标系统的业务模型、功能模型和数据模型等内容进行描述。作为后续的软件设计和测试的重要依据，需求阶段的输出文档应该具有清晰性、无二义性和准确性，并且能够全面和确切地描述用户需求。好的需求规格说明应该遵循正确、无歧义、完备、一致、分级（重要性或稳定性）、可验证、可修改、可追踪的原则。

9. 需求确认

系统分析的最后阶段是用户需求确认。需求确认是对需求分析的成果进行评估和验证的过程。通过组织各级评审对需求分析阶段的产物，尤其是最重要的结果产物需求规格说明进行确认，以确保相关人员理解一致。为了确保需求分析的正确性、一致性、完整性和有效性，提高软件开发的效率，为后续的软件开发做好准备，需求确认的工作非常必要。在需求确认的过程中，可以对需求阶段的输出文档进行多种检查，如一致性检查、完整性检查和有效性检查等。同时，需求评审也是在这个阶段进行的。从评审方法来说，可以根据情况分为需求开发组组内评审、客户外部评审、关键关系人评审等。

由分析员提交用户需求分析报告，经过用户专家评审和领导审批，再经过用户与开发者双方认可后，具有合同的作用，是 GIS 建设中进行开发设计和验收的依据。

3.3.2　需求分析的方法

1. 需求获取的方法

需求获取方法是沟通用户和开发人员之间的桥梁。需求获取一般包括这几种方式：观察法、情景分析、问卷调查法、访谈法、单据分析法、报表分析法、需求调研会法。这是需求调研的"七种武器"，它们各有优缺点，无论想要了解什么需求，都需要将这些方式组合应用，针对想要了解的内容，以及需要了解的对象的工作特点，采用不同的方式。

1）观察法

观察法，就是分析人员到用户工作现场，实际观察用户的手工操作过程，这是一种行之有效的需求获取方法。

在实际观察过程中，分析人员必须注意，系统开发的目标不是手工操作过程的模拟，还必须考虑最好的经济效益、最快的处理速度、最合理的操作流程、最友好的用户界面等因素。因此，分析人员在接受用户关于应用问题及背景知识的同时，应结合自己的软件开发和软件应用经验，主动地剔除不合理的、一些暂时行为的用户需求，从系统角度改进操作流程或规范，提出新的、潜在的用户需求。

2）情景分析

因为很多用户不了解计算机系统，对自己的业务如何在将来的目标系统中实现没有认识，所以没有很具体的需求。情景分析就是对目标系统解决某个具体问题的方法和结果，给出可能的情景以获知用户的具体需求。

情景分析技术的优点是，它能在某种程度上演示目标系统的行为，便于用户理解，从而进一步得到一些分析员目前还不知道的需求。同时，让用户起积极主动的作用对需求分析工作获得成功是至关重要的，情景分析较易被用户所理解，使得用户在需求分析过程中能够始终扮演一个积极主动的角色。因此在访问用户的过程中使用该技术是非常有效的。

3）问卷调查法

问卷调查即把需要调查的内容制成表格交给用户填写。该方法在需要调查大量人员的意见时，十分有效。这种方法的优点是：用户有较宽裕的考虑时间和回答时间。经过仔细考虑写出的书面回答可能比被访者对问题的口头回答更准确，从而可以得到对提出的问题较为准确细致的回答。分析人员仔细阅读收回的调查表，然后有针对性地访问一些用户，以便向他们询问在分析调查表时发现的新问题。

采用问卷调查方法的关键是调查表的设计。在开发的早期，用户与开发者之间缺乏共同语言，用户可能对表格中的内容存在理解上的偏差。因此，调查表的设计应简洁、易懂、易填写。

通过调查问卷进行需求收集是个效率非常高的方法。越是大规模的调研，越能体现这种方法的优越性。

4）访谈法

访谈是最早开始使用的获取用户需求的方法，也是目前仍然广泛使用的需求分析技术。访谈有两种基本形式，分别是正式的和非正式的访谈。正式访谈时，系统分析员将提出一些事先准备好的具体问题，如询问处理的单据种类、处理的方法，以及信息反馈时间应该多快等。在非正式访谈中，分析员可提出一些用户可以自由回答的开放性问题，例如，询问用户对目前正在使用的系统有哪些不满意的地方，以鼓励被访问人员说出自己的想法。询问一个开放的、可扩充的问题将有助于更好地理解用户目前的业务过程，并且确定在新系统中应如何解决目前系统的问题。分析人员通过用户对问题的回答获取有关问题及环境的知识，逐步理解用户对目标系统的要求。

5）单据分析法

单据分析法，分析用户当前使用的纸质或电子单据，通过研究这些单据所承载的信息，分析其产生、流动的方式，从而熟悉业务，挖掘需求。一个组织，在没有信息化管理系统时，它的单据体系其实就是它的信息体系，填写单据的过程就是信息录入的过程，单据传递的过程就是信息流转的过程，最终单据进入的档案室就是数据库。因此，通过分析单据来获得关于信息管理的需求可以收到事半功倍之效。单据分析法是获取需求过程中使用相当普遍的方法，值得仔细研究。

6）报表分析法

报表分析法，通过分析用户使用的报表获取需求。报表与单据是有本质区别的。单据是在业务处理过程中用户填写的纸质文件，往往是一个信息采集、传递的过程，而报表则是根据一定的规则对批量数据进行检索、统计、汇总，是一个信息加工、分析的过程。分析好现在使用的这些报表，可以深入管理者的管理核心，弄清楚当前公司管理者感兴趣的信息，最终给各级管理者带来真正的价值。报表是一个信息系统的集大成者，提前做好报表分析，可以加深理解管理脉络，理解信息系统的最终需求。

7）需求调研会法

需求调研会法，召集相关人员开会了解需求。当需要讨论的问题牵涉的相关人员较多时，可以组织需求调研会。相对于需求访谈，需求调研会参与的人员较多，需要做的准备也更麻烦，对会谈过程的把握也更困难，作者并不推荐滥用这个方法。如果人员太多，主持能力不足，或者准备得不够充分，对会议的进程把握不力，很容易适得其反，不但得不到需要的结论，还会威信扫地。

2. 面向过程分析方法

"面向过程"是一种以过程为中心的编程思想。"面向过程"也可称为"结构化"编程思想，是最早发展，并且在编程中起着重要作用的编程思想。遇到应用问题时，只要分析出解决问题所需要的步骤，然后用函数把这些步骤一步一步实现，使用的时候一个一个依次调用就可以了。基于"分解"和"抽象"的基本思想（自顶向下分解），逐步建立目标系统的

逻辑模型，进而描绘出满足用户要求的软件系统。图 3.7 是对目标系统 X 进行自顶向下逐层
分解的示意图。

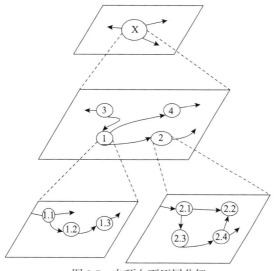

图 3.7 自顶向下逐层分解

最顶层描述了整个目标系统，中间层将目标系统划分为若干个模块，每个模块完成一定
的功能，而最底层是对每个模块实现方法的细节性描述。可见，在逐层分解的过程中，起初
并不考虑细节性的问题，而是先关注问题最本质的属性，随着分解自顶向下进行，才逐渐考
虑越来越具体的细节。这种用最本质的属性表示一个软件系统的方法就是"抽象"。抽象是
人类处理复杂问题的基本方法。

分解和抽象是结构化需求分析的基本指导思想。"分解"是指对于一个复杂的系统，为
了将复杂性降低到可以掌握的程度，可以把大问题分解为若干个小问题，再分别解决。软件
工程技术中，控制复杂性的两个基本手段是"分解"和"抽象"。对于一个复杂的问题，因
为人的理解力、记忆力均有限，所以不可能触及问题的所有方面及全部的细节。为了将复杂
性降低到人可以掌握的程度，可以把大问题分割成若干个小问题，然后分别解决，这就是"分
解"；分解也可以分层进行，即先考虑问题最本质的属性，暂把细节略去，以后再逐层添加
细节，直至涉及最详细的内容，这就是"抽象"。

"逐层分解"体现了分解和抽象的原则，它使人们不至于一下子陷入细节，而是有控制
地逐步地了解更多的细节，这是有助于理解问题的。图 3.7 的顶层抽象地描述了整个系统，
底层具体地画出了系统的每一个细部，而中间层则是从抽象到具体的逐步过渡。按照这样的
方式，无论系统多么复杂，分析工作都可以有计划、有步骤、有条不紊地进行，系统规模再
大，分析工作的复杂程度也不会随之增大，只是多分解几层而已，所以这种方法有效地控制
了复杂性。

对于一个复杂的系统，如何理解和表达它的功能呢？图 3.7 中系统 X 很复杂，为了理解
它，可以将它分解成 1、2、3、4 几个子系统；如果子系统 1 和 2 仍然很复杂，可以将它们再
分解成 1.1、1.2、…子系统，如此继续下去，直到子系统足够简单，能够清楚地被理解和表
达为止。对系统做了合理的逐层分解后，就可分别理解系统的每一个细部（图 3.7 中的 1.1、
1.2、1.3、…），并为每个细部写下说明（称为"加工说明"），再将所有这些"加工说明"

组织起来，就获得了整个系统 X 的系统说明书。

结构化分析方法采用自顶向下、逐层分解的系统分析方法来定义 GIS 系统的需求。在此基础上，可以做出系统的规格说明，并由此建立系统的一个自顶向下任务分析模型。结构化分析方法的要点是将系统开发的全过程划分为若干阶段，而后分别确定它们的任务，同时把系统的逻辑和物理模型，即系统"做什么"和"怎么做"分开，以保证其在各阶段任务明确、实施有效。结构化分析方法是一种使用相对广泛，也较为成熟和完善的系统分析方法。在结构化需求分析的过程中，通常还需要借助数据流程图、数据字典、E-R 图、结构化语言、判定表、判定树等工具。

3. 面向数据流的需求分析方法

采用"分解"的方式来理解一个复杂的系统，"分解"需要有描述的手段，数据流程图就是作为描述"分解"的手段引进的。面向数据流的方法是一种简单实用、使用很广的方法，适用于分析大型的数据处理系统，特别是企业管理方面的系统。这个方法通常与系统设计衔接起来使用。对于一个大型系统（数据驱动），如果在一张数据流程图上画出所有的数据和加工，则会使得数据流程图复杂而难以理解，为了控制复杂性，结构化分析法采用数据流程图分层技术。

1）从数据流程的角度分析

对大多数数据处理系统来说，从数据流的角度来描述一个企事业组织的业务活动是比较合适的。数据流程图描述了一个组织有哪几个组成部分，也描述了来往于各部分之间的数据流。

数据流程图从"数据"和"数据经受的加工"这两个相互补充的方面来表达一个数据处理系统。它从数据的角度描述它们作为输入进入系统，经受某个加工，再经受某个加工……或者合并，或者分解，或者存储，最后成为输出离开系统的整个过程。经验证明，对数据处理系统来说，从数据角度观察问题一般能够较好地抓住问题的本质，并描述出系统的概貌。但是，数据流程图只描述了系统的"分解"，并没有表达出每个数据和加工的具体含义，这些信息需要在"数据字典"和"加工说明"中表达出来。

数据流程图的优点是直观、容易理解，容易被一组人同时进行审查，如果图中有错误，一般也比较显眼，容易被人们发现。实践证明，从事数据处理工作的人（包括用户和软件人员）都很容易接受这个描述方式。

2）由外向里画数据流程图

应指出的是，最初的数据流程图是描述当前的实际情况，即当前存在的人工数据处理情况（尽管当前情况也许有许多不合理之处），为此分析员应将在一个企业组织中看到听到的事实如实画出来。用户目前使用的单据、表格、卡片、清单等资料就是"数据流"或"文件"。用户目前在做的工作就是"加工"，它们的名字就是用户习惯使用的名字。总之，在刚开始只是将现实情况反映出来，而不是急于去想象未来的计算机系统是怎样的。后面将讨论如何从描述当前人工系统的数据流程图过渡到描述未来计算机系统的数据流图。

随着经验的增加，分析员会发现对于各种不同的问题，画数据流图的方法也不尽相同，但原则上都是"由外向里"进行的。"由外向里"是一种比较自然而且有条理的思考过程。

在画数据流程图时，首先应画出系统的输入数据流和输出数据流，也就是先决定系统的范围，然后考虑系统的内部。同样，对每一个加工来说也是先画出它们的输入输出，再考虑这个加工的内部。

（1）画系统的输入输出：刚开始分析时，系统究竟应包括哪些功能还不清楚，为了保险一些，要使系统的范围稍大，把可能有关的内容都包括进去。此时应该向用户了解"系统从外界接收什么数据""系统向外界送出什么数据"等，然后根据用户的答复画出数据流程图的外围。

（2）画系统的内部：此时需逐步将系统的输入和输出数据流用一连串加工连接起来。一般可以从输入端逐步画到输出端，也可以反过来从输出端追溯到输入端。在数据流的组成或值发生变化的地方应画上一个"加工"，它的作用就是实现这一变化。

如果系统中有一组数据，用户把它们作为一个单位来处理（如一起到达、一起被加工）则应将这组数据看成一个数据流。反之，不要把一些相互无关的，用户也并不将它们看成为一个整体来处理的若干数据画成一个数据流。对每一个数据流应该了解它的组成是什么，这些组成项来自何处，这些组成项如何组合成这一数据流，为实现这一组合还需要什么有关的加工和数据，等等。

另外，数据流程图中还要画出有关的文件，即各种存储的数据，此时也应了解文件的组成情况。

（3）画加工的内部：同样用"由外向里"的方式，可以继续分析每个加工的内部，如果加工的内部还有一些数据流，则可将这个加工用几个子加工代替，并在子加工之间画出这些数据流。

数据流程图与传统的框图是不同的，数据流程图是从数据的角度来描述一个系统，而框图则是从对数据进行加工的工作人员的角度来描述系统。数据流程图中的箭头是数据流，而框图中的箭头则是控制流，它表达的是程序执行的次序。

在宏观地分析一个组织的业务概况时从数据流的角度来理解问题比较合适，所以采用数据流程图，而框图只适用于描述系统中某个加工的执行细节。

理解一个问题总要经过从不正确到正确、从不恰当到恰当的过程，一次就成功的可能性是很小的，对复杂的问题尤其如此。分析员应随时准备抛弃旧的数据流程图而用更好的版本代替它。在分析阶段重画几张图是很小的代价，只要能获得更正确清晰的需求说明书，使得设计、编程等阶段节省大量的劳动力，这样做是完全值得的。反之，在分析阶段草草了事，使一些隐患潜伏下来，到开发后期再来纠正，代价就太大了。

3）分层数据流程图

对一个大型的系统，如用一张数据流程图画出所有的数据流和加工，则图纸将极其庞大复杂，因而难以理解。为了控制复杂性，采用"分层"的技术。逐层分解的方式不是一下子引进太多的细节，而是有控制地逐步增加细节，实现从抽象到具体的逐步过渡，这是有助于理解一个复杂的问题的。用数据流程图来描述"逐层分解"，就得到了一套分层的数据流程图。

4）由顶向下画分层数据流程图

描绘分层数据流程图按"由顶向下"的原则进行，使用分层数据流程图说明人们并不打算一下子把一个加工分解成它所有的基本加工。一张图中画出过多的加工是难以使人理解的，但是如果每次只是将一个加工分解成两个或三个加工，又可能需要过多的层次，这将从另一角度带来麻烦。一个加工每次分解成多少个子加工才合适呢？简单的回答是"最多不要超过7 个"。这个数字"7"是由经验得出的，大量事实证明，人们能有效地同时处理7 个或7 个以下的问题，但当问题多于7 个时，处理效果就会下降。当然这一点是不能机械地使用的，关键是要使数据流程图易于理解。以下几条原则可供参考：①分解应自然，概念上合理、清晰；②只要不影响数据流程图的"易理解性"，可以适当地多分解成几部分，这样分层图的层数就可少些；③一般来说，在上层可以分解得快些，而在下层则应分解得慢些，因为上层是一些综合性的描述，"易理解性"相对不太重要。

分层数据流程图是一种比较严格又易于理解的描述方式，它的顶层描绘了系统的总貌，底层画出了系统所有的细部，而中间层则给出了从抽象到具体的逐步过渡。

5）数据流程图的改进

对一个大型系统的理解不可能一开始就是十全十美的，总要经过逐步去粗取精、去伪存真的过程。在刚开始分析一个系统时，尽管对问题的理解有不正确、不确切之处，但还是应把自己的理解用数据流程图画出来，然后对它们进行逐步修改以获得较正确完美的图纸。

分析员通常从数据不守恒角度来检查数据流图的正确性。数据不守恒的情况有两种：一种是，某个加工用以产生输出的数据并没有输入给这个加工，这时可以肯定是某些数据流被遗漏了。另一种是，一个加工的某些输入并没有从这个加工输出，这并不一定是错误，但值得与用户再研究一下：为什么要将这些数据输入给这个加工，而加工却不使用它？如果确实是不必要的，就可将多余的数据流去掉以简化加工之间的联系。

4. 面向对象分析方法

面向对象分析方法通过自底向上提取对象并对对象进行抽象组合来实现系统功能和性能分析。它提取的对象包括系统的实体、实体属性和实体关联，以及系统的方法、函数和它们之间的关联等。通过自底向上的分析方法，根据各实体和各函数方法的关联度分析，逐步向上进行功能和实体的综合，最后得到系统的功能模块和性能要求。面向对象分析方法（对象驱动）的五个步骤如下。

第一步，确定对象和类。这里所说的对象是对数据及其处理方式的抽象，它反映了系统保存和处理现实世界中某些事物的信息的能力。类是多个对象的共同属性和方法集合的描述，它包括如何在一个类中建立一个新对象的描述。

第二步，确定结构（structure）。结构是指问题域的复杂性和连接关系。类成员结构反映了泛化-特化关系，整体-部分结构反映整体和局部之间的关系。

第三步，确定主题（subject）。主题是指事物的总体概貌和总体分析模型。

第四步，确定属性（attribute）。属性就是数据元素，可用来描述对象或分类结构的实例，可在图中给出，并在对象的存储中指定。

第五步，确定方法（method）。方法是在收到消息后必须进行的一些处理。方法要在图中定义，并在对象的存储中指定。

5. 原型化分析方法

原型化分析方法即基于原型的分析法，它快速构造系统原型，测试其可行性，或者通过原型发现用户需求。快速原型化分析方法是在系统分析员和系统用户之间交流的一种工具方法，用来明确用户对系统功能和性能的要求。由于系统需求不确定性因素，快速原型化分析方法在系统功能和性能分析领域的应用相对广泛。快速原型化分析方法的主要思想是借助原型来辅助系统需求的定义。在开发初期，开发人员根据自己对用户需求的理解，利用开发工具快速构造出原型软件系统，用户及开发人员通过对原型软件系统的试运行、评价、修正和改进，逐步明确软件的功能及性能需求，作为软件开发阶段的基础。

现代软件开发集成了各种系统分析与开发方法，而不是强调某种单一的分析方法。综合方法有以下四种。

（1）使用图表描述的模型驱动分析方法，如以过程为中心的结构化分析、以数据为中心的信息工程与数据建模方法、综合过程和数据的面向对象分析方法。

（2）基于原型的分析法，即快速构造系统原型，测试其可行性，或者通过原型发现用户需求。

（3）联合需求开发方法，综合过程和原型，通过会议研讨，强调多方参与，依靠集体智慧获得需求。

（4）业务流程重构法，分析业务流程的薄弱环节，改善业务流程。

系统分析是采用系统工程思想方法，对项目的实际情况进行分析综合，制定出各种可行方案，为系统设计提供依据。其任务包括对用户进行需求调查，在明确系统目标的基础上，开展用户机构设置、业务关系、数据流程等方面的深入研究和分析，提出系统的结构方案和逻辑模型。系统分析是使系统设计达到合理、优化的重要步骤，该阶段的工作深入与否，直接影响将来的设计质量和实用性。

3.4　需求分析报告

需求分析报告往往是建设单位和系统开发人员合作，把可行性分析求精和细化，对目标系统提出完整、准确、清晰、具体的要求。需求分析报告可作为系统设计和系统测试（用户手册）的依据。

1. 引言

（1）编写目的。需求分析报告是在经过了可行性分析与用户调研之后，进一步定制地理数据获取和 GIS 软件开发的细节问题，深入分析和描述子系统的功能和性能、系统中各子系统的联系与接口细节，并细化用户对系统的要求，描述要处理的数据域，引导用户提出明确的要求，并把用户的要求转换成一个完全的、精细的软件逻辑模型，准确地表达用户要求，便于用户与开发商协调工作，希望能使本软件开发工作更具体，保证项目开发成功。

需求分析报告是开发人员进行系统开发的主要依据，是数据分析、设计和软件系统开发的主要依据之一。

（2）项目背景。项目背景应包括：①项目的委托单位、开发单位和主管部门。②该软件系统与其他系统的关系。

（3）名词解释。列出本报告中用到的专门术语的定义和外文首字母组词的原词组。

（4）参考资料。列出有关资料的作者、标题、编号、发表日期、出版单位或资料来源，可包括：①立项报告。②项目开发计划。③文档所引用的资料、标准和规范。

2. 任务概述

（1）目标任务。叙述该系统开发的意图、应用目标、作用范围及系统的背景资料，解释被开发系统与其他有关系统之间的关系。如果本系统是一个独立的系统，而且全部内容自含，则说明这一点。如果定义的系统是更大系统的一个组成部分，则应说明本系统中其他各组成部分之间的关系。

（2）建设原则。从先进性、成熟性和实用性；标准化、规范性与开放性；可靠性、稳定性和容错性；可扩展性及易升级性；安全性和保密性；可管理性和可维护性等方面描述项目建设原则。

（3）假定与约束。列出本系统开发工作的假定与约束，如经费限制、开发期限等。

3. 地理数据需求描述

1）数据类型

地理数据分为静态数据和动态数据。静态数据（系统运行前已有的数据），指在运行过程中主要作为参考的数据，它们在很长一段时间内不会变化，一般也不会随着运行而改变；动态数据（系统运行过程中需要的输入数据及系统运行过程中产生的输出数据），包括所有在运行中要发生变化的数据，以及在运行中要输入、输出的数据。

地理数据需求分析是从对地理数据进行组织与存储的角度，从用户视图出发，分析与辨别应用领域所管理的各类地理数据项和数据结构，形成数据字典的主要内容。数据字典包括数据项、数据结构、数据流、数据存储和处理过程五部分。数据项是数据的最小组成单位，若干个数据项可以组成一个数据结构。数据字典通过对数据项和数据结构的定义来描述数据流和数据存储的逻辑内容。

2）数据字典

数据字典的任务是对于数据流图中出现的所有被命名的图形元素在数据字典中作为一词条加以定义，使每一图形元素都有一个确切的解释。分别需要给出下列数据词条描述。

（1）数据流词条描述。数据流词条包括：数据流名称、数据流说明（简要介绍其作用，说明其产生的原因和结果）、数据流来源、数据流去向、数据流组成（即数据流的数据结构）、数据流的数据量。

（2）数据元素词条描述。数据元素是数据结构的最小组成部分，它的主要信息包括：数据元素名、数据元素类型、数据元素长度、数据元素的取值范围、数据元素的缺省值、相关的数据元素及其数据结构。

（3）数据文件词条描述。数据文件是数据结构保存的地方，如果使用数据库保存管理数据，则直接使用数据库中存放的表名。数据文件词条描述内容包括：数据文件名称（简述，说明存放的是什么数据）、输入数据、输出数据、数据结构存储方式（顺序存放、直接存放、关键码、索引）、存取频率等。

（4）加工逻辑词条描述。对数据流图中出现的数据加工进行描述（数据加工较为复杂，将在后面的一节内容中讲述），对加工的描述包括：加工名、加工编号（该编号要反映该加工的层次）、简要描述（描述加工的逻辑及功能）、输入数据流、输出数据流、加工逻辑（简述加工程序与加工顺序）。

（5）源点及汇点词条描述。系统的源点和汇点不宜太多，以提高系统的独立性。系统的源点和汇点信息包括：名称、简要描述、有关数据流、数目。

注：在建立数据字典的过程中可以进行结构化的数据分析，从而为分析员提供各种表的定义信息；通过检查各个加工的逻辑功能，实现和检查在数据和程序之间的一致性和完整性；甚至系统建成以后的维护阶段也需要参照数据字典进行设计与修改。

3）数据流程图

画出系统的整体流程图。数据流程图描述地理数据流动、存储、处理等逻辑关系。

4. GIS 软件需求描述

（1）功能划分。对于流程图中的各个功能用树状结构自顶向下进行细化，并对最底层的功能进行编码，给出功能标识符。

（2）功能描述。对最底层所要完成的功能进行详细描述，填入表 3.1 中。

表 3.1　功能描述

功能名称	功能标识符	功能详细描述
数据采集功能	功能标识符 1	地理实体几何位置数字化
⋮	⋮	⋮

（3）数据与功能的对应关系。用一张矩阵图说明功能描述中的各个功能与数据描述中的静态数据、动态数据之间的对应关系，如表 3.2 所示。

表 3.2　数据与功能的对应关系

功能标识符	输入	输出
功能标识符 1	静态数据名称 动态数据名称（如用户在运行过程中需要用键盘输入数据）	动态数据名称（如在运行过程中需要写日志或输出一个报表）
功能标识符 2	动态数据名称	动态数据名称
⋮	⋮	⋮

5. 系统性能需求

（1）精度要求。精度是测量值与真值的接近程度。GIS 精度指地理现象能够用地理数据表示出来的详细程度和准确度。详细程度指对地理现象反映的详细程度，地理数据尺度越大，反映的地理现象的尺寸界限越小。

GIS 精度用数值表示时，为了沟通人与人之间对于物理现象的认识，往往先要制定一种标准。这种标准的制定，通常是根据人们对于所要测量的物理量的认识与了解，并且考虑这种标准是否容易复制，或测量的过程是否容易操作等实际问题。因为各种物理量的标准的制定是人为的，所以需要经过一个社会或团体的公认，才会逐渐被人们普遍采用。

（2）时间要求，如系统响应时间、数据更新处理时间、数据转换和传送时间等。

（3）适应性要求。在操作方式、运行环境、与其他软件的接口等发生变化时，所具有的适应能力。

（4）存储要求。根据系统应用需求，确定数据范围和比例尺，选择数据存储设备，预测数据存储量大小，同时为未来系统扩大预留足够的空间。

6. 运行环境描述

运行环境描述包括：①硬件设备；②网络设备；③支持软件，如操作系统、数据库、其他软件系统（如 LotusNotes 等）；④接口说明，系统接口包括硬件接口和软件接口；⑤控制说明，控制该系统运行的方法；⑥用户界面，反映业务流程的用户界面。

7. 其他需求

其他需求如可用性、安全保密、可维护性、可跨平台性等。

第4章 GIS 总体概念设计

可行性研究和深入需求分析确定了系统建设的目标和任务，接下来要回答"系统应如何实现"的问题，就进入了系统总体概念设计阶段。其主要任务是根据系统建设目标，进一步将系统需求转换为数据结构和软件体系结构，即地理数据库架构和系统体系架构。地理数据库架构就是把分析阶段所建立的信息域模型变换成软件实现中所需的数据结构。系统体系架构则是把系统的功能需求分配给软件结构，形成软件的模块结构图，描述出各物理元素的构成、联系及其定义，并设计模块之间的接口关系。总体方案是系统建设中最重要的总控文件，在进行总体设计时，务必坚持系统工程的设计思想和方法，配置适当数量的硬件、地理数据和软件，确定计算机的运行环境。在总体设计阶段，各模块还处于黑盒子状态，模块通过外部特征标识符（如名字）进行输入和输出。使用黑盒子的概念，设计人员可以站在较高的层次上进行思考，从而避免过早地陷入具体的条件逻辑、算法和过程步骤等实现细节，以便更好地确定模块和模块间的结构。在重大问题上给予定性考虑，把握方向，着重确定原则，避免过早陷入细节问题而忽略总揽全局的问题。

4.1 总体设计概述

总体设计即对全局问题的设计，也就是设计系统总的处理方案，又称概要设计。它根据系统研制的目标来规划系统的规模和确定系统的各个组成部分，并说明它们在整个系统中的作用与相互关系，以及确定系统的硬件配置，规定系统采用的合适的技术规范，以保证系统整体目标的实现。

4.1.1 总体设计目标

研制一个大型地理信息系统的基本问题是，怎样把比较笼统的初始研制需求逐步地变为多个研制参加者的具体工作，以及怎样把这些工作最终综合成一个技术上先进、经济上合算、研制周期短、能协调运转的实际系统，并使这个系统成为它所从属的更大系统的有效组成部分。

总体设计完成大型地理信息系统的总体方案和实现它的技术途径的设计过程，并通过可行性研究和技术经济论证，确保项目在规划、设计、数据获取、软件编制和运行等各个阶段，总体性能最优。这样可以避免规划、研制和运用的缺陷造成人力、物力和财力的浪费。

总体设计的任务是要求系统设计人员遵循统一的准则和采用标准的工具来确定系统应包含哪些模块、用什么方法联结在一起，以构成一个最优的系统结构。总体设计的目标是一个优化的地理信息系统。一个优化的地理信息系统必须具有运行效率高、可变性强、控制性能好等特点。为了提高系统的可变性，采用最有效的模块化的结构设计方法，即先将整个系统看成一个模块，然后按功能逐步分解为若干个第一层模块、第二层模块等。一个模块只执行一种功能，一种功能只用一种模块来实现，这样设计出来的系统才能做到可变性好和具有生命力。GIS 设计人员应尽量采用优化的数据处理算法，提高系统的运行效率。

GIS 最基本的模型框架一般由计算平台、地理数据、GIS 软件和专业人员四个部分组成。所以在总体设计阶段，GIS 设计人员主要根据客户的需求和若干规定标准，从系统计算平台（包括硬件及软件平台）、功能模型、数据架构、软件架构等几个方面设计出功能符合用户需要的系统，并进行理论上的验证说明，最后形成概要设计文档。

4.1.2　总体设计内容

依据可行性论证和用户需求，总体设计内容包括：确定整体框架结构、地理数据库设计、GIS 软件体系结构设计、模块设计、功能设计、硬件配置、接口和标准设计，以及系统可靠性与内部控制设计等。

1. GIS 总体架构

"架构"一词最早来自建筑学，原意为建筑物设计和建造的艺术。架构，就是人们对一个结构内的元素及元素间关系的一种主观映射的产物。系统架构的主要任务是界定系统级的功能与非功能要求、规划要设计的整体系统的特征、规划并设计实现系统级的各项要求的手段，同时利用各种学科技术完成模块的结构构建。无论何种系统架构应用领域，目的都是一样的，即完整、高一致性、平衡各种利弊、有技术和市场前瞻性的设计系统和实施系统。

GIS 总体架构即对全局问题的设计，也就是设计系统总的处理方案，又称概要设计。总体架构是一系列相关的抽象模式，用于指导大型 GIS 各个方面的设计。总体架构描述的对象是直接构成系统的抽象组件。各个组件之间的连接则明确和相对细致地描述组件之间的通信。在实现阶段，这些抽象组件被细化为实际的组件，组件之间的连接通常用接口来实现。

GIS 总体架构通过两个技术途径实现：一个是软件设计；另一个是数据库设计，如图 4.1 所示。

GIS 软件设计和地理数据库设计不是孤立的，而是地理数据库和 GIS 软件的有机结合，GIS 总体性能最优。

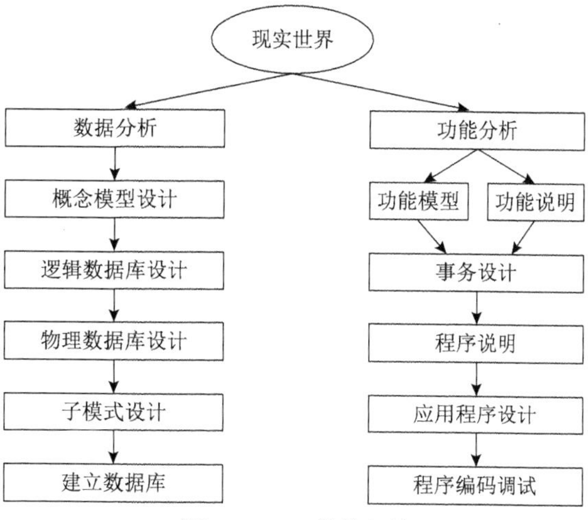

图 4.1　GIS 总体架构

2. GIS 软件体系结构设计

在需求分析阶段，已经从系统开发的角度出发，使系统按功能逐次分割成层次结构，使每一部分完成简单的功能且各个部分之间又保持一定的联系。在设计阶段，以需求分析的结果为依据，以模块为基础，从实现的角度划分模块，并组成模块的层次结构，基于这个功能的层次结构把各个部分组合起来成为系统。GIS 软件设计过程一般包括四部分内容：第一部分是模块划分，把架构设计中划分的业务模块按照开发模式迭代细化，拆分成符合高内聚低耦合的功能模块；第二部分是接口描述，重点放在刻画模块内外部交互的接口形式上；第三部分是模块的逻辑描述；第四部分是逻辑模型设计，包括数据库的逻辑模型设计及值对象的概要说明。

1）模块划分

采用某种设计方法，将一个复杂的系统按功能划分成模块；确定每个模块的功能，建立与已确定的软件需求的对应关系；确定模块之间的调用关系。

模块划分的粒度很难确定，不同的设计师会使用不同的划分策略，相同的一组功能聚集有人会划分为两个功能模块，有人可能划分为四个或者更多。模块的粒度越大，对模块的维护成本就越大，因为修改模块的任何一个点，都有可能更新整个模块。当然也不是模块划分得越小越好，因为小粒度的模块虽然降低了模块自身的维护成本，但过多的模块会增加模块间关系维护的成本及系统管理的复杂性。

通常来看，模块划分要符合开闭原则和高内聚低耦合的原则。开闭原则强调的是维护频度不同的功能不要放在同一个模块内，例如，有些需要本地化的功能可以通过接口和实现分离的方式划分为业务模块和二次接口实现模块。高内聚低耦合的原则强调的是把内部关联紧密和外部交互比较单一的功能划分成一个模块。

鉴于模块划分的重要性，建议尽可能把模块划分的工作前移到架构设计阶段，一方面架构设计团队的整体素质比较高，另一方面架构设计师更能够站在全局的视角合理地划分模块。

2）接口描述

确定模块之间的接口，即模块之间传递的消息，设计接口的信息结构。接口描述应该清晰地说明接口的类型、访问方式、接口的输入输出参数。通常在概要设计阶段不考虑物理实现，不需要描述得非常详细。接口之所以如此重要，原因在于通过清晰的接口描述可为流程逻辑和后面的详细设计建立一个硬约束。模块内的数据流和控制流的入口和出口都能限定在这个约束之内，方便评审的时候能及时发现设计中存在的问题。

模块接口是模块之间进行对接交互的门户，设计时至少应该遵循以下四个原则。

（1）简单原则。简单主要体现在模块接口的使用方法上，模块的使用者在不借助或借助很少的文档的情况下，就可以轻松使用模块所提供的功能。这首先要求接口方法的命名要规范，每个对外提供的方法名都应该有意义，让使用者可以通过名称判断出方法的主要用途。其次要求接口中的相关参数的数据类型要尽可能简单，尽量少使用嵌套层次多的数据结构，必要时可以构建全局应用的内存环境来保存模块间共同使用的数据，同时在这个内存环境之上提供不同数据的操作方法，从而减少模块间直接性的复杂数据的传递。最后，模块接口的方法尽可能单一，设计模式中的工厂模式是一种不错的选择。

（2）封闭原则。封闭原则的要求是，模块功能的实现细节要完全对外封闭，而且在对模块内部的处理逻辑进行修改时，不会影响模块使用者的调用逻辑。

（3）完整性原则。作为功能模块，它所提供的功能应该是一个全面的整体，一些具有细微差别的功能应该被集中到一个模块中，这样可以方便地利用继承、重载、覆写等技术手段来提高代码复用率，同时也可以提升模块使用的灵活度。

（4）可置换原则。一个功能模块所提供的功能很难保证永不过时，因此在接口设计时应该尽可能地应用接口编程思想，为接口提供标准的接口规范，这样将来可以轻松地用遵循接口规范的新的模块置换原有的模块，而不会影响其他相关模块的调用方式。

3）逻辑描述

逻辑描述的目标是说清楚从输入到输出的转换过程。根据不同模块的特点，可以选用不同的描述形式，对于以数据流为主的模块，可以使用数据流图，控制比较复杂的可以使用数据流图或者 IPO 图，而对于规范使用标准建模语言（unified modeling language，UML）的项目可以考虑使用活动图。

　　可能有读者会疑惑在设计中没有谈到是用面向对象方法还是结构化的方法，这可是关键的方法论问题。确实，软件研发的论坛里面除了哪种语言更好的话题之外，最容易引起纷争的就是结构化分析与设计和面向对象分析与设计了。笔者在这里不作结论，只作一个评说。结构化分析设计出现的比较早，那时候软件的主要使用场景更多是科学计算或者自动化控制，典型的特点是用户交互界面简单，更多是批处理的作业方式，更多关注程序的处理过程是否正确高效。随着 PC 时代的到来，人机交互界面在软件中占有越来越重要的地位，原来的一套软件只有一个操作员，而现在可能有很多的使用者，为了清楚地描述不同人群对软件的诉求，业务用例应运而生，这就是面向对象的起点。

　　在设计中，可以根据需求把两者的特点灵活地结合在一起，如算法密集的处理模块，可以采用数据流图，而对于和外部交互比较复杂的模块，可以引入用例图标识模块支持的使用场景。

　　4）逻辑模型设计

　　逻辑模型的设计主要是数据库的设计和值对象的设计。对于数据库的逻辑模型，可以统一设计，模块中添加引用，也可以在模块中针对所引用的库表独立描述。库表结构比较复杂的建议统一建模，而比较简单的模型可以分开描述，提升模块设计的可读性。数据库建模现在已经比较成熟，这里不再多说。

　　模块的输入输出，以及中间的数据对象，统称为值对象，概要设计阶段的重点是描述值对象的关键属性。需要注意的一点是值对象要和处理逻辑对应起来，特别是处理逻辑中的数据流、出口入口数据，都要在值对象上加以描述。

　　3. 地理数据库设计

　　地理数据库是 GIS 的核心和基础，在 GIS 中海量的地理数据按一定的模型组织，提供存储、维护、检索数据等功能，使 GIS 可以方便、及时、准确地从地理数据库中获得所需的信息。

　　地理数据库设计是指根据用户的需求，对于一个给定的 GIS 应用环境，在某一具体的数据库管理系统（DBMS）上，设计数据库的结构和建立数据库的过程。数据库设计是建立数据库及其应用系统的技术，是信息系统开发和建设中的核心技术。

　　在需求分析阶段，可通过数据字典对数据的组成、操作约束和数据之间的关系等进行描述，确定数据的结构特性。数据字典是各类数据描述的集合，它是关于数据库中数据的描述，即元数据，而不是数据本身。数据字典通常包括数据项、数据结构、数据流、数据存储和处理过程五个部分。数据流图表达了数据和处理过程的关系。

　　在总体设计阶段，地理数据库设计就是将所要描述的地理数据进行有效组织和管理。通过对用户需求进行综合、归纳与抽象，形成一个独立于具体 DBMS 的概念模型，可以用 E-R 图表示。概念模型用于信息世界的建模，不依赖于某一个 DBMS 支持的数据模型。概念模型具有较强的语义表达能力，能够方便、直接地表达应用中的各种语义知识；应该简单、清晰、易于用户理解，是用户与数据库设计人员之间进行交流的语言。

　　逻辑结构设计阶段是将概念结构转换为某个 DBMS 所支持的数据模型（如关系模型），并对其进行优化。设计逻辑结构应该选择最适于描述与表达相应概念结构的数据模型，然后选择最合适的 DBMS。

因为 GIS 的复杂性，为了支持相关程序运行，数据库设计就变得异常复杂，所以最佳设计不可能一蹴而就，而只能是一种"反复探寻，逐步求精"的过程，也就是规划和结构化数据库中的数据对象及这些数据对象之间关系的过程。尽量构造最优的数据库模式，使之能够有效地存储地理数据，满足各种用户的应用需求（信息要求和处理要求）。

4. 制定规范（标准设计）

规范是指明文规定或约定俗成的标准，具有明晰性和合理性。无法精准定量而形成的标准被称为规范。GIS 建设的规范化和标准化可使各种数据结构得以统一，海量数据可以相互共享，减少重复劳动，方便地理信息的管理和应用。GIS 软件功能准确科学的规范化和标准化划分，形成统一标准，有利于算法最优且高效，可以共享使用，更好更快地实现产业化和社会化。

标准化的基本原理通常是指统一原理、简化原理、协调原理和最优化原理。统一原理就是为了保证事物发展所必需的秩序和效率，对事物的形成、功能或其他特性，确定适合于一定时期和一定条件的一致规范，并使这种一致规范与被取代的对象在功能上达到等效。统一原理包含以下要点：①统一是为了确定一组对象的一致规范，其目的是保证事物所必需的秩序和效率；②统一的原则是功能等效，从一组对象中选择确定的一致规范，应能包含被取代对象所具备的必要功能。

首先应为 GIS 软件开发组制定在设计时应该共同遵守的标准，以便协调组内各成员的工作。它包括：①确定设计文档的编制标准，包括文档体系、格式及样式、记述详细的程度、图形的画法等；②通过代码设计确定代码体系，与硬件、操作系统的接口规约、命名规则等。

GIS 数据标准化指研究、制定和推广应用统一的数据分类分级、记录格式及转换、编码等技术标准的过程。

制定标准一般指制定一项新标准，是指制定过去没有而现在需要进行制定的标准。它是根据工程建设的需要和技术发展的水平来制定的。规范的形成和制定过程，一般有以下四个基本步骤。

第一步：提出。由有关部门和人员根据工程建设的需要，提出规范制定要求，经上级有关部门和人员同意后，进行充分的调查研究，提出规范草案。

第二步：讨论和审查。规范草案提出后，要广泛征求相关各方的看法和意见，集思广益，在充分讨论、研究的基础上，改正其中不切合实际之处，弥补疏漏，调整与其他制度矛盾、重复之处，使规范草案进一步完善。修改后的规范草案要报请上级管理部门审批。

第三步：试行。规范草案经上级管理部门审批后，可以试行。试行的目的是在实践中进一步检验和完善，使之成熟化、合理化。对于新制定的规范，试行是必不可少的一个阶段。

第四步：正式执行。规范经过一段时间试行、完善后，即可稳定下来，形成正式的、具有法律效果的规范文本，按照确定的范围和时间正式执行。与此同时，要向相关方面说明情况，报送上级管理机关备案。

5. 编写总体设计书

总体设计阶段完成时应编写以下文档。

（1）总体设计说明书，给出系统目标、总体设计、数据设计、处理方式设计、运行设计、出错设计等。总体设计说明书是总体设计阶段结束时提交的技术文档。

（2）数据库设计说明书，主要给出所使用的数据库管理系统简介，数据库的概念模型、逻辑设计和结果。

（3）用户手册。对需求分析阶段编写的初步的用户手册进行审订。

（4）制定初步的测试计划。对测试的策略、方法和步骤提出明确的要求。

6. 总体设计评审

在完成以上几项工作之后，应当组织对总体设计工作的评审。在该阶段，对设计部分是否完整地实现需求中规定的功能、性能等要求，设计方案的可行性，关键的处理及内外部接口定义正确性、有效性，以及各部分之间的一致性等，都一一进行评审。评审的内容包括以下几点。

（1）可追溯性。分析该软件的系统结构、子系统结构，确认该软件设计是否覆盖了所有已确定的软件需求，软件每一成分是否可追溯到某一项需求。

（2）接口。分析软件各部分之间的联系，确认该软件内部接口与外部接口是否已经明确定义；模块是否满足高内聚和低耦合的要求；模块作用范围是否在其控制范围之内。

（3）风险。确认该软件设计在现有技术条件下和预算范围内是否能按时实现。

（4）实用性。确认该软件设计对于需求的解决方案是否实用。

（5）技术清晰度。确认该软件设计是否以一种易于翻译成代码的形式表达。

（6）可维护性。从软件维护角度出发，确认该软件设计是否考虑了方便未来的维护。

（7）质量。确认该软件设计是否表现出良好的质量特征。

（8）各种选择方案。确认是否考虑过其他方案，比较各种选择方案的标准是什么。

（9）限制。评估对该软件的限制是否现实，是否与需求一致。

（10）其他具体问题。对文档、可测试性、设计过程等进行评估。

这里需要特别注意：软件系统的一些外部特性的设计，如软件的功能、一部分性能及用户的使用特性等，在软件需求分析阶段就已经开始。这些问题的解决，多少带有一些"怎么做"的性质，因此有人称之为软件的外部设计。

4.1.3　总体设计方法

在进入系统开发阶段之初，阅读和理解系统需求说明书，在给定预算范围内和技术现状下，确认用户的要求能否实现。若能实现则需明确实现的条件，从而确定设计的目标，以及它们的优先顺序。根据目标确定最合适的设计方法。

1. 结构化设计思想

总体设计一般采用结构化设计方法实现。根据需求把整个系统分化成不同的模块，每个模块完成一个特定的子功能。把这些模块结合起来组成一个整体，逐一实现各个功能，从而达到整体功能需求。结构化设计强调软件总体结构的设计，是一种自顶向下、逐步求精和分阶段实现的设计策略。

结构化设计思想是一个发展的概念。最开始是受结构化程序设计的启发而提出来的，经过众多的管理信息系统学者不断实践和归纳，现渐渐明确。结构化设计思想主要有以下三个要点。

一是系统性。就是在功能结构设计时，全面考虑各方面情况。不仅考虑重要的部分，也要兼顾次要的部分；不仅考虑当前急待开发的部分，也要兼顾今后扩展的部分。

二是层次性。上面的分解是按层分解的，同一个层次是同样由抽象到具体的程度。各层具有可比性，如果有某层次各部分抽象程度相差太大，那极可能是划分不合理造成的。

三是自顶向下分解步骤。将系统分解为子系统，各子系统功能总和为上层系统的总的功能，再将子系统分解为功能模块，下层功能模块实现上层的模块功能。这种从上往下进行功能分层的过程就是由抽象到具体、由复杂到简单的过程。这种步骤从上层看，容易把握整个系统的功能，不会遗漏，也不会冗余，从下层看各功能容易具体实现。

结构化程序设计方法为编程人员编写程序提供了三种基本结构：顺序结构、选择（分支）结构和循环结构。这三种基本结构之间可以并列，可以相互包含，但不允许交叉，这样的程序结构清晰，易于验证，易于纠错，并且方便调试。

结构化方法技术成熟，应用广泛，适合于功能需求能够预先确定的系统的开发，但是，这种方法难以适应客户需求的变化（用户需求的变化常常针对功能），难以解决软件复用问题，程序的运行效率不高，不适合大型软件的开发。

2. 模块化设计思想

结构化设计方法为软件设计人员进行系统模块的划分提供了原理与技术，把一个信息系统设计成若干模块的方法称为模块化。模块化基本思想是将系统设计成由相对独立、单一功能的模块组成的结构，从而简化研制工作，防止错误蔓延，提高系统的可靠性。在这种模块结构图中，模块支点的调用关系非常明确、简单。每个模块可以单独被理解、编写、调试、查错与修改。模块结构整体上具有较高的正确性、可理解性与可维护性。在设计过程中，它从整个系统的结构出发，以数据流程图为基础设计程序的模块结构，进而设计程序模块之间的关系。系统模块的划分应当遵循以下三条基本要求。

（1）内聚性。模块的功能在逻辑上尽可能的单一化、明确化，尽可能使每个模块执行一个功能。

（2）耦合性。模块之间的联系及相互影响尽可能的少，对于必需的联系都应当加以明确的说明，如参数的传递、共享文件的内容与格式等。

（3）最小化。模块的规模应当足够小，以便于编程和调试。

模块应具备以下四个要素：①输入和输出。模块的输入来源和输出去向都是同一个调用者，一个模块从调用者取得输入，加工后再把输出返回调用者。②功能。模块把输入转换成输出所做的处理。③内部数据。仅供该模块本身引用的数据。④程序代码。用来实现模块功能的程序。前两个要素是模块的外部特性，即反映模块的外貌。后两个要素是模块的内部结构特性。在结构化设计中，首先关心的是外部特性，其内部特性只做必要了解。

模块是模块化设计和制造的功能单元，模块是可以组合、分解和更换的单元，是组成系统、宜于处理的基本单位。系统中的任何一个处理功能都可看成一个模块，也可以理解为用一个名字就可以调用的一段程序语句。模块具有三大特征：①相对独立性，可以对模块单独进行设计、制造、调试、修改和存储，这便于由不同的专业化企业分别进行生产；②互换性，模块接口部位的结构、尺寸和参数标准化，容易实现模块间的互换，从而使模块满足更大数量的不同产品的需要；③通用性，有利于实现横系列、纵系列产品间的模块的通用，实现跨系列产品间的模块的通用。

模块化设计，简单地说就是程序的编写不是开始就逐条录入计算机语句和指令，而是首先用主程序、子程序、子过程等框架把软件的主要结构和流程描述出来，并定义和调试好各个框架之间的输入、输出链接关系。逐步求精的结果是得到一系列以功能块为单位的算法描述。以功能块为单位进行程序设计，实现其求解算法的方法称为模块化。模块化的目的是降低程序复杂度，使程序设计、调试和维护等操作简单化。

一个软件系统具有过程性（处理动作的顺序）和层次性（系统的各组成部分的管辖范围）特征。模块机构图描述的是系统的层次性，而通常的"框图"描述的则是系统的过程性。在系统设计阶段，关心的是系统的层次结构；只有到了具体编程时，才要考虑系统的过程性。

3. 模块划分方法

前面强调过结构化系统分析与设计的基本思想就是自顶向下地将整个系统划分为若干个子系统，子系统再分子系统（或模块），层层划分，再自上而下地逐步设计。人们在长期的实践中摸索出了一套子系统的划分方法。但在实际工作中，往往还要根据用户的要求、地理位置的分布、设备的配置情况等重新进行划分。系统划分的一般方法如下。

（1）模块要具有相对独立性。模块的划分必须使得模块的内部功能、信息等各方面的凝聚性较好。实际中人们都希望每个模块相对独立，尽量减少各种不必要的数据、调用和控制联系，并将联系比较密切、功能近似的模块相对集中，这样对于以后的搜索、查询、调试、调用都比较方便。

（2）要使模块之间数据的依赖性尽量小。模块之间的联系要尽量减少，接口简单、明确。一个内部联系强的模块对外部的联系必然相对较少。所以划分时应将联系较多的都划入模块内部。这样划分的模块，将来调试、维护、运行都是非常方便的。

（3）模块划分的结果应使数据冗余最小。如果忽视这个问题，则可能引起相关的功能数据分布在各个不同的模块中，大量的原始数据需要调用，大量的中间结果需要保存和传递，大量计算工作将要重复进行。这样会使程序结构紊乱、数据冗余，不但给软件编制工作带来很大的困难，而且系统的工作效率也大大降低了。

（4）模块的设置应考虑今后管理发展的需要。模块的设置靠上述系统分析的结果是不够的，因为现存的系统由于这样或那样的原因，很可能都没有考虑一些高层次管理决策的要求。为了适应现代管理的发展，对于老系统的这些缺陷，在新系统的研制过程中应设法将它补上。只有这样才能使系统实现以后不但能够更准确、更合理地完成现存系统的业务，而且可以支持更高层次、更深一步的管理决策。

（5）模块的划分应便于系统分阶段实现。信息系统的开发是一项较大的工程，它的实现一般都要分期分步进行。所以模块的划分应该考虑这种要求，适应这种分期分步的实施。另外，模块的划分还必须兼顾组织机构的要求（但又不能完全依赖于组织，因为目前正在进行体制改革，组织结构相对来说是不稳定的），以便系统实现后能够符合现有的情况和人们的习惯，更好地运行。

4.1.4　总体设计原则

1. 简单性

在达到预定的目标、具备所需要的功能前提下，系统应尽量简单，这样可减少处理费用，提高系统效益，便于实现和管理。

2. 灵活性和适应性

可变性是地理世界的特点之一，拟建系统要适应外界的环境变化，对外界环境的变化的适应能力是评价系统的重要指标。为适应不断变化的地理环境，GIS 也需要不断修改和改善，要求 GIS 也必须具有相当的灵活性。因此，这里系统的可变性是指允许系统被修改和维护的难易程度。一个可变性好的系统，各个部分独立性强，容易进行变动，从而可提高系统的性能，不断满足对系统目标变化的要求。此外，如果一个信息系统的可变性强，可以适应其他类似企业组织的需要，无疑将比重新开发一个新系统成本要低得多。

3．一致性和完整性

一致性是指系统中信息编码、采集、信息通信要具备一致性设计规范标准；完整性是指系统作为一个统一的整体存在，系统功能应尽量完整。

4．可靠性

系统的可靠性指系统硬件和软件在运行过程中抵抗异常情况的干扰及保证系统正常工作的能力。衡量系统可靠性的指标是平均故障间隔时间和平均维护时间。前者指平均的前后两次发生故障的时间，反映了系统安全运行时间，后者指故障后平均每次所用的修复时间，反映系统可维护性的好坏。只有可靠的系统，才能保证系统的质量并得到用户的信任，否则就没有使用价值。

提高系统可靠性的主要途径如下。

（1）选取可靠性较高的主机和外部设备。

（2）硬件结构的冗余设计，即在高可靠性的应用场合，应采取双机或双工的结构方案。

（3）对故障的检测处理和系统安全方面的措施，如对输入数据进行校检、建立运行记录和监督跟踪、规定用户的文件使用级别、对重要文件的拷贝等。

5．经济性

系统的经济性是指系统的收益应大于系统支出的总费用。系统支出费用包括系统开发所需投资的费用与系统运行维护费用；系统收益除有货币指标外，还有非货币指标。

系统应该给用户带来相应的经济效益，系统的投资和经营费用应当得到补偿。需要指出的是，这种补偿有时是间接的或不能定量计算的。特别是对于管理信息系统，它的效益有很大一部分不能以货币来衡量。

4.2　总体设计工具

在总体设计阶段会采用一些特殊的表达工具来表达系统的数据结构和软件体系结构。

4.2.1　地理信息建模方法

地理信息建模，是从信息的角度来描述地理物体和现象及其联系。信息建模最终转化为数据建模。数据建模指的是对现实世界各类数据的抽象组织，确定数据库需管辖的范围、数据的组织形式等直至转化成现实的数据库。将经过系统分析后抽象出来的概念模型转化为物理模型后，利用可视化工具建立数据库实体及各实体之间关系的过程（实体一般是表）。信息建模是为了识别应用中的主要实体，并用实体数据库模式模型将它们模型化，使用需求分析和初始数据库设计中收集的信息，完整地、正确地定义这些主要实体提供的重要信息。这些定义实体的限定根据使用的数据模型以某种方式组合。为了保证数据库中的数据正确、完整并被有效地访问，需要对数据库进行合理的设计。信息建模所提供的有关论域的有效的形式模型，为合理的数据库设计提供了保障。信息建模可以帮助人们创建出清晰准确、能够代表用户论域的有效形式模型。

1. 数据实体

实体是客观世界中存在的且可互相区分的事物实体，可以是人也可以是物体实物，还可以是抽象概念。数据实体表示数据库中描述的现实世界中的对象或概念。地理实体是地理数据库中的实体，是指在现实世界中再也不能划分为同类现象的现象。空间位置、属性及时间是地理实体的三个基本要素。

数据实体表示客观事物的模型，它以计算机可读的形式定义以便存储和引用。一个数据实体总是唯一在应用环境的数据库模型中定义。例如，道路是一个实体，因为它不能被进一步分割而代表同一事物。在空间数据库中，只用一种形式为一般类型的客观实体命名。因此，描述所有道路的实体被命名为 ROAD，而不是 roads。如果一条道路还具有其他描述该实体的特性，被称作在现实世界中出现了多种类型的道路。这不是指实体不能被进一步描述。例如，道路实体可以进一步分为高速道路、一般公路、城市道路、农村道路等。城市可看成一个地理实体，并可划分成若干部分，但这些部分不叫城市，只能称为区、街道之类。

实体在地理数据库中的表示。地理实体的表示方法随比例尺、目的等情况的变化而变化，例如，对于城市这个地理实体，在小比例尺上可作为一个点目标，而在大比例尺上将作为一个面目标。以相同的方式表示和存储的一组类似的地理实体，可以作为地理实体的一种类型。通常需要从如下方面对地理实体进行描述。

（1）编码。用于区别不同的实体，有时同一个实体在不同的时间具有不同的编码，如上行和下行的火车。编码通常包括分类码和识别码。分类码标识实体所属的类别，识别码对每个实体进行标识，是唯一的，用于区别不同的实体。

（2）位置形态。通常用坐标值的形式（或其他方式）给出实体的空间位置形态。

（3）类型。指明该地理实体属于哪一种实体类型，或由哪些实体类型组成。

（4）行为。指明该地理实体可以具有哪些行为和功能。

（5）属性。指明该地理实体所对应的非空间信息，如道路的宽度、路面质量、车流量、交通规则等。

（6）说明。用于说明实体数据的来源、质量等相关的信息。

（7）关系。与其他实体的关系信息。

（8）时间。如果只是地理实体的属性数据随时间变化，那么，可以把不同时间的属性数据均记录下来，作为该地理实体的属性数据。例如，在处理统计区域的人口数时，区域的空间位置不变，只要把新的人口数及对应的时间加入属性数据表中即可。当地理实体的空间位置随时间变化，如政区界线的变化、地块的合并与重新划分等，这时必须把地理实体的空间特征的变化也记录下来，如记录实体的增加、删除、改变、移动、合并等，同时对实体进行时间标记。

2. 数据实体属性

属性指的是实体质量和数量特征的数据。一个实体由其他描述信息组成，此描述信息唯一地定义了实体的组成。一个实体的组成元素被称为属性或数据项。一个属性是一个信息的原子单元，它描述了命名实体的有关内容。例如，实体 ROAD 的属性有名称、编号、宽度、路面质量，这些属性提供了关于 ROAD 实体的其他信息，这些信息提供了以机器可读的形式唯一定义道路实体的方法。在大多数数据库建模语言中，各个属性被唯一命名并用小写字母表示。例如，ROAD 实体可表示为

ROAD（name，number，width，roadsurface）

这种表示被称为实体的逻辑描述，因为它不包括实体及其属性的机器格式。

属性数据说明空间实体数据的几何类型、分类分级、数据特征、质量描述、地理名称、更新日期等。按属性数据的性质、内容、存储方式、与空间数据关系的密切性，属性数据又可以分为两类：第一类是与空间实体数据紧密相关的、用于区分空间数据实体的基本属性类，它们可以是空间数据唯一标识符、分类代码、几何类型（点线面）、数据的所有者或采集者、数据来源、数据建立日期、数据精度、与其他空间实体之间的关系代码（点线面的组成关系、相邻关系等）等信息。第二类是描述空间实体专业特性的专题属性数据。这类属性数据因应用专业不同而异，例如，在宗地管理系统中，属性数据可以包含土地等级、土地权属性质、土地用途等。

数据属性用计算机可以使用的模型表示了实体的组成成分。实体及其属性的物理表示通常用命名文件和文件的物理记录结构等概念加以定义。命名实体可能等同于命名文件，同时实体的属性可能等同于文件的记录。每个记录都有相同的物理描述并且占据等量的物理存储空间。记录的元素（数据字段）直接对应命名实体的属性，属性的取值范围称为该属性的域。例如，年龄的域为不小于零的整数。

不同实体的属性名可能相同，但同一个实体的不同属性不能同名。不同实体的同名属性通过把实体名和属性名相结合加以区别。例如，ROAD 实体和 RIVER 实体可以有同名属性（如 width），引用其中一个属性时，可联合使用 ROAD 的 width 和 RIVER 的 width。

3. 数据实体关联

现实世界中的事物之间通常都是有联系的，这些联系在信息世界中反映为实体内部（属性）的联系和实体之间的联系。这些联系总的来说可以划分为三种：一对一联系、一对多（或多对一）联系和多对多联系。例如，一条河流从某条道路下穿过；一条道路穿越城市。实体的数据项之间存在关联。如果数据库要相当接近其所模仿的客观实体，数据库模式模型必须抓住这种信息关联。数据关联定义了两个或多个实体间存在的联系（relationship）。大多数数据库模型中，两个或多个实体间的联系可使用一个中间连接（linkage）或多个连接。这些连接可通过逻辑指针结构，或通过活动函数（active function），用联系限定词表形成。表示实体间联系的最常用方法是使用一个被称为联系实体的实体。在点、线和多边形模型中，POLYGON 实体有 BOUNDARYLINE 实体。为表示此联系，构造一个称为 NODE 的实体。NODE 实体有 BOUNDARYLINE 和 POLYGON 的属性。另外，联系实体可能包含只用于联系的有关属性。例如，NODE 实体可能有一些限制属性或条件属性，这些属性必须在引用联系时被检查。应用实体、属性和联系等基本数据模型结构可表示和处理现实世界的信息，实现了信息到实体、属性和联系的映射，形成了数据实体联系模型。

4. 数据实体关系图

仅用列表不能完全反映数据库实现和组织所需的相关信息，特别是数据实体关联信息。P.P.Cheh 于 1976 年提出数据实体关系图（entity relationship diagram）简称 E-R 模型，也称实体联系模型、实体关系模型或实体联系模式图。

E-R 模型的设计过程，基本上分两大步：第一步，设计实体类型（此时不要涉及"联系"）；第二步，设计联系类型（考虑实体间的联系）。具体设计时，有时"实体"与"联系"两者之间的界限是模糊的。数据库设计者的任务就是要把现实世界中的数据及数据间的联系抽象出来，用"实体"与"联系"来表示。另外，设计者应注意，E-R 模型应该充分反映用户需求，E-R 模型要得到用户的认可才能确定下来。图 4.2 所示实体集和联系集的 E-R 图中有三个实体，矩形框分别表示实体集道路、河流和居民地，其间的联系表示为一个菱形框。通过此种形式的数据建模，可实现数据库中这些实体间的关联。

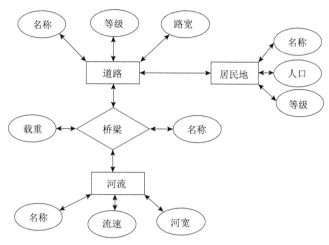

图 4.2　实体集和联系集的 E-R 图

4.2.2　软件结构设计方法

1. 层次图

层次图（hierarchical chart）是在软件总体设计阶段最常用的工具之一，用来描绘软件的层次结构。图 4.3 为某土地定级信息系统的局部层次图，图中的每个方框代表一个模块，方框间的连线表示模块的调用关系。层次图适合于在自顶向下设计软件的过程中使用。

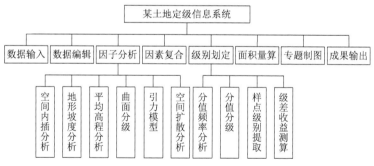

图 4.3　土地定级信息系统的局部层次图

2. HIPO 图

HIPO（hierarchy plus input/processing/output）图是由美国 IBM 公司发明的"层次+输入/处理/输出图"的缩写。HIPO 图实际上由 H 图（即层次图）和 IPO 图两部分组成。这里的 H 图是在层次图的基础上对每个方框进行编号，使其具有可跟踪性。编号规则如下：最顶层方框不编号，第一层中各模块的编号依次为 1.0，2.0，3.0，…；如果模块 2.0 还有下层模块，那么下层模块的编号依次为 2.1，2.2，2.3，…；如果模块 2.2 又有下层模块，则下一层各模块的编号根据上面的规律依次为 2.2.1，2.2.2，2.2.3，…，以此类推，如图 4.4 所示。

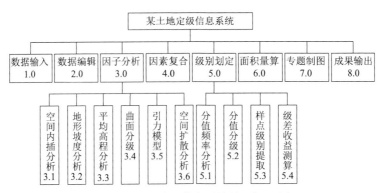

图 4.4   土地定级信息系统的局部 H 图

与 H 图中每个方框相对应,应该有一张 IPO 图描述这个方框所代表的模块的信息处理过程。IPO 图使用简洁的方框来方便地描述数据输入、数据处理和数据输出三部分之间的关系。值得强调的是,HIPO 图中的每个 IPO 图都应该明显地标出它们所描绘的模块在 H 图中的编号,以便跟踪了解这个模块在软件结构中的位置。图 4.5 描述的是空间扩散分析模块,对应的编号是 3.6。

图 4.5   土地定级信息系统的局部 IPO 图

3. 结构图

结构图(structured chart)是进行软件结构化设计的另一种有力的工具。结构图和层次图类似,也用来描述软件结构,但其描述能力比层次图更强。如图 4.6 所示,图中每个方框代表一个模块,框内注明模块的名字或主要功能。模块的名称通常是动宾结构的词组,方框之间的箭头(或直线)表示模块间的调用关系。

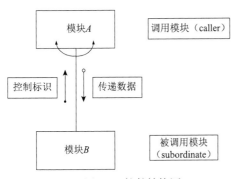

图 4.6   软件结构图

在结构图中通常还用带注释的箭头表示模块调用过程中来回传递的信息,如果希望进一步标明传递的信息是数据还是控制信息,则可以利用注释箭头尾部的形状来区分:尾部是空心圆,表示传递的是数据;尾部是实心圆,表示传递的是控制信息。此外,还可以附加一些符号以表示模块的选择调用或循环调用关系。

在结构图中,关键要描述的内容有两个:一是模块的功能,通常是由模块的名称来标识的;二是要描述模块与模块之间的接口。构造结构图时,要注意以下几个问题:首先,一个模块可以被不同的模块所调用。其次,在同一层次中,模块的调用次序不一定是自左向右。结构图并不严格地表示模块的调用次序,虽然多数人习惯于按照调用次序从左到右描述模块，但也可以出于其他考虑（如为了减少交叉线），完全不按这种次序画。模块的调用次序在很多情况下可以根据模块所传递的数据和控制来区分。此外，结构图和层次图一样，并不指明什么时候调用下层模块。通常上层模块中除了调用下层模块的语句外还有其他语句，究竟是先执行调用下层模块的语句还是先执行其他语句，在图中并没有表示。

4.3 系统总体架构

系统总体架构是对已确定的需求的技术实现构架，做好规划，运用成套、完整的工具，在规划的步骤下去完成任务。在系统架构中，由于 GIS 对软件、数据和硬件越来越深入的依赖，软件架构、数据架构和硬件平台架构的任务也体现出重要的作用，而且硬件、数据与软件架构是紧密联系和相互依赖的。系统总体架构分为三个部分：一是计算平台架构的设计，如硬件、网络、各种应用服务器等。二是 GIS 软件开发设计，它们负责规划程序的运行模式、层次结构、调用关系，规划具体的实现技术类型，甚至配合整个团队做好软件开发中的项目管理。三是地理数据架构，有逻辑上的数据结构和物理上的数据架构之分：逻辑上的数据架构反映成分数据之间的逻辑关系，而物理上的数据架构反映成分数据在计算机内部的存储安排。

4.3.1 硬件平台架构

GIS 硬件架构是设计一个 GIS 的基础架构，在现有的计算机硬件设备基础上，依据用户的应用需求，通过对各种设备、软件等系统的集成，透过开放的网络环境，遵循系统安全和信息安全的前提下，为地理信息系统的开发与应用提供一个高效、安全、规范、共享、协作、透明的一体化计算环境。

1. 按系统目标选择硬件平台

计算环境中的硬件设备主要包括各种类型的计算机、存储设备、网络设备、外部设备、智能设备等。各种设备在基础支持环境和计算机网络中互联互通，从而构成 GIS 功能的硬件实现。

地理信息系统一般都存储大量的数据，对地理数据选取和处理时，需要进行大量的计算，因此系统对计算环境的计算能力、运算速度、存储容量、图形处理能力等有较高的要求。根据地理信息系统的数据量、数据处理时效、图形图像处理等要求，可选择不同类型的计算机系统来承载 GIS 的不同功能需求。单项业务系统常用各类 PC、数据库管理系统作为平台；综合业务管理系统以计算机网络系统作为平台；集成应用系统是 OA、CAD、CAM、MIS、DSS 等综合而成的一个有机整体，综合性更强、规模更大、系统平台也更复杂，涉及异型机、异种网络、异种库之间的信息传递和交换。

根据系统需要和资源约束，进行计算机软、硬件的选择。计算机软、硬件的选择，对于管理信息系统的功能有很大的影响。大型管理信息系统软、硬件的采购可以采用招标等方式进行。

硬件的选择原则是：①技术上成熟可靠的标准系列机型；②处理速度快；③数据存储容量大；④具有良好的兼容性、可扩充性与可维修性；⑤有良好的性能/价格比；⑥厂家或供应商的技术服务与售后服务好；⑦操作方便；⑧在一定时间保持一定的先进性的硬件。

软件的选择原则包括操作系统、数据库管理系统、汉字系统、设计语言和应用软件包等。

随着计算机科学与技术的飞速发展，计算机软、硬件的升级与更新速度也很快。新系统的建设应当尽量避免先买设备，再进行系统设计的情况。

计算机处理可以根据系统功能、业务处理特点、性能/价格比等因素，选择批处理、联机实时处理、联机成批处理、分布式处理等方式。在一个管理信息系统中，也可以混合使用各种方式。在信息处理模式上常采用客户/服务器（C/S）模式或浏览器/服务器（B/S）模式。

2. 计算机网络系统的设计

计算机网络是指将地理位置不同的具有独立功能的多台计算机及其外部设备，通过通信线路连接起来，在网络操作系统、网络管理软件及网络通信协议的管理和协调下，实现资源共享和信息传递的计算机系统。简单来说，计算机网络就是由通信线路互相连接的许多自主工作的计算机构成的集合体。

从逻辑功能上看，计算机网络是以传输信息为基础目的，用通信线路将多个计算机连接起来的计算机系统的集合。一个计算机网络组成包括传输介质和通信设备，是利用通信线路将地理上分散的、具有独立功能的计算机系统和通信设备按不同的形式连接起来，以功能完善的网络软件及协议实现资源共享和信息传递的系统。

从用户角度看，计算机网络的定义是：存在着一个能为用户自动管理的网络操作系统。由它调用完成用户所调用的资源，而整个网络像一个大的计算机系统一样，对用户是透明的。

计算机网络从整体上把分布在不同地理区域的计算机与专门的外部设备用通信线路互联成一个规模大、功能强的系统，从而使众多的计算机可以方便地互相传递信息，共享硬件、软件、数据信息等资源。在构建网络环境时，应充分考虑以下几方面。

（1）网络传输基础设施。网络传输基础设施指以网络连通为目的铺设的信息通道。根据距离、带宽、电磁环境和地理形态的要求可以是室内综合布线系统、建筑群综合布线系统、城域网主干光缆系统、广域网传输线路系统、微波传输和卫星传输系统等。

（2）网络通信设备。网络通信设备指通过网络基础设施连接网络节点的各类设备，通称网络设备。包括网络接口卡（NIC）、交换机、三层交换机、路由器、远程访问服务器（remote access service，RAS）、中继器、收发器、网桥和网关等。

（3）网络服务器硬件和操作系统。服务器是组织网络共享核心资源的宿主设备，网络操作系统则是网络资源的管理者和调度员，二者又是构成网络基础应用平台的基础。

（4）网络协议。网络中的节点之间要想正确地传送信息和数据，必须在数据传输的速率、顺序、数据格式及差错控制等方面有一个约定或规则，这些用来协调不同网络设备间信息交换的规则称为协议。网络中每个不同的层次都有很多种协议，如数据链路层有著名的CSMA/CD协议、网络层有IP协议集及IPX/SPX协议等。

（5）外部信息基础设施的互联互通。当前，互联互通已成为网络建设的重要内容之一，几乎所有的GIS项目都要遇到内联（Intranet）和外联（Extranet）问题。在互联互通过程中，访问Internet实现较为便捷，而通过Internet向公众提供服务则需要慎重。

（6）网络安全。随着网络规模的不断扩大、用户的不断增多及网络中关键应用的增加，网络安全已成为网络建设中必须认真分析、综合考虑的关键问题。在网络环境建设中，应从网络设计、业务软件、网络配置、系统配置及通信软件等五个方面综合考虑，采取不同的策略与措施以保障网络环境的安全和系统整体的安全。

在进行 GIS 网络环境设计与建设中，必须首先确定网络应用的需求，然后具体考虑网络类型、互联设备、网络操作系统与服务器的选择，以及网络拓扑结构、网络传输设施和网络安全性保障等。

3. 存储设备与数据存储设计

网络存储技术是基于数据存储的一种通用术语。网络存储结构通常分为直连式存储（direct-attached storage，DAS）、网络附加存储（network-attached storage，NAS）和存储区域网络（storage area network，SAN）三种。

在 GIS 中，通常以三级存储方式（在线、近线、离线）为主，以数据存储为中心设计网络体系结构，对数据建库、更新、运行管理、分发服务、海量数据存储、备份等提供存储策略。根据系统最终建成后的数据总量、系统规模和需求，可选择 SAN 用于数据库存储与实时备份，NAS 用于文件级共享存储，二者作为在线实时运行数据存储设备，自动磁带库作为近线存储设备。

网络存储另一个重要的任务就是数据备份，而数据备份是数据安全的一个重要方面。系统在数据备份和恢复方面考虑的主要问题是采取有效的数据备份策略。原则上，应至少有一套备份数据，即同时应至少保存两套数据，并异地存放。针对不同的业务需要，通常资料复制可以采用同步复制和异步复制两种方式。备份管理包括备份的可计划性、备份设备的自动化操作、历史记录的保存及日志记录等。事实上，备份管理是一个全面的概念，它不仅包含制度的制定和存储介质的管理，还能决定引进设备技术，如备份技术的选择、备份设备的选择、介质的选择乃至软件技术的选择等。

数据库管理系统选择的原则是：支持先进的处理模式，具有分布处理数据、多线索查询、优化查询数据、联机事务处理功能；具有高性能的数据处理能力；具有良好图形界面的开发工具包；具有较高的性能/价格比；具有良好的技术支持与培训。普通的数据库管理系统有 Foxpro、Clipper 和 Paradox 等；大型数据库系统有 Microsoft SQLServer、Oracle Server、Sybase SQLServer 和 Informix Server 等。

4. 基础支持环境设计

基础支持环境是指为了保障硬件系统、计算机网络的安全、可靠、正常运行所必须采取的环境保障措施。主要内容包括机房、电源与网络布线等。

（1）机房。机房通常指位于网管中心或数据中心用以放置网络核心交换机、路由器、服务器等网络关键设备的场所，还有各建筑物内放置交换机和布线基础设施的设备间、配线间等场所。机房和设备间对温度、湿度、静电、电磁干扰、光线等要求较高，在网络布线施工前要先对机房进行设计。

（2）电源。电源为网络关键设备提供可靠的电力供应，理想的电源系统是 UPS。它有三项主要功能，即稳压、备用供电和智能电源管理。有些单位供电电压长期不稳，对网络通信和服务器设备的安全和寿命造成严重威胁，并且会威胁宝贵的业务数据，因而必须设置稳压电源或带整流器和逆变器的 UPS 电源。电力系统故障、电力部门疏忽或其他灾害造成电源掉电、损失有时是无法预料的。配备适用于网络通信设备和服务器接口的智能管理型 UPS，断电时 UPS 会调用一个值守进程，保存数据现场并使设备正常关机。一个良好的电源系统是地理信息系统可靠运行的保证。

（3）网络布线。计算机及通信网络均依赖布线系统作为网络连接的物理基础和信息传输的通道。新一代的结构化布线系统能同时提供用户所需的数据、话音、传真、视像等各种信息服务的线路连接，它使话音和数据通信设备、交换机设备、信息管理系统及设备控制系统、安全系统彼此相连，也使这些设备与外部通信网络相连接，主要包括建筑物到外部网络或电话局线路上的连线、与工作区的话音或数据终端之间的所有电缆及相关联的布线部件。在进行布线系统设计和施工时，应充分根据系统应用需求和建设环境的实际情况，从实用性、灵活性、模块化、扩展性、经济性、通用性等方面综合考量。

综合布线系统产品由各个不同系列的器件所构成，包括传输介质、交叉/直接连接设备、介质连接设备、适配器、传输电子设备、布线工具及测试组件。这些器件可组合成系统结构各自相关的子系统，分别发挥各自功能的具体用途。

网络布线是信息网络系统的"神经系"；网络系统规模越来越大，网络结构越来越复杂，网络功能越来越多，网络管理维护越来越困难，网络故障系统的影响也越来越大。网络布线系统关系网络的性能、投资、使用和维护等许多方面，是网络信息系统不可分割的重要组成部分。

4.3.2 系统软件架构

软件架构是指在一定的设计原则基础上，从不同角度对组成系统的各部分进行搭配和安排，形成系统的多个结构而组成架构，包括该系统的各个组件，组件的外部可见属性及组件之间的相互关系。组件的外部可见属性是指其他组件对该组件所做的假设。软件架构师定义和设计软件的模块化、模块之间的交互、用户界面风格、对外接口方法、创新的设计特性，以及高层事物的对象操作、逻辑和流程。一个系统通常是由元件组成的，而这些元件如何形成、相互之间如何发生作用，则是关于这个系统本身结构的重要信息。建造一个系统之前会有很多的重要决定需要做出，一旦系统开始进行详细设计甚至建造，这些决定就很难更改甚至无法更改。显然，这样的决定必定是有关系统设计成败的最重要决定，必须经过非常慎重的研究和考察。

1. 面向过程的体系结构

面向过程其实是最为实际的一种思考方式，它考虑的是实际地实现。一般的面向过程是从上往下步步求精，所以面向过程最重要的是模块化的思想方法。当程序规模不是很大时，面向过程的方法还会体现出一种优势。因为程序的流程很清楚，按照模块与函数的方法可以很好地组织。

面向过程体系结构有两大要素：一个是数据（data），另一个是操作（operation）。面向过程就是分析出解决问题所需的步骤，然后用函数把这些步骤实现，并按顺序调用。

单用户信息系统是早期最简单的信息系统，在主机结构下 GIS 软件输入输出、数据和应用程序被集中在主机上，整个信息系统运行在一台计算机上，由一个用户占用全部资源，不同用户之间不共享和交换数据。单机 GIS 软件平台具备了 GIS 基本功能，属性管理和空间分析功能齐全，但没有管理网络数据的能力，多个用户只能通过文件形式实现数据共享。在这种架构下，GIS 软件架构只能采用面向业务的设计思想及过程化、结构化的程序设计技术，且资源不能共享，不能协同工作。

2. 面向系统的体系结构

随着信息系统规模不断扩大、复杂程度日益提高，体系结构模式对信息系统性能的影响也越来越大。不同功能的信息系统对体系结构模式有不同的要求，各种体系结构模式的信息系统在开发和应用过程中也有很大的区别。选择和设计合理的体系结构模式甚至比算法设计和数据结构设计更重要。

面向系统的体系结构是一个综合模型，系统体系结构是由许多结构要素及各种视图（view）组成，而各种视图主要是基于各组成要素之间的联系与互操作而形成的。所以，系统体系结构是一个综合各种观点的模型，用来完整描述整个系统。面向系统的体系结构在具体实施时又分为 C/S 体系结构、B/S 体系结构、C/S 和 B/S 混合结构三种。

1）C/S 体系结构

C/S 体系结构模式是以数据库服务器为中心、以客户机为网络基础、在信息系统软件支持下的两层结构模型。这种体系结构中，用户操作模块布置在客户机上，数据存储在服务器上的数据库中。客户机依靠服务器获得所需要的网络资源，而服务器为客户机提供网络必需的资源。目前大多数信息系统采用 C/S 结构，其体系结构如图 4.7 所示。

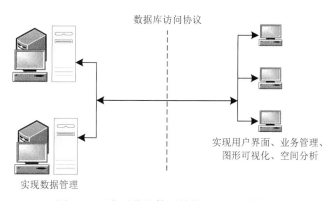

图 4.7　面向系统的体系结构图（C/S 结构）

在这个阶段，GIS 软件平台具有管理网络空间数据和属性数据的能力，具备多用户并发访问数据的能力，包括并发查询、并发修改。所有数据集中在一台数据库服务器中，所有客户直接连接到服务器。

在这种体系结构下，主要采用面向对象的程序设计技术进行开发，因而存在以下问题。

（1）数据集中，脱离了数据的生产、维护和应用部门具有地理分布的现实，不利于数据的及时更新和维护。

（2）所有客户连接到一台服务器上，极容易形成网络阻塞和服务器事务阻塞。对物理网络的通信能力和服务器的性能要求很高，且系统性能随访问量的变化而变化，性能很不稳定。

（3）只能在局域网内，不能适应 Internet 环境，不具备基于 Web 的集成能力。不能通过 Web 把用户的各种业务和办公自动化等与 GIS 进行有效集成。

2）B/S 体系结构

B/S 是随着 Internet 技术的兴起，对 C/S 结构的一种变化或者改进的结构。在这种结构下，用户工作界面通过浏览器来实现，极少部分事务逻辑在浏览器端（browser）实现，主要事务逻辑在服务器端（server）实现，形成数据库服务器、Web 服务器和客户浏览器三层结构（图 4.8）。这样就大大简化了客户端电脑载荷，减轻了系统维护与升级的成本和工作量，降低了用户的总体成本。

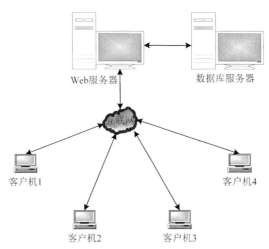

图 4.8　面向系统的体系结构图（B/S 结构）

基于 B/S 模式的网络 GIS 称为 WebGIS。WebGIS 一般称为万维网 GIS、互联网 GIS，是 GIS 技术与 WWW 技术的有机结合，在 Internet 或 Intranet 环境下，为各种地理信息应用提供 GIS 功能。WebGIS 能充分利用网络资源，将基础性、全局性的处理交由服务器执行，而对数据量较小的简单操作则由客户端直接完成。这种计算模式能灵活高效地寻求计算负荷和网络流量负载在服务器端和客户端的合理分配，是一种较理想的优化模式。

3）B/S 和 C/S 混合结构

局域网上使用 C/S 结构，便于数据建库、数据维护、空间数据可视化交互编辑、大量数据更新。网络技术的进一步发展，特别是广域网的发展，促进了 B/S 结构的 GIS 平台的发展。B/S 结构体系解决了空间数据的远程应用问题，便于数据发布、公众信息查询、大众地理信息系统、少量空间数据变更等。

通过前面的分析，可知 C/S 体系结构并非一无是处，B/S 体系结构也并不是十全十美，如果将这两种体系结构结合起来，就能使它们的优劣互补，形成 C/S 与 B/S 混合的软件体系结构。在这种体系结构中，一些能够满足大多数客户请求的信息采用 B/S 结构，这些信息用 Web 服务器进行处理，如数据库管理维护等交互性强、安全性要求高、数据查询灵活、数据处理量大的操作；管理员之类的少数人使用的功能应用采用 C/S 结构。C/S 与 B/S 混合的软件体系结构如图 4.9 所示。

3. 面向服务的体系结构

面向服务的体系（service oriented architecture，SOA）结构是一个组件模型，它可将应用程序的不同功能单元（称为服务）通过这些服务之间定义良好的接口和契约联系起来。接口是采用中立的方式进行定义的，它应该独立于实现服务的硬件平台、操作系统和编程语言。这使得构建在各种这样的系统中的服务可以以一种统一和通用的方式进行交互。这种具有中立的接口定义（没有强制绑定到特定的实现上）的特征称为服务之间的松耦合。松耦合使系统可以更好地适应业务的需要而灵活变化。

面向服务的体系结构是更传统的面向对象的模型的替代模型，面向对象的模型是紧耦合的。虽然基于 SOA 的系统并不排除使用面向对象的设计来构建单个服务，但是其整体设计却是面向服务的。因为它考虑了系统内的对象，所以虽然 SOA 是基于对象的，但是作为一个整体，它却不是面向对象的，不同之处在于接口本身。SOA 将能够帮助软件工程师们站在一个新的高度理解企业级架构中的各种组件的开发、部署形式，将帮助企业系统架构者更迅速、更可靠、更具重用性地架构整个业务系统。

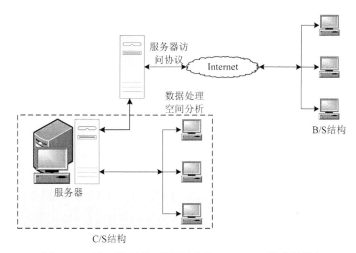

图 4.9　面向系统的体系结构图（B/S 和 C/S 混合结构）

　　SOA 是一种粗粒度、松耦合服务架构，服务之间通过简单、精确定义的接口进行通信，不涉及底层编程接口和通信模型。SOA 可以看作是 B/S 模型、XML/Web Service 技术之后的自然延伸。服务层是 SOA 的基础，可以直接被应用调用，从而有效控制系统中与软件代理交互的人为依赖性。它可以根据需求通过网络对松散耦合的粗粒度应用组件进行分布式部署、组合和使用。

　　1）SOA 基础

　　SOA 架构的基础部件是 WSDL、UDDI 和 SOAP。

　　Web 服务描述语言（Web services description language，WSDL）是用于描述服务的标准语言。它包含一系列描述某个 Web Service 的定义。WSDL 是一种接口定义语言，用于描述 Web Service 的接口信息等。

　　通用描述、发现与集成服务（universal description，discovery and integration，UDDI）是一种目录服务，企业可以使用它对 Web Service 进行注册和搜索。UDDI 是一种规范，它主要提供基于 Web 服务的注册和发现机制，为 Web 服务提供三个重要的技术支持：①标准、透明、专门描述 Web 服务的机制；②调用 Web 服务的机制；③可以访问的 Web 服务注册中心。

　　简单对象访问协议（simple object access protocol，SOAP）是交换数据的一种协议规范，是一种轻量的、简单的、基于 XML 的协议，它被设计成在 Web 上交换结构化和固化的信息。

　　WSDL 用来描述服务；UDDI 用来注册和查找服务；而 SOAP，作为传输层，用来在消费者和服务提供者之间传送消息。SOAP 是 Web 服务的默认机制，一个消费者可以在 UDDI 注册表（registry）查找服务，取得服务的 WSDL 描述，然后通过 SOAP 来调用服务，如图 4.10 所示。

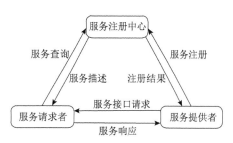

图 4.10　面向服务的体系结构中的角色

（1）服务请求者：服务请求者是一个应用程序、一个软件模块或需要一个服务的另一个服务。它发起对注册中心中的服务的查询，通过传输绑定服务，并且执行服务功能。服务请求者根据接口契约来执行服务。

（2）服务提供者：服务提供者是一个可通过网络寻址的实体，它接受和执行来自请求者的请求。它将自己的服务和接口契约发布到服务注册中心，以便服务请求者可以发现和访问该服务。

（3）服务注册中心：服务注册中心是服务发现的支持者。它包含一个可用服务的存储库，并允许感兴趣的服务请求者查找服务提供者接口。

面向服务的体系结构中的每个实体都扮演着服务提供者、请求者和注册中心这三种角色中的某一种（或多种）。面向服务的体系结构中包括以下操作。

（1）发布：为了使服务可访问，需要发布服务描述以使服务请求者可以发现和调用它。

（2）查询：服务请求者定位服务，方法是查询服务注册中心来找到满足其标准的服务。

（3）绑定和调用：在检索完服务描述之后，服务请求者继续根据服务描述中的信息来调用服务。

面向服务的体系结构中包括以下构件。

（1）服务：可以通过已发布接口使用服务，并且允许服务使用者调用服务。

（2）服务描述：服务描述指定服务使用者与服务提供者交互的方式。它指定来自服务的请求和响应的格式。服务描述可以指定一组前提条件、后置条件和/或服务质量（quality of service，QoS）级别。

2）SOA 优点

SOA 架构是一个悬浮倒挂式平台架构，理论上可允许无数厂商独立提供它们的功能，它与传统的奠基式向上支撑的平台架构有本质的区别。奠基式向上支撑的平台架构是一种紧耦合的、面向系统的体系架构，也称为刚性架构，这种架构是十分脆弱的，也就是说，在这种体系架构下开发的系统不牢固，同时容易形成信息孤岛；即使是同一平台开发出的系统之间也只能做到数据共享而不能功能共享。悬浮倒挂式平台架构是一种松耦合的、面向服务的体系架构，也称为柔性架构，这种架构是十分坚固的，也就是说，在这种体系架构下开发的系统是牢固可靠的，同时也绝对可做到数据、功能共享。

SOA 优点具体介绍如下。

（1）编码灵活性。可基于模块化的低层服务、采用不同组合方式创建高层服务，从而实现重用，这些都体现了编码的灵活性。此外，由于服务使用者不直接访问服务提供者，这种服务实现方式本身也可以灵活使用。

（2）明确开发人员角色。例如，熟悉 BES（Buco de Enterprise Solution）的开发人员可以集中精力在重用访问层上，协调层开发人员则无须特别了解 BES 的实现，而将精力放在解决高价值的业务问题上。

（3）支持多种客户类型。借助精确定义的服务接口和对 XML、Web 服务标准的支持，可以支持多种客户类型，包括 PDA、手机等新型访问渠道。

（4）更易于集成和管理。在面向服务的体系结构中，集成点是规范而不是实现，这提供了实现的透明性，并将因为基础设施和实现发生的改变带来的影响降到最低限度。通过提供针对基于完全不同的系统构建的服务规范，使应用集成变得更加易于管理。特别是当多个企业一起协作时，这会变得更加重要。

（5）更易维护。服务提供者和服务使用者的松散耦合关系及对开放标准的采用确保了该特性的实现。

（6）更好的伸缩性。依靠服务设计、开发和部署所采用的架构模型实现伸缩性，服务提供者可以彼此独立调整，以满足服务需求。

（7）降低风险。利用现有的组件和服务，可以缩短软件开发生命周期（包括收集需求、设计、开发和测试）。重用现有的组件降低了在创建新的业务服务的过程中带来的风险，同时可以减少维护和管理支持服务的基础架构的负担。

（8）更高的可用性。该特性在服务提供者和服务使用者的松散耦合关系上得以体现。使用者无须了解提供者的实现细节，这样服务提供者就可以在 Web logic 集群环境中灵活部署，使用者可以被转接到可用的例程上。

SOA 可以看作 B/S 模型、XML/Web service 技术的自然延伸。SOA 将能够帮助开发者站在一个新的高度理解企业级架构中的各种组件的开发、部署形式，它将帮助企业系统架构者更迅速、更可靠、更具重用性地建立整个业务系统的架构。较之以往，采用 SOA 架构的系统能够更加从容地面对业务的急剧变化。

4. 体系结构模式的选择

GIS 软件架构是要解决"做什么"的问题。从系统学的角度，对要解决的地理问题进行详细的分析，弄清楚问题的要求，确定要计算机做什么，要达到什么样的效果，包括需要输入什么数据，要得到什么结果，最后应输出什么。从不同的侧面，人们可对信息系统进行不同的分解。

地理信息有多种来源和不同特点，地理信息系统要具有对各种信息处理的功能。从野外调查、地图、遥感、环境监测和社会经济统计多种途径获取地理信息，由信息的采集机构或器件采集并转换成计算机系统组织的数据。这些数据根据数据库组织原理和技术，组织成地理数据库。作为系统核心部分的地理数据库实现数据资源的共享和互换，地理数据库必须做到数据规范化和标准化，并有效地对各种地理数据文件进行管理，实现对数据的监控、维护、更新、修改和检索。地理数据通过软件的处理，进行分析计算，并加以显示。显示的方式有地理图、统计表和其他形式。依据现代计算机科学技术和地理信息技术发展水平，对要解决的地理信息问题进行详细的分析，弄清楚问题的要求，确定开发地理信息系统的目的、范围、定义和功能，包括需要输入什么数据，要得到什么结果，最后应输出什么，以满足应用需求。

GIS 软件平台从技术架构上经历了四代，第一代 GIS 以单机或集中式结构为主，第二代 GIS 采用局域网的 C/S 结构，第三代 GIS 则是以 B/S 或 C/S 混合结构为主，目前正处在第四代 GIS，采用分布式多层结构的架构，具有分布式跨平台可拆卸的多层多级体系结构。近年来，全球导航卫星系统应用、地理信息获取与处理等核心技术迅速发展，以及地理信息技术与通信、互联网、物联网、云计算等产业的融合和创新，大大拓宽了移动地理信息系统领域。GIS 软件平台体系如图 4.11 所示。

从图 4.11 可以看出，GIS 软件已经不是一个软件，而成为一个软件系列，在地理信息产业链中，承担不同职责和任务。基础 GIS、网络 GIS 和移动 GIS 是 GIS 软件体系的三个典型代表。

在体系结构模式选择过程中，应尽量立足于现有网络，在满足安全与稳定要求的同时，使管理维护操作简单，减少开发投入。

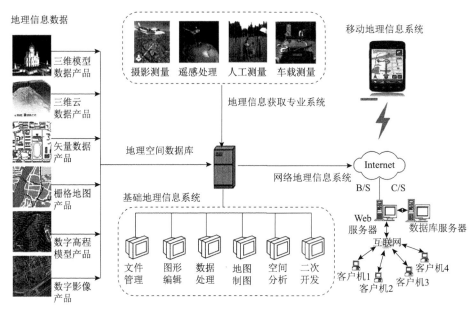

图 4.11　GIS 软件平台体系

4.3.3　地理数据架构

　　地理信息系统支撑下的部门单位业务应用运作状况，是通过地理数据反映出来的，地理数据是地理信息系统管理的重要资源。构建地理信息系统架构时，首先要考虑地理数据架构对当前业务应用的支持，理想的地理信息系统架构规划逻辑是数据驱动的。数据架构（data architecture）是地理信息系统架构的核心，有三个目的：一是分析地理信息产生机理的本质，为未来地理信息应用系统的确定及分析不同应用系统间的集成关系提供依据；二是通过地理数据与应用业务数据之间的关系，分析应用系统间的集成关系；三是空间数据管理的需要，明确基础地理数据，这些数据是应用系统实施人员或管理人员应该重点关注的，要时时考虑保证这些数据的一致性、完整性与准确性。

　　GIS 数据架构包括地理数据类型、地理数据模型和地理数据存储三个方面。地理数据模型包括概念模型、逻辑模型、物理模型，以及更细化的数据标准。良好的数据模型可以反映业务模式的本质，确保数据架构为业务需求提供全面、一致、完整的高质量数据，且为划分应用系统边界、明确数据引用关系、应用系统间的集成接口提供分析依据。良好的数据建模与数据标准的制定才是实现数据共享，保证一致性、完整性与准确性的基础，有了这一基础，企事业单位才能通过信息系统应用逐步深入，最终实现基于数据的管理决策。

　　1. 地理数据类型

　　地理空间数据是 GIS 的重要组成部分，是系统分析加工的对象，是地理信息的表达形式，也是 GIS 表达现实世界的经过抽象的实质性内容。地理空间数据承载地理信息的形式也是多样化的，可以是各种类型的数据，如卫星像片、航空像片、各种比例尺地图，甚至声像资料等。目前的主要形式有数字栅格地图（digital raster graphic，DRG）数据库、数字表面模型（digital surface model，DSM）、数字线划地图（digital line graphic，DLG）数据库、数字高程模型（digital elevation model，DEM）数据库、数字正射影像（digital orthophoto map，DOM）数据库和地物三维模型等。

1）数字线划地图

数字线划地图含有行政区、居民地、交通、管网、水系及附属设施、地貌、地名、测量控制点等内容。它既包括以矢量结构描述的带有拓扑关系的空间信息，又包括以关系结构描述的属性信息。用数字地形信息可进行长度、面积量算和各种空间分析，如最佳路径分析、缓冲区分析、图形叠加分析等。数字线划地图全面反映数据覆盖范围内自然地理条件和社会经济状况，它可用于建设规划、资源管理、投资环境分析、商业布局等各方面，也可作为人口、资源、环境、交通、警务等专业信息系统的空间定位基础。基于数字线划地图库可以制作数字或模拟地形图产品，也可以制作水系、交通、政区、地名等单要素或几种要素组合的数字或模拟地图产品。以数字线划地图库为基础同其他数据库有关内容可叠加派生其他数字或模拟测绘产品，如分层设色图、晕渲图等。数字线划地图库同国民经济各专业有关信息相结合可以制作各种不同类型的专题测绘产品。底图数据及地理数据是地理空间信息两种不同的表示方法，地图数据强调数据可视化，采用"图形表现属性"的方式，忽略了实体的空间关系，而地理信息数据主要通过属性数据描述地理实体的数量和质量特征。共同特征就是地理空间坐标，统称为地理空间数据。地理空间数据代表了现实世界地理实体或现象在信息世界的映射，与其他数据相比，地理空间数据具有特殊的数学基础、非结构化数据结构和动态变化的时间特征，为人们提供多尺度地图和各种应用分析。

2）数字高程模型

数字高程模型是定义在 X、Y 域离散点（规则或不规则）的以高程表达地面起伏形态的数据集合。数字高程模型数据可以用于与高程有关的分析，如地貌形态分析、透视图、断面图制作、工程土石方计算、表面覆盖面积统计、通视条件分析、洪水淹没区分析等方面。此外，数字高程模型还可以用来制作坡度图、坡向图，也可以同地形数据库中有关内容结合生成分层设色图、晕渲图等复合数字或模拟的专题地图产品。

3）数字正射影像

数字正射影像数据是具有正射投影的数字影像的数据集合。数字正射影像生产周期较短、信息丰富、直观，具有良好的可判读性和可测量性，既可直接应用于国民经济各行业，又可作为背景从中提取自然地理和社会经济信息，还可用于评价其他测绘数据的精度、现势性和完整性。数字正射影像数据库除直接提供数字正射影像外，可以结合数字地形数据库中的部分信息或其他相关信息制作各种形式的数字或模拟正射影像图，还可以作为有关数字或模拟测绘产品的影像背景。

4）数字栅格地图

数字栅格地图是现有纸质地形图经计算机处理的栅格数据文件。纸质地形图扫描后经几何纠正（彩色地图还需经彩色校正），并进行内容更新和数据压缩处理得到数字栅格地图。数字栅格地图保持了模拟地形图的全部内容和几何精度，生产快捷、成本较低，可用于制作模拟地图，可作为有关的信息系统的空间背景，也可作为存档图件。数字栅格地图数据库的直接产品是数字栅格地图，增加简单现势信息可用其制作有关数字或模拟事态图。

5）数字表面模型

数字表面模型是将连续地球表面形态离散成在某一个区域 D 上的以 X_i、Y_i、Z_i 三维坐标形式存储的高程点 Z_i（$(X_i, Y_i) \in D$）的集合，其中，$(X_i, Y_i) \in D$ 是平面坐标，Z_i 是 (X_i, Y_i) 对应的高程。DSM 往往是通过测量直接获取地球表面的原始或没有被整理过的数据，采样点往往是非规则离散分布的地形特征点。特征点之间相互独立，彼此没有任何联系。因此，在计算机中仅仅存放浮点格式的{（X_1，Y_1，Z_1），（X_2，Y_2，Z_2），…，（X_i，Y_i，Z_i），…，（X_n，Y_n，Z_n）}n个三维坐标。地球表面上任意一点（X_i，Y_i）的高程Z是通过其周围点的高程进行插值计算求得的。

DSM是物体表面形态以数字表达的集合，是包含了地表建筑物、桥梁和树木等的高度的地面高程模型。和DSM相比，DEM只包含了地形的高程信息，并未包含其他地表信息，DSM在DEM的基础上，进一步涵盖了除地面以外的其他地表信息的高程。在一些对建筑物高度有需求的领域，得到了很大程度的重视。数字表面模型建立主要有倾斜摄影测量及激光雷达扫描两种方法。

6）地物三维模型

地物三维模型是地理信息由传统的基于点线面的二维表达向基于对象的三维形体与属性信息表达的转变。考虑模型的精细程度和建模方法，三维模型的内容可分为两部分：侧重几何表达的城市三维模型和侧重建筑数字表达的建筑信息模型（building information modeling，BIM）。三维地物模型是描述建筑模型的"空壳"，只有几何模型与外表纹理，没有建筑室内信息，无法进行室内空间信息的查询和分析。建筑信息模型（BIM）是以建筑物的三维数字化为载体，以建筑物全生命周期（设计、施工建造、运营、拆除）为主线，将建筑生产各个环节所需要的信息关联起来，所形成的建筑信息集。

（1）侧重几何表达的地物三维模型。从建筑物表达层次出发，此部分数据可细分为四个层次的数据：白模、分层分户的白模、精模和包含室内的精模。

目前建筑物的三维建模方法主要有模拟建模、半模拟建模和测量建模，前面两种方法的思路为：地物的平面轮廓模型与地物的高程模型结合，方法简单，但是与实际模型比较差距较大。城市三维建模的方法主要是测量建模，目前城市三维模型常用的测量建模方法有航空摄影测量、依地形图而建和激光扫描（LiDAR）三种。这三种建模的方法都有其优缺点，应采用多种数据源和多种技术手段相结合的方式来进行三维模型的构建，将建筑物细化到每栋楼房的层和户，实现道路、水域等地物的精细化建模，使其满足城市管理与分析的应用需求。目前较为合适的方法为：首先采用已有的二维数字线划图或正射影像构建地物平面形态（建筑平面边界），以倾斜摄影测量的立体像对为基础，利用LiDAR点云数据或实地测量获得地物的高度对地物立面细节进行建模，将平面边界数据与摄影测量预处理的产品（DSM、DEM）进行配准、套合，继而构建建筑物几何模型。通过人工或车载全景摄影设备采集地物的图像，经处理获取地物的纹理图片。地物几何模型与纹理图片合成形成三维地物模型，基于三维GIS渲染可视化给人以真实感和直接的视觉冲击。

（2）建筑信息模型。建筑信息模型是以建筑工程项目的各项相关数据作为基础，进行建筑模型的建立，通过数字信息仿真模拟建筑物所具有的真实信息。与侧重几何表达的地物三维模型（传统的3D建筑模型）有着本质的区别，兼具了物理特性与功能特性。其中，物理特性可以理解为几何特性，而功能特性是指此模型具有可视化、协调性、模拟性、优化性和可出图性五大特点。BIM的内涵不仅仅是几何形状描述的视觉信息，还包含大量的非几何信息，如材料的材质、耐火等级、传热系数、表面工艺、造价、品牌、型号、产地等。实际上，BIM就是通过数字化技术，在计算机中建立一座虚拟建筑，对每一个建筑信息模型进行编码。

BIM作为数字城市各类应用极佳的基础数据，可在规划审批及建筑施工完成后的城市管理、地下工程、应急指挥等领域广泛应用，为智慧城市建设提供第一手的资料。BIM技术可以自始至终贯穿建设的全过程，为建设过程的各个阶段提供更精细化的数据支撑，实现微观上的信息化、智能化。

随着数据采集手段、生产技术和软件的发展,将倾斜摄影建模技术与 BIM 技术无缝融合,实现了城市的彻底数字化、信息最大化,搭建了全要素三维城市系统平台。平台包括整个城市全面的综合数据,按照行业需求将其分层分类,直至无限层次的细分,每个行业都可以利用关联信息实现自己的功能需求,使城市信息化无限扩展,形成完整的城市信息化、智能化生态系统,促进城市建设和可持续发展。

2. 地理数据模型

地理数据模型是对客观世界现象抽象的结果,是建立地理信息系统的基础,从不同角度观察世界产生的不同视图。地理数据模型是地理数据库系统的总体视图,如图 4.12 所示,一定的地理空间内不同详细程度地分布在二维(R2)中的地理要素对象集,是地理要素之间存在的空间关系描述。按照面向对象的性质,面向对象空间数据模型可分为:几何对象、地理要素对象、图形表示对象、地理要素分层对象、区域分块对象和工作区(空间数据多尺度)对象。通过对象的继承关系,可综合地描述现实世界复杂的地理实体现象及相互关系。

1)地理信息工程

地理信息工程是一项十分复杂的系统工程,它既具有一般工程所具有的共性,又存在着自己的特殊性。在地理信息系统工程建设过程中,往往针对特定的实际应用目的和要求,在特定的地理空间内,利用多种比例尺、多种类型数据对地理空间进行表达。涉及的地理数据种类繁多、形式多样、结构复杂,往往同时包括矢量数据、图形数据、图像数据、表格数据、文字数据、统计数据等。为了保障 GIS 的有效运行,需要对各类地理数据在数据种类、完备性、准确性、精确性等方面进行有效管理与分析。

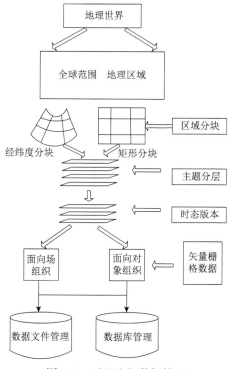

图 4.12　地理空间数据模型

2）工作区

人们认识现实世界的事物和现象及其相互之间的关系，总是在一定的区域范围内（即现实世界地理空间）进行。这个区域范围可以是全球、一个国家或一个地区、一个城市，这里把区域范围称为工作区。一个工作区对应一个数据库（无缝数据库）是最理想的。在应用时要求整个工作区域的空间物体在数据库里不论是逻辑上还是物理上均为连续，也就是说有统一的坐标系，无裂隙，不受传统图幅划分的限制，整个工作区域在数据库中相当于一个整体。一个地理信息工程应用往往需要不同比例尺、不同类型（矢量数据、遥感影像数据和 DEM 数据）的空间数据库。所以工作区有三个概念：区域范围、尺度（某种比例尺）和表达方式（矢量数据、栅格图像数据和 DEM 数据）。也就是说，一定区域范围的地理空间，描述地理空间某种比例尺的表达方式的地理数据构成一个工作区。一个地理信息工程包括若干个工作区。

3）分区（分幅）

为了解决无限的地理空间范围和有限的计算机资源之间的矛盾，大区域或大比例尺的地理数据进行分区（地图分幅）存储处理。工作区又分为若干个数据块，以数据块作为基本单位，分别进行数据录入和存储管理，通过数据块之间相同物体连接关系类保证一个工作区内物体在不同的数据块中的连续性、完整性和一致性。

4）地理要素层

地理要素表示地球表面自然形态所包含的要素，如地貌、水系、植被和土壤等自然地理要素与人类在生产活动中改造自然界所形成的要素，如居民地、道路网、通信设施、工农业设施、经济文化和行政标志等社会经济要素。大多数 GIS 都将数据按逻辑类型分成不同的数据层进行组织。数据层是 GIS 中的一个重要概念。GIS 的数据可以按照空间数据的逻辑关系或专业属性分为各种逻辑数据层或专业数据层，原理上类似于图片的叠置。例如，地形图数据可分为地貌、水系、道路、植被、控制点、居民地等层。将各层叠加起来就合成了地形图的数据。在进行空间分析、数据处理、图形显示时，往往只需要若干相应图层的数据。

工作区中的地理要素按照一定的分类原则组织在一起，将相同类型的地理要素组合在一起，形成地理要素类。同类型的地理要素具有相同的一组属性来定性或定量地描述它们的特征，例如，河流类可能具有长度、流量、等级、平均流速等属性。每种地理要素类被定义为地理数据处理的一个工作单元（工作层），每个数据块包含若干工作层，每个工作层之间在数据组织和结构上相对独立，数据更新、查询、分析和显示等操作以工作层为基本单位。在工作层中建立地理要素之间的拓扑关系。通过相关地理要素连接关系类建立物体在同一工作层或不同工作层之间的空间关系。

数据层的设计一般是按照数据的专业内容和类型进行的。数据专业内容的类型通常是数据分层的主要依据，同时也要考虑数据之间的关系。例如，需考虑两类物体共享边界（道路与行政边界重合、河流与地块边界重合）等，这些数据间的关系在数据分层设计时应体现出来。

不同类型的数据因为其应用功能相同，在分析和应用时往往会同时用到，所以在设计时应反映出这样的需求，即可将这些数据作为一层。例如，多边形的湖泊、水库，线状的河流、沟渠，点状的井、泉等，在 GIS 的运用中往往同时用到，因此可作为一个数据层。

5）地理实体

地理要素是地理数据库中的实体，是指在现实世界中再也不能划分为同类现象的现象。以相同的方式表示和存储的一组类似的地理实体，可以作为地理实体的一种类型。地理实体通常分为点状实体、线状实体、面状实体和体状实体，复杂的地理实体由这些类型的实体构成。工作层包括若干地理实体，地理实体又可分为基本实体和复合实体。基本实体是地理实体和现象的基本表示，在数据世界中地理要素包括空间特征（几何元素）和属性特征。

（1）几何元素：几何元素表示地理实体的位置和形态。传统地理数据大多采用点、线、面等几何图元描述各类自然和人造地理实体的空间位置和形态。点、线、面和表面是地理数据库中不可分割的最小存储和管理单元。结点、弧段、多边形描述了地理实体的空间定位、空间分布和空间关系。几何元素中没有考虑地理要素内在的地理意义，主要目的是保持几何对象在操作和查询中的对立性。

（2）基本实体：地理数据库中，往往一个地理要素实体由一个几何元素和描述几何元素的属性或语义两部分构成。基本实体在几何元素的基础上增加属性信息，描述了几何元素的地理意义。没有拓扑关系的基本要素分为点状要素、线状要素、面状要素和表面要素；具有拓扑关系的基本要素分为结点要素、弧段要素和多边形要素，基本要素和几何元素是一对一的关系。

3. 地理数据存储

数据的存储管理是建立地理信息系统数据库的关键步骤，涉及对空间数据和属性数据的组织。GIS 中的数据分为栅格数据和矢量数据两大类，如何在计算机中有效存储和管理这两类数据是 GIS 的基本问题。栅格模型、矢量模型或栅格/矢量混合模型是常用的空间数据组织方法。空间数据结构的选择在一定程度上决定了系统所能执行的数据与分析功能。传统存储系统采用集中的存储服务器存放所有数据，存储服务器成为系统性能的瓶颈，也是可靠性和安全性的焦点，不能满足大规模存储应用的需要。分布式存储系统是将数据分散存储在多台独立的设备上，分布式网络存储系统采用可扩展的系统结构，利用多台存储服务器分担存储负荷，利用位置服务器定位存储信息，它不但提高了系统的可靠性、可用性和存取效率，还易于扩展。

1）地理数据分布式存储

地理数据分布式存储是指空间数据不是存储在一个场地的计算机存储设备上，而是按照某种逻辑划分分散地存储在各个相关的场地上。这是由地理信息本身的特征决定的。首先，地理信息的本质特征就是区域性，具有明显的地理参考；其次，地理信息又具有专题性，通常不同的部门收集和维护自己领域的数据。因此对空间数据的组织和处理也是分布的。多空间数据库系统是在已经存在的若干个空间数据库之上，为全局用户提供一个统一存取空间数据的环境，并且又规定了本地数据由本地拥有和管理，所以采用分割式的组织方式——所有的空间数据只有一份，按照某种逻辑划分分布在各个相关的场地上。这种逻辑划分在分布式数据库中叫作数据分片。实际上，分布式多空间数据库系统的集成所遇到的大部分问题都是由空间数据的分片引起的。

数据分布包括数据的业务分布与系统分布。数据分布一方面是分析数据的业务，即分析数据在业务各环节的创建、引用、修改或删除的关系；另一方面是分析数据在单一应用系统中的数据架构与应用系统各功能模块间的引用关系，分析数据在多个系统间的引用关系，数据业务分布是数据系统发布的基础。数据存放模式也是数据分布中的一项重要内容。从地域的角度看，数据分布有数据集中存放和数据分布存放两种模式。数据集中存放是指数据集中存放于数据中心，其分支机构不放置和维护数据；数据分布存放是指数据分布存放于分支机构，分支机构需要维护管理本分支机构的数据。这两种数据分布模式各有其优缺点，应用部门应综合考虑自身需求，确定自己的数据分布策略。

地理矢量数据采用分布式数据库架构，在数据层采用数据库分库存储各比例尺的空间数据，建立空间数据引擎，在此基础上开发地理信息数据管理系统，如图4.13所示。

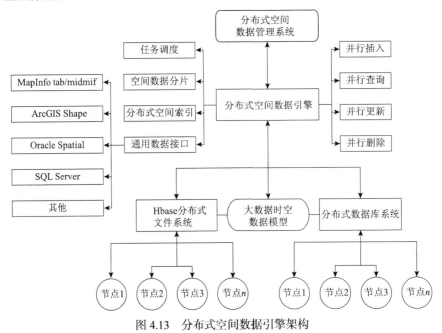

图4.13　分布式空间数据引擎架构

针对位置服务、智慧城市和地理计算等应用领域对大数据与复杂地理时空分析的需求，基于Oracle等数据库管理系统构建网格化空间数据管理平台，利用分布式和并行计算技术建立分布式空间数据引擎，实现任务调度、空间数据分片、分布式空间索引、并行插入、并行查询、并行更新和并行删除等功能，实现海量、多源、多维和多尺度时空数据分布式组织管理、时空知识表达推演。

2）地理矢量数据存储

地理矢量数据存储管理历来是GIS发展的一个瓶颈。地理矢量数据的分布性和多源性及自身特有的数据模型和空间关系决定了空间数据存储管理的复杂性，而空间数据存储管理质量的好坏直接影响着GIS处理的效率。目前大多数信息管理系统都是采用关系数据库来进行数据的存储管理，因为它能较好地保证数据信息的完整性、一致性、原子性、持久性，并能提供事务操作机制和并发访问，具有完善的恢复与备份功能。GIS作为一个信息管理系统，其核心任务之一就是要求数据库系统不仅能够存储属性数据，还要能够存储空间数据，并加以管理。地理矢量数据包含位置信息和空间拓扑关系信息，如果用单纯的关系数据库来存储管理，并不能取得好的效果，如索引机制方面，SQL语句表示都有相当的困难。这就要求人们在研究相关存储技术时发展空间数据库技术，它能解决空间对象中几何属性在关系数据库中的存取问题，其主要任务是：一用关系数据库存储管理空间数据；二从数据库中读取空间数据，并转换为GIS应用程序能够接受和使用的格式；三将GIS应用程序中的空间数据导入数据库，交给关系数据库管理。因此，空间数据库技术是空间数据进出关系数据库的通道。

3）地理栅格数据存储

随着遥感技术的迅猛发展，全球范围内获取的航空航天遥感影像数据（如航空摄影像片、卫星遥感像片、地面摄影像片等）的数量正在呈几何级数增长，这使得对覆盖全球的多维海量遥感影像数据进行高效管理的难度不断加大。如何有效地存储这样的海量数据，实现多比例尺、多时相影像数据的集成统一管理，并与原有的矢量要素数据集成到不同应用领域，已成为地理信息产业建设进程中迫切需要解决的一个难题。一方面，传统文件方式下的栅格数据存储受操作系统文件大小的限制、无法处理大数据量的情况已越来越制约栅格数据的应用；另一方面，处理海量数据的关系数据库技术已经比较成熟，依赖关系数据库系统的巨大数据处理能力来存储包括影像数据在内的空间数据的呼声也越来越高。地理栅格数据的高效管理就显得十分重要。空间数据库是一种对地理栅格数据管理的有效方式。地理栅格元数据是描述地理栅格数据的数据，赋予了地理栅格数据语义上的信息，与地理栅格数据同等重要。

（1）地理栅格数据文件格式。虽然文件系统存储方式在数据的安全性与并发访问控制方面存在致命的缺陷，但该方式数据模型简单，易于使用，仍是栅格数据最普遍的存储方式。应用最广泛图像格式是 GeoTIFF（geographically registered tagged image file format）。GeoTIFF 利用了 Aldus-Adobe 公司的 TIFF（tagged image file format）的可扩展性。TIFF 是当今应用最广泛的栅格图像格式之一，它不但独立，而且提供扩展。GeoTIFF 在其基础上加了一系列标志地理信息的标签（tag），来描述卫星遥感影像、航空摄影像片、栅格地图和 DEM 等。

不管栅格数据采用何种文件格式存储，其基本组织结构与 GeoTIFF 类似，即通过文件目录的方式管理数据或数据在文件存储中的偏移量。通过目录组织栅格数据可以简化数据访问的步骤，提高数据读取的效率，但栅格数据文件本身是一种二进制文件格式，文件目录并不能从本质上解决读取栅格数据内容的复杂性及开发栅格数据服务的复杂性的问题。因此，越来越多的厂商和研究机构将目标转向数据库管理系统，以寻找更便利的海量栅格数据存储和管理解决方案。

（2）地理栅格数据元数据。在地理栅格数据库中，地理栅格元数据是对地理栅格数据内容、结构和数据类型的描述，它描述了地理栅格数据内容，并对其进行结构组织及数据类型严格规范。地理栅格元数据用于空间计算、数据组织和存储，对地理栅格数据的管理起着基础性和关键性的作用。

（3）栅格数据存储方式。目前地理栅格数据的管理主要有三种模式：基于文件系统的模式，基于关系型数据库+空间数据引擎的模式和基于扩展关系（对象关系）型数据库的模式。对栅格数据而言，无论是描述地形起伏的 DEM 数据，还是具有多光谱特征的遥感影像数据，都可根据用户的需求按照以下两种方式进行组织。

栅格数据集（raster data set）用于管理具有相同空间参考的一幅或多幅镶嵌而成的栅格影像数据，物理上真正实现数据的无缝存储，适合管理 DEM 等空间连续分布、频繁用于分析的栅格数据类型。因为物理上的无缝拼接，所以以栅格数据集为基础的各种栅格数据空间分析具有速度快、精度高的特点。图 4.14 给出的是由 DEM 数据镶嵌而成的栅格数据集示例。

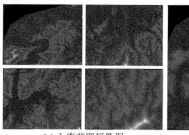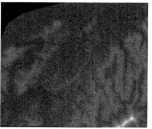

(a) 入库前四幅数据　　　　　　　　(b) 入库后镶嵌为一幅数据

图 4.14　栅格数据集镶嵌示例

　　栅格数据目录（raster catalog）用于管理有相同空间参考的多幅栅格数据，各栅格数据在物理上独立存储，易于更新，常用于管理更新周期快、数据量较大的影像数据。同时，栅格目录也可实现栅格数据和栅格数据集的混合管理，其中目录项既可以是单幅栅格数据，又可以是地理数据库中已经存在的栅格数据集，具有数据组织灵活、层次清晰的特点。图 4.15 是 DEM 数据的目录管理示例。

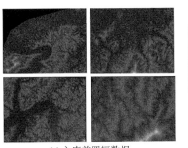
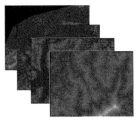

(a) 入库前四幅数据　　　　　　(b) 入库后采用目录管理

图 4.15　栅格数据目录管理示例

第5章　GIS 计算环境设计

GIS 计算环境为地理信息系统提供安全、规范、透明的一体化服务环境，为地理信息系统提供计算资源、存储资源与网络资源以支撑地理信息系统功能、应用与服务的实现。在地理信息系统工程设计和实施过程中，应根据系统的需求与实现目标，构建适合的计算环境。计算环境的构建，通常以项目的形式，采用工程项目的思想、方法和手段。

5.1　计算环境设计概述

在进行计算环境设计时，设计者首先要搞清楚技术集成、设备集成和应用集成等多方面的要求。其次，将用户的需求及地理信息系统的需求用工程的语言表述出来，使用户理解设计者所做的工作。

5.1.1　计算环境的概念

计算环境是指建立在计算机硬件设备及各种智能设备之上，透过开放的网络环境，通过对各种设备、软件等系统的集成和综合调度，在执行一系列技术规范和标准，遵循系统安全和信息安全的前提下，为地理信息系统的开发与应用提供强大、高效、安全、规范、透明的一体化服务环境，实现资源共享和协作。计算环境是由一系列系统构成的集合，每个系统可视为计算环境中的一个元素，这些元素互相配合，相互协作，为实现地理信息系统完成预先定义的目标提供计算资源、存储资源和网络资源的支撑。计算环境的系统架构如图 5.1 所示。

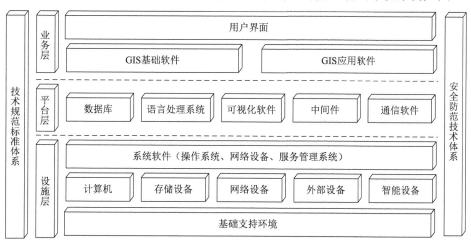

图 5.1　计算环境系统架构

1. 设施层

设施层主要由基础支持环境、硬件设备层和系统软件层构成，主要提供地理信息系统功能实现中所需的信息通信技术（information communication technology，ICT）资源（计算资源、存储资源、网络资源），用于存储、处理、传输和显示地理信息与空间数据。

基础支持环境是指为了保障硬件系统、计算机网络的安全、可靠、正常运行所必须采取的环境保障措施。主要内容包括机房、电源与网络布线等。

在硬件设备层中，各种类型的计算机是系统的主机，是计算环境的核心，用于数据的处理、管理与计算。外部设备主要包括各种数据采集设备，如激光扫描仪、光谱仪等，输入设备的数字化仪、全站型测量仪等，输出设备的绘图仪、打印机和全息影像设备等，用于输入/输出、数据采集、结果呈现等方面。存储设备主要包括用于数据存储与备份的磁盘、磁盘阵列、磁带机等，用于地理信息与空间数据的存储和系统备份与恢复。网络设备包括路由器、交换机、防火墙、负载均衡器等，用于实现设备间的连接与通信。智能设备泛指任何一种具有计算处理能力的设备、器械或者机器，并且具备信息交换与通信能力；智能设备使 GIS 与应用的外延进一步拓展到物联网领域。

系统软件层主要由操作系统、网络操作系统、服务管理系统等系统软件构成，主要作用在于调度、监控和维护计算环境，负责管理计算环境中的硬件设备、软件与数据资源，控制程序运行，使计算环境所有资源最大限度地发挥作用，为 GIS 提供支持，同时提供多种形式的用户界面，为 GIS 的开发与运行提供必要的服务和相应的接口等。

通过对设施层的构建，实现计算环境中的所有物理设备与设施的透明化，使所有设备实现资源池化与协同工作，为 GIS 提供 ICT 资源高效能服务的同时，为开发者与使用者提供按需选择与使用相应服务的计算模式。

2. 平台层

平台层也可以称为软件层，由多种软件系统构成，其作用是构建地理信息系统研发环境和运行环境，为底层开发 GIS、使用专业开发工具开发 GIS 及地理信息系统应用的二次开发提供集成服务，并为各种 GIS 的部署与应用提供支撑。

平台层主要包括数据库、语言处理系统、中间件、可视化软件、通信软件及相关文档等。其中，数据库泛指操纵和管理数据的大型软件，主要作用为建立、使用和维护数据，对数据进行管理和控制，保证大规模数据的安全与完整。语言处理系统是为用户设计的编程服务软件，为地理信息系统和系统应用提供开发能力的软件环境组合；中间件屏蔽了底层操作系统的复杂性，提供相对稳定的高层运行与开发环境及开发与集成服务，使程序开发人员面对一个简单而统一的开发环境。文档是软件开发使用和维护中的必备资料，能提高研发的效率，保证软件的质量，而且在软件的使用过程中有指导、帮助、解惑的作用，同时是系统维护不可或缺的资料。

通过对平台层的构建，为 GIS 构建了一个完整的软件研发和部署平台，研发者与使用者只需要利用平台层就能够创建、测试和部署应用与服务。

3. 业务层

业务层由 GIS 基础软件和 GIS 应用软件构成，用户通过用户界面直接使用 GIS 服务。

GIS 基础软件泛指一般具有丰富功能的通用 GIS 软件，此类软件既包含了处理地理信息的各种高级功能，又可作为其他应用系统建设的平台，如 ArcGIS、MapGIS 等。GIS 应用软件是指针对某一领域或用途的专业 GIS 软件，如规划信息系统、土地信息系统等。用户界面使得用户能够方便、有效率地去操作 GIS 以达成双向交互，获得所需要的服务，用户界面的定义广泛、形式多样。

　　通过构建业务层，用户可以根据自己的实际需求，通过包括网络连接等多种方式，以快速便捷地获得 GIS 提供的各种优质服务，而整个计算环境和 GIS 对用户则是完全透明的。

　　4. 技术规范标准体系

　　技术规范是标准文件的一种形式，是规定产品、过程或服务应满足技术要求的文件，可以是一项标准（即技术标准）、一项标准的一部分或一项标准的独立部分。计算环境架构规划与设计人员必须根据系统的要求，采用或制定标准、规范与规程，这些标准、规范与规程共同构成了系统计算环境的技术规范标准体系，是计算环境规划、设计与实现过程中必须遵循的技术规范。其标准化特征体现在"通过制定、发布和实施标准达到统一"，把"统一"作为标准化的本质或内在特征，把制定、发布和实施标准当作达到统一的必要条件和活动方式，贯穿于工程的始终。

　　在规划阶段，就应遵循前瞻性、科学性和权威性的原则，选择和制定所遵循的技术规范，建立完整的技术规范标准体系。这样的标准体系以科学、技术和实践经验的综合成果为基础，在反映标准体系目标的同时，对工程生存周期内的所有活动进行规范。

　　5. 安全防范技术体系

　　安全防范技术体系的最终目标是保护地理信息系统的正常运转与信息资源被合法用户安全使用，并禁止非法用户、入侵者、攻击者和黑客非法破坏或使用系统与信息资源。

　　在计算环境中，安全防范技术体系涉及体系架构的物理层安全、系统层安全、网络层安全、应用层安全和管理层安全等多个层次的多个元素，这些元素既独立成体系，又相互交叉。计算环境的安全防范技术体系是地理信息系统安全的重要组成部分，是从不同的层次对系统安全与信息安全的保障。计算环境的安全体系和地理信息系统安全体系只有相互配合、相互协作、综合考量，从系统总体的角度出发构建适合的安全体系，才能保障地理信息系统与信息的安全。

　　为了从技术上保证计算环境的安全性，除对自身面临的威胁进行风险评估外，还应决定所需要的安全服务种类，并选择相应的安全机制，集成先进的安全技术。

　　综上所述，在计算环境的体系结构中，计算机硬件及通信设备是载体，计算机软件技术和网络是基础，软件开发与软件工程是途径，应用与服务是目的。在构建计算环境时，必须首先确定 GIS 的需求，然后确定计算环境整体所要达到的目标，再构建相应的体系与层次结构。硬件、软件的选择除了应考虑和比较各种技术指标外，还应该注意各子系统之间的兼容问题及软硬件各层次之间配合与优化等方面，以使计算环境在满足系统需求的同时，具有尽可能高的效能。在 GIS 系统开发目标确定的情况下，只有对新技术深刻理解、对新产品广泛关注及对需求准确把握，才能构建一个合理的计算环境。

　　计算环境的构建通常可以认为是将系统化、规范、可度量的方法应用于计算环境的设计、建造和维护的过程，即把工程化的方法应用到计算环境中；也可以描述为为实现地理信息系统的应用目标，根据相关的标准和规范，通过详细的分析、规划和设计，按照可行性的设计方案，将计算机技术、系统、管理，高效地集成到一起的工程项目。

5.1.2　计算环境设计的目标

　　计算环境设计的目标是指环境建成后应达到的水平标志，或称为环境预期达到的水平。计算环境必须提出明确的系统目标，以指导工作的开展。

环境目标是指实现目的的过程中的努力方向，计算环境构建工程中提出的目标因具体问题而变化，如投资规模，建设周期，条件限制，旧有设备的利用、被接纳和使用度估计等。

在设计过程中，通常设定近期目标和远期目标来分阶段满足用户的需求和地理信息系统的需求，因此，计算环境的设计通常须针对各个阶段制定对应的建设目标。计算环境规划设计的目标通常为：确定基础支持环境，明确协议集、计算模式、体系结构、最大覆盖范围、最多站点数目等，同时估计出数据量、数据流量、数据流向等。

在制定计算环境设计目标过程中，还应考虑以下因素。

1. 多目标性

计算环境往往是一个多目标环境，而不是单一的，即希望通过一个环境的建设，实现一系列的目标，满足多方面的需求。但是很多时候不同目标之间存在着冲突，设计与实施过程就是多个目标协调的过程，有同一个层次目标的协调，也有不同层次总项目目标和子目标的协调、项目目标和组织战略的协调等。在制定设计目标时应充分考虑如何利用可获得的资源，使得计算环境在一定时间内、在一定的预算基础上，获得期望的技术成果。

2. 优先性

环境建设目标基本表现在时间、成本、技术性能三个方面，当三个基本方面发生冲突的时候，应采取适当的措施进行权衡和优选。当然，目标的冲突不仅限于三个基本方面，有时项目的总体目标体系之间也会存在协调问题，都需要根据目标的优先性进行权衡和选择。

3. 层次性

通常，对项目目标的描述需要有一个从抽象到具体的层次结构，既要有最高层次的战略目标，又要有较低层次的具体目标。通常明确定义的目标按照意义和内容表示为一个递阶层次结构，层次越低的目标描述得应该越清晰具体。

5.1.3　计算环境设计的原则

计算环境设计遵循技术和行业标准的指导原则，确保设计的解决方案能够满足用户和地理信息系统的要求，并符合 IT 建设标准，为将来系统的升级提供向后兼容能力。在计算环境方案设计中，应遵循以下原则。

1. 有效性与可靠性

计算环境的有效性和可靠性主要表现为可持续运行性，是环境构建必须要考虑的首要原则。从应用的角度出发，当环境不能对地理信息系统提供支撑和服务时，不管何种原因，计算环境都失去了实际价值。在设计中，应考虑采用以下技术：①选择设备必须具备良好的可靠性，如快速回复机制、热插拔模块等。②拥有冗余及负载均衡的网络链路和电源系统。③系统热备和快速恢复机制。④其他关键设备的冗余，如控制模块的冗余等。

2. 先进性和开放性

计算环境在设计过程中应满足先进性的要求，因为只有采用先进的计算机技术与网络技术构建的计算环境才能够长时间地满足用户及地理信息系统的近期目标和长期目标。

计算环境具有开放性，意味着遵循计算机系统与网络系统所共同遵循的标准。遵循开放式标准是实现共享（信息共享、资源共享、服务共享等）的最根本保证。同时，开放性还意味着更多的选择和更优的性能/价格比，有利于在众多满足同一开放性标准的硬件、软件系统中选择更符合要求的产品。另外，还可以保证在不降低性能的前提下使用第三方的标准产品以降低投入成本。

3. 灵活性和扩展性

一个设计良好的计算环境应能随着用户及地理信息系统的需求而发生变化，系统应具有一定的灵活性。

计算环境的设计必须重视环境的扩展能力，能够方便地对其规模和技术进行扩充。扩展主要包括规模、内容及容量等方面。因此，在环境建设的选择上，应充分根据目前需求和未来发展等因素，综合考量模块化系统与固定式系统的选择。

计算环境具有统一的系统平台，具有平滑的升级能力和配置能力，使环境能够满足各种不同程度的需求，以节约投资，避免资源的闲置和浪费。

4. 可管理性与可维护性

在地理信息系统中，环境管理日益受到重视，关键原因是计算环境关系系统的使用效率、维护、监控，甚至关系资源的再分配等许多方面。

计算环境对系统的重要性主要是由于系统对环境的依赖性不断增强所引起的。一方面，环境故障而使服务被迫中止造成的损失会越来越大；另一方面，由于越来越多的用户和服务加入计算环境中，为保障系统能实现最高的效能，对环境管理的要求不断提高。

5.1.4　计算环境的设计

需求分析完成后，应产生成文的需求分析报告，并与用户交互、修改，最终应通过由用户方组织的评审，评审通过后，根据评审意见，形成最终的需求分析报告。用户以后的"蠕动需求"当属新增项目，需另外再议。在计算环境设计阶段，主要包括：确定计算环境总体目标与方案设计原则、总体设计、基础环境设计、网络环境设计、硬件环境设计、软件环境设计及安全体系设计等内容。

在计算环境的设计过程中，应注意以下方面。

1. 整体情况分析

必须对整个情况进行有效分析，包括外部环境、上层组织系统、市场情况、相关关系人（客户、承包商、相关供应商等）、社会经济和政治/法律环境等。

2. 问题界定

对整体情况分析后，发现是否存在影响开展和发展的因素和问题，并对问题分类、界定。

3. 确定目标因素

根据当前问题的分析和定义，确定可能影响项目发展和成败的明确、具体、可量化的目标因素，如项目风险大小、资金成本、项目涉及领域、通货膨胀、回收期等。具体应该体现在论证和可行性分析中。

4. 建立目标体系

通过目标因素，确定相关各方面的目标和各层次的目标，并对目标的具体内容和重要性进行表述。

5. 各目标的关系确认

明确强制性目标、期望目标与阶段性目标，确定不同目标之间的关系和矛盾，以便清楚把握和推进工程整体的发展。

5.2　基础环境设计

基础支持环境是指为了保障硬件系统、计算机网络的安全、可靠、正常运行所必须采取的环境保障措施。对于任何计算机系统，基础环境都是整个工程的基础。基础环境建设经过长时间的发展，目前已发展成为一项工程技术，即网络综合布线系统。

5.2.1　网络综合布线系统概述

综合布线是一种涉及许多理论和技术问题的工程技术，也是计算机技术、通信技术、控制技术与建筑技术紧密结合的产物，更是一个多学科交叉的新领域。综合布线就如人体内的神经系统。

1. 网络综合布线系统

综合布线系统是指用数据和通信电缆、光缆、各种软电缆及有关连接硬件构成的通用布线系统，是能支持语音、数据、影像和其他信息技术的标准应用系统。计算机网络及信息系统均依赖布线系统作为网络连接的物理基础和信息传输的通道。

综合布线系统设计分为三个等级。

（1）基本型综合布线系统。作为一种富有价格竞争力的综合布线方案，能支持所有语音和数据的应用，能支持多种计算机系统数据的传输。

（2）增强型综合布线系统。增强型综合布线系统能够向多个数据应用部门提供服务，是一种经济有效的综合布线方案。

（3）综合型综合布线系统。综合型综合布线系统的主要特点是引入了光缆，适用于规模较大的场所，其特点与基本型或增强型相同。

2. 网络综合布线系统的构成

根据国际标准《信息技术——用户基础设施结构化布线》（ISO/IEC 11801）的定义，结构化布线系统可由以下子系统组成。

1）工作区子系统

工作区子系统又称为服务区子系统，目的是实现工作区终端设备与水平子系统之间的连接；由终端设备连接到信息插座的连接线路所组成，包括信息插座、插座盒、连接跳线和适配器。

（1）信息插座：信息插座一般安装在墙面上，也有桌面型和地面型，但使用较少。借助信息插座，不仅使布线系统变得更加规范和灵活，而且也更加美观、方便，并且不会影响办公区原有的布局和风格。信息插座是工作终端与水平子系统连接的接口，综合布线系统的标准 I/O 插座是 8 针模块化信息插座。安装插座时不仅要使插座尽量靠近使用者，同时还要考虑电源的位置，根据相关的电器安装规范，信息插座的安装位置距离地面的高度一般为 30cm。

（2）适配器：在设备连接处采用不同的信息插座时，可以使用专用电缆或适配器。在单一信息插座上进行两项服务时，应该选用"Y"型适配器。在配线子系统中选用的电缆类型不同于设备所需的电缆类型时，应该采用适配器；根据工作区内不同的电信终端设备可配备相应的终端匹配器。

2）水平子系统

水平子系统也称为配线子系统，目的是实现信息插座和管理子系统（跳线架）间的连接，将用户工作区引至管理子系统，并为用户提供一个符合国际标准、满足语音及高速数据传输要求的信息点出口。该子系统由一个工作区的信息插座开始，经水平布置到管理区的内侧配线架的线缆组成。配线子系统最常见的拓扑结构是星形结构。它与垂直子系统的区别是：水平子系统总是在一个楼层上的，仅与信息插座、楼层管理间子系统连接。

系统中常用的传输介质是 4 对非屏蔽双绞线（unshielded twisted pair，UTP），它能支持大多数现代通信设备，并根据速率灵活选择线缆：在速率为 10～100Mbit/s 时一般采用 5 类或 6 类双绞线；在速率高于 100Mbit/s 时，采用光纤或 6 类双绞线。

水平子系统是指从楼层接线间的配线架至工作区的信息点的实际长度，它要求在 90m 范围内。如果需要某些宽带应用，可以采用光缆。信息出口采用插孔为 ISDN8 芯（RJ45）的标准插口，每个信息插座都可灵活地运用，并根据实际应用要求随意更改用途。水平子系统中的每一点都必须通过一根独立的线缆与管理子系统的配线架连接。

3）管理间子系统

管理间子系统由交连、互连配线架组成。管理点为连接其他子系统提供连接手段。交连和互连允许将通信线路定位或重定位到建筑物的不同部分，以便能更容易地管理通信线路，使在使用移动终端设备时能方便地进行插拔。互连配线架根据不同的连接硬件分为楼层配线架（箱）（intermediate distribution frame，IDF）和总配线架（箱）（main distribution frame，MDF），IDF 可安装在各楼层的干线接线间，MDF 一般安装在设备机房。

4）垂直干线子系统

垂直干线子系统可实现计算机设备、控制中心与各管理子系统间的连接，是建筑物干线电缆的路由。该子系统通常是两个单元之间，特别是在位于中央点的公共系统设备处提供多个线路设施。系统由建筑物内所有的垂直干线多对数电缆及相关支撑硬件组成，以提供设备间总配线架与干线接线间楼层配线架之间的干线路由。常用介质是大对数双绞线电缆和光缆。

干线的通道包括开放型和封闭型两种。前者是指从建筑物的地下室到其楼顶的一个开放空间，后者是一连串的上下对齐的布线间，每层各有一间，电缆利用电缆孔或是电缆井穿过接线间的地板。因为开放型通道没有被任何楼板所隔开，所以会给施工带来很大麻烦，一般不采用。

5）设备间子系统

设备间子系统主要由设备间中的电缆、连接器和有关的支撑硬件组成，作用是将计算机、通信设备、交换设备、监控设备、监视器等弱电设备互连起来并连接到主配线架上。设备包括计算机系统、网络交换机、防火墙、路由器、音响输出设备、闭路电视控制装置和报警控制中心等。

6）建筑群干线子系统

建筑群干线子系统将一个建筑物的电缆延伸到建筑群的另外一些建筑物中的通信设备和装置上，是结构化布线系统的一部分。该子系统主要由电缆、光缆和入楼处的过流过压电气保护设备等相关硬件组成，常用介质是光缆，一般采用的方式包括地下管道敷设、直埋沟内敷设和架空三种。

3. 网络综合布线系统的特点

网络综合布线系统的主要特点如下。

（1）实用性：实施后，布线系统将能够适应现代和未来通信技术的发展，并且实现话音、数据通信等多种信号的统一传输。

（2）灵活性：布线系统能满足各种应用的要求，即任一信息点能够连接不同类型的终端设备，如电话、计算机、打印机、电脑终端、电传真机、各种传感器件及图像监控设备等。

（3）模块化：综合布线系统中除去固定于建筑物内的缆线外，其余所有的接插件都是基本式的标准件，可互连所有话音、数据、图像、网络和楼宇自动化设备，以方便使用、搬迁、更改、扩容和管理。

（4）扩展性：综合布线系统是可扩充的，以便将来有更大的用途时，很容易将新设备扩充进去。

（5）经济性：采用综合布线系统后可以使管理人员减少；同时，模块化的结构，可以降低工作难度，减少了更改或搬迁系统的费用。

（6）通用性：支持符合国际通信标准的各种计算机和网络拓扑结构，能满足不同传递速度的通信要求，可以支持和容纳多种计算机网络的运行。

5.2.2　综合布线系统设计

1. 建筑物内布线方式的选择

布线方式分为集中式和分布式两种。在集中式布线方式中，从一个主配线间到各个信息点都有唯一的线缆进行连接；在分布式布线方式中，一个建筑物内有多个配线间，从各配线间到它管理的信息点有唯一的线缆路由，配线间之间通过光缆或双绞线进行连接。

选择布线方式与建筑物的规模、结构和层数，网络结构化设计与网络带宽要求、信息点数量的多寡、系统造价等多方面都有直接关系。通常情况下：①分布式外观美观，但造价较高。②要考虑双绞线的 100（5+90+5）m 限制。如果建筑物跨度接近或超过 100m，宜选择在建筑物中心位置实施集中式布线；如果建筑物跨度接近或超过 200m，在一个建筑物内可设立两个以上的设备间进行分布式布线。③建筑物层数多时，若采用集中式布线，距离无法保证，且施工可能破坏外观。④分布式布线能更好地提供上联带宽，可支持更多的信息点密度；集中式布线时适合采用交换机堆叠方案，能更好地适应建筑物内信息点之间密集连接的应用要求。

2. 工作区子系统的设计

工作区划分可按不同的应用环境调整面积的大小，一般一个工作区的服务面积可按 5～10m^2 估算。在选择适配器时，使布线系统的输出与用户终端设备保存完整的电器兼容即可。在设计过程中，应注意以下要点。

（1）工作区内线槽要布置得合理、美观。

（2）信息插座要在距离地面 30cm 以上的位置。

（3）信息插座与计算机设备的距离保持在 5m 范围内。

（4）确定信息点数量。工作区信息点数量主要根据用户的具体要求来确定，每个工作区至少要配置一个插座盒；对于难以再增加插座盒的工作区，要至少安装两个分量的插座盒。在用户不能明确信息点数量的情况下，应根据工作区设计规范来确定，即一个 5～10m^2 面积的工作区应配置一个语音信息点，或一个计算机信息点，或一个语音信息点和计算机信息点。

（5）确定信息插座的数量。

$$N=\text{Ceiling}（M/A）$$

其中，N 为信息插座数量；M 为信息点数量；A 为信息插座插孔数；Ceiling（ ）为取整函数。

信息插座的总量 $P=N+N×3\%$，其中，$N×3\%$ 为富余量。

（6）确定信息插座的安装方式。信息插座安装分为暗埋方式和明装方式两种，暗埋方式的插座底盒嵌入墙面，明装方式的插座底盒直接安装在墙面上。

（7）确定 RJ45 接头数量。信息插座是工作终端与培训子系统的接口，最常用的为 RJ45 信息插座，即 RJ45 连接器。RJ45 接头的总需求量 $m=n×4+n×4×15\%$，其中，n 为信息点数量；$n×4×15\%$ 为余量。

3. 配线子系统的设计

在配线子系统的设计过程中，应包括以下几方面内容。

1）线缆的选择

在线缆选择方面，应充分考虑系统应用和特殊条件（或要求）两方面内容。

系统应用方面的要求如下。

（1）同一布线信道及链路的缆线与连接器件应保持系统等级和阻抗一致性。

（2）综合布线系统工程的产品类别及链路、信道等级的确定应综合考虑建筑物的功能、应用网络、业务终端类型、业务需求及发展、性能和价格、现场安装条件等因素。

（3）综合布线系统光纤信道应采用波长为 850nm 和 1300nm 的多模光纤及标称波长为 1310nm 和 1550nm 的单模光纤。楼内宜采用多模光纤，建筑物之间宜采用多模或单模光纤，需直接与电信服务接入商相连时，宜采用单模光纤。

（4）工作区信息点为电端口时，应采用 8 位模块通用插座（RJ45），光端口宜采用 SFF 小型光纤连接器件及适配器。

在以下特殊条件下或具有特殊要求情况下，应选择屏蔽布线系统：①布线区域内的电磁干扰场强度高于 3V/m 时；②用户对电磁兼容性有较高的要求（电磁干扰和防信息泄露）时，或有网络安全保密的特殊需求时。

屏蔽布线系统采用的电缆、连接器件、跳线、设备电缆等都应是屏蔽的，并应保持屏蔽层的连续性。

2）配线间

（1）配线间的数量应按所服务的楼层范围即工作区面积确定。如果信息点数量不大于 400 个，水平线缆长度在 90m 范围内，可设置一个配线间，当超出这一范围时，宜设置两个或多个配线间。每层的信息点数量较少，且水平线缆长度不大于 90m 的情况下，可几个楼层合设一个配线间。

（2）配线间应与强电间分开设置，配线间内或其紧邻处应设置缆线竖井。

（3）配线间的使用面积应不小于 5m²，也可根据配线设备和网络设备的容量进行调整。

（4）配线间应提供不少于两个 220V 带保护接地的单项电源插座，但不作为设备供电电源。

（5）配线间应采用外开丙级防火门，门宽大于 0.7m，室内温度应为 10～35℃，相对湿度为 20%～80%。在安装网络设备时，应符合相应的设备要求。

3）布线距离的计算

在《综合布线系统工程设计规范》（GB50311—2016）中，规定配线子系统永久链路长度不能超过 90m。每个楼层用线量的计算公式为 $C=[0.55（F+N）+6]\times M_1$，其中，$C$ 为每个楼层的用线量；F 为最远的信息插座到配线间的距离；N 为最近的信息插座到配线间的距离；M_1 为每层楼的信息插座的数量；6 为端对容差（主要考虑施工时线缆的损耗、缆线布设长度误差等因素）。整座建筑物的用线量为 $S=M_2\times C$，其中，M_2 为楼层数；C 为每个楼层的用线量。

4）其他

（1）在建筑物墙或地面内暗设布线时，一般选择线管，不允许使用线槽；在建筑物墙明装布线时，一般选择线槽，很少使用线管。同时，应根据相关标准设计缆线在管道中的布放根数、布线弯曲半径等。

（2）网络缆线与其他设施间的距离。国家相关标准对网络缆线与电流电缆的间距、缆线与电气设备的间距、缆线和其他管线的间距都作了规定，设计过程中必须参照执行。

在配线子系统设计过程中，除了根据以上要点进行设计外，还应考虑具体的实施环节和施工安全等方面，不能纸上谈兵，必须仔细调研，根据现场具体情况，参照国家标准进行设计。

4. 干线子系统的设计

（1）干线子系统线缆要根据布线环境的限制和用户对综合布线系统的设计等级来选择，计算机网络系统的主干联系可以选用 4 对双绞线电缆或 25 对大对数电缆或光缆。主干电缆的线对要根据水平布线线缆对数及应用系统类型确定。

（2）干线子系统的主干缆线应选择最短、最安全和最经济的路由。路由的选择要根据建筑物的结构及建筑物内预留的电缆孔、电缆井等通道位置决定。

（3）主干电缆和光缆的容量要求及配置应符合相关的规定，对于数据业务，应以交换机群（4 个交换机组成一群）或以每个交换机设备设置一个主干端口配置。每一群网络设备或每 4 个网络设备考虑一个备份端口。

（4）缆线不得布放在电梯或供水、供气、供暖管道竖井中，且不应布放在强电竖井中。电信间、设备间、进线间之间的干线通道应沟通。

在干线子系统的设计中，还应包括干线缆线的交接、干线缆线的端接、通道的规模与选择、缆线的选择等方面的内容。

5. 设备间子系统设计

设备间子系统的设计，主要考虑设备间的位置及设备间的环境要求，具体设计可参考以下内容。

a. 设备间的位置和大小应根据建筑物的结构、综合布线规模、管理方式及应用系统设备的数量等方面进行综合考虑，择优选取。

一般而言，设备间应尽量建在建筑平面及其布线干线综合体的中间位置。在高层建筑内，设备间也可以设置在一层或二层。确定设备间的位置时，可以参考以下设计规范。

（1）应尽量建在干线子系统的中间位置，并尽可能靠近建筑物电缆引入区，以方便干线缆线的进出。

（2）应尽量避免设在建筑物的高层或地下室及用水设备的下层。

（3）应尽量远离强震动源和强噪声源。

（4）应尽量避免强电磁的干扰。

（5）应尽量远离有害气体源及易腐蚀、易燃、易爆物。

（6）应便于接地装置的安装。

b. 设备间使用面积一般不小于 20m²。具体面积可用以下两种方法计算。

（1）设备间总面积 $S=(5\sim7)\sum S_b$，其中，S_b 为设备间内安装设备所占面积，单位为 m²。

（2）当设备未选型时，总面积 $S=KA$，其中，A 为设备间的所有设备总台（架）数；K 为系数，取值为 4.5～5.5m²/台（架）。

c. 设备间的建筑结构主要依据设备大小、设备搬运及设备重量等因素而设计。设备间的高度一般为 2.5～3.2m；门的大小至少高 2.1m、宽 1.5m。设备间的楼板承重设计一般分为两级：A 级≥500kg/m²；B 级≥300kg/m²。

d. 确定设备间内缆线的敷设方式。敷设方式包括活动地板方式、地板或墙壁内沟槽方式、预埋管路方式及机架走线架方式。

e. 为满足设备间的环境要求进行相关设计。

（1）温湿度：设备间的温湿度控制可以通过安装降温或加温、加湿或除湿功能的空调设备来实现。

（2）尘埃：要降低设备间的尘埃度，关键在于定期清扫灰尘、工作人员进出设备间应更换干净的鞋具等。

（3）照明：为了方便工作人员在设备间内操作设备和维护相关的布线器件，设备间内必须安装足够照明度的照明系统，并配置应急照明系统。

（4）设备间供电电源应满足频率为 50Hz、电压为 220V/380V、相数为三相五线制或三相四线制/单相三线制的要求。根据设备间内设备的使用要求，设备要求的供电方式分为三类：①需要建立不间断供电系统；②需要建立带备用的供电系统；③按一般用途供电考虑。

一般情况下，设备间供电由建筑物市电提供电源，进入设备间专用配电柜。设备间设置设备专用的 UPS 地板下插座，为了便于维护，在墙面上安装维修插座。其他房间根据设备的数量安装相应的维修插座。配电柜除了满足设备间设备的供电外，还应留出一定的余量，以备以后的扩容。

f. 设备间内的设备种类繁多，而且缆线布设复杂。为了管理好各种设备及缆线，设备间内的设备应分类分区安装，设备间内所有进出线装置或设备应采用不同的色标，以区别各类用途的配线区，方便线路的维护和管理。

g. 为了保证设备使用安全，设备间应安装相应的消防系统，配备防火防盗门。设备间内应设置火灾报警装置，配备二氧化碳灭火器等消防设备。

h. 在设备间设备安装过程中，必须考虑设备的接地和防雷接地。设备间的防雷接地可单独接地或与大楼接地系统共同接地。接地要求每个配线架都应单独引线至接地体。

i. 设备间装修材料应使用符合《建筑设计防火规范》（GB 50016—2014）中规定的难燃材料或阻燃材料，应能防潮、吸音、不起尘、抗静电等。

6. 管理间子系统的设计

管理间是主要为楼层安装配线设备（机柜、机架、机箱等）和楼层计算机网络设备的场地，并可考虑在该场地设置缆线竖井、等电位接地体、电源插座、UPS 配电箱等设施。如果布线系统与弱电系统设备合设在同一场地，一般也称为弱电间。

管理间子系统的设计要点如下。

（1）管理间数量的确定。每个楼层一般应至少有一个管理间，特殊情况下，每层信息点数量较少，且水平缆线长度不大于 90m，可以几个楼层合设一个管理间。若一个楼层信息点太多，也可考虑一个楼层设置多个管理间。

（2）管理间的面积。在《综合布线系统工程设计规范》（GB 50311—2016）中，规定管理间的使用面积不应小于 5m²。管理间安装落地式机柜时，机柜前面的净空不应小于 800mm，后面的净空不应小于 600mm，以便于施工和维修。安装壁挂式机柜时，一般在楼道的安装高度不小于 1.8m。

（3）管理间的电源要求。管理间应提供不少于两个 220V 带保护接地的单相电源插座。管理间如果安装电信管理或其他信息网络管理，管理供电应符合相应的设计要求。

（4）管理间门的要求。管理间应采用外开丙级防火门，门宽大于 0.7m。

（5）管理间环境的要求。管理间内，温度应为 10～35℃，相对湿度应为 20%～80%。一般应考虑网络交换设备发热对管理间温度的影响，在夏季必须保持管理间温度不超过 35℃。

（6）配线架、交换机端口的冗余。为了便于维护和系统扩展，在设计过程中应考虑在配线架和交换机端口做相应的冗余。

7. 进线间和建筑群子系统的设计

1）建筑群子系统的设计

建筑群子系统在设计过程中应考虑以下几点。

（1）环境美化要求。

（2）建筑群未来的发展要求。

（3）缆线引入要求。干线缆线引入建筑物时，应以地下引入为主，如果采用架空方式，应尽量采取隐蔽方式接入。

（4）建筑群子系统布线缆线的选择。通常情况下，计算机网络系统常采用光缆作为建筑物布线缆线。

（5）缆线的保护。当缆线从一个建筑物到另一个建筑物时，要考虑受到雷击、电源碰地、电源感应电压等因素，必须采取措施保护缆线。

（6）缆线敷设方法。建筑群子系统的缆线布设方式包括架空布线法、直埋布线法、地下管道布线法和隧道内电缆布线四种。

2）进线间的设计

建筑物子系统中，进线间的设计是重要的组成部分，在设计过程中涉及的要点如下。

（1）进线间的位置：一般一个建筑物设置一个进线间，同时提供给多个电信运营商和业务提供商使用，通常设在地下一层。对于不具备单独进线间或入楼电缆、光缆数量及入口设施较少的建筑物，也可以在入口处采用挖沟或使用较小的空间完成缆线的成端与盘长。

（2）进线间的面积：进线间因涉及因素较多，难以统一要求具体所需面积，可根据建筑物的实际情况，并参照通信行业和国家现行标准要求进行设计。进线间应满足缆线的敷设路由、成端位置及数量、光缆的盘长空间和缆线的弯曲半径、维护设备、配线设备安装所需要的场地空间和面积。

（3）线缆配置要求：建筑物主干电缆、光缆及天线馈线等室外缆线进入建筑物时，应在进线间转换成室内缆线，并在缆线的终端处分别设置入口设施。

（4）入口管孔数量：进线间应设置管道入口，管孔数量建议留有 2～4 孔的余量，同时注意防火和防水的处理。

（5）进线间的设计：进线间宜靠近外墙和在地下设置，以便于缆线的引入。在设计中应符合下列规定：①进线间应防止渗水，应设有抽、排水装置。②进线间应与布线系统以垂直竖井沟通。③进线间应采用相应防火级别的防火门，门向外开，宽度不小于 1000mm。④进线间应设置防备有害气体的措施和通风装置，排风量按每小时不小于 5 次容积计算。⑤进线间如安装配线设备和信息通信设备，应符合设备安装设计要求。⑥与进线间无关的管道不宜通过。

网络布线是信息网络系统的"神经系统"；网络系统规模越来越大，网络结构越来越复杂，网络功能越来越多，网络管理维护越来越困难，网络系统故障的影响也越来越大。网络布线系统关系网络的性能、投资、使用和维护等多方面，是网络信息系统不可分割的重要组成部分。

5.3　网络环境设计

5.3.1　网络环境设计的步骤与过程

1. 网络环境设计的步骤

（1）分析需求。随着地理信息系统业务环境和网络技术的变化，网络需求也不断地变化，需求分析不仅包括对业务的需求分析，还包括对网络的扩展性、建设成本、运维成本的一些深入细致的分析。

（2）网络拓扑选择。根据用户和地理信息系统的需求，在网络分层模型中找到最符合需求的网络搭建模型。一般来说，是指三层模型结构，即核心层、汇聚层和接入层。有时候，可以根据网络规模，将其演变为两层或多层的网络架构。

（3）网络流量分析。根据需求分析网络的业务流量，根据业务流量就可以选择不同的网络技术，如带宽、接入方式等。分析流量为完成设备选型确定依据。

（4）网络设计和设备选择。

2. 网络环境设计过程

1）确定设计目标

根据不同用户的差异，确定的设计目标可能是完全不一样的。通常情况下，设计目标要满足给定服务水平的原始需求。设计目标一般包括以下几方面：①最低的运行成本；②不断增强的整体性能；③易于操作和使用；④充分的可靠性；⑤完备的安全性；⑥可扩展性；⑦最短的故障响应时间；⑧最少的安装花费。

2）完成网络服务评价

不同的设计对网络服务的要求是不一样的，主要的网络服务包括以下几方面：①网络管理；②网络故障查找与恢复；③网络的配置与重配置；④网络监测；⑤网络安全，标出需要重点保护的系统，实施物理上的安全保护；⑥标出网络弱点和漏洞，防止入侵者或者未授权者访问资源；⑦安全管理，检查访问审核的程序，确定安全指导方针，从管理上进行安全防范。

3）完成技术评价

对于技术评价来说，物理媒体和网络拓扑结构的考虑是很重要的，在广域网和局域网里都有很多不同的介质被考虑，不同的介质有不同的优缺点，另外，还有网络互联的考虑。不同的设备之间有所区别，需考虑采用何种设备实现网络连接。广域网与局域网所要求的设备也有所不同。

4）进行技术决策

综合考虑各方面因素，对逻辑网络作技术决策，确定逻辑网络设计方案。

5.3.2 网络规划设计

1. 通信子网规划设计

1）拓扑结构与网络总体规划

网络拓扑结构对整个网络的运行效率、技术性能发挥、可靠性、费用等方面都有着重要的影响。确定网络的拓扑结构是整个网络环境规划设计的基础，拓扑结构的选择通常与地理环境分布、传输介质、介质访问控制方法、网络设备选型等因素密切相关。选择网络拓扑结构应充分考虑费用、灵活性、可靠性等主要因素。

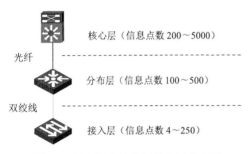

图 5.2　星型拓扑结构树状分层参考图

网络拓扑结构的规划设计与网络规模息息相关。一个规模较小的星型局域网没有主干网和外围网之分。规模较大的网络通常呈倒树状分层拓扑结构，包括用以连接服务器群或建筑群到网络中心的主干网络（核心层）和由接入层与分布层构成的外围网络。图 5.2 是星型拓扑结构树状分层参考图。

2）核心层设计

核心层技术的选择，要根据需求分析中的地理距离、信息流量和数据的负载情况确定。一般情况下，核心层用来连接建筑群和服务器群，可能会容纳网络上 40%～60% 的信息流，是网络的大动脉。连接建筑群的主干网络一般采用光缆作为传输介质，主干网技术的选择从易用性、先进性和可扩展性等方面综合考量，通常采用千兆以太网。

核心层的关键点是核心交换机（或路由器）。如果考虑提供较高的可用性，在经费允许的情况下，网络结构可以采用双星（树）结构，即两台同样的交换机，与接入层/分布层分别连接。双星结构解决了单点故障失效问题，不仅抗毁性强，而且通过采用链路聚合技术，还可以允许每条冗余链路实现负载分担。图 5.3 为单星结构和双星结构对比示意图，需要注意的是双星结构会比单星结构多一倍的传输介质和端口。

3）接入层/分布层设计

接入层即直接连接信息点，是网络资源设备接入网络的部分。

分布层的存在与否，取决于外围网采用的扩充互联方法。当建筑物内信息点超出一台交换机所容纳的端口密度，需要增加交换机扩充端口密度时，如果采用级联方式，即将一组固定端口交换机上联到一台背板带宽和性能较好的二级交换机上，再由二级交换机上联到主干网，则存在分布层，为三层结构；如果采用多个并行交换机堆叠方式扩充端口密度，其中一台交换机上联，则网络中就只有接入层，没有分布层。

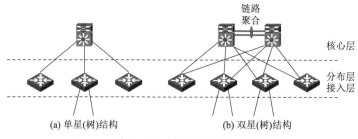

图 5.3　单星（树）结构和双星（树）结构

采用级联还是堆叠方式，通常根据网络信息流特点确定。堆叠方式适用于本地（楼宇内）信息流密集、全局信息负载相对较轻的情况，但需要交换机有充足的带宽保证。级联方式适用于全网信息流较平均的情况，且分布层交换机大多具有组播和初级 QoS 管理能力，适合处理一些突发的重负载，但增加分布层的同时会增加成本。

4）远程接入访问的规划设计

当前，互联互通已成为网络建设的重要内容之一，几乎所有的 GIS 项目都会遇到内联（Intranet）和外联（Extranet）问题。在远程接入访问的规划设计中，通常受到费用和接入服务商所能提供的服务等因素的限制。

2. 资源子网规划设计

1）服务器接入

服务器系统是网络应用的核心，服务器在网络中的接入位置直接影响网络应用的效果和网络运行效率。服务器一般分为两类：一类是为全网提供公共信息服务、文件服务和通信服务，为整个网络提供集中统一的数据库服务，服务对象为网络全局，适宜放在网管中心，由网管中心管理维护；另一类是部门业务和网络服务相结合，主要由部门管理维护。

服务器接入方法通常包括以下几种。

（1）千兆以太网端口接入：服务器需配置而且必须支持 GBE 网卡，使用多模 SX 连接器接入交换机的多模光端口中。优点是性能好、数据吞吐量大，缺点是成本较高，对服务器硬件有要求。适用于数据库服务器、流媒体服务器和较密集的应用服务器。

（2）并行快速以太网冗余接入：采用两块以上的服务器专用高速以太网卡分别接入网络中的两台交换机中。通过网络管理系统的支持实现负载均衡或负载分担，当其中一块网卡失效后不影响服务器正常运行。

（3）普通接入：采用一块服务器专用网卡接入网络。这是一种经济、简洁的接入方式，但可用性低，信息流密集时可能会因为主机 CPU 占用（主要是缓存处理占用）而使服务器性能下降，适用于数据业务量不大的服务器。

2）服务器子网连接方案

服务器子网的连接方案包括：

（1）直接接入核心交换机。优点是直接利用核心交换机的高带宽，缺点是占用较多的核心交换机端口，使成本上升。

（2）在核心交换机上外接一台专用服务器子网交换机。优点是可以分担带宽，减少核心交换机端口占用，为服务器组提供充足的端口密度；缺点是容易形成带宽瓶颈，且存在单点故障。

5.3.3　网络设备选型

网络设计的最后一步是设备的选择。网络设备选择的依据，是需求分析获得的各种网络性能方面的数据，包括带宽和拓扑结构类型等，再根据端口类型和数量，针对它的有关特殊应用及各层设备，将所要具备的一些性能综合考量，完成设备的选择。

1. 网络设备选型原则

（1）厂商的选择。所有网络设备应尽可能选择同一厂家的产品，从而使设备在可互联性、协议互操作性、技术支持、价格等方面更具优势。因此，在制定网络方案前，应就用户承受能力，选择产品线齐全、技术认证队伍力量雄厚、产品市场占有率高的厂商，确定好网络设备品牌。

（2）扩展性考虑。在网络的层次结构中，核心设备选择应预留一定的能力，以便于后期的扩展。低端设备则够用即可，因为低端设备更新较快，且易于扩展。

（3）根据实际需要选型。主要是在参照整体设计要求的基础上，根据网络实际带宽性能需求、端口类型和端口密度选型。如果是旧网改造，应尽可能保留并延长用户对原有网络设备的投资，减少在资金投入方面的浪费。

（4）性能价格比与质量。目的是使资金的投入产出达到最大值，能以较低的成本、较少的人员投入维持系统运转；网络开通后，整个系统的正常运行依赖于网络的正常运转，系统的可靠性主要体现在网络设备的可靠性，尤其是核心交换机和线路的可靠性。

2. 核心交换机的选型策略

核心网络骨干交换机是网络的核心，应具备以下性能。

（1）高性能、高速率。应配备高性能模块接入，能够满足用户的工作量需求，并提供充足的扩展冗余。第二层交换最好能达到线速交换，即交换机背板带宽≥所有端口带宽的总和。如果网络规模较大，需要配置 VLAN，则要求必须有较出色的第三层（路由）交换能力。

（2）定位准确，便于扩展。通常情况下，250 个信息点以上的网络，适宜采用模块化（插槽式机箱）交换机，500 个信息点以上的网络，交换机还必须能够支持高密度端口和大吞吐量扩展卡；250 个信息点以下的网络，为降低成本，应选择具有可堆叠能力的固定配置交换机作为核心交换机。

（3）高可靠性。除考核、调研产品本身品质外，应根据经费许可选择采用冗余设计的设备，如冗余电源等，且设备扩展卡支持热插拔，易于维护与更换。

（4）强大的网络控制能力。提供 QoS 和网络安全，支持 RADIUS、TACACS+等认证机制。

（5）良好的可管理性。支持通用网管协议，如 SNMP、RMON、RMON2 等。

3. 分布层/接入层交换机的选型策略

分布层/接入层交换机也称为外围交换机或边缘交换机，一般都属于可堆叠/可扩充式固定端口交换机。在大中型网络中，通常用来构成多层次的结构灵活的用户接入网络，在中小型网络中，则用来构成网络骨干交换设备。在进行设备选型时，应考虑以下要素。

（1）灵活性。提供多种固定端口数量搭配供组网选择，可堆叠、易扩展，以便由于信息点的增加而能从容地进行扩容。

（2）高性能。作为大型网络的二级交换设备，应支持千兆高速上连、同级设备堆叠，以及保证与核心交换设备品牌的一致性；如果作为小型网络的中央交换机，要求具有较高的背板带宽和三层交换能力。

（3）其他。在优先考虑灵活性和高性能的同时，还应兼顾价格、易用、配置简单、网络管理能力等方面。

网络设计完成后，必须要有一些相关的输出资料，以满足下一步如工程实施、备案的需要。做参考方案建议书首先是指导设备选型，其次是网络设计的记录。一个全面的设计，除了上面的描述之外，还要包括安全设计思路、QoS 设计思路、可靠性方面的考虑、扩展性方面的考虑和设备的介绍等。

5.3.4　系统管理软件选型

系统管理软件主要指计算机操作系统、网络操作系统与网络管理系统等。操作系统关系 GIS 软件和开发语言使用的有效性，因此是 GIS 计算环境的重要组成部分。网络管理系统则对系统硬件平台的部署、管理和日常运维至关重要，直接关系 GIS 系统的正常运行与服务的有效性。

1．系统管理软件

1）计算机操作系统

操作系统（operating system，OS）是用以管理系统资源的软件，旨在提高计算机的总体效用，一般包括存储管理、设备管理、信息管理、作业管理等。操作系统的功能包括管理计算机系统的硬件、软件及数据资源，控制程序运行，改善人机界面，为其他应用软件提供支持，让计算机系统所有资源最大限度地发挥作用，提供各种形式的用户界面，使用户有一个好的工作环境，为其他软件的开发提供必要的服务和相应的接口等。

2）网络操作系统

网络操作系统（network operating system，NOS）是一种能代替操作系统的软件程序，是网络的心脏和灵魂，是向网络计算机提供服务的特殊的操作系统。网络操作系统作为物理资源的管理者和调度员，使网络上所有计算机能方便而有效地共享网络资源，为网络用户提供所需的各种服务的软件和有关规程的集合。网络操作系统除了具有通常操作系统应具有的功能外，还应具有提供高效、可靠的网络通信能力和提供多种网络服务的功能。

网络操作系统与单用户操作系统、多用户操作系统的重要区别在于提供的服务类型不同。一般情况下，网络操作系统的目标在于使网络相关特性达到最优，如数据共享、软件应用、资源共享等。网络操作系统从模式上可分为集中模式、客户机/服务器模式与对等模式三种。

3）网络管理系统

网络管理系统（network management system，NMS）是一种通过结合软件和硬件用来对网络状态进行调整的系统，以保障网络系统能够正常、高效运行，使网络系统中的资源得到更好的利用，是在网络管理平台的基础上实现各种网络管理功能的集合。

网络管理系统通常能够控制局域网、广域网网络环境中的网络设备、主机/服务器等设备的工作运行，处理硬件与不同层级的软件（操作系统、数据库系统、应用软件等）的管理和升级，实现对网络的资源管理、参数配置、性能维护和监控，具备日程安排、告警、事件管理和集中管理等功能。管理工具与管理软件平滑集成，所有的操作通过统一的图形界面完成。网络管理系统主要由至少一个网络管理站（Manager）、多个被管代理（Agent）、网管协议（如 SNMP、CMIP），以及至少一个网络管理信息库（management information base，MIB）四部分构成。目前，应用较为广泛的网络管理系统包括 Microsoft System Management Server

（SMS）、IBM Director、HP Open View、浪潮 LCSMS 等。

　　2. 操作系统选型要点

　　在构建计算环境时，应充分考虑 GIS 对计算环境的要求，选择业界广泛使用的操作系统、网络操作系统和相应的网络管理系统。

　　与网络设备选型不同，在同一个网络中不需要必须采用一致的操作系统，在选择中可以结合 Windows、Linux 及 Unix 的特点，在网络中使用混合平台。通常，在应用服务器、管理服务器上部署 Windows Server 系列，在 E-mail、Web、Proxy 等 Internet 应用可使用 Linux/Unix，在 Client 端部署 Windows 系列。这样，既可以享受到 Windows 应用丰富、界面直观和使用方便的优点，又能享受到 Linux/Unix 稳定、高效的好处。在方案规划设计中操作系统选择要考虑服务器的性能和兼容性、安全因素、价格因素、第三方软件及市场占有率等重要因素。

5.4　硬件环境设计

　　地理信息系统一般都要存储大量的数据，对地理数据选取和处理时，需要进行大量的计算，因此系统对计算环境的计算能力、运算速度、存储容量、图形处理能力等有较高的要求。根据地理信息系统的数据采集、数据处理、数据存储及功能呈现等要求，可选择不同种类和不同类型的硬件设备承载 GIS 的不同功能需求。

5.4.1　硬件环境的综合配置与均衡

　　在硬件环境配置过程中，根据网络规模、用户数量和应用密度的需要，进行硬件设备的综合配置。例如，有时一台服务器专门运行一种服务，有时一台服务器要安装两种以上的服务程序，有时两台以上的服务器安装和运行同一种服务系统。也就是说，硬件设备与其在环境中的职能并不是一一对应的，应根据应用需求、费用承受能力、设备性能与不同服务之间对硬件占用的特点，合理搭配和规划硬件配置。

　　关于硬件环境配置与均衡的建议如下。

　　1. 网络虽小，五脏俱全

　　中小型用户因为缺乏专业的技术人员，资金相对紧张，所以要求硬件设备必须功能齐全、易于维护，还必须考虑资金的限制。建议在费用许可情况下，尽可能提高硬件配置，利用硬件占用互补特点，均衡网络应用负载，把网络中所需的服务压缩到 1~2 台物理服务器的范围内。例如，如果采用 Linux 操作系统，利用其资源占用低、Internet 服务程序丰富的特点，可以将所有 Internet 服务集中到一台服务器上，另外再配置一套应用服务器，从而提高网络效率。

　　2. 中型网络重应用

　　中型网络注重实际应用，可选择将应用分布在更多的物理服务器上，宜采用功能相关性配置方案，将相关应用集中在一起。例如，当前网络应用重心为 Web 平台，Web 服务器需要频繁地与数据库服务器交换信息，考虑将 Web 服务和数据库服务配置在一台高档服务器内，可以提高效率，减轻网络 I/O 负担。

　　3. 大型网络的服务器集群方案

　　大型网络应用场合讲究安全可靠、稳定高效、功能强大，所以网络必须能够满足全方位的要求，功能完备，且具有高度的可用性和可扩展性，保证系统连续稳定地运行。例如，在大型网络中，如果物理服务器数量过多则会为管理和运行带来沉重负担，导致环境恶劣，因此建议采用机架式或刀片式服务器，其 Web、FTP 和防火墙等应用均采用负载均衡集群系统，以提高系统的 I/O 能力和可用性，数据库及应用服务器系统采用双机容错高可用性（HA）系统，以提高系统的可用性，等等。

5.4.2　硬件环境设计

计算环境中的硬件设备主要包括各种类型的计算机、存储设备、网络设备、外部设备、智能设备等。各种设备在基础支持环境和计算机网络中互联互通，从而构成 GIS 功能的硬件实现，如图 5.4 所示。

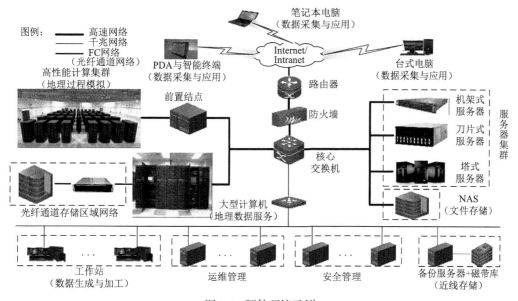

图 5.4　硬件环境示例

在硬件环境设计中，涉及的计算机硬件设备主要包括主机、存储设备和外部设备三类。

1. 主机

在硬件环境中，各种类型的计算机系统是地理信息系统的宿主设备，通常称为主机，是计算环境的核心，也是组织共享核心资源的宿主设备，包括从超级计算机、高性能计算集群到微型计算机等，都可以被用于数据的处理、管理与计算。根据地理信息系统的数据量、计算能力、图形图像处理等要求，可选择不同类型的计算机系统来为 GIS 构建适合的设施平台。

1）超级计算机与高性能计算集群

超级计算机是指由数千甚至更多处理器组成、能计算普通计算机和服务器不能完成的大型复杂课题的计算机。作为"现代科学技术的大脑"，超级计算机已成为解决重大工程和科学难题时难以取代的工具。高性能计算指通常使用很多处理器（作为单个计算机的一部分）或者某一集群中组织的几台计算机（作为单个计算资源操作）的计算系统和环境。高性能计算（high performance computing，HPC）系统使用的是专门的操作系统，这些操作系统被设计为看起来像是单个计算资源。整个 HPC 单元的操作和行为像是单个计算资源，它将实际请求的加载展开到各个节点。

随着观测技术的发展及地理信息应用的深入，地理空间数据的内容越来越丰富，其数据量也越来越大。在海量数据的支持下进行地学过程模拟需要极高的计算处理能力,从超级计算机与高性能计算集群获得数据分析和模拟成果,能推动地理信息领域高精尖项目的研究与开发。因此,在地理信息系统的硬件架构中,采用超级计算机或高性能计算集群承担地学过程模拟等超级任务是一种必然的选择。

2)大型机与小型机

大型计算机,又称大型机、大型主机、主机等,是从 IBM System/360 开始的一系列计算机及与其兼容或同等级的计算机,主要用于大量数据和关键项目的计算。大型机体系结构最大优势在于无与伦比的 I/O 处理能力,具有可靠性、安全性、向后兼容性和极其高效的 I/O 性能,重要部门的海量数据通常部署在大型机上。小型机是指采用精简指令集处理器,性能和价格介于 PC 服务器和大型机之间的一种高性能计算机。小型机采用的是主机/哑终端模式,并且各家厂商均有各自的体系结构,彼此互不兼容。在中国,小型机习惯上用来指 Unix 服务器,具有高 RAS[reliability(可靠性)、availability(可用性)、serviceability(服务性)]特性,在服务器市场中处于中高端位置。使用小型机的用户一般是看中 Unix 操作系统和专用服务器的安全性、可靠性、纵向扩展性,以及高并发访问下的出色处理能力。

随着各行各业信息化的深入,信息分散管理的弊端越来越多,运营成本迅速增长,信息集中成了不可逆转的潮流。在地理信息系统中,可以选择大型机和小型机用于承担处理大容量数据的服务,如用于数据库服务器。

3)服务器

服务器是提供计算服务的设备。因为服务器需要响应服务请求,并进行处理,所以一般来说服务器应具备承担服务并且保障服务的能力。服务器的构成包括处理器、硬盘、内存、系统总线等,和通用的计算机架构类似。但是因为需要提供高可靠的服务,所以在处理能力、稳定性、可靠性、安全性、可扩展性、可管理性等方面要求较高。

服务器按照体系架构来区分,主要分为 x86 服务器和非 x86 服务器两类。

(1)x86 服务器,又称复杂指令集(complex instruction set computer,CISC)架构服务器,即通常所讲的 PC 服务器,它是基于 PC 机体系结构,使用 Intel 或其他兼容 x86 指令集的处理器芯片和 Windows 或 Linux 操作系统的服务器。价格便宜、兼容性好,但稳定性较差、安全性不算太高,主要用在中小企业和非关键业务中。

(2)非 x86 服务器,通常指 Unix 服务器,国内称为小型机。它们是使用精简指令集(reduced instruction set computer,RISC)或并行指令代码(explicitly parallel instruction code, EPIC)处理器,并且主要采用 Unix 和其他专用操作系统的服务器。这种服务器价格较贵,体系封闭,但是稳定性好,性能强,主要用在金融、电信等大型企业的核心系统中。

服务器在应用层次方面通常是依据整个服务器的综合性能,特别是所采用的一些服务器专用技术来衡量的,一般可分为:入门级服务器、工作组级服务器、部门级服务器、企业级服务器。从外形的角度,服务器通常又被分为机架式、刀片式和塔式。

服务器具备较高的计算能力和较好的 RASUM 特性,因此在各个领域广泛应用。在 GIS 环境架构中,根据 GIS 的具体需求,选择不同档次的服务器承担不同的应用和服务,如作为应用服务器、文件服务器及 Web 服务器等。

4)图形工作站

图形工作站是一种高档的微型计算机,是一种专业从事图形、图像、视频工作的高档次专用电脑的总称。通常配有高分辨率的大屏幕显示器及容量较大的内存和外存,并且具有较强的信息处理功能和高性能的图形、图像处理及联网功能。其主要用途是完成以往由于图形功能限制普通电脑无法完成的一些如三维图形设计、CAD 产品设计等对图形显示要求很高的工作。

图形工作站主要面向专业应用领域，具备强大的数据运算与图形、图像处理能力。常见的三维图形应用通常都要占据大量的内存，系统的浮点计算速度和内存容量决定图形处理性能，图形工作站通常都配置有计算能力较强的处理器、较大的内存和带有 GPU 的专业级图形加速卡，这种配置就特别适用于 GIS 中的图形、图像处理。

从目前形势看，工作站发展时间虽短，但来势很猛，大有成为 GIS 的主流机之势。一方面，工作站的处理速度、内/外存容量、工作性能接近或达到早期小型机甚至中型机，完全可以满足 GIS 数据的生产、加工与预处理等工作的要求；另一方面，体积和价格却大大缩小和降低，工作站的主机可以比微机还小，高档工作站的价格也不贵，而低档工作站的价格与一台微机相当。

5）微型计算机

（1）微型计算机简称微机，俗称电脑，其准确的称谓应是微型计算机系统，桌面计算机、笔记本电脑、平板电脑，以及种类众多的手持设备都属于微型计算机。微型计算机系统是以微型处理器为核心，再配以相应的外部设备、电源、辅助电路和控制微型计算机工作的软件而构成的完整的计算系统。笔记本型计算机是具有与台式机相同功能，却又便于携带的微型计算机。

微机在地理信息系统中通常作为应用客户端（client 端或浏览端）、使用桌面地理信息系统及数据采集等来使用。

（2）掌上电脑与移动终端。掌上电脑是一种运行在嵌入式操作系统和内嵌式应用软件之上的、小巧、轻便、易带、实用和廉价的新一代超轻型计算设备，是计算机微型化、专业化趋势的产物，掌上电脑关键的核心技术是嵌入式操作系统。目前，国内习惯上将 PDA、掌上型计算机等设备称为掌上电脑或移动终端。

掌上电脑以其极佳的移动性、丰富的功能、小巧的外形设计、超长的电池支持时间、更轻的重量、超高分辨率的液晶显示屏和支持无线网络接入功能等优势，在移动导航、野外数据采集和移动办公系统等领域得到广泛应用。

（3）军用微型计算机。军用微型计算机是指应用于军事领域的微型计算机，必须满足相应的军事规范。有定制的全军规计算机，也有通过对商用成熟技术产品进行特殊处理，使之能够用于军事环境的加固计算机。军用微型计算机面对的环境比工业微型计算机更苛刻，防水、防沙、防热、防寒、防振、防摔、防压、防霉菌、防盐雾等都是军用微型计算机必须满足的标准。不过军用微型计算机不仅仅局限于军事应用，也可应用于类似的环境，如伴随潜水员进入水底、民用机载和船载及野外操作等。

2. 存储设备

存储设备主要包括用于数据存储与备份的磁盘、磁盘阵列、磁带机等，用于地理信息与空间数据的存储及系统备份与恢复。存储设备的选择与配置与地理信息系统所采用的网络存储技术密切相关，需根据网络存储技术的选择来选配相应的存储设备。

1）直连式存储

在小型 GIS 系统的网络环境中通常采用的数据存储模式是直连式存储（DAS），也称为直接附件存储或服务器附加存储（SAS）。在这种方式中，存储设备通常是通过 SCSI 接口电缆直接连接到服务器，完全以服务器为中心，作为服务器的组成部分，I/O 请求直接发送到存储设备。其依赖于服务器，本身是硬件的堆叠，不带任何存储操作系统。

直连式存储适合于存储容量不大、服务器数量很少的小型 GIS，优点在于容量扩展非常简单，成本少而见效快；缺点在于每台服务器拥有自己的存储磁盘，容量再分配困难，没有集中管理解决方案。

2）网络附加存储

网络附加存储（NAS）简单说就是连接在网络上的具备数据存储功能的装置，也称为网络存储器或网络磁盘阵列。网络附加存储是一种专业的网络文件存储及文件备份设备，是基于局域网，按照 TCP/IP 协议通信，以文件的 I/O 方式进行数据传输的。在局域网环境下，网络附加存储完全可以实现异构平台之间的数据级共享。一个 NAS 系统包括处理器、文件服务管理模块和多个磁盘驱动器。NAS 本身能够支持 NFS、CIFS、FTP、HTTP 等多种协议，能够支持各种操作系统，可以应用在任何网络环境中。

网络附加存储对数据量较大的 GIS 非常重要，其技术特点和应用特点对 GIS 栅格数据的支持作用非常明显，如在金字塔模型下瓦片文件的存取与管理。

3）存储区域网络

存储区域网络（SAN）通常是指存储设备相互连接且与一台服务器或一个服务器群相连接的网络，其中服务器用作 SAN 的接入点。在有些配置中，SAN 中将特殊交换机当作连接设备，与网络相连。SAN 的支撑技术是光纤信道（fibre channel）技术，这是 ANSI 为网络和通道 I/O 接口建立的一个标准集成，支持 HIPPI、IPI、SCSI、IP 等多种高级协议，它的最大特性是将网络和设备的通信协议与传送物理介质隔离开。这样，多种协议可在同一个物理连接上同时传送，高性能存储体和宽带网络使用单 I/O 接口，使系统的成本和复杂程度得以降低。

SAN 是将不同的数据存储设备连接到服务器的快速、专门的网络，可以扩展为多个远程站点，以实现备份和归档存储。SAN 是基于网络的存储，比传统的存储技术拥有更多的容量和更强的性能，通过专门的存储管理软件，可以直接在 SAN 里的大型主机、服务器或其他服务端电脑上添加硬盘和磁带设备。SAN 是独立出的一个数据存储网络，网络内部的数据传输很快，但操作系统驻留在服务器端，用户不直接访问 SAN 网络，因此在异构环境下不能实现文件共享。

SAN 具有高可用性和扩展性，但因为无法支持异构环境下的文件共享，所以在 GIS 系统中，通常采用 SAN 作为矢量数据的存储设备和系统同步复制方式的数据备份存储设备。

在进行网络存储系统的设计过程中，应充分考虑与现有系统的兼容性、未来的升级与发展、系统安全等多方面因素，在实现数据共享和管理的基础上，选择适合的网络存储技术与存储设备。

3. 外部设备

外部设备主要包括各种数据采集设备，如激光扫描仪、光谱仪等，输入设备的数字化仪、全站型测量仪等，输出设备的绘图仪、打印机和全息影像设备等，用于输入/输出、数据采集、结果呈现等方面。

在不同的地理信息系统中，由于应用与服务的侧重点不同，需要的外部设备也不同。在选配外部设备过程中，应针对地理信息系统的实际需求，选配适当的外部设备。

5.5　软件环境设计

软件环境设计要点主要包括以下内容。

5.5.1　数据库管理系统

数据库是相互关联的在某种特定的数据模式指导下组织而成的各种类型的数据的集合。数据库管理系统则是为数据库的建立、使用和维护而配置的软件，它建立在操作系统的基础上，对数据库进行统一的控制和维护，一般包括模式翻译、应用程序的编译、查询命令的解释执行及运行管理等部分。

地理信息系统要求较完善的数据管理功能，特别是数据库的管理，用任何高级语言编制这样一个具有最小冗余和最大灵活性的数据库管理系统都是一项非常复杂的工程。目前，许多成熟的通用数据库系统，如 Oracle、SQLServer、MySQL 等都提供用户可编程命令语言，这些语言可以被看作是具有较强数据库管理功能的超高级语言，均适用于地理信息系统的属性数据管理。

在选择数据库管理系统时，需要根据 GIS 的具体开发要求和开发人员的实际能力而决定，并且要同时兼顾以下方面。

（1）数据共享。数据共享包含所有用户可同时存取数据库中的数据，也包括用户可以用各种方式通过接口使用和管理数据库，并提供数据共享。

（2）互操作性。如果出现在一个环境中同时存在多种数据库系统的情况，则必须重点考虑数据库系统之间通过符合开放标准的方式实现互联、互通、互操作。

（3）数据的独立性。数据的独立性包括数据库中数据库的逻辑结构和应用程序相互独立，也包括数据物理结构的变化不影响数据的逻辑结构。

（4）数据实现集中控制。利用数据库可对数据进行集中控制和管理，并通过数据模型表示各种数据的组织及数据间的联系。

（5）数据一致性和可维护性。以确保数据的安全性和可靠性。

5.5.2　Internet/Intranet 基础服务

Internet/Intranet 基础服务是指建立在 TCP/IP 协议基础和 Internet/Intranet 体系基础之上，以信息沟通、信息发布、数据交换、信息服务为目的的一组服务程序，一般包括电子邮件（E-mail）、WWW（Web）、文件传送（FTP）、域名（DNS）等服务。该服务是网络运行和架构的基础，保证系统的安全运行和对 GIS 应用的灵活支持及服务自身的灵活组合是Internet/Intranet 基础服务的基本原则。

在 Internet/Intranet 基础服务设计过程中，应综合考量以下因素。

（1）开放性。建议方案设计和相关产品均采用模块化设计，具有良好的服务性能，使计算环境可以根据不同的需求进行灵活配置，通过基础服务平台修改和扩充客户端的设置，并能够支持集中和分布计算的灵活分配。

（2）遵循国际标准。在设计方案中，可以采用多厂商不同品牌的产品和服务，但必须遵循相同的国际标准，支持 HTTP、SMTP、TCP/IP、SSL、SQL、RDM、CGI、JavaScript、Java、HTML、JDK、IPSEC、MIME、S/MIME 等。

（3）互操作性。在方案设计中，所选产品可以和其他厂家的产品通过开放标准实现互联，可以采用多种标准技术实现用户所需的系统配置、管理及运行维护等。

（4）统一性。在方案中应多方面表现统一性，包括系统管理的统一性、用户管理的统一性、资源管理的统一性、安全控制的统一性等，在选择产品时，必须考虑各种产品的有机继承。

5.5.3　语言处理系统

语言处理系统包括各种类型的语言处理程序，如编译程序、编辑程序、装配程序等，通常为集成开发环境软件包的形式。按照处理方法，语言处理系统可分为编译型、解释型和混合型三类，其作用是将用软件语言书写的各种程序处理成可在计算机上执行的程序，或最终的计算结果，或其他中间形式。

如果从底层开发 GIS，从空间数据的采集、编辑到数据的处理、分析及结果输出，所有算法都需要开发者独立设计，那么，程序设计语言的选择直接影响开发效率和 GIS 的效能。目前，GIS 开发的常用计算机语言主要包括 C++、C#、Java 等。

C++是在 C 语言的基础上开发的一种面向对象编程语言，应用非常广泛。常用于系统开发、引擎开发等领域，支持类、封装、继承、多态等特性。C++语言灵活，运算符、数据结构丰富，具有结构化控制语句，程序执行效率高，同时具有高级语言与汇编语言的优点。目前比较流行的 GIS 专业开发工具很多都是用 C++开发完成的。C++的集成开发环境主要有 Eclipse、Visual Studio、Code：Blocks 等。

C#是微软公司发布的一种面向对象的、运行于.NET Framework 之上的高级程序设计语言，是由 C 和 C++衍生出来的面向对象的编程语言。它在继承 C 和 C++强大功能的同时去掉了一些它们的复杂特性，具有可视化操作和 C++的高运行效率的特点，以其强大的操作能力、优雅的语法风格、创新的语言特性和便捷的面向组件编程的支持成为.NET 开发的首选语言。C#适合为独立和嵌入式的系统编写程序，从使用复杂操作系统的大型系统到特定应用的小型系统均适用。C#的集成开发环境为 Visual Studio。

Java 是一门面向对象编程语言，具有功能强大和简单易用两个特征。Java 语言作为面向对象编程语言的代表，极好地实现了面向对象理论，允许程序员以"优雅"的思维方式进行复杂的编程。Java 具有简单性、面向对象、分布式、健壮性、安全性、平台独立与可移植性、多线程、动态性等特点。Java 可以编写桌面应用程序、Web 应用程序、分布式系统和嵌入式系统应用程序等。Java 的基础开发环境主要有 Eclipse、Visual Studio、Net Beans 等。

从底层开发 GIS 虽然具有较强的灵活性、拥有系统版权及易于扩展等优点，但是也面临开发难度大、对开发人员要求高等问题，根据 GIS 的确定目标，选择适当的开发技术架构、语言与语言处理系统，可以有效地提高开发效率，缩短开发周期，降低开发成本。

5.5.4　开发工具

开发工具是指为构建具体网络应用系统所采用的软件通用开发工具。通常包括三种类型。

1. 数据库开发工具

数据库开发工具根据具体应用层次又分为通用数据定义工具、数据管理工具和表单定义工具，如 Power Builder 和 Jet Form 等。

Power Builder 是按照客户机/服务器体系结构研制设计，使用在客户机中，作为数据库应用程序的开发工具。由于 Power Builder 采用了面向对象和可视化技术，提供可视化的应用开发环境，使得通过 Power Builder 可以方便快捷地开发出利用后台服务器中的数据和数据库管理系统的数据库应用程序。Power Builder 开发的应用程序是独立于服务器上的数据库管理系统的。Power Builder 提供了流行的大多数关系数据库管理系统的支持，在 Power Builder 的应用程序中对数据库访问的部分一般采用国际化标准数据库查询语言 SQL，使得用 Power Builder 开发的应用程序可以不做修改或者只做少量的修改就可以在不同的后台数据库管理系统上使用，并支持 OLE、OCX 等跨平台技术，提供了良好的跨平台性，可以开发出功能强大的数据库应用程序。

Power Builder 是一种面向对象的可视化开发工具，提供了对面向对象方法中的各种技术的全面支持，可以利用面向对象方法中对象的封装性、继承性、多态性等特点使得开发的应用程序具有极大的可重用性和可扩展性。

2. Web 平台应用开发工具

Web 平台应用开发工具包括 HTML/XML 标准文档开发工具（如 Adobe Dreamweaver）、Java 工具（Javashop）、ASP 开发工具（如 Microsoft InterDev）等。

Adobe Dreamweaver 是集网页制作和管理网站于一身的所见即所得的网页代码编辑器。利用对 HTML、CSS、JavaScript 等内容的支持，使用所见即所得的接口，借助经过简化的智能编码引擎，设计师和程序员使用视觉辅助功能减少错误并提高网站开发速度，几乎可以在任何地方快速制作和进行网站建设。

Dreamweaver 可以用快速的方式将 Fireworks、Freehand 或 Photoshop 等格式的内容移至网页上，可以与 Playback Flash、Shockwave 等设计工具及外挂模组等搭配，整体运用流程自然顺畅。在网站管理方面，使用网站地图可以快速制作网站雏形、设计、更新和重组网页，如果改变网页位置或档案名称，可以自动更新相关链接，通过使用支援文字、HTML 码、HTML 属性标签和一般语法的搜寻及置换功能，可以简单、便捷地实现网站更新。

3. 标准开发工具

标准开发工具包括 Visual Studio、Eclipse 和 Delphi 等。

Microsoft Visual Studio（VS）是目前最流行的 Windows 平台应用程序的集成开发环境，是美国微软公司的开发工具包系列产品。VS 是一个基本完整的开发工具集，它包括了整个软件生命周期中所需要的大部分工具，如 UML 工具、代码管控工具、集成开发环境（integrated development environment，IDE）等。支持 C++、C#、F#等多种开发语言，所写的目标代码适用于微软支持的所有平台，最新版本为 Visual Studio 2018 版本，基于.NET Framework 4.5.2。

Eclipse 是一个开放源代码的、基于 Java 的可扩展开发平台，是一个框架和一组服务，用于通过插件组件构建开发环境。Eclipse 包括插件开发环境（plug-in development environment，PDE），这个组件允许构建与 Eclipse 环境无缝集成的工具，便于软件开发人员对 Eclipse 实现扩展。尽管 Eclipse 是使用 Java 语言开发的，但其支持如 C/C++、COBOL、PHP、Android 等编程语言的插件已经可用，或预计将会推出。Eclipse 框架还可用来作为与软件开发无关的其他应用程序类型的基础，如内容管理系统。

5.6　安全体系设计

从本质上讲，计算环境安全就是环境中的信息安全，是指计算环境的硬件、软件及其数据受到保护，不因偶然的或者恶意的原因而遭到破坏、更改、泄露，系统连续可靠正常地运行，服务不中断。广义来说，凡是涉及计算环境中信息的保密性、完整性、可用性、真实性和可控性的相关技术和理论都是计算环境所要涉及的领域。计算环境的安全涉及的内容包括技术和管理两方面，二者相互补充，缺一不可。技术方面主要侧重于防范外部非法用户的攻击，管理方面则侧重于内部人为因素的管理。

计算环境安全贯穿计算环境体系架构的各个层次。资源的共享性、网络的互通性及信息的开发性等都使计算环境的安全性成为必须考虑和解决的一个重要问题。在设计方案中必须要给用户提供明确的、翔实的安全解决方案。计算环境安全体系由技术体系、组织机构体系和管理体系共同构建，需要从技术措施和管理措施两方面综合考虑解决方案。计算环境安全体系设计的重点在于根据安全设计的基本原则，制定出计算环境各个层次的安全策略与措施，然后确定出应选择的安全技术和安全系统产品。

5.6.1　安全体系设计原则

虽然没有绝对安全的系统，但是在方案设计时就制定合理的原则并严格遵循，就可以使系统的安全得到有效的保障。

1. 安全与保密的"木桶原则"

"木桶原则"是指对信息均衡、全面地进行保护。"木桶的最大容积取决于最短的一块木板"。计算环境是一个复杂的计算机系统，物理上、操作上和管理上的种种漏洞构成了系统的安全脆弱性，尤其是多用户网络系统的复杂性、资源共享性使单纯的技术保护防不胜防。攻击者通常使用"最易渗透原则"，必然从最薄弱的环节进行攻击。因此，充分、全面、完整地对系统的安全漏洞和安全威胁进行分析、评估和检测（包括模拟攻击），是设计安全体系的必要前提条件。安全机制和安全服务的首要目的，是防止最常用的攻击手段，根本目的是提高整个系统的"安全最低点"的安全性能。

2. 整体性原则

整体性原则要求在被攻击、破坏事件的情况下，必须尽可能地快速恢复服务，减少损失。因此，安全体系应该包括安全防护机制、安全监测机制和安全恢复机制。

安全防护机制是根据系统存在的各种安全威胁采取的相应的防护措施，以避免非法攻击的进行。安全监测机制是监测系统的运行情况，及时发现和制止各种攻击。安全恢复机制是在安全防护机制失效的情况下，进行应急处理和尽可能地及时恢复服务，减小攻击的破坏程度。

3. 有效性与实用性原则

安全应以不影响系统的正常运行和合法用户的操作活动为前提。信息安全和信息利用是一对矛盾，一方面为健全缺陷、弥补漏洞，会采取多种技术手段和管理措施；另一方面势必给系统的运行和用户的使用造成负担和麻烦。安全体系设计要正确处理需求、风险与代价的关系，做到安全性与可用性相容，做到有效可用。

4. "等级性"原则

良好的安全体系必然是分为不同级别的, 包括对信息保密程度分级 (绝密、机密、秘密、普密); 对用户操作权限分级 (面向个人及面向群组); 对网络安全程度分级 (安全子网与安全区域); 对体系实现结构分级 (业务层、平台层、设施层等), 从而针对不同级别的安全对象, 提供全面的、可选的安全算法和安全体制, 以满足网络中不同层次的实际需求。

5. 统筹规划、分步实施、动态发展原则

由于政策规定、服务需求的不明朗, 环境、条件、时间的变化, 攻击手段的进步, 安全防护不可能一步到位, 可在一个比较全面的安全规划下, 根据实际需要, 先建立基本的安全体系, 保证基本的、必需的安全性, 并随着规模扩大和应用的增加, 不断调整或增强安全保护力度, 保证基本的安全需求。当环境发生变化时, 应不断调整安全措施, 以满足新的安全需求。

6. 安全有价原则

安全体系的设计与建设是受经费限制的, 因此在方案设计中必须考虑性能与价格的平衡。并且, 不同的系统所要求的安全侧重点各不相同, 必须具体问题具体分析, 设计具有针对性的解决方案。

7. 技术与管理相结合原则

安全体系是一个复杂的系统工程, 涉及人、技术、操作等要素, 必须将各种安全技术、安全产品与运行管理机制、人员思想教育和技术培训、安全规章制度建设相结合。

5.6.2　安全体系设计步骤

计算环境安全体系设计步骤如下。

1. 确定面临的各种攻击和风险

安全体系的设计与实现必须根据具体的系统和环境, 考察、分析评估、检测 (包括模拟攻击) 和确定系统存在的安全漏洞和安全威胁。

2. 明确安全策略

安全策略是安全体系设计的目标和原则, 是对应用系统完整的安全解决方案。安全策略应从以下几方面综合考量、确定。

(1) 系统整体安全性。由计算环境和用户需求决定, 包括各个安全机制的子系统的安全目标和性能指标。

(2) 对原系统的运行造成的负荷和影响。

(3) 便于管理人员进行控制、管理和配置。

(4) 用户界面的友好性和使用方便性。

(5) 投资和工程时间等。

3. 建立安全模型

模型的建立可以使复杂的问题简化, 以更好地解决和安全策略有关的问题。安全模型包括安全体系的各个子系统。计算环境安全体系的设计与实现可分为安全体制、安全连接和网络安全传输三部分。

(1) 安全体制: 包括安全算法库、安全信息库和用户接口界面。

安全算法库: 包括私钥算法库、公钥算法库、哈希函数库、密钥生成程序、随机数生成

程序等安全处理算法。

安全信息库：包括用户口令和密钥、安全管理参数及权限、系统当前运行状态等安全信息。

用户接口界面：包括安全服务操作界面和安全信息管理界面等。

（2）安全连接：包括安全协议和网络通信接口模块。

安全协议：包括安全连接协议、身份验证协议、密钥分配协议等。

网络通信接口模块：网络通信模块根据安全协议实现安全连接，一般有两种实现方式。第一，安全服务和安全体制在应用层经过安全处理后的加密信息送到网络层和数据链路层，进行透明的网络传输和交换，这种方式的优点是实现简单，不需要对现有系统做任何修改。第二，对现有网络通信协议进行修改，在应用层和网络层之间加一个安全子层，实现安全处理和操作的自动性和透明性。

（3）网络安全传输：包括网络安全管理系统、网络安全支撑系统和网络安全传输系统。

网络安全管理系统：安装在用户终端或网络节点上，是由若干可执行程序所组成的软件包，提供窗口化、交换化的安全管理器界面，由用户或管理人员配置、控制和管理数据信息的安全传输，兼容现有通信网络管理标准，实现安全功能。

网络安全支撑系统：整个安全体系的可信方，是由系统安全管理人员维护和管理的安全设备和安全信息的总和。包括：密钥管理分配中心，负责身份密钥、公钥和私钥等密钥的生成、分发、管理和销毁；认证鉴别中心，负责对数字签名等信息进行鉴别和裁决。网络安全支撑系统的物理安全和逻辑安全都是至关重要的，必须受到最严密和全面的保护，同时，也要防止管理人员内部的非法攻击和误操作，在必要的应用环境，可以采用密钥分享机制。

网络安全传输系统：包括防火墙、安全控制、流量控制、路由选择、入侵检测、审计报警等。

4. 选择并实现安全服务

（1）物理层安全：物理层信息安全主要防止物理通路的损坏、物理通路的窃听，对物理通路的攻击、干扰等。

（2）链路层安全：链路层的安全需要保证通过网络链路传送的数据不被窃听，主要采用划分 VLAN、加密通信等手段。

（3）网络层安全：网络层的安全需要保证网络只给授权的用户使用授权的服务，保证网络路由正确，避免被拦截或监听。

（4）操作系统安全：操作系统安全需要保证操作系统访问控制、客户资料的安全，并能够对操作系统上的应用进行审计。

（5）业务平台安全：业务平台指建立在网络系统之上的业务软件服务，如数据库服务器、Web 服务器、应用服务器等。由于业务平台的系统比较复杂，通常采用多种技术（如 SSL 等）以增强业务平台的安全。

（6）业务系统安全：业务系统完成为用户的服务，业务系统的安全与系统设计和实现关系密切。业务系统使用业务平台提供的安全服务来保证基本安全，如通信内容安全、通信双方认证、审计等手段。

5. 安全产品的测试选型

安全产品的测试选型工作严格按照安全产品的功能规范要求，利用综合的技术手段，对参测产品进行功能、性能与可用性等方面的测试，测试工作原则上由中立组织进行。在选型过程中，应遵循已制定的安全策略，综合考虑商业因素、安全因素及系统整体因素，在符合功能规范的产品中选择适合的产品。

5.6.3　安全体系设计措施

在计算环境安全系统中，经常从以下几方面综合采用多种措施，以提高系统整体的安全性。

1. 网络设计方面的安全措施

（1）网段分离技术。网段分离是将网络上相互间没有直接关系的系统分布在不同的网段，由于各网段不能直接互访，从而减少各系统被正面攻击的机会。

（2）采用通信服务器。系统的安全性与被暴露的程度成反比，因此，可以采用通信服务器，各系统将要输出的数据放置在通信服务器中，由它向外输出，输入的数据经由通信服务器进入内部的业务系统。由于将数据库和业务系统封闭在系统内部，增加了系统的安全性。

2. 业务软件方面的安全措施

在网络上运行的业务软件需要通过网络收发数据，要确保安全，就必须采用一些保障方式。

（1）用户口令加密存储和传输。口令目前仍然是大多数软件最常采用的安全措施，口令需要通过网络进行传输，并且作为数据存储在计算机硬盘中。如果口令以原码的形式存储和传输，一旦被非法获得则入侵者可以获取合法的身份进行非法操作，绝大多数的安全防范措施将会失效。

（2）分设操作员。分设操作员的方式在许多单机系统中早已使用，在网络系统中，应增加网络通信员和密押员等操作员类型，以便对用户的网络行为进行限制。

（3）日志记录和分析。完整的日志不仅要包括用户的各项操作，还要包括网络中数据接收的正确性、有效性及合法性的检测结果，为日后安全分析提供依据。对日志的分析还可用于预防入侵，提供系统安全。

3. 网络配置方面的安全措施

要想使网段分离和通信服务器发挥作用，还需要通过网络配置来具体实施和保证，如用于实现网段分离的虚拟局域网配置。为进一步保证系统安全，还要在网络配置中对防火墙、路由等方面作特殊的考虑。

（1）路由。为避免入侵者绕过通信服务器而直接访问网络内部资源，必须对路由进行仔细配置。

（2）防火墙。路由技术虽然能够阻止外部对内部网段的访问，但不能约束外界公开网段的访问。防火墙可以禁止来自特殊站点的访问，并通过对网络通信扫描，过滤掉部分攻击，且能够关闭不使用的通信端口、禁止部分端口的流出通信等。

4. 系统配置方面的安全措施

此处的系统配置是指主机的安全配置和数据库等的安全配置。在主机的安全配置方面，应主要考虑普通用户、系统管理员及通信与网络等的安全管理。

（1）网络服务程序。任何非法的入侵最终都需要通过被入侵主机上的服务程序来实现，为提高系统的安全性，可以关闭主机上没有必要运行的服务。

（2）数据库的安全管理。在数据库安全配置方面，应当选择口令加密传输的数据库，并且，避免直接使用超级用户。超级用户的行为不受数据库管理系统的任何约束，一旦口令泄露，数据库毫无安全可言。

一般情况下，不要直接对外界暴露数据库，数据收发可通过通信服务器进行。如果确实有此需要，最好以存储过程的方式提供服务，并以最低权限运行。

5. 通信软件方面的安全措施

应用程序要发送数据时，应先发往通信服务器，再由它发往目的通信服务器，最后由目的应用主动向目的通信服务器查询、接收。

通信服务器上的通信软件除了能在业务中不重、不错、不漏地转发业务数据外，还应在安全方面具有以下特点。

（1）在本地应用与本地通信服务器间提供口令保护。应用向本地通信服务器发送数据或查询，接收数据时要提供口令，由通信服务器判别 IP 地址及其对应口令的有效性。

（2）在通信服务器之间传输密文时，可以采用 SSL 加密方式。如果在此基础上再增加签名技术，则更能提高通信的安全性。

（3）在通信服务器之间提供口令保护。接收方在接收数据时，要验证发送方的 IP 地址和口令，当 IP 地址无效或口令错误时，拒绝进行数据接收。

（4）提供完整的日志记录和分析。日志对通信服务器的所有行为进行记录，日志分析对其中各种行为和错误的频度进行统计。

综上所述，安全是一个系统性、综合性的问题。在进行计算环境建设时，不能孤立思考，必须综合考量，层次设防，才能有效地解决系统的安全问题。并且通过不断地改进和完善，才能保证系统的正常运转。

5.7　计算环境详细设计书撰写

5.7.1　撰写原则

计算环境详细设计书的撰写应遵循的原则如下。

1. 满足需求

在设计书撰写中，满足用户提出的所有需求和地理信息系统的需求是最基本的原则，要对每一项需求都有明确的响应，要清晰、准确地理解需求与意愿，不能随意抵触或反对。

2. 体现特点

要在设计书中突出体现本方案的特点，在设计书中充分表示解决方案优势与特色，充分考虑针对性、可实施性和可控性等。

3. 规范与权威

在设计书撰写过程中，应通过专业参数的描述及引用相关标准等来突出设计书的规范性与权威性。

4. 专业性与易懂性

在设计书中，应充分体现出专业性，同时应把握专业与易懂的尺度，既要避免设计书不够专业，同时应避免用户无法充分理解方案。

5. 内容充实与条理清晰

在设计书中，内容要充实，条理要清晰，描述要直观，并且应充分使用表格和图表，避免过于抽象的文字描述，以便于方案的阅读与理解。

5.7.2　撰写内容

计算环境详细设计书的撰写是对计算环境建设的具体计划，是要让人们知道开发者能够高效、低耗、低风险地按要求完成相应任务目标，因此，在设计书中应清晰地描述出为什么做、做什么、达到什么效果、谁来做、怎么做、花费多大代价、有何风险、如何控制风险、质量如何保证、是否有相应的能力等。

计算环境详细设计书的撰写一般包括以下内容。

1. 前言

撰写内容主要包括设计书的编写目的、适用范围等。内容描述简洁扼要，具有针对性。

2. 背景与需求

主要包括背景、现状和需求等内容。其中，以综述的方式描述当前与方案相关的社会、需求、技术等背景情况；现状和存在问题的描述应准确和具有代表性；通过对需求的描述树立要解决问题的目标。

3. 建设的目标、原则和内容

主要包括建设目标、建设原则、主要建设内容和编写依据及参考标准等内容。建设的目标总体概述计算环境建设的方案，可以高度概括。建设原则是设计解决方案时必须遵循的原则，在具体的解决方案中要体现预先确定的原则。建设内容高度概括解决方案所要完成的主要任务。编写依据与参考标准指解决方案设计与实施的依据和必须遵循的国家标准、行业标准及地方标准等，这是设计方案不能突破的尺度。

4. 解决方案

解决方案是设计书的主体部分，也是分量最重的部分，其中要充分阐述这个方案要解决什么问题、有什么意义等。在解决方案中，应包括方案概述、系统架构、网络架构、系统功能、性能指标、方案特点等内容。其中，方案概述是对解决方案的概述性介绍；系统架构则是指完整的计算环境的组成架构，是对子系统的合理划分和功能细分；而方案特点则应针对需求突出用户最关心的焦点问题。

在解决方案编写过程中，还应注意以下几点。

（1）通过方案表现出有能力、有措施、有保障地满足需求，需要尽可能突出重点，并做到各部分内容均衡。

（2）在对方案分解描述时，要充分考虑需求分析的内容，相应的内容都应有对应的解决方案，做到前后呼应。

（3）对于关注度较高的问题和具有比较高复杂度的问题，可以分解出来单独描述。

（4）多采用图示的方法，用文字辅助解释图中的关键部分，做到直观和图文并茂。

（5）充分使用简练的表格进行表述，对于一些包含大量数字或描述形式相同的内容，都可以采用表格形式。

（6）对于一些重要的指标，可以用合理的分析模型和数据证明本方案能够达到期望值。

（7）对于需要利用其他厂商产品进行集成的，应阐述选择的理由和作用，并对主要产品的功能和性能进行介绍。

5. 实施方案

实施方案的作用在于描述如何实施、完成解决方案，应采用基于项目管理的思想对实施方案进行描述。实施方案一般包括实施计划、组织架构、保障措施和验收计划四部分内容。其核心是总体进度计划（也称为整体计划），涵盖了开发计划、实施计划、采购计划、质量控制计划、风险控制计划、团队建设计划、验收计划、服务计划、培训计划等。

1）实施计划

实施计划实质是根据解决方案中明确的目标，按照需求构建完整的计算环境，并按照时间约定部署实施完成。因此，在实施计划中，应将目标分解成一个个阶段目标或里程碑目标，分解过程越准确和详细，目标则越明确，实施方案则更加可行。

2）组织架构

任何解决方案都需要相关人员按计划实施，实现相应的目标，因此必须对承担实施工作的队伍和人员进行组织和分工。在组织架构中应包含以下内容。

（1）定义实施过程中的角色，根据实施计划的需要对参与人员按角色分类，定义角色承担的责任。

（2）根据实施计划、工作分类和角色分工设计管理架构，并要有责任明确的负责人角色。如果实施队伍比较大或设计部门比较多，则应明确总负责人和相应工作的负责人。

（3）根据计划的需要，明确队伍组成人员。

3）保障措施

保障措施的编写目的在于阐述解决方案和实施方案是切实可行且风险较小的，一般情况下包含以下内容。

（1）沟通协调措施：要有明确的沟通协调机制保障，任何计算环境的构建都需要由开发者、用户、厂商、监理等配合完成，因此需要良好的沟通。

（2）质量要求和质量控制措施。

（3）风险分析与规避风险的措施。

（4）预算或成本计划：包含设备采购计划、工作量估算及人力资源成本等。

（5）工作预案：为部分复杂工作编写预案。

4）验收计划

验收计划是对双方都负责任的约定，验收方案要科学合理，具有可操作性。

6. 培训方案

培训方案的制定必须具有针对性，对培训对象合理划分，不同的培训对象设计不同的培训课程，合理安排课程表，并可以适当对培训教师进行简单介绍。

7. 服务方案与承诺

在服务方案中，应针对用户的服务需求，从主要服务项目、特点、响应时间及期望等方面进行详细的比较和分析，建立服务管理体系，定义服务项目，确定服务措施和手段，并对服务的工作流程和管理进行描述。做出服务承诺，在承诺中针对用户的要求进行点对点的应答，所有承诺必须明确满足或者超出相应的要求。

8. 设备与费用清单

在方案中，必须包括设备与费用清单；应包括设备的名称与配置、数量、单价、合计等项目；必须清晰、准确、一目了然。需要注意的方面主要包括：①设备费用、工程费用、服务费用等应用分别制表，并在最后加合计表格；②如果建设分为不同的建设周期，应分别制表、合计；③如果在设备清单中，设备涉及种类过多，可以按不同类别或建设模块分别制表。

9. 典型案例介绍

撰写典型案例的目的在于证明有能力实现方案，给人以信心。在案例选择上，应选择需求在一定程度上与本方案需求类似、解决方案也与本方案类似的典型案例，一般可以提供 1～3 个典型案例介绍，如有比较多的同类案例，其他案例可以采用表格形式概要介绍。

10. 单位资质材料

主要包括：①单位简介；②近期主要业绩（表格为宜）；③参与本项目的工程技术人员名单、分工和资质证明；④联系办法。

5.7.3　参考标准

1. 基础环境参考标准

（1）《数据中心设计规范》（GB 50174—2017）。

（2）《计算机场地通用规范》（GB/T 2887—2011）。

（3）《计算机场地安全要求》（GB/T 9361—2011）。

（4）《综合布线系统工程设计规范》（GB 50311—2016）。

（5）《综合布线系统工程验收规范》（GB/T 50312—2016）。

2. 网络环境参考标准

（1）《电信术语　电信、信道和网》（GB/T 14733.1—1993）。

（2）《信息技术　词汇　第 25 部分：局域网》（GB/T 5271.25—2000）。

（3）《电工术语　计算机网络技术》（GB/T 2900.96—2015）。

（4）《物联网需求》（YDB 100—2012）。

（5）《综合智能网技术要求》（YD/T 1249—2003）。

3. 安全体系参考标准

（1）《计算机信息系统　安全保护等级划分准则》（GB 17859—1999）。

（2）《信息安全技术　数据库管理系统安全评估准则》（GB/T 20009—2005）。

（3）《信息安全技术　信息系统安全工程管理要求》（GB/T 20282—2006）。

（4）《信息安全技术　信息系统安全等级保护体系框架》（GA/T 708—2007）。

（5）《信息安全技术　信息系统灾难恢复规范》（GB/T 20988—2007）。

4. 软件开发参考标准

（1）《信息技术　软件工程术语》（GB/T 11457—2006）。

（2）《计算机软件需求规格说明规范》（GB/T 9385—2008）。

（3）《计算机软件测试规范》（GB/T 15532—2008）。

（4）《计算机软件文档编制规范》（GB/T 8567—2006）。

（5）《软件系统验收规范》（GB/T 28035—2011）。

第6章 地理数据库设计

地理数据库设计是 GIS 开发和建设的核心和基础。地理数据库是指 GIS 在计算机物理存储介质上存储的与应用相关的地理空间数据的总和，一般以一系列特定结构的文件的形式组织在存储介质上。地理数据库管理系统是指能够对物理介质上存储的地理数据进行语义和逻辑上的定义，提供必要的空间数据查询检索和存取功能，以及能够对空间数据进行有效的维护和更新的软件。它是 GIS 软件的各个部分能否紧密地结合在一起及如何结合的关键所在。我们知道，商业 GIS 的地理数据库管理系统一般采用通用的地理空间数据模型，尽可能满足不同环境应用需求。但现实中 GIS 应用需求千差万别，商业 GIS 软件直接满足用户的应用需求是不现实的，不得不将 GIS 应用系统的概念数据模型映射到商用 GIS 的地理数据模型。这样就必须解决两个问题：一是寻求一个贴近应用的商业 GIS；二是通过地理数据库设计尽可能利用现有商业 GIS 满足应用需求。许多大型 GIS 及其应用系统开发和建设经验表明，系统实现的困难程度和系统构造的质量都严重地依赖于是否选择了最优的地理数据库系统。所以，地理数据库优化设计是 GIS 及其应用系统开发和建设的核心。由于 GIS 应用系统的复杂性，为了支持相关商业 GIS，地理数据库设计就变得异常复杂，对于指定的应用环境，应构造出较优的数据库模式，建立 GIS 应用系统，并使系统能有效地存储数据，满足用户的各种应用需求。地理数据库设计是一种"反复探寻，逐步求精"的过程。

6.1 地理数据库设计概述

地理空间数据是地理信息最主要的表达形式。人们运用各种测量手段和工具获取有关客观世界的地理空间数据，构建了现实世界抽象化的各种数字模型。它是地理空间抽象的数字描述和离散表达，是现实世界地理实体或现象某一时刻在信息世界的静态映射、现实世界的抽象模型、现实世界的近似表达。地理数据具有多模式、多尺度、多维形态、多时态变化、多主题属性描述和空间关系等特征，为了能有效地设计和实现，在不同情况下需要不同的数据库建模和设计方法。

地理数据库把 GIS 中大量的地理数据按一定的模型组织起来，提供存储、维护、检索数据的功能，使 GIS 可以方便、及时、准确地从地理数据库中获得所需的信息。地理数据库因不同的应用要求会有各种各样的组织形式。数据库的设计就是根据不同的应用目的和用户要求，在一个给定的应用环境中，确定最优的数据模型、处理模式、存储结构、存取方法，建立能反映现实世界的地理实体间信息的联系，满足用户要求，又能被一定的 DBMS 接受，同时能实现系统目标并有效地存取、管理数据的数据库。简言之，数据库设计就是把现实世界中一定范围内存在着的应用数据抽象成一个数据库的具体结构的过程。

地理数据库设计的主要内容是根据具体地理数据库应用的目的和工程要求，在一个特定的应用环境中，确定能被一定的商业 GIS 接受的最优数据模型、处理模式、存储结构和存取方法，实现对应用系统有效的管理，满足用户信息要求和处理要求。

6.1.1 设计目标和过程

地理数据库设计对地理信息系统来讲是一项十分重要的工作，因为地理数据库数据量庞大，数据复杂，应用面广，所以设计的好坏，对数据库使用和维护关系极大。地理数据库设计的最终结果，是商业 GIS 支持下的能运行的数据模型与处理模型，建立起可用、有效的数据库。因此，在设计中，必须充分了解商业 GIS 的特点，使设计的模型能充分发挥商业 GIS 的优点。

1. 地理数据库设计目标

地理数据库设计是 GIS 建设的关键。在地理数据库建设时，要充分考虑地理数据有效共享的需求，同时也要保证地理数据访问的合法性和安全性。为保证地理矢量数据在数值上是连续的和地理对象的完整性，在逻辑上建立一个整体的空间数据库，方便数据库的查询检索、分析应用，解决高斯投影跨带问题，一般采用统一的地理坐标系统和高程基准。在物理上，数据库的建设要遵循实际情况，各级比例尺和不同来源的数据分别建成子库，由数据库管理系统统一协调与调度。地理数据库设计应该坚持以下几个方面的原则。

（1）独立与完整性原则：数据独立性强，使应用系统对数据的存储结构与存取方法有较强的适应性；通过实时监控数据库事务（主要是更新和删除操作）的执行，来保证数据项之间的结构不受破坏，使存储在数据库中的数据正确、有效。

（2）面向对象的数据库设计原则：空间数据表和非空间数据表作为一个类，表中的每一个行对应空间或非空间两个对象。

（3）建库与更新有机结合的原则：通过建立空间实体之间的时间变化关系表的形式，解决空间实体历史数据的保存问题。

（4）分级共享原则：明确基础数据与专题、专业数据的划分，区别对待地形、交通、居民地、植被、水系和管网等信息构成的基础地理数据、地籍、环境和规划等专题数据，以及需要共享的政务数据。

（5）并发性原则：地理数据库的设计要进行规范化处理，减少数据冗余和确保数据的一致性。当多个用户程序并发存取同一个数据块时应对并行操作进行控制，从而保持数据库数据的一致性。例如，不至于因为多名用户同时调阅某项资料并进行编辑而产生该数据资料的歧义。

（6）实用性原则：共享地理数据库建设应面向全方位、动态地，实时和准时地为各级领导和各级部门提供科学的基础数据和专业数据。

数据库设计的目标从根本上来说就是要实现数据的共享和安全存取，从细化及技术上来说，一个优秀的数据库设计必须要最终实现用户对于数据共享的具体要求；必须要在满足用户的数据存取要求的基础上实现对数据的关联性及优化；必须实现数据的安全性及可移植性，以保证用户数据能够简单地进行移植；必须要实现数据库的可扩容性结构以保证数据库对于用户未来数据要求的兼容性；等等。

数据库通过数据模型来模拟现实世界的信息类别与信息之间的联系。数据库模拟现实世界的精确程度取决于两方面的因素：一是数据模型的特征；二是数据库设计者的努力。精确描述现实世界的关键在于设计质量。为了提高设计质量，必须充分理解用户要求，掌握系统环境，利用良好的软件工程规范与工具，充分发挥数据库管理系统的优势。设计者必须充分理解用户方面的要求与约束条件，尽可能精确地定义系统的要求。数据库性能包括多方面的内容，而这些性能往往是冲突的，数据库设计必须从多方面考虑，对这些性能做出最佳的权衡折中。数据库设计的最终目的是建立一个合适的数据模型。这个数据模型应当有如下特征。

（1）满足用户要求：既能合理地组织用户需要的所有数据，又能支持用户对数据的所有处理功能。

（2）满足某个商业 GIS 的要求：能够在商业 GIS 中实现。

（3）提高数据操作效率：通过合理表结构，安排物理存储分区，选择合适的空间索引技术等方式，提高数据的读取速度，提高查询效率。

（4）具有较高的范式：数据完整性好、效益高，便于理解和维护，没有数据冲突。

至今，数据库设计的很多工作仍需要人工来做，除了关系型数据库已有一套较完整的数据范式理论可用来部分地指导数据库设计之外，尚缺乏一套完善的数据库设计理论、方法和工具，以实现数据库设计的自动化或交互式的半自动化设计。所以数据库设计今后的研究发展方向是数据库设计理论，寻求能够更有效地表达语义关系的数据模型，为各阶段的设计提供自动或半自动的设计工具和集成化的开发环境，使数据库的设计更加工程化、规范化和方便易行，使得在数据库的设计中充分体现信息工程的先进思想和方法。

2. 地理数据库设计过程

本书把地理信息系统从开始规划、设计、实现、维护到最后被新的系统取代而停止使用的整个期间，称为地理信息系统的生命周期。随着实际应用对象的日益复杂，数据库设计已成为信息工程中一个重要的组成部分，通过对信息工程的研究，将数据库设计分解为概念设计、逻辑设计、物理设计和系统实施等几个阶段（图6.1），并逐渐对各个阶段形成了一些设计的理论和方法。

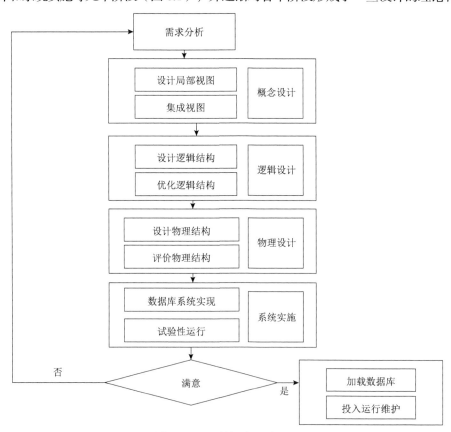

图 6.1　地理数据库设计过程

1）概念设计阶段

概念模型是反映专业部门各组织信息需求的数据库概念结构。概念模型必须具备丰富的语义表达能力、易于交流和理解、易于变动、易于向各种数据模型转换、易于从概念模型导出与GIS 有关的逻辑模型等特点。把用户的需求加以解释，并用概念模型表达出来。概念模型是现实世界到信息世界的抽象，具有独立于具体的数据库实现的优点，因此是用户和数据库设计人员之间进行交流的语言。数据库需求分析和概念设计阶段需要建立数据库的数据模型，可采用的建模技术方法主要有三类：一是面向记录的传统数据模型，包括层次模型、网状模型和关系模型；二是注重描述数据及其之间语义关系的语义数据模型，如实体-联系模型等；三是面向对象的数据模型，它是在前两类数据模型的基础上发展起来的面向对象的数据库建模技术。

2）逻辑设计阶段

数据库逻辑设计的任务是，把信息世界中的概念模型利用数据库管理系统所提供的工具映射为计算机世界中为 GIS 所支持的数据模型，并用数据描述语言表达出来。逻辑设计的目的是从概念模型导出特定的数据库管理系统可以处理的数据库的逻辑结构（数据库的内模式和外模式），这些模式在功能、性能、完整性和一致性约束及数据库可扩充性等方面均应满足用户提出的要求。在进行逻辑设计前，必须了解用户的要求，抽象概念模型。逻辑设计又称为数据模型映射。所以，逻辑设计直接依赖于概念模型 GIS 的选择。例如，将上述概念设计所获得的实体-联系模型转换成关系数据库模型。

数据库设计的核心问题是围绕数据模型展开的。要使数据模型能很好地反映现实世界中的实体及其联系，首先就必须搞清楚现实世界要反映在数据库中的各种实体和它们之间的联系。E-R 模型就是完成该目标的一个行之有效的方法。

数据库逻辑设计可分为如下两个阶段。

（1）预备阶段。为了达到合理、有效的逻辑设计，必须进行两项工作：收集和分析用户要求；建立概念性数据模型。

（2）设计阶段。逻辑设计的核心任务是找出能表达总体 E-R 模型的数据模型，如层次模型、网络模型或关系模型，进行 E-R 模型向数据模型的转换。

3）物理设计阶段

主要任务是对数据库中数据在物理设备上的存放结构和存取方法进行设计。数据库物理结构依赖于给定的计算机系统，而且与具体选用的 GIS 软件密切相关。物理设计常常包括某些操作约束，如响应时间与存储要求等。

数据库的物理设计指数据库存储结构和存储路径的设计，是从一个满足用户信息需求的、已确定的逻辑数据库结构（即逻辑模型）出发，研制出一个有效的、可实现的物理数据库结构（存储结构或物理模型）的过程，即将数据库的逻辑模型在实际的物理存储设备上加以实现，从而建立一个具有较好性能的物理数据库。该过程依赖于给定的计算机系统。在这一阶段，设计人员需要考虑数据库的存储问题，即所有数据在硬件设备上的存储方式、管理和存取数据的软件系统、数据库存储结构如何保证用户以其熟悉的方式存取数据，以及数据在各个位置的分布方式等。

物理结构依赖于给定的 GIS 软件和硬件系统，因此设计人员必须充分了解所用 GIS 的内部特征、存储结构、存取方法。数据库的物理设计通常分为两步：第一，确定数据库的物理结构；第二，评价实施空间效率和时间效率。

数据库物理设计主要解决以下三个问题：恰当地分配存储空间；决定数据的物理表示；确定存储结构。确定数据库的物理结构包含四方面的内容：①确定数据的存储结构；②设计数据的存取路径；③确定数据的存放位置；④确定系统配置。数据库物理设计过程中需要对时间效率、空间效率、维护代价和各种用户要求进行权衡，选择一个优化方案作为数据库物理结构。在数据库物理设计中，最有效的方式是集中地存储和检索对象。

4）系统实施阶段

主要分为建立实际的数据库结构；装入试验数据对应用程序进行测试；装入实际数据建立实际数据库三个步骤。

以上各步不仅有反馈、有反复，还有并行处理。另外，在数据库的设计过程中还包括一些其他设计，如数据库的安全性、完整性、一致性和可恢复性等方面的设计，不过，这些设计总是以牺牲效率为代价的，设计人员的任务就是在效率和尽可能多的功能之间进行合理的权衡。

6.1.2 地理数据库设计特点

与一般事务数据库系统相比，地理数据表现了地理实体的位置、大小、形状、方向及几何拓扑关系，属性数据表现了空间实体的空间属性以外的其他属性特征，时态特征指地理数据采集或地理现象发生的时刻或时段。同一地物的多时段数据，可以动态地表现该地物的发展变化。地理数据库是以管理具有定位、属性和时态数据为其主要特征的计算机软硬件系统，其功能强大、数据种类繁多、形态种类多样、应用性强、结构复杂。地理数据库设计具有以下特点。

（1）以空间数据为主，数据类型多样。从内涵上说，包含图形数据、属性数据、拓扑数据。从形式上说，包含文本数据、图形数据、统计数据、表格数据。所有数据都以空间位置数据为核心，在图形数据库和属性数据库间相联系。地理数据模型复杂。地理数据库存储的不是单一性质的数据，而是涵盖了几乎所有与地理相关的数据类型。

（2）满足用户特殊空间分析功能需求。建立数据库的目的是应用，在数据库设计阶段尽可能了解用户应用需求，在地理数据基础上分析未来做什么。这对数据表达内容和数据模型都有直接影响。一些 GIS 应用系统往往需要特殊分析功能，这些分析功能需要特殊地理空间数据库支撑，如导航数据库。

（3）具有高可访问性。地理信息系统要求具有强大的信息检索和分析能力，这是建立在地理数据库基础上的，需要高效访问大量数据。

（4）数据结构复杂，非结构化数据占系统主流。主要表现为：①空间数据的数据项长度可变，包含一个或多个对象，需要嵌套记录；②属性数据和空间数据联合管理；③地理实体的属性数据和空间数据可随时间而发生相应变化;④一种地物类型对应一个属性数据表文件;⑤多种地物类型共用一个属性数据表文件。

（5）地理数据量庞大。地理数据库面向的是地理学及其相关对象，而在客观世界中它们所涉及的往往都是地球表面信息、地质信息、大气信息等极其复杂的现象和信息，所以描述这些信息的数据容量很大，容量通常达到 GB 级。

（6）以应用为主，用户类型多样。以应用为主要目标，针对不同领域，具有不同应用系统，如土地信息系统、资源与环境信息系统、辅助规划系统、地籍信息系统。不同的应用系统具有不同的复杂性、功能和要求。

上述特点决定了地理数据库系统是一项十分复杂的系统工程。它具有一般工程所具有的共性，同时又存在着自己的特殊性。在一个具体的 GIS 开发建设过程中，需要领导层、技术人员、数据拥有单位、各用户单位与开发单位的相互协作合作，形成一套科学高效的方法，发展一套可行的开发工具，进行 GIS 的开发和建设。

地理数据库的设计是获得理想 GIS 建设的关键和保证。依据地理空间数据库的具体应用，采用系统工程方法，即从系统的观点出发，立足于整体，统筹全局，又将系统分析和系统综合有机地结合起来，遵循信息工程的原理，采用定量的或定性与定量相结合的方法，争取以较少的代价获取用户满意的数据，保证系统数据的独立性、共享性、安全性和完整性，提供数据库建设蓝图。

6.1.3　地理数据库设计要求

随着地理信息技术的发展，地理数据库所表达的空间对象日益复杂，用户应用日益普世化，这对地理数据库设计提出了更高的要求。早期的地理数据库设计着重强调的是数据库的物理实现，注重于数据记录的存储和存取方法。而现在要求地理数据库设计者能根据用户要求、当前的经济和技术条件与已有的地理数据库系统，选择有效的、与之适应的 GIS 建设方法与技术。

1）数据独立性

文件系统的数据和程序完全交织在一起，没有独立性可言，数据结构做任何改动，应用程序都需要做相应的修改。

数据独立性是指建立在数据的逻辑结构和物理结构分离的基础上，用户以简单的逻辑结构操作数据而无须考虑数据的物理结构，转换工作由数据库管理系统实现。数据独立性是数据库系统最重要的目标之一。

数据独立性包括数据的物理独立性和逻辑独立性。物理独立性是指用户的应用程序与存储在磁盘上的数据库中的数据是相互独立的，即数据在磁盘上怎样存储由 DBMS 管理，用户程序不需要了解，应用程序要处理的只是数据的逻辑结构，这样当数据的物理存储改变时，应用程序不用改变。逻辑独立性是指用户的应用程序与数据库的逻辑结构是相互独立的，即当数据的逻辑结构改变时，用户程序也可以不变。

设计数据库时，首先要求保证数据独立性，做到系统数据存储结构与数据逻辑结构的变化，尽量不影响应用程序和用户原有的应用。

2）减少数据冗余，提高共享程度

同一系统包含大量重复数据，不仅浪费大量存储空间，还潜在不一致的危险，即同一记录在不同文件中可能不一样（如修改某个文件中某个数据而没有在另外的文件中做相应的修改）。因此，设计数据库时要消灭有害的数据冗余，提高数据的共享程度。但是，有时为了缩短访问时间或简化寻址方法，也会人为地使用数据冗余技术；为了保证数据库的快速恢复，也需要不断地建立数据库的副本。所以，在设计数据库时，只能要求消除有害冗余，而不能要求去掉一切冗余数据。

3）用户与系统的接口要尽量简单

系统应具有很强的数据管理能力，能满足用户容易掌握、使用方便的要求。例如，使用高级的非过程化的询问语言或简单的终端操作命令，为用户提供简单的逻辑数据结构；能适应批处理应用程序要求数据流量大、终端用户需要"响应时间"满足人机对话的要求、实时系统要求快速响应等的操作环境；具有处理非预期询问的功能等。

4）确保数据库系统的可靠、安全与完整

一个数据库系统的可靠性体现在它的软、硬件故障率小，运行可靠，出故障时可以快速地恢复到可用状态；数据的安全性是指系统对数据的保护能力，即防止数据有意或无意的泄露，控制数据的授权访问。故在设计系统时必须增加各种安全措施，这已成为当前计算机系统专家们专门研究的课题。如果数据库中存储有不正确的数据值，则该数据库称为已丧失数据完整性。不正确的数据可能由有意或无意的错误操作产生，也可能由某些不符合实际情况的错误推导产生。总之，设计数据库时要求系统尽可能做到维护数据的完整性，目前的系统通常通过设置各种完整约束条件来解决这一问题。

5）具备重新组织数据的能力

数据库系统通常把用户频繁访问的数据放在快速访问设备上（如磁鼓或磁盘），而把很少访问的数据保存在慢速访问设备中（如磁带），但数据访问的频繁程度并不是一成不变的。另外，数据库经过一段时间运行后，由于频繁的插入、删除操作，原有的物理文件变得很乱，时空性能很差。为了适应数据访问频率的变化，提高系统性能，改善数据组织的零乱和时空性能差，要及时有效地改变文件的结构或物理布局，即改变数据的存储结构或移动它们在数据库中的存储位置，这种改变称为数据的重新组织。现在设计的数据库系统总是周期地由系统自动来完成这个任务。

6）可修改与可扩充性

整个系统在结构和组织技术上应该是容易修改和扩充的。因为一个数据库通常不是一次而是逐步建立起来的。企业的操作数据常在不断地增加和扩充。另外，数据库的用户和应用也会不断地变化。所以在设计数据库时要考虑与未来应用接口的问题，不至于因为以后情况的变化而使整个数据库设计推倒重来或使已经建成的数据库系统不能正常工作。并且在修改和扩充系统后，不应影响原有用户的使用方式，如不必修改和重写原有的应用程序。

7）充分描述数据间的内在联系

人们建立数据库，是想用数据反映客观事物及其间的联系。于是数据库系统必须有能力描述反映客观事物及其联系的复杂的数据逻辑结构，而不应使用那些不能充分反映事物内在联系的简单的数据结构。例如，道路与连接的居民地之间是一种多对多的联系，不适合用树形结构表示；但地理空间、数据区、数据层、实体要素之间的联系用树形结构来表示是可以的。

6.2　地理数据库概念设计

地理数据是地理抽象的数字描述和离散表达。地理数据库概念模型（conceptual data model）是面向数据库用户的现实世界的模型，主要用来描述世界的概念化结构，是地理实体和现象的抽象概念集，是逻辑数据模型的基础，也是地理数据的语义解释。从计算机的角度看，概念数据模型是抽象的最高层，是对现实世界的数据内容与结构的描述，它与计算机无关。它使数据库设计人员在设计的初始阶段能摆脱计算机系统及 DBMS 的具体技术问题，集中精力分析数据及数据之间的联系等。

　　构建概念数据模型的目标是统一业务概念，作为业务人员和技术人员之间沟通的桥梁，确定不同实体之间的最高层次的关系，反映了业务人员综合性的信息需求，表达了业务人员对数据存储的看法。概念数据模型的内容包括重要的实体及实体之间的关系。在概念数据模型中不包括实体的属性，也不用定义实体的主关键字，这是概念数据模型和逻辑数据模型的主要区别。概念数据模型必须换成逻辑数据模型，才能在 DBMS 中实现。

　　概念模型用于信息世界的建模，一方面应该具有较强的语义表达能力，能够方便直接表达应用中的各种语义知识；另一方面它还应该简单、清晰，易于用户理解。构造概念数据模型应该遵循的基本原则是：①语义表达能力强；②作为用户与 GIS 软件之间交流的形式化语言，应易于用户理解；③独立于具体物理实现；④最好与逻辑数据模型有统一的表达形式，不需要任何转换，或容易向逻辑数据模型转换。在概念数据模型中最常用的是 E-R 模型、扩充的 E-R 模型、面向对象模型及谓词模型。

6.2.1　地理实体数据表达

　　概念数据模型以地理数据表达方式描述用户应用的数据需求，地理数据表达方式代表了在应用业务环境中自然聚集成的几个主要类别数据。受地图思维的影响，地理数据在抽象概括表达过程中基于场和对象观点描述现实世界。

　　1. 基于对象的地理数据表达

　　基于对象观点，采用面向实体的构模方法将地理现象抽象为点、线、面、体的基本单元，每个基本单元表示为一个实体对象，实体对象指自然界现象和社会经济事件中不能再被分割的单元。对象之间具有明确的边界，每个对象可用唯一的几何位置形态和一系列的属性进行表示。几何位置形态在地理空间中可以用经纬度或坐标来表达。属性则表示对象的质量和数量特征，说明其是什么，如对象的类别、等级、名称和数量等。

　　1）地理实体二维数据表达

　　地理现象以连续的模拟方式存在于地理空间，为了能让计算机以数字方式对其进行描述，必须将其离散化，受地图思维的影响，用离散数据描述连续的地理客观世界。离散对象的矢量数据表达也有两种不同侧面：一是基于图形可视化的地图矢量数据。地图矢量数据是一种通过图形和样式表示地理实体特征的数据类型，其中图形指地理实体的几何信息，样式与地图符号相关。二是基于空间分析的地理矢量数据。地理矢量数据主要通过矢量空间数据描述地理实体的形态，属性表数据描述地理实体的定性、数量、质量、时间及地理实体的空间关系。空间关系包括拓扑关系、顺序关系和度量关系。地图矢量数据和地理矢量数据是地理信息两种不同的表示方法，地图矢量数据强调数据可视化，采用"图形表现属性"方式，忽略了实体的空间关系；而地理矢量数据主要通过属性数据描述地理实体的数量和质量特征。地图矢量数据和地理矢量数据所具有的共同特征是地理空间坐标，统称为地理空间数据。与其他数据相比，地理空间数据具有特殊的地球空间基准、非结构化数据结构和动态变化的时序特征。

　　地理物体和现象的几何形态是千姿百态的。数据实体是一种与现实的地理世界保持一定相似性的模型。地理实体抽象成数据实体后，通常分为点状实体、线状实体、面状实体和体状实体，复杂的地理实体由这些类型的实体构成。

　　（1）点状实体：点状实体是指只有特定的位置，而没有长度的实体。实体点：用于代表一个实体；注记点：用于定位注记；内点：用于负载相应多边形的属性；结点：表示线的终点和起点；节点：线或弧段的内部点。

点由一对坐标对（x，y）来定义，记作 $P\{x, y\}$，没有长度和面积。

（2）线状实体：线状实体是指有长度的实体，如线段、边界、链、网络等，并且有如下特性。长度：从起点到终点的总长；曲率：用于表示线状实体的弯曲程度，如道路拐弯处；方向，如水流的方向等。

线状实体的几何特征用直线段来逼近，把每个直线段串接起来为链。链以结点为起止点，中间点用一串有序坐标对（x，y）表达，用直线段连接这些坐标对，近似地逼近了一条线状地物及其形状。链可以看作点的集合，记为 $L\{x, y\}n$，n 表示点的个数。特殊情况下，线状地物用以 $L\{x, y\}n$ 作为已知点所建立的函数来逼近。线状实体可以是道路、河流、各种边界线等。

（3）面状实体：一个面状要素是一个封闭的图形，其界线包围一个同类型区域。通常有如下空间特征。面积：面状实体所占有的范围的大小；周长：面状实体所占有区域的周长；独立或相邻：是独立存在，还是与其他面状实体相邻；岛或洞：面状实体中是否有岛或洞；重叠：面状实体之间是否有重叠。

面状物体界线的几何特征用直线段来逼近，即用首尾连接的闭合线来表示，面状实体也称多边形，记作 $F\{L\}$。面状地理要素以单个封闭的 $F\{L\}$ 作为一个实体，由面边界的（x，y）坐标对集合及说明信息组成，是最简单的一种多边形矢量编码。面状实体是对湖泊、岛屿、地块等一类现象的描述。

2）地理实体三维数据表达

三维空间中的现象与物体用体状实体描述，它具有长度、宽度及高度等属性，通常有体积、岛或洞和表面积等空间特征。地物三维表达是地物几何、纹理和属性信息的综合集成。

地理实体三维分为侧重地物表面和侧重地物建筑属性两种。

（1）侧重地物表面模型。早期地物三维的几何形态用矢量描述，地物三维的表面纹理是栅格数据表达。三维地物模型侧重描述建筑模型的"空壳"，没有地物模型内部信息。例如边界表示法（boundary representation，BRep），BRep 的基本思想是一种以物体的边界表面为基础，定义和描述几何形体的方法。除了描述它的几何结构，还要指出该多面体的一些其他特征，如每个面的颜色，纹理等。这些属性可以用另外一个表独立存放。当有若干个多面体时，还必须有一个对象表。

（2）侧重地物建筑属性。侧重地物建筑属性采用建筑信息模型（building information modeling，BIM）来表达。BIM 是以建筑物的三维数字化为载体，以建筑物全生命周期（设计、施工建造、运营、拆除）为主线，将建筑生产各个环节所需要的信息关联起来，所形成的建筑信息集。

建筑信息模型涵盖了几何学、空间关系、地理资讯、各种建筑元件的性质及数量（如供应商的详细资讯）。建筑信息模型可以用来展示整个建筑生命周期，包括了兴建过程及营运过程。提取建筑内材料的信息十分方便，建筑内各个部分、各个系统都可以呈现出来。

在这个模型中，所有建筑构件所包含的信息，除了几何外，同时具有建筑或工程的数据。这些数据提供系统计算依据，根据构件的数据，自动计算出查询者所需要的准确信息。此处所指的信息可能具有很多种表达形式，如建筑的平面图、立面图、剖面图、详图、三维立体视图、透视图、材料表或是计算每个房间自然采光的照明效果、所需要的空调通风量、冬夏季需要的空调电力消耗等。

2. 基于场的地理数据表达

基于场的观点，地理现象借助物理学中场的概念进行表示，场表示一类具有共同属性值的地理实体或者地理目标的集合。根据应用的不同，场可以表现为二维或三维，如果包含时间即为四维。基于场模型的地理现象在任意给定的空间位置都对应一个唯一的属性值。根据这种属性分布的表示方法，场模型可分为图斑模型、等值线模型和选样模型。

1）地形三维数字表达

数字地形模拟是针对地形表面的一种数字化建模过程，这种建模的结果通常就是一个数字高程模型（DEM）。DEM 是用规则的小面块集合来逼近不规则分布的地形曲面。DEM 的理论基础是采样理论、数学建模、数值内插与地形分析。它吸取了统计学、应用数学、几何学及地形学的一些理论而形成了一个自成一体的科学分支。数值逼近、计算几何、图论和数学形态学等数学分支的有关理论和方法则奠定了数字高程模型的数学基础。数学模型一般是基于数字系统的定量模型。地形是复杂的，一个数学模型很难准确描述大范围的地形变化。地理学也对 DEM 的发展有极大的推进作用，基于 DEM 可进行各种地学分析，如地形因子的提取、可视度分析、汇水面积分析、地貌特性分析等。

DEM 数据结构主要有五种不同的形式：离散点、不规则三角网（TIN）结构、断面线、格网结构（Grid）和 Grid 与 TIN 的混合结构。

（1）离散点：数字高程模型是将连续地球表面形态离散成在某一个区域 D 上的以 X_i、Y_i、Z_i 三维坐标形式存储的高程点 Z_i（$(X_i, Y_i) \in D$）的集合。其中，$(X_i, Y_i) \in D$ 是平面坐标；Z_i 是 (X_i, Y_i) 对应的高程。离散点数字高程模型往往是通过测量直接获取地球表面的原始或没有被整理过的数据，采样点往往是非规则离散分布的地形特征点。特征点之间相互独立，彼此没有任何联系。因此，(X_i, Y_i) 坐标值往往存储其绝对坐标，它是数字高程模型中最简单的数据组织形式。地球表面上任意一点 (X_i, Y_i) 的高程 Z_i 是通过其周围点的高程进行插值计算求得的。在这种情况下，离散点 DEM 在计算机中仅仅存放浮点格式的 $\{(X_1, Y_1, Z_1), (X_2, Y_2, Z_2), \cdots, (X_i, Y_i, Z_i), \cdots, (X_n, Y_n, Z_n)\}n$ 个三维坐标。

（2）不规则三角网：对于非规则离散分布的特征点数据，可以建立各种非规则的采样，如三角网、四边形网或其他多边形网，但其中最简单的还是三角网。最常用的表面构模技术是基于实际采样点构造 TIN。TIN 方法将无重复点的散乱数据点集按某种规则（如 Delaunay 规则）进行三角剖分，使这些散乱点形成连续但不重叠的不规则三角面片网，并以此来描述三维物体的表面。TIN 是按一定的规则将离散点连接成覆盖整个区域且互不重叠、结构最佳的三角形，实际上是建立离散点之间的空间关系。数字高程由连续的三角面组成，三角面的形状和大小取决于不规则分布的测点的密度和位置，能够避免地形平坦时的数据冗余，又能按地形特征点表示数字高程特征。TIN 常用来拟合连续分布现象的覆盖表面。

（3）断面线：断面线采样是对地球表面进行断面扫描，断面间通常按等距离方式采样，断面线上按不等距离方式或等时间方式记录点的坐标。断面线数字高程模型往往是利用解析测图仪、附有自动记录装置的立体测图仪和激光测距仪等航测仪器或从地形图上所获取的地球表面的原始数据来建立。

断面线数字高程模型的基本信息应包括 DEM 起始点（一般为左下角）坐标 X_o、Y_o，断面线 DEM 在 X 方向或 Y 方向的断面间隔 D_x 或 D_y，以及断面线上记录的坐标个数 N_x 或 N_y，断面线上记录的坐标串 Z_1、X_1、Z_2、X_2、$\cdots$、Z_{Nx}、X_{Nx} 或 Z_1、Y_1、Z_2、Y_2、$\cdots$、Z_{Ny}、Y_{Ny} 等。断面线在 X 方向的平面坐标 Y_i 为

$$Y_i=Y_o+i \cdot D_y \quad (i=0,\ 1,\ \cdots,\ N_y-1)$$

在 Y 方向的平面坐标 X_i 为

$$X_i=X_o+i \cdot D_y \quad (i=0,\ 1,\ \cdots,\ N_x-1)$$

（4）规则网格：通常是正方形，也可以是矩形、三角形等。规则网格将区域空间切分为规则的格网单元，每个格网单元对应一个数值。数学上可以表示为一个矩阵，在计算机实现中则是一个二维数组。每个格网单元或数组的一个元素，对应一个高程值。对于每个格网的数值有两种不同的解释：第一种是格网栅格观点，认为该格网单元的数值是其中所有点的高程值，即格网单元对应的地面面积内高程是均一的高度，这种模型是一个不连续的函数。第二种是点栅格观点，认为该格网单元的数值是格网中心点的高程或该格网单元的平均高程值，这样就需要用一种插值方法来计算每个点的高程。

规则格网模型与断面线模型不同的是，断面线模型在 X 方向和 Y 方向上按等距离方式记录断面上点的坐标，规则格网模型是利用一系列在 X、Y 方向上都是等间隔排列的地形点的高程 Z 表示地形，形成一个矩阵格网 DEM。矩阵格网 DEM 可以由直接获取的原始数据派生，也可以由其他数字高程模型数据产生。其任意一点 P_{ij} 的平面坐标可根据该点在 DEM 中的行列号 i、j 及存放在该 DEM 文件头部的基本信息推算出来。这些基本信息应包括 DEM 起始点（一般为左下角）坐标 X_o、Y_o，DEM 格网在 X 方向与 Y 方向的间隔 D_x、D_y 及 DEM 的行列数 N_x、N_y 等。点 P_{ij} 的平面坐标 $(X_i,\ Y_i)$ 为

$$Y_i=Y_o+i \cdot D_y \quad (i=0,\ 1,\ \cdots,\ N_y-1)$$

$$X_j=X_o+j \cdot D_x \quad (j=0,\ 1,\ \cdots,\ N_x-1)$$

在这种情况下，除了基本信息外，模型呈一组规则存放的高程值。因为矩阵格网模型量最小（还可以进行压缩存储），非常便于使用且容易管理，所以是目前应用最广泛的一种数据结构形式。但其缺点是不能准确地表示地形的结构，在格网大小一定的情况下，无法表示地形的细部。

一个 Grid 数据一般包括三个逻辑部分：①元数据，描述 DEM 一般特征的数据，如名称、边界、测量单位、投影参数等；②数据头，定义 DEM 起点坐标、坐标类型、格网间隔、行列数据等；③数据体，沿行列分布的高程数据阵列。

Grid 数据结构为典型的栅格数据结构，非常适于直接采用栅格矩阵进行存储。采用栅格矩阵不仅结构简单，占用存储空间少，还可以借助于其他简单的栅格数据处理方法进行进一步的数据压缩处理。常用栅格编码方法包括：行程编码、四叉树方法和霍夫曼编码法。

2）数字表面模型表达

数字表面模型是指物体表面形态以数字表达的集合。DSM 采样点往往是不规则离散分布的地表的特征点（点云）。通过测量仪器得到的目标外观表面的点数据集合也称为点云，通常使用三维坐标测量机所得到的点数量比较少，点与点的间距也比较大，称稀疏点云；

而使用三维激光扫描仪或照相式扫描仪得到的点云点数量比较大，并且比较密集，称密集点云。

点云数据（point cloud data）是指以点的形式记录，每一个点包含三维坐标，除了具有几何位置以外，还含有颜色信息或反射强度信息。颜色信息包含了目标的表面色彩。表面色彩根据摄影测量原理得到的点云包括三维坐标（XYZ）和颜色信息（RGB）。强度信息根据激光测量原理得到的点云包括三维坐标（XYZ）和激光反射强度。激光扫描仪接收装置采集到的回波强度，此强度信息与目标的表面材质、粗糙度、入射角方向，以及仪器的发射能量、激光波长有关。点云构建曲面一般用不规则三角网（TIN）数据结构，根据区域的有限个点云将区域划分为相等的三角面网络。

3）地物内部模型表达

地物内部模型将地理实体的三维空间分成细小的单元，称为体元或体元素。三维实体内部构模的矢量结构采用四面体格网（tetrahedral network，TEN），将地理实体用无缝但不重叠的不规则四面体形成的格网来表示，四面体的集合就是对原三维物体的逼近。其实质是二维 TIN 结构在三维空间上的扩展。在概念上首先将二维 Voronoi 格网扩展到三维，形成三维 Voronoi 多面体，然后将 TIN 结构扩展到三维形成四面体格网，用四面体格网表示三维空间物体。

4）地理实体栅格表示

栅格数据是基于连续铺盖空间的离散化，即用二维铺盖或划分覆盖整个连续空间，地理表面被分割为相互邻接、规则排列的结构体，如正方形方块、矩形方块、等边三角形、正多边形等。因为场值在空间上是自相关的（它们是连续的），所以每个栅格的值一般用位于这个格子内所有场点的平均值表示，这样就可以利用代表值的矩阵来表示场函数。基于场的地理实体栅格表示主要包括：栅格坐标系的确定、栅格单元的尺寸（分辨率）、栅格代码（属性值）的确定、栅格数据的编码。

（1）卫星遥感图像：遥感是通过遥感器这类对电磁波敏感的仪器，在远离目标和非接触目标物体条件下探测目标地物，获取其反射、辐射或散射的电磁波信息（如电场、磁场、电磁波、地震波等）。凡是只记录各种地物电磁波大小的胶片（或像片），都称为遥感影像。

（2）正射图像：实际通过航拍得到的航摄像片是中心投影，存在因为像片倾斜和地面起伏产生的像点位移。经过中心投影到垂直投影，几何纠正得到正射影像图，这一处理过程称为像片纠正。正射影像图可以使用正射图像量测实际距离，因为它是通过像片纠正后得到的地球表面的真实描述。

（3）数字栅格地图：数字栅格地图（DRG），也称像素地图。现有纸质地图经扫描、几何纠正、图像处理及数据压缩处理，彩色地图应经色彩校正，使各幅图像的色彩基本一致，形成在内容、几何精度和色彩上与地形图保持一致的栅格数据集。也可以将矢量数据表示的数字线划地图（DLG）经过可视化处理转换成数字栅格地图（百度地图、Google地图）。

6.2.2　地理数据概念模型

地理数据概念模型独立于数据库逻辑结构和支持数据库的 DBMS。其主要特点是：①概念模型是反映现实世界的一个真实模型。概念模型应能真实、充分反映现实世界，满足用户对数据的处理要求。②概念模型应易于理解。只有用户理解概念模型后，才可以与设计者交换意见，参与数据库的设计。③概念模型应当易于更改。因为现实世界会发生变化，所以需要改变概念模型，易于更改的概念模型有利于修改和扩充。④概念模型应易于向数据模型转换。概念模型最终要转换为数据模型。设计概念模型时应当注意，使其有利于向特定的数据模型转换。

1. 地理数据概念模型设计的方法

地理数据概念模型设计通常有四类方法。

（1）自顶向下：首先定义全局概念结构的框架，然后逐步细化。

（2）自底向上：首先定义各局部应用的概念结构，然后将它们集成起来得到全局概念模式。

（3）逐渐扩张：首先定义最重要的核心概念结构，然后向外扩充，以滚雪球的方式逐步生成其他的概念结构，直至总体概念结构。

（4）混合策略：将自顶向下和自底向上相结合，用自顶向下策略设计一个全局概念结构的框架，以它为骨架集成自底向上策略中设计的各局部概念结构。即自顶向下地进行需求分析，再自底向上地设计概念结构。

2. 地理数据概念模型 E-R 图表示

E-R 图也称实体-联系图，提供了表示实体类型、属性和联系的方法，是用来描述现实世界的概念模型。

1）E-R 图的操作步骤

（1）数据抽象（抽象出实体）。画出各实体属性图。

（2）设计分 E-R 图。找出实体及其联系，并画出分 E-R 图。

（3）合并分 E-R 图，生成初步 E-R 图。

（4）全局 E-R 图。将各个实体的属性加入初步 E-R 图，消除各局部可能存在的冲突（包括属性冲突、命名冲突和结构冲突），形成全局 E-R 图。

2）E-R 图的表示案例

以出行规划为例，只需用户输入想去的景点即可得到最短路径和景点的信息。地理实体包括：省份、城市、铁路、公路。省份的属性：名字、面积、空间标识。城市的属性：编号、景点、名字、空间标识。铁路的属性：编号、长度、空间标识。公路的属性：编号、长度、空间标识。

联系：城市属于省份，铁路与公路连接城市。

联系的基数：省份与城市 $1:1$，城市与公路 $1:m$，城市与铁路 $1:m$。

出行规划数据概念模型 E-R 图如图 6.2 所示。

3. 地理数据概念模型 UML 类图

UML 是用于面向对象软件设计的概念层建模的标准。它是一种综合型语言，用于在概念层对结构化模式和动态行为进行建模。此处采用的是静态视图，静态视图说明了对象的结构，其中最常用的就是类图，类图可以帮助人们更直观地了解一个系统的体系结构。出行规划数据概念模型 UML 类图如图 6.3 所示。

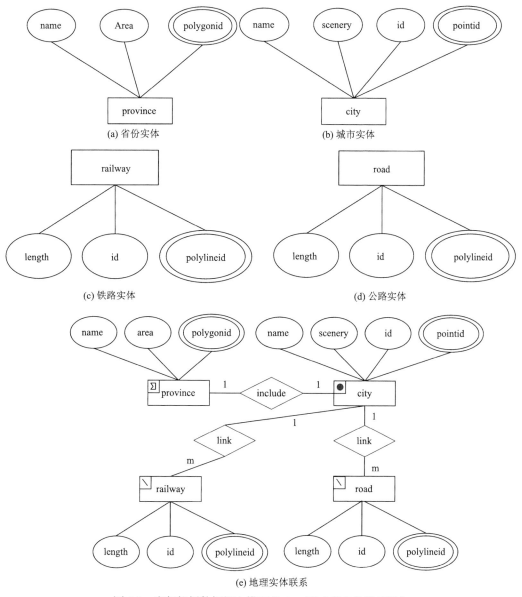

图 6.2 出行规划数据概念模型的 E-R 图（带有象形符号）

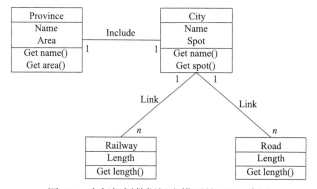

图 6.3 出行规划数据概念模型的 UML 类图

6.3 地理数据库逻辑设计

逻辑模型（logical data model），是用户从数据库所看到的模型，是具体的 DBMS 所支持的数据模型。网状数据模型（network data model）、层次数据模型（hierarchical data model）等，是常见的逻辑数据模型。地理数据库逻辑结构既要面向用户，又要面向系统。因此，它既要考虑用户容易理解，又要考虑便于物理实现、易于转换成物理数据模型。

6.3.1 地理数据库逻辑模型

逻辑数据模型指描述数据库数据内容与结构，是 GIS 对地理数据表示的逻辑结构，是数据抽象的中间层，由概念数据模型转换而来。

1. 层次模型

层次模型是数据处理中发展较早，技术上也比较成熟的一种数据模型。典型的较为有名的层次模型是美国 IBM 公司的 IMS（information management system），它于 1968 年问世，是世界上第一个数据库管理系统。

层次模型的特点是将数据组织成有向有序的树结构。用树形结构来表示实体间联系的模型称层次模型，层次模型一般只能表示实体间一对多的联系。因为树除根之外，任何结点只有一个父亲，所以层次模型不能用来表示多对多联系，但表示一对多联系则清晰、方便。

这种树可同时用于逻辑和物理数据的描述，在逻辑数据描述中，它们描述记录类型之间的联系，即描述数据模型；在物理数据描述中它们被用于描述指示器集合，即描述物理结构。

层次模型中的结点是记录类型，是描述在该结点处的实体的属性数据的集合。当每个结点的记录类型相同时，称为同质结构，如家族树结构；若每个结点有着不同类型的记录，则称为非同质结构。每个根的值引出一个逻辑数据库记录，即层次数据库由若干树构成。

空间数据的位置特征，决定了空间实体分布特征和空间关系，点、线和多边形空间关系如图 6.4 所示，用层次模型表示如图 6.5 所示。

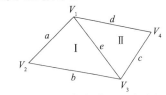

图 6.4 点、线和多边形空间关系表示

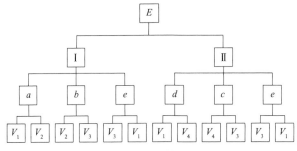

图 6.5 用层次模型表示

空间数据有明显的层次关系，层次模型能较好反映空间数据的属性特征。按传统的覆盖地图制图理论，空间数据的层次模型如图 6.6 所示。

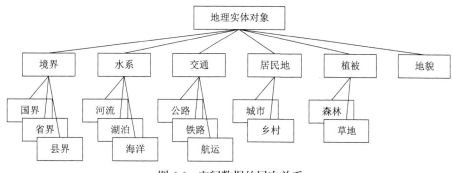

图 6.6 空间数据的层次关系

2. 网状模型

用网络数据结构表示实体与实体间联系的模型称网状模型。网状模型是数据模型的另一种重要结构，它反映着现实世界中实体间更为复杂的联系，其基本特征表现在结点数据间没有明确的从属关系，一个结点可与其他多个结点建立联系。换句话说，不但一个双亲记录型可有多个子女记录型，而且一个子女记录型也允许有多个双亲记录型。在网络模型中，其数据结构的实质为若干层次结构的并，从而具有较大的灵活性与较强的关系定义能力。

网络模型将数据组织成有向图结构。结构中结点代表数据记录，连线描述不同结点数据间的关系。有向图（Digraph）的形式化定义为

$$\text{Digraph}=（\text{Vertex}，\{\text{Relation}\}）$$

其中，Vertex 为图中数据元素（顶点）的有限非空集合；Relation 为两个顶点（Vertex）之间的关系集合。有向图结构比树结构具有更大的灵活性和更强的数据建模能力，模型表示如图 6.7 所示。

3. 关系模型

关系模型是根据数学概念建立的，它是将数据的逻辑结构归结为满足一定条件的二维表，数学上称为"关系"。

关系是一组域的笛卡儿积的集合。给定一组域 $D_1,D_2,\cdots,D_n$（可包含相同的域），其笛卡儿积为

$$D_1 \times D_2 \times \cdots \times D_n = \left\{(d_1,d_2,\cdots,d_n)\middle| d_i \in D_i, i=1,2,\cdots,n\right\}$$

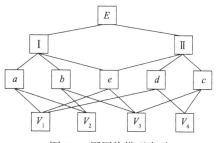

图 6.7 用网络模型表示

其中，每一个元素 $(d_1,d_2,\cdots,d_n)$ 称为一个 n 元组，或简称元组；关系 $R(D_1,D_2,\cdots,D_n)$ 是元组的集合，且

$$R(D_1,D_2,\cdots,D_n) \subseteq D_1 \times D_2 \times \cdots \times D_n$$

关系的具体实现是一个二维表结构。二维表是同类实体的各种属性的集合。每个实体对应表中的一行，在关系中称为元组（tuple），相当于通常的一个记录。表中的列表示属性，称为域，相当于通常记录中的一个数据项。表中若有 n 个域，则每一行称为一个 n 元组，这

样的关系称为 n 度（元）关系。二维表的表头，即表格的格式是关系内容的框架，框架也称模式，包括关系名、属性名、主关键字等。n 元关系必有 n 个属性。满足一定条件（如第一范式 1NF）的规范化关系的集合，就构成了关系模型。关系模型可由多张二维表形式组成，每张二维表的"表头"称为关系框架，故关系模型即若干关系框架组成的集合。

在关系中也存在如何标识各个元组的问题。设 K 为 R 中的一个属性组合，若 K 能唯一地标识 R 的元组，同时也不包含多余的属性，则称 K 为 R 的关键字。一个关系中可能不止一个关键字，选定来标识元组的称主关键字。

关系模型中应遵循以下条件：①二维表中同一列的属性是相同的；②赋予表中各列不同名字（属性名）；③二维表中各列的次序是无关紧要的；④没有相同内容的元组，即无重复元组；⑤元组在二维表中的次序是无关紧要的。

关系模型用于设计地理属性数据的模型较为适宜。因为目前，地理要素之间的相互联系是难以描述的，只能独立地建立多个关系表，例如，地形关系，包含的属性有高度、坡度、坡向，其基本存储单元可以是栅格方式或地形表面的三角面；人口关系，包含的属性有人的数量、男女人口数、劳动力人口数、抚养人口数等，基本存储单元通常对应于某一级的行政区划单元。

关系模型可以简单、灵活地表示各种实体及其关系，数据操作是通过关系代数实现的，具有严格的数学基础。在层次与网状模型中，实体的联系主要是通过指针来实现的，即把有联系的实体用指针链接起来。而关系模型中不需人为地设置指针，不用指针表示联系，而是由数据本身自然地建立起它们之间的联系，并且可以用关系代数和关系运算来操作数据，可以通过布尔逻辑和数字运算规则进行各种查询、运算和修改。

6.3.2　概念模型向逻辑模型转换

概念模型可以转换为计算机上某一 DBMS 支持的特定数据模型。将 E-R 图转换为关系模型实际上就是要将实体、实体的属性和实体之间的联系转化为关系模式，这种转换一般遵循如下原则。

（1）一个实体型转换为一个关系模式。实体的属性就是关系的属性。实体的码就是关系的码。

（2）一个 m:n 联系转换为一个关系模式。与该联系相连的各实体的码及联系本身的属性均转换为关系的属性。而关系的码为各实体码的组合。

（3）一个 1:n 联系可以转换为一个独立的关系模式，也可以与 n 端对应的关系模式合并。如果转换为一个独立的关系模式，则与该联系相连的各实体的码及联系本身的属性均转换为关系的属性，而关系的码为 n 端实体的码。

（4）一个 1:1 联系可以转换为一个独立的关系模式，也可以与任意一端对应的关系模式合并。

（5）三个或三个以上实体间的一个多元联系转换为一个关系模式。与该多元联系相连的各实体的码及联系本身的属性均转换为关系的属性。而关系的码为各实体码的组合。

（6）同一实体集的实体间的联系，即自联系，也可按上述 1:1、1:n 和 m:n 三种情况分别处理。

（7）具有相同码的关系模式可合并。

确定数据依赖，消除冗余的联系。为了进一步提高数据库应用系统的性能，通常以规范化理论为指导，还应该适当地修改、调整数据模型的结构，这就是数据模型的优化。确定各关系模式分别属于第几范式。确定是否要对它们进行合并或分解。

6.3.3　地理数据库逻辑设计

1．矢量数据的关系结构

矢量数据结构是一种最常见的图形数据结构，主要用于表示地图图形元素几何数据之间及其与属性数据之间的相互关系。在直角坐标系中，用 X、Y 坐标表示地图图形或地理实体的位置的数据，通过坐标的形式表示空间实体的几何形状，通过记录属性数据表示空间实体的性质；通过建立拓扑关系表示空间实体的空间关系。

1）简单数据组织

简单数据组织仅记录空间坐标和属性信息（图 6.8）。简单数据组织特点：一是公共边重复存储，存在数据冗余，难以保证数据独立性和一致性；二是无拓扑关系，主要用于显示、输出及一般查询，不适合复杂的空间分析。

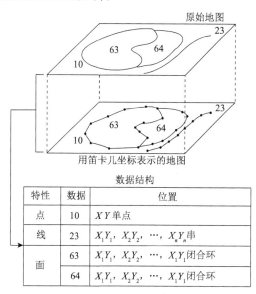

特性	数据	位置
点	10	XY 单点
线	23	$X_1Y_1, X_2Y_2, \cdots, X_nY_n$ 串
面	63	$X_1Y_1, X_2Y_2, \cdots, X_1Y_1$ 闭合环
	64	$X_1Y_1, X_2Y_2, \cdots, X_1Y_1$ 闭合环

图 6.8　简单数据组织

（1）点实体数据逻辑结构。点是空间上不可再分的地理实体，可以是具体的也可以是抽象的，如地物点、文本位置点或线段网络的结点等。点实体包括由单独一对 x, y 坐标定位的一切地理属性或制图实体。

点实体数据结构主要包括实体标识码、地物编码、类型、实体属性、实体坐标位置和符号描述信息等内容。

属性表的内容取决于用户的应用需求。相对某项应用来讲，属性内容是固定的，位置 x, y 坐标数据结构也是固定的。点实体数据在内存和外存一般采用属性数据和位置数据一体化存储。

（2）线实体数据逻辑结构。线实体数据结构主要包括实体标识码、地物编码、类型、实体属性、实体形态特征和符号描述信息等内容。

线实体属性表的内容取决于用户的应用需求，属性内容是固定的。不同的线状地物具有不同的几何形态，其坐标个数是变量，线实体形态几何特征坐标数据结构是变长的。所以线实体数据一般情况下属性数据和坐标数据分开存储。结构化的属性数据存储一个文件，非结构化的坐标数据存储一个文件，两者通过指针和线实体标识码连接（图6.9）。

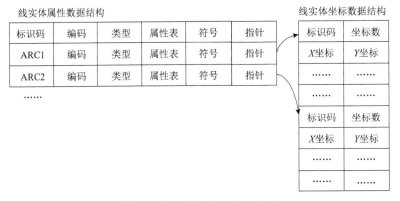

图6.9 线实体数据内外存结构

（3）面实体数据逻辑结构。面状实体属性表的内容取决于用户的应用需求，属性内容是固定的。不同的面状轮廓具有不同几何形态，其坐标个数是变量，面状轮廓形态几何特征坐标数据结构是变长的。其逻辑结构与线实体数据逻辑结构相同。

面实体数据这样组织最大的优点是保留了地理要素的完整性，数据结构简单，查询效率高，便于软件系统设计和实现。

这种方法的不足是：①数据冗余。对于交叉点或相连的线，交叉点要重复输入和存储，多边形之间的公共边界被数字化和存储两次，不仅产生冗余和碎屑多边形，而且造成共享公共链的几何位置不一致，如果公共边界发生变化，数据更新维护必须两次操作，增加了维护困难。②不能表达复杂多边形。当复杂多边形包含"岛"与"洞"时，不能解决多边形中"岛"与"洞"之类的镶套问题。"岛"或"洞"只能作为单独的多边形来构造，没有和周围的多边形建立关系。③闭合性和重叠性。很难检查多边形的边界正确与否，即多边形的完整性，也很难检查重叠性和空白区。④拓扑关系。每个多边形自成体系，缺少面域的邻接信息和拓扑关系，难以进行邻域处理，无法实现拓扑关系查询和空间推理分析，即相邻关系很难跟踪。为了克服上述缺陷，按照拓扑学的原理，人们提出了多边形的结构。

2）拓扑数据组织

在拓扑结构中，多边形（面）的边界被分割成一系列的线（弧、链、边）和点（结点）等拓扑要素，点、线、面之间的拓扑关系在属性表中定义，多边形边界不重复。具体表示拓扑元素之间的各种基本拓扑关系则构成了对实体的拓扑数据结构表达，如图6.10所示。

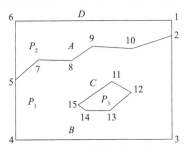

图6.10 拓扑数据结构建立

（1）点数据结构：结点-线关系。

点号	线段号
2	A，B，D

（2）线段：线-面，线-结点关系。

线段号	左多边形	右多边形	起点	终点	坐标系列（串）
A	P_1	P_2	2	5	x_2，y_2，x_{10}，y_{10}，$\cdots$，x_5，y_5

（3）多边形。

多边形号	线段号
P_1	A，B，$-C$

C 前面的"$-$"表示方向。为了解决多边形中"岛"与"洞"嵌套表示问题，用"$-$"表示岛屿。

2. 实体属性关系结构

关系数据模型是以集合论中的关系概念为基础发展起来的。关系模型中无论是实体还是实体间的联系均由单一的结构类型——关系来表示。在实际的关系数据库中的关系也称表。一个关系数据库由若干个表组成。

关系模式通常可以简记为

$$R(U) \text{ 或 } R(A_1, A_2, \cdots, A_n)$$

其中，R 为关系名；A_1，A_2，$\cdots$，A_n 为属性名。注：域名及属性向域的映象常常直接说明为属性的类型、长度。关系数据库系统是支持关系模型的数据库系统。关系模型所具有的特点是：概念单一、规范化、以二维表格表示。

地理实体列表是数据实体或其属性按某种易读形式进行编排的产物。一个实体列表是包含进入预先定义的种类之内的一组表格。每个表格（有时被称为一个关系）包含用列表示的一个或更多的数据种类。每行包含一个唯一的数据实体，这些数据是被列定义的种类。

实体列表反映的是一种数据关系。关系既可以用二维表格来描述，又可以用数学形式的关系模式来描述。对关系的描述称为关系模式，其格式为

$$\text{关系名（属性名1，属性名2，\cdots，属性名 } n）$$

用二维表的形式表示实体和实体间联系的数据模型称为关系模型。当用关系模型来表示时，数据结构表示为一个二维表，一个关系就是一个二维表（但不是任意一个二维表都能表示一个关系），二维表名就是关系名，也称实体属性表。表中的第一行通常称为属性名，表中的每一个元组和属性都是不可再分的，且元组的次序是无关紧要的。典型形式是用大写字母列举实体，并在括号中用小写字母列举其属性。

举例来说，这些属性提供了关于 ROAD 实体的其他信息，这些信息提供了以机器可读的形式唯一定义道路实体的方法。在大多数数据库建模语言中，各个属性被唯一命名并用小写字母表示。例如，ROAD 实体可表示为

$$\text{ROAD（name，number，width，roadsurface）}$$

这种表示被称为实体的逻辑描述，因为它不包括实体及其属性的机器格式。实体属性用计算机可以使用的模型表示了实体的组成成分。不同实体的属性名可能相同（表 6.1），但同一个实体的不同属性不能同名。不同实体的同名属性通过把实体名和属性名相结合加以区别。例如，ROAD 实体和 RIVER 实体可以有同名属性（如 width）。引用其中一个属性时，可联合使用 ROAD 的 width 和 RIVER 的 width。

表 6.1　关系表

表名	道路表	桥梁表	河流表	居民地表
属性	道路 id	桥梁 id	河流 id	居民地 id
	名称	名称	名称	名称
	等级	载重	流速	人口
	路宽		河宽	等级

3. 实体关联关系

关系模型用二维表的形式表示实体和实体间关联的数据模型。实体关联定义了两个或多个实体间存在的联系（relationship）。大多数数据库模型中，两个或多个实体间的联系可使用一个中间连接（linkage）或多个连接。这些连接可通过逻辑指针结构，或通过活动函数（active function），用联系限定词表形成。表示实体间联系的最常用方法是使用一个被称为联系实体的实体。

1）实体内关联

在概念模型中，线状物体由属性数据和几何特征数据表示。几何特征用 $L\{x, y\}n$ 表示，n 为点的个数。

在逻辑模型中，线状物体一般用两个关系表表示，一个表是线状物体属性表，另一个表是线状物体几何坐标表。例如，道路的属性和坐标关系如图 6.11 所示。

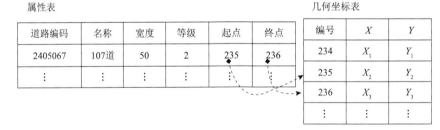

图 6.11　道路的属性和坐标关系

2）实体之间关联

在点、线和多边形模型中，多边形实体由多个线实体组成。为表示线实体之间的联系，人为构造一个点实体，由点实体连接线和多边形实体。在概念模型中实体、属性和联系映射形成了关系数据模型（图 6.12）。

实体联系可能包含若干个关联性不强的实体，如道路、桥梁、河流和居民地之间的关系（图 6.13）。

4. 实体尺度的层次结构

尺度是地理学的重要特征，凡是与地球参考位置有关的物体都具有空间尺度。在地理学的研究中，人们认知世界、研究地理环境时，往往从不同空间尺度（比例尺）上对地理现象进行观察、抽象、概括、描述、分析和表达，传递不同尺度的地理信息，这就需要多种比例尺地理数据的支撑。尺度变化不仅引起地理实体的大小变化，通过不同比例尺之间的制图综合，还会引起地理实体的形态变化和空间位置关系（制图综合中位移）的变化。在不同尺度背景下，地理空间要素往往表现出不同的空间形态、结构和细节。

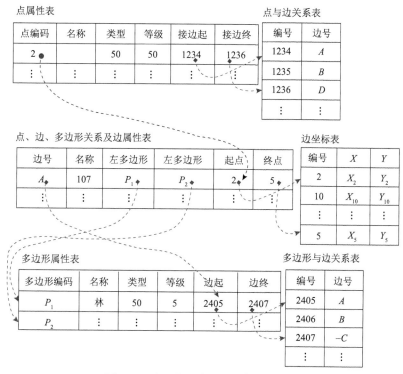

图 6.12　点、线和多边形实体之间关系

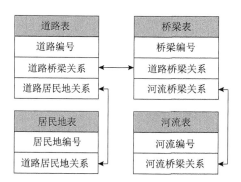

图 6.13　道路、桥梁、河流和居民地之间关联

1）矢量数据多尺度逻辑结构

矢量数据对地理要素的多尺度表达，概括起来有三种基本方法：其一是单一比例尺，地理信息仅用一种比例尺的地理空间数据表达，其他比例尺的地理空间数据从中综合导出，缺点是当比例尺跨度较大时，实现综合导出难度大；其二是全部存储系列比例尺地理空间数据，问题是多种比例尺地理空间数据更新维护困难；其三就是前两种方法的折中，维护

少量基础比例尺地理空间数据，由此构建系列比例尺地理数据。多尺度地理数据存储逻辑结构如图 6.14 所示。

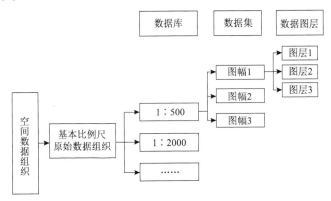

图 6.14　多尺度地理数据存储逻辑结构

2）栅格数据金字塔逻辑结构

影像数据最主要的特点是数据量大，通常一幅卫星影像的数据量约为数百 MB 到数 GB，对于由多幅影像融合及拼接处理生成的影像而言，其数据量更大，对此类影像数据进行快速显示等操作将非常困难，最突出的问题是影像数据量在多数情况下大于计算机内存，也就是说，影像数据不可能同时全部放在内存中进行处理。在这种情况下，采用影像数据的分块和分层技术建立影像金字塔是解决这一问题的关键技术。

影像金字塔结构：指在同一的空间参照下，根据用户需要以不同分辨率进行存储与显示，形成分辨率由低到高、数据量由小到大的金字塔结构（图 6.15）。影像金字塔结构用于图像编码和渐进式图像传输，是一种典型的分层数据结构形式，适合于栅格数据和影像数据的多分辨率组织，也是一种栅格数据或影像数据的有损压缩方法。

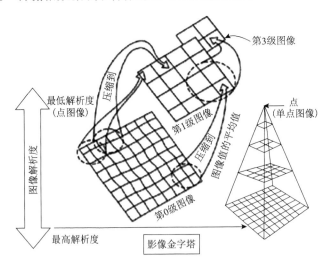

图 6.15　影像金字塔结构

在金字塔结构里，图像被分层表示。在金字塔结构的最顶层，存储最低分辨率的数据；随着金字塔层数的增加，数据的分辨率依次降低；在金字塔的底层，则存储能满足用户需要的最高分辨率的数据。

6.4 地理数据库物理设计

物理模型（physical data model），是面向计算机物理表示的模型，描述了数据在储存介质上的组织结构，它不但与具体的 DBMS 有关，而且与操作系统和硬件有关。每一种逻辑数据模型在实现时都有其对应的物理数据模型。DBMS 为了保证其独立性与可移植性，大部分物理数据模型的实现工作由系统自动完成，而设计者只设计索引、聚集等特殊结构。

数据的物理组织就是要解决在存储设备（主要指外存）中安排和组织数据及对数据实施具体访问的方式。一个数据库系统采用的物理组织方法，取决于现有设备、应用目的和用户要求。物理组织的主要内容是把有关联的数据组织成一个个物理文件，所以又称为文件组织，是数据库的基础。尽管数据管理技术早已从文件系统发展到数据库系统，但因为文件系统是数据库系统的基础，从专用、高效和系统软件研制角度看，文件系统仍有其不可取代的地位。

物理数据模型是逻辑数据模型在计算机内部具体的存储形式和操作机制，它描述数据库内容如何在存储介质上存放，是数据抽象的最底层，如数据的物理记录格式是变长还是定长、数据是压缩还是非压缩、索引结构是 B+树还是哈希结构等。它与 GIS 设计、通用数据库选择、操作系统及计算机硬件密切相关。物理数据结构通常都向用户隐蔽，用户不必了解其内容。由于数据存储的介质不同，数据的物理存储结构有很大的差异。空间地理数据库是在操作系统管理下的一批有关联的文件，因此，这里所述的存储结构与存取方法均属于逻辑管理范畴，真正的物理管理由操作系统承担。

6.4.1 地理数据库物理存储设计

1. 文件系统存储设计

文件系统把数据的存取抽象为一种模型，使用时只要给出文件名称、格式和存取方式等，其余的一切组织与存取过程由专用软件——文件管理系统来完成。文件管理系统提供文件存取方法，支持对文件的基本操作，用户程序不必了解物理细节，数据的存取基本上以记录为单位。用户可通过文件系统进行查询、修改、插入、删除等操作。由初期的顺序文件发展为索引文件、链接文件、直接文件等，数据可以记录为单位进行顺序或随机存取。在文件的物理结构中增加了链接和索引等形式，因而对文件中的记录可顺序地和随机地访问。文件管理系统提供文件"存取"方法作为应用程序和数据间的接口，不同的程序，可以使用同一数据文件。同一个应用程序对应一个或几个数据文件。数据文件与对应的程序具有一定的独立性，即程序员可以不关心数据的物理存储状态，只需考虑数据的逻辑存储结构，从而可以大量地减少修改和维护程序的工作量。

但是，数据文件之间不能建立关系，呈现出无结构的信息集合状态，往往冗余度大，不易扩充、维护和修改。因此，数据物理存储的改变，仍然需要修改用户的应用程序。数据文件是面向应用的，当不同应用程序所需要的数据有部分相同时，也必须建立各自的文件，而不能共享相同的数据。数据分散管理，存在很多副本，给数据的修改与维护带来了困难，容易造成数据的不一致性。

尽管如此，依然有大量 GIS 采用文件系统，为了克服文件系统数据记录修改和维护的困难，往往将地理数据文件从外存映射（读取）到内存，用内存数据结构指针代替文件结构。

地理数据在内存进行编辑处理后，再一次性存入外存数据文件保存。这样虽然解决了地理数据变长记录的修改编辑问题，但受内存大小限制，GIS 处理的数据量不能超越内容的限制。

2. 关系数据库管理系统存储设计

关系数据库管理系统（relational database management system，RDBMS）是在文件管理系统的基础上进一步发展的系统。RDBMS 在用户应用程序和数据文件之间起到了桥梁作用。RDBMS 的最大优点是提供了两者之间的数据独立性，即应用程序访问数据文件时，不必知道数据文件的物理存储结构。当数据文件的存储结构改变时，不必改变应用程序。

关系数据库管理系统的特点可概括如下：①数据管理方式建立在复杂的数据结构设计的基础上，将相互关联的数据集于一个文件并赋予某种固有的内在联系。各个相关文件可以通过公共数据项联系起来。②数据库中的数据完全独立，不仅是物理状态的独立，而且是逻辑结构的独立，即程序访问的数据只需提供数据项名称。③数据共享成为现实，数据库系统的并发功能保证了多个用户可以同时使用同一个数据文件，而且数据处于安全保护状态。④数据的完整性、有效性和相容性保证其冗余度最小，有利于数据的快速查询和维护。

地理空间数据包含了地理实体的几何数据、属性数据、实体之间的空间关系和发生的时间状态数据，要求地理空间数据管理系统能对实体的几何数据、属性数据、实体之间的空间关系和发生的时间状态数据进行综合管理。对于属性数据，RDBMS 可以很好地管理，但对于空间数据、空间关系数据和时间序列数据，RDBMS 却有局限，表现为：①无法用递归和嵌套的方式来描述复杂关系的层次结构和网状结构，模拟和操作复杂地理对象的能力弱。②用关系模型描述本身具有复杂结构和含义的地理对象时，需要对地理实体进行不自然的分解，导致存储模式、查询途径及操作等方面均显得语义不够合理。③由于数据库物理和逻辑的相互独立，实现关系之间的联系需要执行系统开销较大的连接操作，运行效率不够高。④地理实体的几何数据、空间关系数据和时态数据通常是变长的，而一般 RDBMS 只允许记录定长数据。⑤单个地理实体的表达需要多个表，一个表难以支持复杂的地理实体数据，空间数据的关联、联通、包含、叠加等基本操作很难实现，RDBMS 很难存储和维护空间数据的拓扑关系。⑥RDBMS 不支持地理空间数据的采集、编辑和查询等复杂图形编辑功能。⑦地理空间数据是具有高度内部联系的数据，为了保证地理空间数据的完整性，需要加入一些完整性约束条件，由数据库管理系统实现这些约束条件与空间数据一体化管理，来维护数据的完整性，否则，一条记录的改变会导致数据一致性错误、互相矛盾，现有的 RDBMS 难以实现这一功能。

随着数据库技术的发展，越来越多的数据库管理系统提供高级编程语言接口，使得空间数据库管理系统可以在 C 语言的环境下，直接操纵属性数据，并通过 C 语言的对话框和列表框显示属性数据，或通过对话框输入 SQL 语句，将该语句通过 C 语言与数据库的接口查询属性数据库，并在图形用户界面下显示查询结果。这种工作模式，并不需要启动一个完整的数据库管理系统，用户甚至不知何时调用了关系数据库管理系统，图形数据和属性数据的查询与维护完全在一个界面之下。全关系型空间数据库管理系统是指图形和属性数据都用现有的关系数据库管理系统管理，数据库厂商不做任何扩展，由人们在此基础上进行开发，使之不仅能管理结构化的属性数据，而且能管理非结构化的图形数据。

用关系数据库管理系统管理图形数据的常用做法是将图形数据变长部分处理成二进制（binary）块（block）字段。目前大部分关系数据库管理系统都提供了二进制块的字段域，以适应管理多媒体数据或可变长文本字符。GIS 利用这种功能，通常把图形的坐标数据，当作一个二进制块，交由关系数据库管理系统进行存储和管理。由于二进制块的读写效率要比定长的属性字段慢得多，特别是涉及对象的嵌套时，这种存储方式速度更慢，效率低下。

3. 对象关系数据库管理系统

因为非结构化的空间数据直接采用通用的关系数据库管理系统来管理，效率不高，所以许多数据库管理系统的软件商纷纷在关系数据库管理系统中进行扩展，使之能直接存储和管理非结构化的空间数据，如 Ingres、Informix 和 Oracle 等都推出了空间数据管理的专用模块，定义了操纵点、线、面、圆、长方形等空间对象的 API 函数。这些函数，将各种空间对象的数据结构进行了预先定义，用户使用时必须满足它的数据结构要求，即使是 GIS 软件商也不能根据自己的要求再定义。如若这种函数涉及的空间对象不带拓扑关系，多边形的数据是直接跟随边界的空间坐标，那么 GIS 用户就不能将设计的拓扑数据结构采用这种对象-关系模型进行存储。

随着数据库增加了对新数据类型及其他功能的支持，第三代或对象关系数据库管理系统（object relational database management system，ORDBMS）诞生了。例如，Illstra ORDBMS 首次提供了地理空间数据库扩展功能：2D 和 3D Spatial Data Blade 模块，后来又增加了 Geodetic Data Blade 模块。这些扩展功能由一种叫 R 状图（区域树状图）的内置二级访问方法提供索引。R 状图为 ORDBMS 原有完善的 B 树状图方法提供了一种补充索引策略。

充分集成于 ORDBMS 的地理空间技术的优势正在从根本上改变地理空间应用的面貌。随着该行业从基于文件的应用演变到目前的地理空间扩展关系数据库阶段，将带来一个充分集成的空间实体系统，从而使地理空间技术可以无缝地处理文件、时间序列数据、图像、视频和音频及其他标准的及抽象的数据类型。

这种扩展的空间对象管理模块主要解决了空间数据变长记录的管理。虽然由数据库软件商进行扩展，效率要比前面所述的二进制块的管理高得多，但是它仍然没有解决对象的嵌套问题，空间数据结构也不能由用户任意定义，使用上仍然受到一定限制。

6.4.2　地理数据库空间索引设计

空间索引是指依据空间对象的位置和形状或空间对象之间的某种空间关系按一定的顺序排列的一种数据结构，其中包含空间对象的概要信息，如对象的标识、外接矩形及指向空间对象实体的指针。空间索引的提出是由两方面决定的，其一，计算机的体系结构将存储器分为内存、外存两种，访问这两种存储器一次所花费的时间一般为 30～40ns、8～10ms，可以看出两者相差 10 万倍以上，尽管现在有"内存数据库"的说法，但绝大多数数据是存储在外存磁盘上的，如果对磁盘上数据的位置不加以记录和组织，每查询一个数据项就要扫描整个数据文件，这种访问磁盘的代价就会严重影响系统的效率，因此系统的设计者必须将数据在磁盘上的位置加以记录和组织，通过在内存中的一些计算来取代对磁盘漫无目的的访问，这样才能提高系统的效率，尤其是地理空间数据涉及的是海量的复杂数据，索引对于处理的效率是至关重要的。其二，地理空间数据多维性使得传统的 B 树索引并不适用，因为 B 树所针对的字符、数字等传统数据类型是在一个良序集之中，即都是在一个维度上，集合中任给两个元素，都可以在这个维度上确定其关系，只能是大于、小于、等于三种，若对多个字段进行索引，必须指定各个字段的优先级形成一个组合字段，传统的数据库索引技术有 B–树、B+树、二叉树、ISAM 索引、哈希索引等，这些技术都是针对一维属性数据的主关键字索引而设计的，并不能直接应用于空间数据库领域。关系数据库管理系统只能处理一维索引，无法实现空间数据索引。而地理数据的多维性，在任何方向上并不存在优先级问题，因此 B 树并不能对地理数据进行有效的索引，所以为了满足二维及多维空间数据快速检索与分析的需求，需要研究特殊的能适应多维特性的空间索引方式。

地理空间索引作为一种辅助性的空间数据结构，介于空间操作算法和空间对象之间，通过它的筛选，大量与特定空间操作无关的空间对象被排除，从而提高空间操作的效率。按照传统数据索引的思路，通过建立地理空间对象与计算机存储位置之间的关系，快速提取所选中的地理要素，从而提高地理空间目标操作的速度和效率。

空间索引是由空间位置到空间对象的映射关系。常见空间索引类型有格网型空间索引、R 树索引、四叉树索引，空间索引的性能直接影响空间数据库和地理信息系统的整体性能。结构较为简单的格网型空间索引在各 GIS 软件和系统（如 ArcGIS）中都有着广泛的应用。一些大型数据库都有空间索引能力，如 Oracle、DB2。

1. 格网型空间索引

格网型空间索引的基本思想是将研究区域用横竖线条划分为大小相等或不等的格网，记录每一个格网所包含的空间实体。当用户进行空间查询时，首先计算出用户查询对象所在格网，然后再在该网格中快速查询所选空间实体，这样一来就大大地加速了空间索引的查询速度。

把一幅图的矩形地理范围均等地划分为 m 行 n 列，即规则地划分二维数据空间，得到 $m \times n$ 个小矩形网格区域。每个网格区域为一个索引项，并分配一个动态存储区，将全部或部分落入该网格的空间对象的标识及外接矩形存入该网格。

网格索引是一种多对多的索引，会导致冗余，网格划分得越细，搜索的精度就越高，当然冗余也越大，耗费的磁盘空间和搜索时间也越长。网格法因为必须预先定义好网格大小，所以它不是一种动态的数据结构。适合点数据。网格索引搜索算法的时间复杂度为 $O(N^2)$。

网格索引提高所有的图形显示和操作效率。举几个例子来说明网格索引的使用。

1）放大开窗显示

当在地图上画一个矩形想放大地图的时候，首先得确定放大后的地图在屏幕上需要显示哪些图元，需要判断这个地图中有哪些图元全部或者部分落在这个矩形中。步骤为：①确定所画矩形左上角和右下角所在的网格数组元素；②可得到这个矩形所关联覆盖的所有网格集合；③遍历这个网格集合中的元素，取到每个网格元素 list 中所记录的图元；④画出这些图元。

2）包含判断

给出一个点 point 和一个多边形 polygon，判断点是否在面内，首先判断这个点所在的网格，是否同时关联这个 polygon，如果不是，表明点不在面内；如果是，可以进行下一步的精确解析几何判断，或者在精度允许的情况下，即判断 polygon 是包含 point 的。

网格索引也存在很严重的缺陷：当被索引的图元对象是线，或者多边形的时候，存在索引的冗余，即一个线或者多边形的引用在多个网格中都有记录。随着冗余量的增大，效率明显下降。

2. R 树索引

R 树是 B 树向多维空间发展的另一种形式，它将空间对象按范围划分，每个结点都对应一个区域和一个磁盘页，非叶结点的磁盘页中存储其所有子结点的区域范围，非叶结点的所有子结点的区域都落在它的区域范围之内；叶结点的磁盘页中存储其区域范围之内的所有空间对象的外接矩形。每个结点所能拥有的子结点数目有上、下限，下限保证对磁盘空间的有效利用，上限保证每个结点对应一个磁盘页，当插入新的结点导致某结点要求的空间大于一个磁盘页时，该结点一分为二。R 树是一种动态索引结构，即它的查询可与插入或删除同时进行，而且不需要定期地对树结构进行重新组织。

3. 四叉树索引

四叉树索引的基本思想是将地理空间递归划分为不同层次的树结构。它将已知范围的空间等分成四个相等的子空间，如此递归下去，直至树的层次达到一定深度或者满足某种要求后停止分割。四叉树的结构比较简单，并且当空间数据对象分布比较均匀时，具有比较高的空间数据插入和查询效率，因此四叉树是 GIS 中常用的空间索引之一。

对于区域查询，四叉树效率比较高。但如果空间对象分布不均匀，随着地理空间对象的不断插入，四叉树的层次会不断地加深，将形成一棵严重不平衡的四叉树，那么每次查询的深度将大大增多，从而导致查询效率的急剧下降。

6.5 地理数据库设计技巧

有一个好的数据库产品不等于就有一个好的应用系统，如果不能设计一个合理的数据库模型，不仅会增加客户端和服务器端程序的编程和维护的难度，而且将会影响系统实际运行的性能。一般来讲，在一个 MIS 系统分析、设计、测试和试运行阶段，因为数据量较小，设计人员和测试人员往往只注意到功能的实现，而很难注意到性能的薄弱之处，等到系统投入实际运行一段时间后，才发现系统的性能在降低。

1. 设计数据库之前（需求分析阶段）

（1）理解客户需求。询问客户如何看待未来需求变化。让客户解释其需求，而且随着开发的继续，还要经常询问客户，以保证其需求仍然在开发的目的之中。

（2）了解企业业务可以在以后的开发阶段节约大量的时间。

（3）重视输入输出。在定义数据库表和字段需求（输入）时，首先应检查现有的或者已经设计出的报表、查询和视图（输出），以决定为了支持这些输出哪些是必要的表和字段。

（4）创建数据字典和 E-R 图表。E-R 图表和数据字典可以让任何了解数据库的人都明确如何从数据库中获得数据。E-R 图对表明表之间关系很有用，而数据字典则说明了每个字段的用途及任何可能存在的别名。对 SQL 表达式的文档化来说这是完全必要的。

（5）定义标准的对象命名规范。数据库各种对象的命名必须规范。

2. 表和字段的设计（数据库逻辑设计）

（1）标准化和规范化。数据的标准化有助于消除数据库中的数据冗余。标准化有好几种形式，但第三范式（3NF）通常被认为在性能、扩展性和数据完整性方面达到了最好平衡。简单来说，遵守 3NF 标准的数据库的表设计原则是："one fact in one place"，即某个表只包括其本身基本的属性，当不是它们本身所具有的属性时需进行分解。表之间的关系通过外键相连接，它的特点是有一组表专门存放通过键连接起来的关联数据。

（2）数据驱动。采用数据驱动而非硬编码的方式，许多策略变更和维护都会方便得多，大大增强了系统的灵活性和扩展性。假如用户界面要访问外部数据源（文件、XML 文档、其他数据库等），不妨把相应的链接和路径信息存储在用户界面支持表里。还有，如果用户界面执行工作流之类的任务（发送邮件、打印信笺、修改记录状态等），那么产生工作流的数据也可以存放在数据库里。角色权限管理也可以通过数据驱动来完成。事实上，如果过程是数据驱动的，就可以把相当大的责任转嫁给用户，由用户来维护自己的工作流过程。

（3）考虑各种变化。在设计数据库的时候考虑哪些数据字段将来可能会发生变更。

（4）选择数字类型和文本类型尽量充足。假设地理实体 ID 为 10 位数长，那应该把数据库表字段的长度设为 12 或者 13 个字符长。那么，额外占据的空间使将来无须重构整个数据库就可以实现数据库规模的增长。

（5）增加删除标记字段。在表中包含一个"删除标记"字段，这样就可以把行标记为删除。在关系数据库里不要单独删除某一行，最好采用清除数据程序，而且要仔细维护索引整体性。

3. 索引（数据库逻辑设计）

索引是从数据库中获取数据的最高效方式之一，95%的数据库性能问题都可以采用索引技术得到解决。

（1）逻辑主键使用唯一的成组索引，对系统键（作为存储过程）采用唯一的非成组索引。考虑数据库的空间有多大，表如何进行访问，还有这些访问是否主要用作读写。

（2）大多数数据库都索引自动创建的主键字段，但是索引外键也是经常使用的键，例如，运行查询显示主表和所有关联表的某条记录就用得上。

（3）不要索引大型字段（有很多字符），这样做会让索引占用太多的存储空间。

（4）不要索引常用的小型表。不要为小型数据表设置任何键，假如它们经常有插入和删除操作就更不要这样做。对这些插入和删除操作的索引维护可能比扫描表空间消耗更多的时间。

4. 数据完整性设计（数据库逻辑设计）

（1）完整性实现机制。DBMS 对参照完整性可以有两种方法实现：外键实现机制（约束规则）和触发器实现机制，用户定义完整性：NOTNULL；CHECK；触发器。

（2）用约束而非商务规则强制数据完整性。采用数据库系统实现数据的完整性，这不但包括通过标准化实现的完整性，而且包括数据的功能性。在写数据的时候还可以增加触发器来保证数据的正确性。不要依赖于商务层保证数据完整性，它不能保证表之间（外键）的完整性，所以不能强加于其他完整性规则之上。

（3）强制指示完整性。在有害数据进入数据库之前将其剔除。激活数据库系统的指示完整性，这样可以保持数据的清洁而能迫使开发人员投入更多的时间处理错误条件。

（4）使用查找控制数据完整性。控制数据完整性的最佳方式就是限制用户的选择。只要有可能都应该给用户提供一个清晰的价值列表供其选择，这样将减少键入代码的错误和误解，同时提供数据的一致性。某些公共数据特别适合查找，如国家代码、状态代码等。

（5）采用视图。为了在数据库和应用程序代码之间提供另一层抽象，可以为应用程序建立专门的视图，而不必一定要应用程序直接访问数据表。这样做还可以在处理数据库变更时给用户提供更多的自由。

第7章 GIS软件详细设计

设计是指根据需求分析说明，通过合理规划、周密的计划、对产品的技术实现由粗到细进行表达说明的过程。根据设计粒度和目的的不同可以将设计分为总体设计（概要设计）、详细设计等阶段，以便于管理和确保产品质量。概要设计把软件按照一定的原则分解为模块层次，赋予每个模块一定的任务，并确定模块间的调用关系和接口。详细设计阶段就是对概要设计的一个细化，依据概要设计阶段的分解，设计每个模块内的算法、流程等。GIS软件详细设计是GIS工程中软件开发的重要阶段，该阶段主要是通过需求分析的结果，设计出满足用户需求的软件系统产品。详细设计的对象一般是功能模块，根据概要设计赋予的功能模块任务和对外接口，设计并表达出模块实现算法、流程、状态转换等内容，为每个模块增加足够的细节，使得程序员能够以相当直接的方式对每个模块编码。如果发现有结构调整（如分解出子模块等）的必要，必须返回到概要设计阶段，将调整反映到概要设计文档中。详细设计文档最重要的部分是模块的流程图、状态图、局部变量及相应的文字说明等。每个模块可以单独撰写一篇详细设计文档。各个模块可以分给不同的人去并行设计。

7.1 软件设计概述

7.1.1 详细设计阶段

1. 详细设计概念

软件需求明确、无歧义地描述用户对软件的需求，但不描述软件具体实现方法。用户依据软件需求说明书能了解拟开发软件的原型。开发人员依据软件需求说明书能进行软件设计，给出软件实现思路和方法。软件设计采用自顶向下、逐次功能展开的设计方法。根据工作性质和内容的不同，软件设计分为概要设计和详细设计。

概要设计实现软件的总体设计，一般包括系统技术构架、定义设计准则、定义系统各单位功能模块和业务处理、定义模块间的接口关系和用户界面设计等。同时，还要设计该项目的应用系统的总体数据结构和数据库结构，即应用系统要存储什么数据，这些数据是什么样的结构，它们之间有什么关系。软件概要设计说明书确定了软件的模块结构和接口描述，划分出不同的GIS目标子系统，即各个功能模块，但此时每个模块仍处于黑盒子级，需要进行更进一步的详细设计。

详细设计是对概要设计的进一步细化，主要确定每个模块的具体执行过程，也称过程设计，定义各功能模块的功能单元的详细实现。详细设计根据概要设计所做的模块划分，实现各模块的算法设计，实现用户界面设计、数据结构设计的细化，为每个模块完成的功能进行具体的描述，把功能描述转变为精确的、结构化的过程描述。一般由项目组的不同技术人员依据概要设计分别完成，然后再集成，是具体的实现细节。详细设计的结果基本上决定了最终的程序代码的质量。详细设计的任务不是编写程序，而是要设计出程序的"蓝图"，便于下一个阶段根据这个蓝图写出实际的程序代码。

2. 与概要设计的联系

概要设计是详细设计的基础，必须在详细设计之前完成，概要设计经复查确认后才可以开始详细设计。概要设计，必须完成概要设计文档，包括系统的总体设计文档及各个模块的概要设计文档。每个模块的设计文档都应该独立成册。

详细设计必须遵循概要设计来进行。详细设计方案的更改，不得影响概要设计方案；如果需要更改概要设计，必须经过项目经理的同意。详细设计，应该完成详细设计文档，主要是模块的详细设计方案说明。与概要设计一样，每个模块都要有详细设计文档。

概要设计里面的数据库设计应该重点在描述数据关系上，说明数据的来龙去脉，说明这些结果数据的源点、概要设计的目的和原因。如果是关系型的数据库或数据结构，应该说明各表之间的主外键关系或表的字段之间的关系，包括引用和依赖等。详细设计里的数据库设计就应该是一份完善的数据结构文档，就是一个包括类型、命名、精度、字段说明、表说明等内容的数据字典。数据库说明细化到表有哪些字段和字段的类型与精度。

概要设计里的功能重点在描述，对需求的解释和整合，整体划分功能模块，并对各功能模块进行详细的图文描述，应该让读者大致了解系统做完后大体的结构和操作模式。详细设计则重点在描述系统的实现方式，各模块详细说明实现功能所需的类及具体的方法函数，包括涉及的关键语句等。

7.1.2　详细设计目标与任务

详细设计的主要任务是设计每个模块的实现算法、所需的局部数据结构。详细设计的目标有两个：实现模块功能的算法要逻辑上正确；算法描述要简明易懂。

1. 根本目标

详细设计阶段的根本目标是确定怎样具体地实现所要求的系统，也就是为各个在总体设计阶段处于黑盒子级的模块设计具体的实现方案。系统详细设计的主要内容是在具体进行程序编码之前，根据总体设计提供的文档，细化总体设计中已划分出的每个功能模块，为之选择具体的算法，并清晰、准确地描述出来，从而在具体编码阶段可以把这些描述直接翻译成用某种程序设计语言书写的程序。其设计成果可用程序流程图描述，也可用伪码描述，还可用形式化软件设计语言描述。详细设计的结果基本上决定了最终程序代码的质量。

详细设计以总体设计阶段的工作为基础，但又不同于总体设计阶段，这主要表现为以下两个方面：①在总体设计阶段，数据项和数据结构以比较抽象的方式描述。例如，总体设计阶段可以声明矩阵在概念上表示一幅遥感图像，详细设计阶段就要确定用什么数据结构来表示这样的遥感影像。②详细设计要提供关于算法的更多细节。例如，总体设计可以声明一个模块的作用是对一个表进行排序，详细设计则要确定使用哪种排序算法。总之，在详细设计阶段要为每个模块增加足够的细节，使得程序员能够以相当直接的方式对每个模块编码。因此，详细设计的模块包含实现对应的总体设计的模块所需要的处理逻辑，主要内容有：①详细的算法；②数据表示和数据结构；③实现的功能和使用的数据之间的关系。

2. 基本任务

地理信息系统研制不但要完成逻辑模型所规定的任务，而且要使所设计的系统达到最优化。如何选择最优的方案，是系统设计人员和用户共同关心的问题。一般而言，一个优化的应用型地理信息系统必须具有运行效率高、控制性能好和可变性强等特点。为了提高系统的可变性，目前较有效的方法是模块化的结构设计方法，即先将整个系统视为一个模块，然后按功能逐步分解为若干个第一层模块、第二层模块等。一个模块只执行一种功能，一种功能只用一个模块来实现，这样设计出来的系统才能做到可变性强和具有生命力。

详细设计的具体任务包括以下几个。

（1）为每个模块进行详细的算法设计。为每个功能模块选定算法，用某种图形、表格、语言等工具将每个模块处理过程的详细算法描述出来。逐步求精的结果是得到一系列以功能块为单位的算法描述。

（2）为模块内的数据结构进行设计。对于需求分析、概要设计确定的概念性的数据类型进行确切的定义。

（3）为数据结构进行物理设计，即确定数据库的物理结构。物理结构主要指数据库的存储记录格式、存储记录安排和存储方法，这些都依赖于具体所使用的数据库系统。

（4）确定模块的接口细节，以及模块间的调用关系。

（5）描述每个模块的流程逻辑。细化总体设计的体系流程图，绘出程序结构图，直到每个模块的编写难度可被单个程序员掌握为止。

（6）代码设计。为了提高数据的输入、分类、存储、检索等操作的效率，节约内存空间，对数据库中的某些数据项的值要进行代码设计。

（7）人机对话设计。对于一个实时系统，用户与计算机频繁对话，因此要进行对话方式、内容、格式的具体设计，输入/输出格式设计。

（8）编写详细设计文档。主要包括细化的系统结构图及逐个模块的描述，功能、接口、数据组织、控制逻辑等。

7.2　功能模块设计

功能模块设计的目的是降低程序复杂度，使程序设计、调试和维护等操作简单化。将现实问题经过几次抽象（细化）处理，最后到求解域中只是一些简单的算法描述和算法实现问题，即将系统功能按层次进行分解，每一层不断将功能细化，到最后一层都是功能单一、简单易实现的模块。求解过程可以划分为若干个阶段，在不同阶段采用不同的工具来描述问题。每个阶段有不同的规则和标准，产生出不同阶段的文档资料。

7.2.1　功能模块设计概念

功能模块是指数据说明、可执行语句等程序元素的集合，它是指单独命名的可通过名字来访问的过程、函数、子程序或宏调用。功能模块化是将程序划分成若干个功能模块，每个功能模块完成一个子功能，再把这些功能模块连接起来组成一个整体，以实现用户所要求的系统功能。

1. 功能模块设计原则

GIS 系统功能设计一般应遵循以下原则。

（1）功能结构的合理性，即系统功能模块的划分要以系统论的设计思想为指导，合理地进行集成和区分，功能特点清楚、逻辑清晰、设计合理。

（2）功能结构的完备性，根据系统应用目的的要求，功能齐全，适合各种应用目的和范围。

（3）系统各功能的独立性。各功能模块应相互独立，各自具备一套完整的处理功能，且功能相对独立，重复度最小。

（4）功能模块的可靠性。模块的稳定性好，操作可靠，数据处理方法科学、实用。

（5）功能模块操作的简便性。各子功能模块应操作方便，简单明了，易于掌握。

2. 功能模块划分

功能模块化的根据是，如果一个问题由多个问题组合而成，那么这个组合问题的复杂程度将大于分别考虑这些问题时的复杂程度之和。这个结论使得人们乐于利用功能模块化方法将复杂的问题分解成许多容易解决的局部问题。功能模块化方法并不等于无限制地分割软件，因为随着功能模块的增多，虽然开发单个功能模块的工作量减少了，但是设计功能模块间接口所需的工作量将增加，而且会出现意想不到的软件缺陷。因此，只有选择合适的功能模块数目才会使整个系统的开发成本最小。

3. 功能模块独立性

功能模块独立的概念是功能模块化、抽象、信息隐蔽和局部化概念的直接结果。

抽象是指对事物、状态或过程之间存在的某些相似的方面集中和概括起来，而暂时忽略它们之间的差异，即考虑抽象事物的本质特征而暂时不考虑它们的细节。信息隐蔽是指在设计功能模块时使得一个功能模块内所包含的信息（过程或数据），对于不需要这些信息的功能模块来说是不能访问的。信息隐蔽原则会在软件维护期间修改软件时带来极大的好处，因为大量数据和过程是软件的其他部分所不能觉察的，因而在对某个功能模块修改时就不大会影响软件的其他部分。局部化是指把一些关系密切的软件元素在物理位置上彼此靠近。

功能模块独立性是通过制定具有单一功能并且和其他功能模块没有过多联系的功能模块来实现的。每个功能模块只涉及该软件要求的一个具体子功能，而且与软件结构的其他部分的接口是简单的。

功能模块独立性好的软件接口简单、易于编制，独立的功能模块也比较容易测试和维护，限制了功能模块之间由于联系紧密而引起的修改副作用。独立性是保证软件质量的重要因素。功能模块独立性是由内聚性和耦合性两个定性指标来度量的。内聚性是度量一个功能模块内功能强度的相对指标。耦合性则用来度量功能模块之间相互联系的程度。

4. 功能模块设计方法

（1）提高功能模块独立性。在得到软件结构之后，就应首先着眼于改善功能模块的独立性，考验是否应该把一些功能模块提取或合并，力求降低耦合提高内聚。例如，多个功能模块共有的一个子功能可以独立成一个功能模块，由这些功能模块调用，有时可以通过分解或合并功能模块以减少控制信息的传递及对全局数据的引用，并且降低接口的复杂度。

（2）功能模块规模适度。经验表明，当功能模块过大时，功能模块的可理解性就会迅速下降。但是对过大的功能模块分解时，也不应降低功能模块的独立性。因为当对一个大的功能模块分解时，有可能增加功能模块之间的依赖。

（3）深度、宽度、扇出和扇入要适当。如果深度过大则说明有的控制模块可能简单了。如果宽度过大则说明系统的控制过于集中。而扇出过大则意味着功能模块过于复杂，需要控制和协调过多的下级模块，这时应适当地增加中间层次，扇出太小则可以把下级模块进一步分解成若干个子功能模块，或者合并到上级功能模块中去。一个功能模块的扇入是表明有多少个上级功能模块直接调用它，扇入越大则共享该模块的上级模块数目越多，这是有好处的。

（4）要使模块的作用范围保持在该模块的控制范围内。功能模块的作用范围是指受该功能模块内一个判定影响的所有功能模块的集合。功能模块的控制范围是指这个功能模块本身及所有直接或间接从属于它的功能模块的集合。在一个设计得很好的系统中，所有受判定影响的功能模块都应该从属于做出判定的那个功能模块，最好局限于做出判定的那个功能模块本身及它的直接下级模块。对于那些不满足这一条件的软件结构，修改的办法是将判定点上移，或者将那些在作用范围内但是不在控制范围内的功能模块移植到控制范围内。

（5）应减少功能模块的接口的复杂性和冗余度。功能模块接口复杂是软件发生错误的一个主要原因。应该仔细设计模块接口，使得信息传递简单并且和模块的功能一致。

（6）设计成单入口、单出口的功能模块。病态连接关系是指从中部进入或访问一个模块。避免病态连接要防止内容耦合性，如果功能模块都是从顶部入口、从底部出口的话，软件也更易于理解和易于维护。

（7）模块的功能可预测。如果一个功能模块可以当作一个黑箱，即只要输入的数据相同就产生同样的输出，这个模块的功能就是可以预测的。而那些具有内部记忆的功能模块则可能是不可预知的，因为它可能记载了某个内部标志并且利用这个标志去选择处理方案。由于这个标志对上级功能模块来说是看不见的，因而可能引起混乱。

（8）根据设计的约束和移植的需要组装软件。组装是指把软件组合起来，以便把软件放入特定的处理环境或送往其他的地方。有时，设计约束要求一个程序要在内存中覆盖自己。如果有这种要求的话，原设计结构就可能必须重新组织以便按照重复的次数、存取的频率，以及各次调用之间的间隔来把功能模块组合起来。

总之，不管什么样的功能模块都有可能出现软件缺陷，主要类型有：①软件没有实现产品规格说明所要求的功能模块；②软件中出现了产品规格说明指明不应该出现的错误；③软件实现了产品规格说明没有提到的功能模块；④软件没有实现虽然产品规格说明没有明确提及但应该实现的目标；⑤软件难以理解、不容易使用、运行缓慢，或从测试员的角度看，最终用户会认为不好。因此一定要重视软件功能模块的设计和软件测试的进行，这样才能从根本上保证软件质量。

7.2.2　功能模块设计工具

系统详细设计的任务是给出软件模块结构中各个模块的内部过程描述，也就是模块内部的算法设计。根据软件工程的思想，在 GIS 软件设计过程中，尤其是大型 GIS 软件的开发，系统设计和系统实现是两个阶段的任务，通常由不同的人员来进行。因此，需要采用一种标准的、通用的设计表达工具来实现两个阶段的沟通，使设计人员设计的系统，实现人员通过分析设计的文本和资料得到无歧义的理解，即详细设计表达工具的选择可以促进系统设计成果的表达和实现。

1. 结构化系统详细设计工具

详细设计的表达工具可分为图形、表格和语言三种。无论是哪种工具，对它们的基本要求都是能提供对设计的无歧义的描述，即能指明控制流程、处理功能、数据组织及其他方面的实现细节，从而方便在编码阶段把设计描述直接翻译成程序代码。

本节主要介绍功能结构图、程序流程图、N-S 盒式图、问题分析图、类程序设计语言等表达工具。

1）功能结构图

功能结构图就是按照功能的从属关系画成的图表，图中的每一个框都称为一个功能模块。

功能结构图是对硬件、软件、解决方案等进行解剖，详细描述功能列表的结构、构成、剖面的从大到小、从粗到细、从上到下等而描绘或画出来的结构图。从概念上讲，上层功能包括（或控制）下层功能，越上层功能越笼统，越下层功能越具体。

功能分解的过程就是一个由抽象到具体、由复杂到简单的过程。图中每一个框称为一个功能模块。功能模块可以根据具体情况分解得大一点或小一点。分解得最小的功能模块可以是一个程序中的每个处理过程，而较大的功能模块则可能是完成某一任务的一组程序。

功能结构的建立是设计者的设计思维由发散趋向收敛、由理性化变为感性化的过程。它是在设计空间内对不完全确定设计问题或相当模糊设计要求的功能结构图，是一种较为简洁和明确的表示。它以图框形式简单地表示系统间输入与输出量的相互作用关系，是概念设计的关键环节。

功能结构图设计过程就是把一个复杂的系统分解为多个功能较单一的模块的过程。这种分解为多个功能较单一的模块的方法称为模块化。模块化是一种重要的设计思想，这种思想把一个复杂的系统分解为一些规模较小、功能较简单的、更易于建立和修改的部分。一方面，各个模块具有相对独立性，可以分别加以设计实现。另一方面，模块之间的相互关系（如信息交换、调用关系），则通过一定的方式予以说明。各模块在这些关系的约束下共同构成统一的整体，完成系统的各项功能。

功能结构图主要是为了更加明确地体现内部组织关系，更加清晰地理清内部逻辑关系，做到一目了然规范各自功能部分，使之条理化。

2）程序流程图

程序流程图（program flow chart，PFC）又称程序框图，它是应用最广泛的描述过程的方法，具有简单、直观、易于掌握的优点，特别适用于具体模块小程序的设计。图 7.1 所示为程序流程图常用符号，其中方框表示处理步骤，菱形框表示逻辑判断，箭头表示控制流。

(1) 输入输出框　　(2) 处理框　　(3) 判断框　(4) 连接点　(5) 起止框　　　(6) 流程线

图 7.1　程序流程图常用符号

在程序流程图中，结构化单元可以嵌套，如一个 if-then-else 构造单元的 then 部分是一个 repeat-until 构造单元，而 else 部分是一个选择构造。这个外层的选择构造单元又是顺序构造中的第二个可执行单元。图 7.2 为结构化单元嵌套示意图，以此嵌套结构可以导出复杂的程序结构。

程序流程图也存在不足之处，主要有如下表现。

（1）程序流程图本质上不是逐步求精的好工具，它使程序员过早地考虑程序的控制流程，而不去考虑程序的全局结构。

（2）程序流程图中用箭头代表控制流，因此程序员可以完全不顾结构化程序设计的精神，随意转移控制。

（3）程序流程图不易表示数据结构。

（4）详细的程序流程图每个符号对应于源程序的一行代码，对于提高大型系统的可理解性作用甚微。

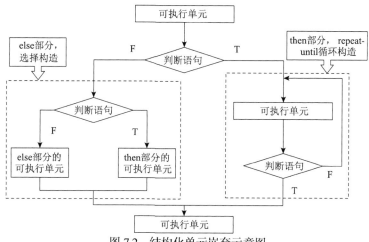

图 7.2　结构化单元嵌套示意图

3）N-S 盒式图

N-S（Nassi-Shneiderman）盒式图是另一种用于详细设计表达的结构化图形设计工具。最初由 Nassi 和 Shneiderman 开发，后经 Chapin 扩充改进，所以又称 N-S 图或 Chapin 图。同 PFC 相比，N-S 图具有功能域表达明确、容易确定数据作用域的优点。作为详细设计的工具，N-S 图易于培养软件设计程序员结构化分析问题与解决问题的习惯，它以结构化方式严格地实现从一个处理到另一个处理的控制转移。每一个 N-S 图开始于一个大的矩形，表示它所描述的模块，该矩形的内部被分成不同的部分，分别表示不同的子处理过程，这些子处理过程又可进一步分解成更小的部分。其基本结构如图 7.3 所示。

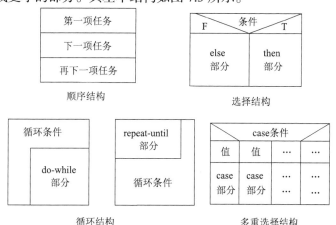

图 7.3　N-S 盒式图基本结构

N-S 盒式图具有如下特征：①是一种清晰的图形表达式，能定义功能域（重复或 if-then-else 的工作域）；②控制不能任意转移；③易于确定局部或全局的数据工作域；④易于表示递归。

4）问题分析图

问题分析图（problem analysis diagram，PAD）是由日本日立制作所研究开发的，综合了流程图、盒式图和伪码等技术的一些特点，在 Pascal 语言基础上发展而成的系统详细设计工具。基于 Pascal 的控制结构，用二维树状图的形式描述程序的逻辑，图 7.4 反映了问题分析图的基本原理。问题分析图的主要优点是结构清晰，能直接导出程序代码，并可对其进行一致性检查。问题分析图可用于 Basic、Fortran、Pascal、C 等编程语言，它不仅支持软件的详细设计，还支持软件需求分析和总体设计，也是当前广泛使用的一种软件设计方法。

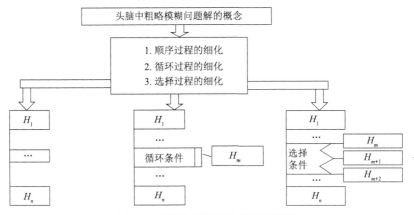

图 7.4　问题分析图方法的基本原理

　　问题分析图采用自顶而下、逐步细化的结构化设计原则，力求将模糊的问题解的概念逐步转换为确定的和详细的过程。图 7.5 列出了问题分析图的基本符号，有了问题分析图的基本符号和基本图式，根据系统的要求可画出系统的问题分析图。

符号	名称	说明
	输入框	框内写出输入变量名
	输出框	框内写出输出变量名
	处理框	框内写出处理名或语句名
	子程序框	子程序处理，框内写出子程序名
	重复框	先判定，再重复，框内写出重复条件
	重复框	先执行，然后判定，再重复
	定义框	框内写定义名
	选择框	可一路、二路、三路或多路选择
	语句标号	圆内写出语句标号
	定义	用于PAD图的增加或分解

图 7.5　问题分析图基本符号

　　由问题分析图转换出相应的源程序，必须按照以下步骤进行：①根据问题解画出问题分析图；②把问题分析图看作横向生长的树，沿着树前进，写出源程序。

5）类程序设计语言

　　类程序设计语言是介于代码和某种语言之间的类语言，一般用做描述工具。类程序设计语言只是为了描述方便而产生的语言，又称为设计性程序语言（program design language，PDL），用 PDL 书写的文档是不可执行的，主要供开发人员使用。

　　PDL 描述的总体结构和一般的程序很相似，包括数据说明部分和过程部分，也可以带有注释等成分。但它是一种非形式的语言，对于控制结构的描述是确定的，而控制结构内部的描述语法不确定，可以根据不同的应用领域和不同的设计层次灵活选用描述方式，也可以用自然语言描述。PDL 是一个笼统的名称，现有多种不同的 PDL 在使用。

PDL 是一种混杂语言，它使用一种结构化程序设计语言（如 Pascal、C）的语法控制框架，而在内部却可灵活使用一种自然语言（如英语）来表示数据结构和处理过程。PDL 虽然没有图形工具描述得直观清晰，但用来表示算法灵活自由，且便于翻译成高级语言程序，是介于自然语言与程序设计语言之间的一种伪码。PDL 是用正文形式表示数据和处理过程的设计工具，一方面具有严格的关键字外部语法，用于定义控制结构和数据结构；另一方面，又具有灵活自由的内部语法，以适应各种工程项目的需要。PDL 与实际的高级程序设计语言的区别在于：PDL 的语句中嵌有自然语言的叙述，是不能被计算机识别和编译的。

总体上，PDL 具有以下特点。

（1）关键字的固定语法，提供所有结构化构造、数据说明及模块化的手段。

（2）自然语言的自由语法，用于描述处理过程和判定条件。

（3）数据说明的手段，既包括简单的数据结构（如变量和数组），又包括复杂的数据结构（如链表）。

（4）模块定义和调用的技术，提供各种接口描述模式。

PDL 的过程元素是块结构，这种块结构作为单一的实体执行。一个块结构可以用下列的方式确定：

```
BEGIN<Cblock-name>
<pseudocodestatements>;
END
```

其中，<Cblock-name> 可以用来为引用这个块结构提供一种方式。<pseudocodestatements>则可用其他所有的 PDL 构造组成。例如，

```
BEGIN<draw-line-on-graphics-terminal>
getend-pointsfromdisplaylist;
scalephysicalend-pointstoscreencoordinates;
DRAWalineusingscreencoordinates;
END
```

一般，可将<pseudocodestatements>作为注释直接插在源程序代码中，这样做能促使维护人员在修改程序代码的同时也相应地修改 PDL，从而有助于保持文档和程序的一致性，提高文档的质量。现在已经有自动处理程序存在，而且可以自动由 PDL 生成程序代码。当然，PDL 不如图形工具形象直观，描述复杂的条件组合与动作间的对应关系时，不如判定表或判定树等清晰直观。

2. 面向对象的系统详细设计工具

系统详细设计是软件工程中的主要阶段，详细设计细化了高层抽象的体系结构，分析和设计系统的动态结构，并且建立相应的动态模型。动态模型描述了系统随时间变化的行为，它主要是建立系统的交互图和行为图。交互图包括序列图和协作图，行为图包括状态图和活动图。

序列图用来显示对象之间的关系，并强调对象之间消息的时间顺序，同时显示对象之间的交互。协作图主要用来描述对象间的交互关系。状态图通过对类对象的生存周期建立模型来描述对象随时间变化的动态行为。活动图是一种特殊形式的状态机，用于对计算流程和工作流程建模。

本节主要讨论序列图和活动图。

1）序列图

序列图描述了一个交互，它由一组对象和它们之间的关系组成，并且包括在对象间传递的消息。序列图是强调消息时间顺序的交互图。它描述类和类之间的关系，是将这些交互建模成消息交换，也就是说，序列图描述了类及类间相互交换以完成期望行为的消息。

交互是指在具体语境中为实现某个目标的一组对象之间进行交互的一组消息所构成的行为。一个结构良好的交互过程类似于算法，简单、易于理解和修改。交互通常为两种情况进行建模，分别是为系统的动态方面进行建模和为系统的控制过程进行建模。

为系统的动态方面进行建模时，通过一组相关联、彼此相互作用的对象之间的动作序列和配合关系，以及这些对象之间传递、接收的消息，来描述为系统实现自身的某个功能而展开的一组动态行为；面向控制流进行建模时，可以针对一个用例、一个业务操作过程和系统操作过程描述消息在系统内是如何按照时间顺序被发送、接收和处理的。

序列图将交互关系表示为一个二维图，其中纵向是时间轴，时间沿竖线向下延伸。横向代表在协作中独立对象的角色。角色用生命线表示，当对象存在时，生命线用一条虚线表示，此时对象不处于激活状态，当对象的过程处于激活状态时，生命线是一条双道线。序列图中的消息用一个对象的生命线到另一个对象的生命线的箭头表示。箭头以时间顺序在图中从上到下排列。

序列图作为一种描述在给定语境中消息是如何在对象间传递的图形化方式，在使用其进行建模时，可以将其用途分为以下三个方面。

确认和丰富一个使用语境的逻辑表达：一个系统的使用环境就是系统潜在的使用方式的描述，也就是它的名称所要描述的。一个使用环境的逻辑可以是一个用例的一部分或是一条控制流。

细化用例的表达：序列图的主要用途之一就是把用例表达的需求转化为进一步、更加正式层次的精细表达。用例常常被细化为一个或者更多的序列图。

有效地描述如何分配各个类的职责及各类具有相应职责的原因：可以根据对象之间的交互关系来定义类的职责，各个类之间的交互关系构成一个特定的用例。

序列图由对象、生命线、激活和消息等构成。序列图的目的就是按照交互发生的顺序显示对象之间的交互。

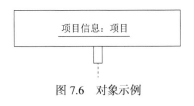

图 7.6　对象示例

序列图中的对象可以是系统的参与者或者任何有效的系统对象。对象使用包围名称的矩形框来标记。所显示的对象及类的名称带有下划线，二者用冒号隔开，即"对象名：类名"的形式。如图 7.6 所示，对象为项目信息。

项目信息对象的下部有一条垂直的虚线称为生命线，用来表示序列图中的对象在一段时间内的存在。每个对象底部的中心位置都带有生命线。生命线是一个时间线，从序列图的顶部一直延伸到底部，所用时间取决于交互持续的时间，也就是说，生命线表现了对象存在的时段。

序列图可以描述对象的激活，激活是对象操作的执行，它表示一个对象直接或通过从属操作完成操作的过程。它对执行的持续时间和执行与其调用之间的控制关系进行建模。在传统的计算机和语言上激活对应帖的值。激活是执行某个操作的实例，它包括这个操作调用其他操作的过程。在序列图中激活用一个细长的矩形框表示，它的顶端与激活时间对齐，而底端与完成时间对齐。图 7.7 中包含一个递归调用和两个其他操作。

消息是从一个对象向另一个或其他几个对象发送信息，或由一个对象调用另一个对象的操作。它可以有不同的实现方式，如过程调用、活动线程间的内部通信、事件的发生等。

从定义可以看出，消息由三个部分组成，分别是发送者、接收者和活动。发送者是发出消息的类元角色；接收者是接收消息的类元角色，接收消息的一方也被认为是事件的实例。在序列图中消息的表示形式为从一个对象（发送者）的生命线指向另一个对象（目标）的生命线的箭头（图 7.8）。

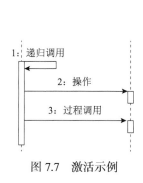

图 7.7　激活示例

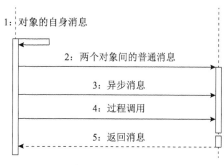

图 7.8　序列图中常见的消息表示

2）活动图

活动图是一种用于描述系统行为的模型视图，主要用来展现参与行为的类的活动或动作。它可用来描述动作和动作导致对象状态改变的结果，而不用考虑引发状态改变的事件。通常活动图记录单个操作或方法的逻辑、单个用例或商业过程的逻辑流程，它强调计算过程中的顺序和并发步骤。活动图所有或多数状态都是活动状态或动作状态。

活动图是模型中的完整单元，表示一个程序或工作流，常用于计算流程和工作流程建模。活动图着重描述了用例实例、对象的活动，以及操作实现中所完成的工作。

在活动图中，活动的起点用来描述活动图的开始状态，用黑的实心圆来表示。活动的终止点用来描述活动图的终止状态，用一个空心圆来表示。活动图中的活动既可以是手动执行的任务，又可以是自动执行的任务，用圆角矩形表示。

活动图的作用主要体现在以下几点。

（1）描述一个操作执行过程中所完成的工作，说明角色、工作流、组织和对象是如何工作的。

（2）活动图对用例描述尤其有用，它可建模用例的工作流、显示用例内部和用例之间的路径；可以说明用例的实例是如何执行动作及如何改变对象状态的。

（3）显示如何执行一组相关的动作，以及这些动作如何影响它们周围的对象。

（4）活动图有利于理解业务处理过程。活动图可以画出工作流用以描述业务，有利于与领域专家进行交流。通过活动图可以明确业务处理操作是如何进行的，以及可能产生的变化。

活动图主要由如下元素组成：动作状态、活动状态、组合活动、分叉与汇合、分支与合并、泳道、对象流。

动作状态是原子性的动作或操作的执行状态，它不能被外部事件的转换中断。动作状态的原子性决定了动作状态要么不执行，要么就完全执行，不能中断。动作状态不可以分解成更小的部分，它是构造活动图的最小单位。动作状态一般用于描述简短的操作。它用平滑的圆角矩形表示，动作状态表示的动作写在矩形内部。图 7.9 表示打印回执单这个动作状态，这个动作状态允许在活动图中多次出现。

活动状态是非原子性的，用来表示一个具有子结构的纯粹计算的执行。活动状态可以分解成其他子活动或动作状态，可以使转换离开状态的事件从外部中断。活动状态可以有内部转换、入口动作和出口动作。活动状态至少具有一个输出完成转换，当状态中的活动完成时该转换激发。活动状态用于描述持续事件或复杂性的计算，它与动作状态的表示图标相同。两者的区别是活动状态可以在图标中给出入口动作和出口动作等信息。图 7.10 表示录入信息的活动状态，入口动作将调用活动状态示例读取参数方法，出口动作将调用保存方法。

图 7.9　动作状态示例　　　　　　　　　　　图 7.10　活动状态示例

组合活动是一种内嵌活动图的状态。把不含内嵌活动或动作的活动称为简单活动，把嵌套了若干活动或动作的活动称为组合活动。一个组合活动表面上看是一个状态，但其本质却是一组子活动的概况。一个组合活动可以分解为多个活动或动作的组合。一般当流程复杂时将组合活动图单独放在一个图中，然后让活动状态引用它。图 7.11 表示申请材料录入系统是一个活动状态，但是申请材料录入系统时不但包括基础信息入库，还包括面积信息、图斑信息的入库。这样，在申请材料录入系统这个活动状态中就又内嵌了三个活动，所以申请材料录入系统就是一个组合活动。

图 7.11　组合活动示例

并发指的是在同一时间间隔内有两个或者两个以上的活动执行。对于一些复杂的大型系统而言，对象在运行时往往不只存在一个控制流，而是存在两个或者多个并发运行的控制流。

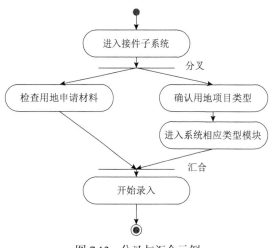

图 7.12　分叉与汇合示例

为了对并发的控制流建模，引入了分叉和汇合的概念。分叉用于表示将一个控制流分成两个或者多个并发运行的分支。汇合用来表示两个或多个并发控制同步发生，当所有的控制流都到达汇合点时，控制才向下进行。图 7.12 是关于接件人员录入建设用地申请信息的活动图。从初始状态开始，转换到活动状态"进入接件子系统"；接下来自动迁移到分支，这产生两个并发工作流，"检查用地申请材料"和"确认用地项目类型"；在确认了项目类型后，进入活动状态"进入系统相应类型模块"，因为系统录入类型分为批次建设、单独选址建设、农村村民宅基地，所以在确认了用地项目类型后，再进入相应模块；只有当"检查用地申请材料"和"进入系统相应类型模块"都完成时，转换汇合到"开始录入"。

分支在活动图中很常见，它是转换的一部分，它将转换路径分成多个部分，每一部分都有单独的监护条件和不同的结果。当动作流遇到分支时，会根据监护条件的真假来判定动作的流向。分支的每个路径的监护条件应该是互斥的，这样可以保证只有一条路径的转换被激发。在活动图中离开一个活动状态的分支通常是完成转换，它们是在状态活动完成时隐含触发的。

　　合并指的是两个或者多个控制路径在此汇合的情况。合并是一种便利的表示法。合并和分支常常成对使用，合并表示从对应分支开始的条件的行为结束。在活动图中，分支与合并都用空心的菱形表示。如图 7.13 所示，在是否符合土地利用总体规划审查中，符合规划和不符合规划将有两个分支"生成规划审查表格""检索是否符合规划修改条件"，而且在流向中，检索是否符合规划修改条件也有两个分支"生成意见并转至规划修改环节""生成规划审查意见"。最终如上三个分支在流向完毕后在同一结点合并，活动状态也结束。

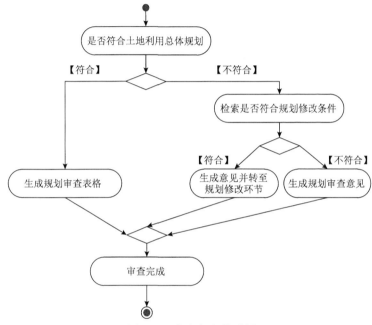

图 7.13　分支与合并示例

　　为了对活动的职责进行组织而在活动图中将活动状态分为不同的组，称为泳道。每个泳道代表特定含义的状态职责部分。在活动图中，每个活动只能明确地属于一个泳道，泳道明确地表示了哪些活动是由哪些对象进行的。每个泳道都有一个与其他泳道不同的名称。

　　每个泳道可能由一个或者多个类实施，类所执行的动作或拥有的状态按照发生的事件顺序自上而下地排列在泳道内。而泳道的排列顺序并不重要，只要布局合理、减少线条交叉即可。在活动图中，每个泳道通过垂直线与它的邻居泳道相分离，在泳道的上方是泳道的名称，不同的泳道中的活动既可以顺序进行也可以并发进行。如图 7.14 所示，一个精简的用地预审流程中，将规划科室人员、计划科室人员分为两个泳道。预审中的"是否符合供地政策""是否符合土地利用总体规划"在规划科室顺序进行，然后流转到计划科室"预支年度计划指标"，完成后再流转到规划科室"生成预审意见"。

　　活动图中交互的简单元素是活动和对象，控制流就是活动和对象之间的关系的描述。控制表示动作与其参与者和后续动作之间、动作与输入和输出对象之间的关系。而对象流就是一种特殊的控制流。对象是类的实例，用来封装状态和行为。对象流中的对象表示的不仅仅是对象自身，还表示了对象作为过程中的一个状态存在。活动图中的对象用矩形表示，其中包含带下划线的类名，在类名下方的中括号内则是状态名，表明了对象此时的状态。用带箭头的虚线连接对象流，如果虚线箭头从活动指向对象流状态，则表示输出。输出表示了动作对对象施加了影响，影响包括创建、修改、撤销等。如果虚线箭头从对象流状态指向活动，则表示输入。图 7.15 所示的活动图描述了对象（用地申请项目）从接件、预审到公示的工作流。用地申请项目被接件科室接件并核查后，发送至预审科室；规划科室接收项目后开始按步骤预审，生成预审意见后预审结束，并将结果发送至接件科室；接件科室将项目预审结果公示。

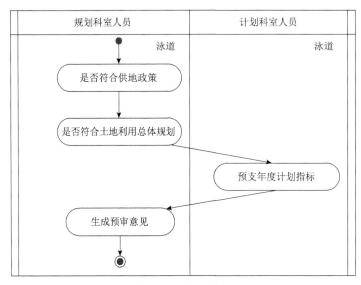

图 7.14　泳道示例

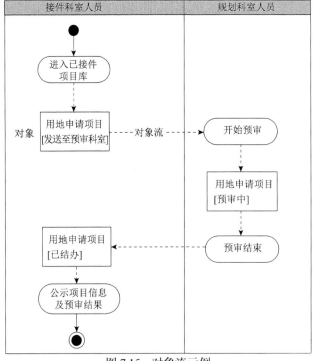

图 7.15　对象流示例

7.2.3　功能模块设计内容

详细设计应用系统的各个构成模块完成的功能及其相互之间的关系，用 IPO 或结构图描述各模块的组成结构、算法、模块间的接口关系，以及需求、功能和模块三者之间的交叉参照关系。

功能模块化，简单地说，就是程序的编写不是开始就逐条录入计算机语句和指令，而是首先用主程序、子程序、子过程等框架把软件的主要结构和流程描述出来，并定义和调试好各个框架之间的输入、输出链接关系。以功能块为单位进行程序设计，实现其求解算法的方法称为模块化。模块化的目的是降低程序复杂度，使程序设计、调试和维护等操作简单化。功能模块详细设计对各模块进行逐个模块的程序描述，主要包括算法和程序流程、输入输出项、与外部的接口等。

1. 模块算法设计

要使计算机能完成人们预定的工作，首先必须为如何完成预定的工作设计一个软件算法，然后根据软件算法编写程序。软件算法在现实生活中有很多的应用，在不同的领域也会采用不同的软件程序进行计算。算法被认为是程序设计的精髓。

计算机程序要对问题的每个对象和处理规则给出正确详尽的描述，其中程序的数据结构和变量用来描述问题的对象，程序结构、函数和语句用来描述问题的算法。算法数据结构是程序的两个重要方面。

算法是问题求解过程的精确描述，一个算法由有限条可完全机械地执行的、有确定结果的指令组成。指令正确地描述了要完成的任务和它们被执行的顺序。计算机软件算法指令所描述的顺序执行算法的指令能在有限的步骤内终止，或终止于给出问题的解，或终止于指出问题对此输入数据无解。

2. 模块流程图设计

程序流程图是一种用规定的图形、指向线及文字说明来准确表示算法的图形，具有直观、形象的特点，能清楚地展现算法的逻辑结构。画程序框图的规则：使用标准的框图符号；框图一般按从上到下、从左到右的方向画；除判断框外，大多数程序框图的符号只有一个进入点和一个退出点，而判断框是具有超过一个退出点的唯一符号。

3. 模块接口设计

GIS 内部接口设计需确定接口约定，主要包括以下内容。

（1）命名约定。命名约定用来解决不同语言在命名方面的差别所带来的问题。各种语言对用来标识程序对象的标识符（或称名字）都有自己的规定，因而在混合编程时必须有一套转换规则。程序员只有遵守它，相应的语言编译程序才能实现。

（2）调用约定。调用约定主要解决子程序的参数传递顺序问题。子程序的调用者和被调用者之间并非直接传递参数，一般是通过堆栈进行的。调用约定规定子程序调用者以什么顺序将子程序的实参推入堆栈，被调用者以什么顺序从堆栈中取走实参。

（3）参数传递约定。参数传递约定确定参数是按值传递还是按引用传递。

GIS 内部接口设计的形式有多种，主要包括消息传递、直接引用、用过程语句调用等。其中，消息传递在面向对象程序设计中用得很多；直接引用是指一个模块直接存取另一个模块的某些信息，如全程变量、共享的通信区等；而用过程语句调用是指通过模块的名字调用整个模块，一个模块只有一个入口，所有数据来往都以参数形式出现。采用何种内部接口形式需要根据实际需要进行选择。模块间的接口方式及描述如下。

（1）全局变量：定义在模块之外。这是很特殊的一种接口。

（2）子模块返回的信息。接口一：子模块名（即被调用的函数名）；接口二：return 语句（位于被调用的函数的函数体内）。

（3）调用模块传递给子模块（参数值传递）。参数形式：普通变量名或者表达式。

（4）调用模块与子模块按名共享空间信息：变量参数传递（即引用）。参数形式：&普通变量名。

（5）调用模块与子模块之间按地址共享空间信息（即地址传递）。参数形式：*指针变量名。

4. 模块数据存储设计

列出所使用的数据结构中每个数据项的存储要求、访问方法、存取单位和存取物理关系等。建立系统程序员视图，包括：①数据在内存中的安排，包括对索引区、缓冲区的设计；②所使用的外存设备及外存空间的组织，包括索引区、数据块的组织与划分；③访问数据的方式方法。

说明数据的共享方式，如何保证数据的安全性及保密性。

编写详细的数据字典。对数据库设计中涉及的各种项目，如数据项、记录、系、文卷模式、子模式等一般要建立数据字典，以说明它们的标识符、同义名及有关信息。

5. 模块输入输出设计

对模块输入输出的内容、种类、格式、所用设备、介质、精度、承担者做出明确的规定。

在数据库设计的基础上，说明数据被访问的频度和流量、最大数据存储量、数据增长量、存储时间等数据库设计依据。说明系统内应用的数据库种类、各自的特点、数量及如何实现互联，数据如何传递。

说明数据库概念模式向逻辑模式转换所采用的方法论及工具，完成数据库概念模式向逻辑模式的转换。详细列出所使用的数据结构中每个数据项、记录和文件的标识、定义、长度及它们之间的相互关系。此节内容为数据库设计的主要部分。

6. 模块代码设计

代码就是程序员用开发工具所支持的语言写出来的源文件，是一组由字符、符号或信号码元以离散形式表示信息的明确的规则体系。代码设计的原则包括唯一确定性、标准化和通用性、可扩充性与稳定性、便于识别与记忆，力求短小与格式统一，以及容易修改等。源代码是代码的分支，从某种意义上来说，源代码相当于代码。现代程序语言中，源代码可以书籍或磁带形式出现，但最为常用的格式是文本文件，这种典型格式是为了编译出计算机程序。计算机源代码最终目的是将人类可读文本翻译成计算机可执行的二进制指令，这种过程称编译，它通过编译器完成。

7. 安全性能设计

应用系统安全是由多个层面组成的，应用程序系统级安全、功能级安全、数据域安全是业务相关的，需要具体问题具体处理。如何将权限分配给用户，不同的应用系统拥有不同的授权模型，授权模型和组织机构模型有很大的关联性，需要充分考虑应用系统的组织机构特点来决定选择何种授权模型。

功能级安全会对程序流程产生影响，如用户在操作业务记录时是否需要审核、上传附件不能超过指定大小等。这些安全限制已经不是入口级的限制，而是程序流程内的限制，在一定程度上影响程序流程的运行。

按照待建 GIS 的状况和用户对象，进行如下某些内容的设计：对用户分级，设置相应的操作权限；对数据分类，设置不同的访问权限；口令检查，建立运行日志文件，跟踪系统运行；数据加密；数据转储、备份与恢复；计算机病毒的防治。

7.3　软件接口设计

计算机世界里的"接口"这两个字具有两种含义：其一是指软件本身的狭义"接口"，如各种软件开发 API 等；其二是指人与软件之间的交互界面。广义的 GIS 接口设计主要包括以下内容：软件与数据接口、软件之间互操作接口、几何与属性数据接口、软件开发环境接口、人机接口等。

7.3.1　软件与数据接口

GIS 属于信息系统的一类，不同在于它能运作和处理地理数据。GIS 软件和 GIS 数据是一个地理信息系统相互分离又有机联系、不可或缺的两个部分。设计一个 GIS 软件时，需要设计系统与 GIS 数据的接口。

地理数据描述地球表面（包括大气层和较浅的地下）空间要素的位置和属性。它包括自然地理数据和社会经济数据，如土地覆盖类型数据、地貌数据、土壤数据、水文数据、植被数据、居民地数据、河流数据、行政境界及社会经济方面的数据等。自然地理数据在计算机中通常按矢量数据结构或网格数据结构存储，构成地理信息系统的主体。社会经济数据在计算机中按统计图表形式存储，是地理信息系统分析的基础数据。对于不同的地理实体、地理要素、地理现象、地理事件、地理过程，需要采用不同的测度方式和测度标准进行描述和衡量，这就产生了不同类型的地理数据。多源、多维、多尺度、多时态和多模式的地理数据给 GIS 软件读取、存储和操作带来极大困难。为规范地理数据的内容与质量，推动地理数据的应用及地理数据与国民经济和社会发展信息的集成，促进地理数据资源的建设、共享和更新，便于 GIS 软件开发与应用，GIS 软件开发迫切需要地理数据的标准化。地理数据格式标准化是地理数据标准化的重要内容之一。标准格式是指常用的商业 GIS 软件的数据格式，如 ArcGIS 的 Shapefile、MapInfo 的 Mif、Intergraph 的 MGE 工程、DGN 文件和FRAME 文件等格式。

GIS 软件与数据接口的形式有两种：一种是直接存取；另一种是通过数据转换，将 GIS软件内部格式通过导入/导出机制转换成常用的商业 GIS 软件的数据格式。

1. 数据格式转换

格式转换模式就是把其他格式的数据经过专门的数据转换程序进行转换，变成本系统的数据格式，这是当前 GIS 软件系统共享数据的主要办法。数据转换的核心是数据格式的转换。基于数据通用交换标准的数据交换，尽管在格式转换过程中增加了语义控制，但其核心仍是数据格式转换，一般，数据格式转换采用以下三种方式。

1）直接转换——关联表

两个系统之间通过关联表，直接将输入数据转换成输出数据。这种方法是针对记录逐个地进行转换，没有存储功能，因此不能保证转换过程中语义的正确性。

2）直接转换——转换器

另一种转换方法是通过转换器实现的。转换器是一个内部数据模型，转换器通过对输入数据的类型及值按照转换规则进行转换，得到指定的数据模型及值。与使用关联表相比，它具有更详细的语义转换功能，也具有一定的存储功能。在软件设计时，往往将转换器设计成中间件。

3）基于空间数据转换标准的转换

无论采用关联表还是采用转换器进行直接转换，它仅仅是两系统之间达成的协议，即两个系统之间都必须有一个转换模型，而且为了使另一个系统和该系统能够进行直接转换，必须公开各自的数据结构及数据格式。为此，可采用一种空间数据的转换标准来实现地理信息系统数据的转换，转换标准是大家都遵守、并且很全面的一系列规则。转换标准可以将不同系统中的数据转换成统一的标准格式，以供其他系统调用。

许多 GIS 软件为了实现与其他软件交换数据，制订了明码的交换格式，如 ArcInfo 的 E00 格式、ArcView 的 Shape 格式、MapInfo 的 Mif 格式等。通过交换格式可以实现不同软件之间的数据转换。数据转换模式的弊病是显而易见的，缺乏对空间对象统一的描述方法，使得不同数据格式描述空间对象时采用的数据模型不同，因此转换后不能完全准确地表达原数据的信息，经常性地造成一些信息丢失。

空间数据转换标准（spatial data transformation standard，SDTS）包括几何坐标、投影、拓扑关系、属性数据、数据字典，也包括栅格格式和矢量格式等不同的空间数据格式的转换标准。许多软件利用 SDTS 提供的标准的空间数据交换格式。目前，ESRI 在 ArcInfo 中提供了 SDTS IMPORT 及 SDTS EXPORT 模块，Intergraph 公司在 MGE 产品系列中也支持 SDTS 矢量格式。SDTS 在一定程度上解决了不同数据格式之间缺乏统一的空间对象描述基础的问题。但 SDTS 目前还很不完善，还不能完全概括空间对象的不同描述方法，还不能统一为各个层次及从不同应用领域为空间数据转换提供统一的标准，也还没有为数据的集中和分布式处理提供解决方案，所有的数据仍需要经过格式转换才能进到系统中，不能自动同步更新。

现有 GIS 数据大多是以商业软件如 AutoCAD、MapInfo、MapGIS、ArcInfo 等的数据格式存储的，这些商业软件数据模型各不相同。在实现互异的数据模型与统一空间数据模型的映射、集成数据模型互异的多源空间数据过程中，以动态链接库的形式将要集成的多源空间数据分为独立的数据处理模块，这些数据处理模块以类的形式出现，即每个类是一种数据类型的处理模块，在类中实现该种数据类型数据的读取、存储管理等操作。

2. 直接访问模式

所开发的软件提供对该数据格式的支持。这种方法使用较为方便，也不存在数据损失，但是实现起来较为繁琐。常用的 GIS 数据格式种类很多，为每个 GIS 软件开发读写不同 GIS 空间数据库的接口函数，这一工作量是很大的，很难实现对所有格式的支持。

直接访问同样要建立在对要访问的数据格式充分了解的基础上，如果要被访问的数据的格式不公开，就非破译该格式不可，还要保证破译完全正确，才能真正与该格式的宿主软件实现数据共享。如果宿主软件的数据格式发生变化，各数据集成软件不得不重新研究该宿主软件的数据格式，提供升级版本，而宿主软件的数据格式发生变化时往往不对外声明，这会导致其他数据集成软件对于这种 GIS 软件数据格式的数据处理存在滞后性。

7.3.2　软件之间互操作接口

互操作接口设计是指设计 GIS 之间、GIS 内各子系统之间和子系统内各个模块之间的接口，使它们能够较好地进行通信和实现功能共享。各个 GIS 软件之间，以及 GIS 软件与其他非 GIS 软件之间主要通过属性（properties）、方法（methods）和事件（events）交互，如图 7.16 所示。

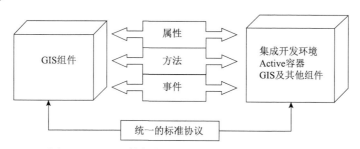

图 7.16　GIS 组件与集成环境及其他组件之间的交互

属性：指描述组件性质（attributes）的数据。方法：指对象的动作（actions）。事件：指对象的响应（responses）。属性、方法和事件是组件的通用标准接口，由于其封装在一定的标准接口，因而具有很强的通用性。图 7.16 中，统一的标准协议是组件对象连接和交互过程中必须遵守的，具体体现在组件的标准接口上。这种技术是建立在分布式的对象组件模型基础之上的，在不同的操作系统平台有不同的实现方式[如对象管理组织（object management group，OMG）的 CORBA、Microsoft 的 DCOM]。开放地理空间信息联盟（Open Geospatial Consortium，OGC）规程基于的组件连接标准是目前占主导地位的 OMG 的公共对象请求代理体系结构（common object request broker architecture，CORBA）、Microsoft 的分布式组件对象模型（distributed component object model，DCOM）以及结构化查询语言（structured query language，SQL）等用来规范组件的连接和通信。OGC 开发的 GIS 技术规范，遵守其他的工业标准，其目的是为了实现各个 GIS 之间的数据共享，同时，也是为了非 GIS 领域使用人员能够访问地理数据。

对于异质环境下的 GIS 互操作，要考虑网络、操作系统、GIS 软件平台等的不同而带来的接口设计问题。通常，异质环境下的 GIS 接口设计，主要采用中间件来实现，如 Microsoft 的 COM/DCOM 或 OMG 的 CORBA 等。中间件处于应用软件和系统软件之间，是客户与服务器之间的连接件，它能屏蔽硬件、网络环境、操作系统和异构数据库等的差别。一个好的中间件支持各种通信协议和各种通信服务模式，传输各种数据内容，支持数据格式转换和流量控制等。中间件的种类有终端仿真/屏幕转换中间件、数据访问中间件、远程过程调用中间件、消息中间件、交易中间件和对象中间件等。除了采用中间件来解决现有异质环境下的 GIS 互操作问题外，动态数据交换（DDE）、对象链接与嵌入（OLE）、应用程序编程接口（API）也能实现不同 GIS 之间的集成。尤其是动态链接库（DLL），它是 API 的一种，它给在 Windows 环境下系统之间和系统内子系统之间的相互调用提供了很大的方便。

7.3.3　几何与属性数据接口

地理数据是指用来表示空间实体的位置、形状、大小及其分布特征等方面信息的数据，可以用来描述来自现实世界的目标，具有定位、定性、时间和空间关系等特性。地理数据是一种用点、线、面及实体等基本空间数据结构来表示人们赖以生存的自然世界的数据。受地图思维的影响，用离散数据描述连续的地理客观世界也有两种模式：一种是表达场分布的连续的地理现象；另一种是表达离散的地理对象。

一般用栅格数据表达场分布的连续的地理现象。栅格数据就是将空间分割成有规律的网格，每一个网格称为一个单元，并在各单元上赋予相应的属性值来表示实体的一种数据形式。每一个单元（像素）的位置由它的行列号定义，所表示的实体位置隐含在栅格行列位置中，数据组织中的每个数据表示地物或现象的非几何属性或指向其属性的指针。

用矢量数据表达离散的地理对象。矢量数据是利用欧几里得几何学中点、线、面及其组合体来表示地理实体空间分布的一种数据组织方式。矢量数据一般包括几何数据和属性数据。几何数据用来表示空间实体的位置、形状、大小及其分布特征等方面的信息。属性数据描述地理实体质量和数量特征的信息。在 GIS 中，几何数据与属性数据的结合有两种形式：绑定式和分离式，表 7.1 给出了两种结合形式的比较。

表 7.1　几何数据与属性数据结合的两种形式比较

类别比较项	绑定式	分离式
思路	几何数据与属性数据都由 GIS 软件来管理	几何数据由 GIS 软件来管理，属性数据由通用的关系型数据库来管理
优点	不需要考虑接口问题	对数据的利用更为灵活，能为其他系统提供属性数据共享服务
缺点	几何数据与属性数据绑定，属性数据不灵活	要考虑接口问题
软件举例	MapInfo	ArcGIS

分离式的几何数据与属性数据的接口设计可以通过唯一的 ID 码联系在一起，然后通过 GIS 软件提供的专用接口与标准商用数据库连接或使用 ODBC 等技术来实现两者的互访。随着网络和分布式技术的发展，属性数据可能分布在不同的站点上，可采用远程 ODBC 来访问远程数据。在 GIS 设计中，通过 ODBC 与关系型数据库连接也有两种形式：一种是 GIS 软件本身内置了 ODBC 应用程序，如 MapInfo 通过它自己的远程 ODBC 访问远程数据；另一种是通过程序设计语言（如 VC、VB、Delphi 等），用标准的 ODBC 与关系型数据库互连。例如，在 VB 中，先通过 ODBC 连接数据库源（Oracle、Sybase、Informix、DB2 等），再通过 RDO(remote data object)和 SQL 来访问数据，Delphi 则通过 BDE(borland data-base engine)和 SQL 来访问数据。数据库接口技术也在不断发展，常用数据库接口技术有开放式数据库连接 ODBC、OLEDB、ADO（Activex data object）等，这些接口都用 SQL 作为查询语言对数据库进行操作。

7.3.4　软件开发环境接口

当前，GIS 软件开发分为自主 GIS 软件、应用型 GIS 软件（二次开发）和网络 GIS 三种模式。自主 GIS 软件开发，完全从底层开始，不依赖于任何 GIS 平台，针对应用需求，运用程序语言在一定的操作系统平台上编程实现地理信息采集、处理、存储、分析、可视化和地图制图输出等功能。这种方法优点是按需开发、量体裁衣、功能精炼、结构优化、有效利用计算机资源。但是对于大多数 GIS 应用者来说，这种模式专业人才要求高、难度大、周期长、软件质量难控制。应用型 GIS 软件开发，针对应用的特殊需求，在基础 GIS 软件上进行功能扩展，达到自己想要的功能。这种方式具有省力省时、开发效率高等优点，但缺乏灵活性、受很多限制，开发出来的系统不能离开基础 GIS 平台。网络 GIS 应用软件开发，应用者利用地理信息网络服务商提供的地理信息数据和服务功能 API，不需要庞大的硬件与技术投资就可以轻松快捷地建立 GIS 应用系统。这是实现地理信息共享的最佳途径，让开发者开发一个有价值的应用，付出的成本更少，成功的机会更多，已经成为越来越多互联网企业发展服务的必然选择。

1. 基础 GIS 二次开发接口

随着地理信息系统应用领域的扩展，应用型 GIS 的开发工作日显重要。如何针对不同的应用目标，高效地开发出既合乎需要又具有方便、美观、丰富的界面形式的地理信息系统，是 GIS 开发者非常关心的问题。虽然基础 GIS 提供了强大的功能，但由于专业应用领域非常宽泛，任何现有基础 GIS 功能都不能解决所有的专业问题。为此，基础 GIS 厂商提供了开发组件和相应的开发接口，允许用户扩展基础 GIS 的功能。随着 GIS 应用深入，GIS 软件共享的需求越来越大，开发所需的组件功能可由不同厂家生产，这就要求不同厂家的组件遵守共同的接口标准，以便 GIS 组装成应用系统更加灵活容易。这种矛盾一方面可以通过提高 GIS 组件的功能能力来缓解；另一方面深度应用需要的 GIS 功能还需自己编写，根据应用需求开发 GIS 来解决。

2. 基于 API 网络 GIS 应用程序接口

地理信息数据始终是地理信息系统的重要组成部分，无论开发人员还是最终用户都希望以最小的代价、最快的速度、最简单的方法获取足够准确的地理信息数据。随着 GIS 应用的扩张和深入，地理信息资源共享的需求越来越迫切，地理信息网络服务商利用网络平台，不仅提供高清电子地图和遥感影像，而且提供地图应用编程接口（如 Google Maps API），地理信息用户将地图嵌入自己的应用并提取坐标和开发新的地理信息应用系统。网络服务型 GIS 正在成为一种新的地理应用和开发模式，把复杂的网络 GIS 划分成小的组成部分，通过编程接口提供给用户。一些对地图精度和信息保密要求不高（无须实地测量）、自身数据量不大、用户不多的地理应用，如物流、旅游管理等系统完全可以建立在这个平台上。

应用程序接口（API）是一组定义、程序及协议的集合，从而实现计算机软件之间的相互通信。API 的一个主要功能是提供通用功能集。程序员通过使用 API 函数开发应用程序，可以避免编写无用程序，减轻编程任务。API 同时也是一种中间件，为各种不同平台提供数据共享。

1）应用程序接口分类

根据单个或分布式平台不同软件应用程序间的数据共享性能，可以将 API 分为以下四种类型。

（1）远程过程调用（RPC）：通过作用在共享数据缓存器上的过程（或任务）实现程序间的通信。

（2）标准查询语言（SQL）：是标准的访问数据的查询语言，通过通用数据库实现应用程序间的数据共享。

（3）文件传输：文件传输通过发送格式化文件实现应用程序间的数据共享。

（4）信息交付：指松耦合或紧耦合应用程序间的小型格式化信息，通过程序间的直接通信实现数据共享。

2）应用程序接口设计

随着软件规模的日益庞大，系统的职责得到合理划分十分重要。在编程接口设计的实践中，良好的接口设计可以降低系统各部分的相互依赖，提高组成单元的内聚性，降低组成单元间的耦合程度，从而提高系统的维护性和扩展性。当前应用于 API 的标准包括 ANSI 标准 SQLAPI，另外还有一些应用于其他类型的标准尚在制定之中。API 可以应用于所有计算机平台和操作系统。这些 API 以不同的格式连接数据（如共享数据缓存器、数据库结构、文件框架）。每种数据格式要求以不同的数据命令和参数实现正确的数据通信，但同时也会产生不同类型的错误。因此，除了具备执行数据共享任务所需的知识以外，这些类型的 API 还必须解决很多网络参数问题和可能的差错条件，即每个应用程序都必须清楚自身是否有强大的性能支持程序间通信。相反，因为这种 API 只处理一种信息格式，所以该情形下的信息交付 API 只提供较小的命令、网络参数及差错条件子集。正因为如此，交付 API 方式大大降低了系统复杂性，所以当应用程序需要通过多个平台实现数据共享时，采用信息交付 API 类型是比较理想的选择。

应用层的应用程序接口有很多，并且发展很快，比较常见的如 socket、FTP、HTTP 及 telnet。例如，FTP 协议就是文件类接口，基于 FTP，用户可以实现文件在网络间的共享和传输。而 socket 和 HTTP 可归结为数据通信接口，基于这两种接口，用户可以开发网络通信应用程序，以及 Web 页面交互程序。当然如果从编程开发角度看，无论是 FTP、HTTP 还是 telnet，都是基于 socket 接口开发出来的应用层协议，是对 socket 接口的进一步封装和抽象，从而为用户提供更高一层的服务和接口。

3）应用程序开放接口

在互联网时代，把网站的服务封装成一系列计算机易识别的数据接口开放出去，供第三方开发者使用，这种行为称为开放网站的 API，与之对应的，所开放的 API 就被称作 OpenAPI。网站提供开放平台的 API 后，可以吸引一些第三方的开发人员在该平台上开发商业应用，平台提供商可以获得更多的流量与市场份额，从而达到双赢的目的。开放 API 是大平台发展、共享的途径，今天，OpenAPI 已成为互联网在线服务的发展基础。

OpenAPI 按照制定者与遵循者的关系可以简单划分成两个大类：①专有。一个 API 制定出来主要是为制定者本身提供应用开发接口，这样的 API 就称为专有 API，如 Facebook 的 API。大部分的 API 制定之初都是专有 API，极特别的情况除外（如 Google 的 OpenSocial，制定出来是给其他网站用，形成一种标准）。②标准。一个 API 被称为标准 API，要么是业内形成事实标准，要么是已经被标准化组织采纳，被业内很多服务提供者所遵循。

几乎所有的网站在开放接口的时候都会同时提供一套供用户认证身份的专有 API。但是，OpenID 在致力于提供一个标准的、通用的注册 API，所有网站都遵守了 OpenID 规范。用户通过注册类的 API 设置密码认定服务。

使用 OpenAPI 构建业务是实现开放式业务结构的关键技术，也是下一代网络区别于传统电信网的主要特点之一。在 OpenAPI 的环境下，可以对原有的一些碎片化的数据进行重组，使其变得更有关联，也就是利用其他网站的 OpenAPI 提供的内容进行重新搭配，从而制作出独特的、具有新价值的 Web 应用系统。当前最具代表性的当属运用 MapAPI 提供的开放地理信息而创作出的令人眼花缭乱、极具创意的地理信息系统。

7.4　用户界面设计

用户界面（user interface，UI）也称使用者界面，是系统和用户之间进行交互和信息交换的媒介，它实现信息的内部形式与人类可以接受形式之间的转换。用户界面是介于用户与硬件之间，为彼此之间交互沟通而设计的相关软件，使得用户能够方便有效地操作硬件以达成双向交互，完成所希望的工作。用户界面定义广泛，包含了人机交互与图形用户界面，凡参与人类与机械的信息交流的领域都存在着用户界面。用户和系统之间一般用面向问题的受限自然语言进行交互。目前有系统开始利用多媒体技术开发新一代的用户界面。

用户界面设计是指对软件的人机交互、操作逻辑、界面美观的整体设计。好的用户界面设计不仅让软件变得有个性、有品位，还要让软件的操作变得舒适、简单、自由，充分体现软件的定位和特点。GIS 作为一种可视产品，GIS 中大量用户的交互都要通过用户界面完成。一个人机界面友好，简单易学、灵活方便的界面是 GIS 软件的重要内容。GIS 用户界面是用户使用系统操作地理数据及与系统交互的唯一通道。GIS 软件提供显示更多地与图形符号化紧密相连，涉及多图面布局、图面布局内容、色调搭配、菜单形式、菜单布局和对话作业方式等。所以，用户界面设计在 GIS 软件设计中占有非常重要的地位。

7.4.1　人机交互图形界面

界面是人与物或物与物两者之间的界限、接点、共有（或连接）的领域，进一步说就是个体间相互联系的道路或空间。用户界面设计是屏幕产品的重要组成部分。用户界面设计的目的是使用者能够通过物的本身获得并处理信息，最充分地实现使用过程中"人"与"物"的互动。

从心理学意义来分，界面可分为感觉（视觉、触觉、听觉等）和情感两个层次。用户界面设计是屏幕产品的重要组成部分。界面设计是一个复杂的有不同学科参与的工程，认知心理学、设计学、语言学等在此都扮演着重要的角色。用户界面设计的三大原则是：置界面于用户的控制之下；减少用户的记忆负担；保持界面的一致性。

用户界面是系统与用户之间的接口，也是控制和选择信息输入输出的主要途径。对用户而言，界面就是系统，用户界面的好坏决定了用户使用系统的效率。在 GIS 软件设计中，作为处理和可视化表达的地理空间信息的 GIS 必然存在用户界面问题。界面设计首先对用户需求进行分析研究，深入了解用户的需求、系统建设的目标、操作人员专业水平及其业务流程模型，在此基础上建立一个关于用户如何完成任务的实体模式，以友好、简便、实用、易于操作的原则，掩藏内部细节，增强 GIS 系统的实用性，为用户提供一个界面友好、方便灵活、易于操作的 GIS，使用户能够集中精力完成自己的业务工作。

1. 人机交互方式

人机界面（human-computer interface，HCI）是人与计算机之间传递、交换信息的媒介和对话接口，是计算机系统的重要组成部分。人机交互与人机界面是两个有着紧密联系而又不尽相同的概念。人机交互是指人与计算机之间使用某种对话语言，以一定的交互方式，为完成确定任务的人与计算机之间的信息交换过程。人机界面通常是指用户可见的部分。用户通过人机交互界面与系统交流，并进行操作。系统可以是各种各样的机器，也可以是计算机化的系统和软件。人机交互界面的设计要包含用户对系统的理解（即心智模型），是为了系统的可用性或者用户友好性。

可供人机交互使用的设备主要有键盘显示、鼠标、各种模式识别设备等。与这些设备相应的软件就是操作系统提供人机交互功能的部分。人机交互部分的主要作用是控制有关设备的运行和理解并执行通过人机交互设备传来的有关的各种命令和要求。早期的人机交互设施是键盘显示器。操作员通过键盘打入命令，操作系统接到命令后立即执行并将结果通过显示器显示。打入命令可以有不同方式，但每一条命令的解释是清楚的、唯一的。

随着计算机技术的发展，操作命令越来越多，功能也越来越强。随着模式识别，如语音识别、汉字识别等输入设备的发展，操作员和计算机在类似于自然语言或受限制的自然语言这一级上进行交互成为可能。此外，通过图形进行人机交互也吸引着人们进行研究。这些人机交互可称为智能化的人机交互。这方面的研究工作正在积极开展。

人机交互方式是人与数据直接交互的方式，在数据库系统出现时就存在此种方式。目前人机交互往往包括多种方式，如表 7.2 所示，通过各类方式的计算机界面语言来表示用户任务，提供多种人机交流手段，其目的是提高计算机有效识别和执行效率，满足不同层次的用户需求，使用户在操作和使用计算机时感觉便捷。

表 7.2　人机交互的五种基本方式

项目名称	命令语言	菜单选择	填表方式	自然语言	直接操纵
途径	系统提示命令	屏幕选择命令	屏幕操作序列	类自然语言	可视对象与动作
特点	严格的句法	功能直观	易操作	符合人类交流习惯	以用户为中心
缺点	需记忆大量命令	灵活性、功能方面较欠缺	仅适用于数据录入	尚未成熟	表达的内容有限
优点	比较灵活	学习和记忆负担最小	易操作，用户掌握主动权	易掌握，智能控制水平高	简单易学、速度快、操作灵活
适用范围	用于专家型用户和高级用户	各种应用系统	多用于向系统输入大量数据	多用于专家系统	面向非专业用户和生疏用户

2. GIS 的用户分析

GIS 已经从学术研究逐步走进了政府、企业及大众，开始在城市规划、土地利用、环境保护、商业选址分析、在线旅游等众多应用领域发挥着越来越重要的作用。用户的多样化和他们的知识背景、计算机应用水平都使 GIS 设计具有面向大众的多层次目标，GIS 发展从实验技术驱动向市场应用驱动转变已是大势所趋。

从人机界面学的角度来看，必须了解各种用户的习性、技能、知识和经验，并预测他们对人机界面的不同需求和反应，为用户界面系统的分析设计提供科学依据。考虑 GIS 应用的特殊性（具有地学应用特性的空间信息处理），GIS 用户分类如图 7.17 所示。

- 用户分类
  - 按专业程度
    - 专业人员：来自传统测绘、地图学、遥感等领域，具有坚实的地理学和测绘学基础
    - 非专业人员
  - 按应用领域
    - 专家用户：某个应用领域需要空间信息支持其研究的专家
    - 一般应用人员：具有一定的专业知识的系统操作人员
    - 非专业人员：包括政府决策人员及广大的普通用户
  - 按计算机熟练程度
    - 高级用户：具有硬、软件开发能力
    - 熟练用户：熟练使用计算机
    - 生疏用户：很少接触计算机

图 7.17　GIS 用户分类示意图

3. 图形用户界面

图形用户界面（graphics user interfaces，GUI），是相对于字符界面而言的，它通过图形实现用户与系统之间的交互。苹果公司设计的 Lisa 电脑开创了众多今天的图形用户界面系统仍然沿用的操作理念，如用图标代表文件系统中的所有文件、鼠标拖放技术等。随着时代的变更，电子技术的飞速发展，图形用户界面成了包括计算机在内大多数电子产品的重要组成部分。图形用户界面使用图形的方式，借助菜单、按钮等界面元素，为用户提供界面友好的桌面操作环境，如回收站、文件夹等，都运用了更加直观、更容易识别的图标来表示。用户可以使用键盘、鼠标、遥控器等输入设备或通过直接触摸屏幕的方式，向产品的软件系统发出指令、启动操作，系统运行的状态或结果同样以图形方式显示给用户。图形用户界面画面生动、操作简单，省去了字符界面用户必须记忆各种命令的麻烦，即使初学者也能很快地学会使用，从而获得了广大用户的喜爱和欢迎。

4. 用户界面的设计原则

基于标准窗口系统，具有统一界面风格的图形用户界面已经成为 GIS 用户界面发展的主流。成功的 GIS 系统应具备完善的功能和友好的图形界面，给用户带来愉悦而没有“障碍”的感觉，并能对每一个操作的反应做出预测。不同用途和类型的图形用户界面有不同的视觉表现风格。设计良好的图形用户界面并没有一个固定的公式可以套用，但好的设计也会遵循一定的准则。

1）界面布局的逻辑性原则

界面布局应注意在一个窗口内部所有控件的布局和信息组织的艺术性，使用户界面美观。

界面布局应当体现用户操作时的一般顺序和被使用到的频繁程度。图形界面的布局应当符合人们通常阅读和填写纸质表单的顺序。通常人们的阅读顺序是从左至右、由上而下，而有些国家和民族的主流阅读习惯有所不同，如阿拉伯文、希伯来文是从右向左、由上而下的阅读顺序，因此图形界面的布局会随着地域文化的差异进行相应的修改。

用户经常使用的图形界面元素应当放在突出的位置，让用户可以轻松地注意到它们。相反，一些不常用的元素可以放在不显眼的位置，甚至允许用户把它们隐藏起来，以便扩大屏幕的可用区域。对于那些需要具备一定条件才可以使用的元素，应当把它们显示成灰色，当具备使用条件时才改变成正常状态。特定的元素应放置在它所要控制数据的邻近位置，帮助用户确立元素和数据之间的关系。影响整个对话框的元素应当与那些控制特定数据的元素区分开来，关系紧密相连的元素应有组织地放置在同一个区域。

2）界面具有启示性的设计原则

启示性是 Donald Norman 在研究日常物品的设计时提出的术语，定义为事物被感觉到的特性和实际特性，主要是确定事物可能使用方式的基本特征，也就是说，启示性指的是物品的某个属性，而这个属性可以让使用者知道如何使用这个物品。例如，不同形状的门把手分别暗示着"推""拉"或"旋转"。图形用户界面中的图形元素（如按钮、图标、滚动条、窗口和链接等）同样可以暗示它们所代表的功能，或启发用户如何使用它们。

图标是图形用户界面中最重要的元素之一。例如，把窗口缩小成一个图标，可以用来表示暂时不想执行的一个对话过程，用户可以随时点击它重新执行对话。图标也可以用来表示用户可以访问的程序和功能，如回收站、"磁盘"图标等。图标还可用于数据存储形式和组织形式，如各种类型的文件图标和文件夹图标。由于技术的限制，最初出现在图形用户界面中的图标，大多数是单色的几何型符号，并且尺寸都比较小。随着显示器分辨率的增大，出现了 1024 像素 × 768 像素、1280 像素 × 1024 像素，越来越多的图标采用写实的设计风格，不再局限于简单的几何型。

图形元素不仅仅是让用户界面具有视觉艺术性，更重要的是帮助用户理解界面。设计代表系统功能或对象操作方式的图标会给设计师带来一些有趣的挑战，最重要的一个挑战就是用图标的视觉语言代表抽象的概念。图标设计要保持统一视觉风格，同时也要注意使每个图标具有鲜明的个性。

3）界面设计应遵循习惯性用法

习惯性用法是基于人们学习和使用习惯的方式。遵循习惯性用法的界面不关注技术知识或人的直觉功能，也不会引发人的联想。图形用户界面容易使用的主要原因是限定了一系列用户和系统进行交互的词汇。由指向、单击（点击）和拖动等不可分割的动作和反馈机制形成基本的使用词汇，用基本的使用词汇可以构成一系列组合词汇，形成更为复杂的组合用法，如双击、单击并拖动等操作方法，以及按钮、复选框等操作对象。

界面设计师经常寻找合适的隐喻来进行界面设计，隐喻界面依赖于用户在界面视觉提示与功能之间建立直觉的联系。用户可以用物理世界的生活经验来理解用户界面，有效的隐喻有助于用户学习和理解界面的使用方法。但用隐喻进行用户界面设计也有缺陷。首先，隐喻不具有可扩展性。在简单程序的简单过程中有效的隐喻，随着程序复杂性的增加，可能会失败。其次，隐喻依赖于设计师与用户之间有相似的联想方式，但是如果用户没有和设计师相似的文化背景，就容易产生歧义。另外，隐喻把人们的理念和物理世界束缚在一起，有很大的局限性。

4）保证界面一致性原则

一致性包含两个方面：一方面，界面应和用户的思维方式一致，界面的概念、表达方式应尽可能接近用户的想法，使用户能很自然地操作；另一方面，应控制应用方式的一致，相同类型的信息以类似的方式（风格、布局及颜色等）给出，在类似的情况下，必须有一致的操作序列，并尽可能采用国家及行业标准和用户习惯方式。

用户界面的一致性主要是指呈现给使用者的通用操作序列、术语和信息的措辞，界面元素的布局、颜色搭配方案和排版样式等都要保持一致。具有高度一致性的用户界面可以让各个部分的信息安排得井然有序，给用户以清晰感和整体感，有利于用户对界面运作建立起精确的心理模型，从而降低培训和支持成本。

保证一致性的一个有效方法是撰写正式的"设计风格标准"文件。这一文件规定在一个产品或系列产品的图形用户界面设计中都必须遵守的设计准则。"设计风格标准"规定的设计准则应当非常具体，其中可能包括所使用的图标、尺寸、字体等内容和格式的例子。它可以有效地用于图形用户界面的管理和调整，是设计大型、复杂图形用户界面或多人多部门共同协作的设计工作必不可少的。

5）信息最小量原则

用户使用地理信息系统，考虑的是现实世界，如何解决问题、完成任务，因此界面要尽量掩藏复杂的内部细节，使用户可以集中精力解决专业应用问题，而不是计算机命令、语法等。功能欠缺的系统会使用户丧失兴趣，而过多繁琐的功能则会大量增加系统的复杂性。不要将界面设计得过于复杂，人机界面设计要尽量减少用户记忆负担，采用有助于记忆的设计方案。

GIS 用户主观上把客观世界理解成许多数据层，即用户视图。而在计算机内部，GIS 设计者将数据抽象为不同数据类型，这一抽象是基于软件设计者的数据模型视图的，应采用一定的封装方法将其与用户的数据视图联系起来。

6）界面灵活性

界面必须灵活可变以适应不同用户的需求，提供多种方式供用户选择。结构开放，提供用户界面工具箱，便于用户进行二次开发，对已有的功能进行调整、扩充。

7）图形和文字统一

图形是 GIS 用户界面的最大特点，图形表示形象直观，易于理解，不同内容可用不同的颜色、符号表示，使用图例则增强了图形的可读性。有了图形，可以实现从图形到属性、从属性到图形的双向查询，因此，设计时应处理好图形和文字的关系，合理地安排在同一个界面中。

8）保证界面的协调性原则

要充分考虑海量数据与有限屏幕显示的矛盾，从可读性的角度合理安排屏幕上的多个窗口及信息载负。首先，窗口显示内容应协调一致。其次，功能菜单应建立层次级联系，主次菜单应有区别。再次，研究空间信息可视化问题，以使用户可以方便地操纵空间数据。最后，考虑屏幕色彩的合理搭配、屏幕刷新等问题。控件摆放位置要合理、均衡，不要给人们带来"前重后轻、左宽右窄"的不良感觉。

9）用户界面的可读性

界面应清晰简洁，易于阅读，所用词汇是用户所习惯的，字符的大小、句子的长短、正文的位置等都需仔细组织，便于用户理解；界面层次分明、布局合理，以最简洁的方式提供用户所需的信息。

10）提供信息反馈及出错处理机制

当系统执行长时间任务时，实时向用户提示系统正在运行的情况，如显示任务进度的进度条等，要对用户的操作命令做出反应，帮助用户处理问题，尽量把主动权让给用户；用户能自由地做出选择，且所有选择都是可逆的，在用户做出危险的选择时应该有信息介入系统的提示；具有较强的容错功能，当用户操作错时，系统提示正确用法，并能恢复以前的状态，提供联机帮助，方便用户学习。

11）界面与程序设计分离

对于软件开发人员来说，人机界面的设计并不是仅仅编程实现那么简单。一直以来，开发人员都绞尽脑汁将界面设计得更加绚丽、互动感更强，这大大增加了其工作量。因为开发一个完美的用户界面，不仅需要计算机领域的相关知识，还要用到心理学、艺术学、社会学等领域内的知识。能把软件的界面设计和逻辑设计分开，是多年来程序开发人员的梦想。首先建立用户界面，构建好软件的功能框架，然后在此基础上进行应用程序开发，添加相关的应用程序来实现界面中提供的功能。

用户友好界面设计经验准则如表 7.3 所示。

表 7.3　用户友好界面设计经验准则

准则	内容
一般准则（用户的注意力集中于任务）	注意一致性，用固定格式构造菜单选项、命令输入、数据显示等
	对任何不同寻常的破坏性操作要求确认
	允许大多数操作的方便退出和恢复
	减少操作中必须记忆的信息量
	尽量提高对话、动作和思维效率
	容忍一般性错误及系统自保护机制
	按功能将活动分类及按功能组织屏幕布局
	提供必要的上下文帮助
	采用简单动词或动词短语给命令命名
信息显示（清晰性、一览性）	只显示与当前上下文有关的信息，信息载负量应该适中；使用一致的界面风格，如颜色
	保持显示内容的上下相关性，如提供地图图形的全局视图、索引图
	提供有意义的出错信息
	文本显示采用大小写、行首缩进和正文分组等
	尽可能用不同窗口来划分不同类型的信息
	地图符号的合理选择
	合理利用屏幕的可用空间，避免零乱的窗口堆砌
数据输入/输出	尽量减少用户的输入动作，如用"宏"操作保证信息显示与数据输入的一致性，允许用户定制输入，交互方式应符合用户要求和习惯；屏蔽在当前动作的上下文中不适用的命令，把控制权交给用户，让用户控制交互的流程
	具备自动数据校验和检查功能（组合检查、范围检查、完整性检查），为输入动作提供实时帮助机制，尽量采用缺省值方式
	输出设计具备易存取性、及时性、相关性、准确性、可用性

7.4.2　用户界面设计流程

用户界面设计是屏幕产品的重要组成部分。界面设计的目的是满足用户完成任务的需求，也就是说，能够表达出功能的含义，让用户快速理解界面内容和功能。用户界面设计要符合用户的心智模型，保持界面的一致性，减少用户的记忆负担，并置界面于用户的控制之下。界面设计是一个复杂的有不同学科参与的工程，认知心理学、设计学、语言学等在此都扮演着重要的角色。对用户来说，一个优秀的人机界面应能够满足大多数用户的操作喜好及感官需求，让用户能够轻松控制其使用过程，获取用户的满意。而以用户为中心的设计方法（user-centered design，UCD）的基本思想就是将用户时时刻刻摆在设计过程的首位。

以用户为中心的人机界面设计，要让使用者能够足够容易理解设计者的设计意图，进而发起正确的操作（即设计者期望的操作）。同时，设计者应从使用者那里得到有效的反馈信息用于改进其设计，两者之间能有效地实现双向互动，使开发的过程重复迭代，收敛于满足用户需求的产品。以用户为中心的人机界面设计的流程为：理解产品目标及核心功能→根据不同硬件设备分别设计→根据用户习惯选择元素→优化界面逻辑→精简界面元素→突出核心功能→初稿→用户测试→修改初稿→确定用户界面→提交设计。用户界面设计在工作流程上分为用户建模、构建用户心智模型、结构设计、交互设计、视觉设计和用户反馈等六个部分。

1. 用户建模

创建用户模型是人机界面设计的第一步。发现用户、了解用户想做什么、知道什么之类的具体而非抽象的问题。不仅应以使用者所处的大环境为主，了解未来情境，还应当对使用者更深入探索，对用户进行宏观和微观的研究。研究用户的目的在于激发设计团队并让他们聚焦在某些关键点上，时间和预算有限时，要换位思考，沉浸在用户的环境中，实实在在地了解使用者的需要。可以对用户使用产品的过程做情节描述，考虑不同环境、工具和用户可能遇到的各种约束。可能的话，还应当深入实际使用场景中去。设计师可以通过与用户交流，让用户在工作时边想边说，并了解用户执行任务的过程，找到有利于用户操作的设计，而不是硬要用户说出自己的想法。因为人们的描述和实际操作往往大相径庭，常常遗忘或省略一些例行任务或表面上无足轻重的细节，而这些细节有时是界面设计的关键所在。

2. 构建用户心智模型

完成用户模型定义后，需要分析用户将履行的任务，寻找与任务相关的用户心智和概念模型，主要目的是将用户的需求展示给设计团队并让团队的成员理解用户的需求到底是什么。但是软件开发的经验告诉我们，用户的需求目标很难被开发团队完全理解，因为用户的需求被抽象、分解后，细节的丢失比较严重。开发团队需要一种帮助机制来推动对用户需求的理解和抽象。用户心智模型构建有很多种方式，通常是总结出几个主要的设计主题，对主题进行分析，用视觉化的形式展示给设计团队，以便突出重点，让他们有思考的基础。

3. 结构设计

结构设计也称概念设计（conceptual design），是界面设计的骨架。通过对用户研究和任务分析，制定出产品的整体架构。在完成用户建模和心智建模之后，就可以使用这些关于任务及其步骤的信息构建草图，进一步构建出产品的原型。这种原型描述粒度较粗，但其优点是简单、易于理解和操作。可以使用各种办法构建原型。例如，可以用可视化框图描述用户使用产品的过程，也可以使用原型工具来模拟过程，以此说明产品是如何运行的。在架构人机界面的原型时，也应考虑使用者界面的设计标准来架构技术框架。例如，在系统设计时，坚持以用户为中心，充分考虑用户机能及其生理特征等问题。原型是很好的测试设计的方法，它有助于检验界面设计方案在多大程度上契合用户的操作。想象一种新产品可能适合自然生活方式和用户态度，是常见的构建方式，并且可以记录用户的思维方式、一些潜在的操作细节及操作习惯。在结构设计中，目录体系的逻辑分类和语词定义是用户易于理解和操作的重要前提。

4. 交互设计

交互设计的目的是使产品能让用户简单使用。任何产品功能的实现都是通过人和机器的交互来完成的。因此，人的因素应作为设计的核心被体现出来。交互设计的原则如下。

（1）有清楚的错误提示。误操作后，系统提供有针对性的提示。

（2）让用户控制界面。"下一步""完成"，面对不同层次提供多种选择，给不同层次的用户提供多种可能性。

（3）允许兼用鼠标和键盘。同一种功能，同时可以用鼠标和键盘。提供多种可能性。

（4）允许工作中断。例如，用手机写新短信的时候，收到短信或电话，完成后回来仍能够找到刚才正写的新短信。

（5）使用用户的语言，而非技术的语言。

（6）提供快速反馈。给用户心理上的暗示，避免用户焦急。

（7）方便退出。例如，手机的退出，是按一个键完全退出，还是一层一层的退出。提供两种可能性。

（8）导航功能。随时转移功能，很容易从一个功能跳到另外一个功能。

（9）让用户知道自己当前的位置，辅助其做出下一步行动的决定。

5. 视觉设计

在结构设计的基础上，参照目标群体的心理模型和任务达成进行视觉设计，包括色彩、字体、页面等。视觉设计要达到用户愉悦使用的目的。视觉设计的原则如下。

（1）界面清晰明了，允许用户定制界面。

（2）减少短期记忆的负担，让计算机帮助记忆。例如，UserName、Password、IE 进入界面地址可以让机器记住。

（3）依赖认知而非记忆，如打印图标的记忆、下拉菜单列表中的选择。

（4）提供视觉线索。图形符号的视觉刺激；GUI（图形界面设计）：Where，What，NextStep。

（5）提供默认（default）、撤销（undo）、恢复（redo）的功能。

（6）提供界面的快捷方式。

（7）尽量使用真实世界的比喻。例如，电话、打印机的图标设计，尊重用户以往的使用经验。

（8）完善视觉的清晰度，条理清晰；图片、文字的布局和隐喻不要让用户去猜。

（9）界面的协调一致。例如，手机界面按钮排放，左键肯定；右键否定；或按内容摆放。

（10）同样功能用同样的图形。

（11）色彩与内容，整体软件不超过 5 个色系，尽量少用红色、绿色。近似的颜色表示近似的意思。

6. 用户反馈

一个成功的产品离不开一个成功的用户界面，而界面则是用户操作软件的接口。人机界面评估就是对构成人机界面的软、硬件系统按性能、功能、界面形式、可用性等进行评估，这里不仅要与人机界面预定的标准进行比较，还要进行用户测试。

7.4.3　常用用户界面样式

在 GIS 软件界面设计中，有四种基本的用户界面样式，即基于命令行的界面、基于窗口的界面、菜单驱动的界面、基于对话框的界面，这四种界面对于实现和使用各有其长处和短处，在具体实现时，可以同时支持一种或几种样式。

1. 基于命令行的界面

命令行界面（command-line interface， CLI）是在图形用户界面得到普及之前使用最为广泛的用户界面，如图 7.18 所示。它通常不支持鼠标，用户通过键盘输入指令，计算机接收到指令后，予以执行。也有人称之为字符用户界面。命令行界面的软件通常需要用户记忆操作的命令，但是，由于其本身的特点，命令行界面要较图形用户界面节约计算机系统的资源。在熟记命令的前提下，使用命令行界面往往要较使用图形用户界面的操作速度快。所以，图形用户界面的操作系统中，都保留着可选的命令行界面。

命令行界面（CLI）没有图形用户界面（GUI）那么方便用户操作。许多 GIS 都提供了图形化的操作方式，却都没有因此停止提供文字模式的命令行操作方式，相反地，许多系统反而更加强化了这部分的功能。它只使用文本语言，要求用户了解可以使用的选项。采用命令行界面需要开发一个命令行解释器。在命令行界面软件中，功能模块之间关系较为简单，常常是一个模块的输出作为另一个模块的输入，便于开发实现。利用批命令文件或者脚本文件，可以依次完成多步操作，这是命令行界面的长处。

图 7.18　基于命令行的 GIS 界面

对于 GIS 软件，因为包含大量的图形操作，所以采用命令行界面时，需要一个图形窗口以显示操作结果，这样命令行界面起到控制台的作用。由于支持批命令和脚本文件，可以使用命令行界面来实现批量的、流程化的、耗时的数据处理。

2. 基于窗口的界面

窗口是指屏幕上的一个矩形区域，在图形学中称为视图区。用户可以通过窗口观察其工作领域的全部或一部分内容，并可以对所显示的内容进行各种系统预先定义好的正文或图形操作。

如照相机取景框中看到的只是整个风景区的一个局部一样，窗口中显示的内容通常也只是用户空间的一部分。采用滚动技术，可以观察用户空间的其余部分。

窗口按其组成可分为两大类：多文档窗口（MDI）和普通窗口。多文档窗口可以含有子窗口。窗口一般由标题栏（title bar）、菜单区（menu bar）和用户工作区（work area）组成（图 7.19）。

图 7.19　典型的 GIS 窗口组成

标题栏：用来显示窗口所代表的（子）系统，或系统成员的名称，以及系统过程中的阶段性状态。

菜单区：菜单区位于标题栏下，菜单区内排列若干菜单名称，每个菜单名称代表一组相关下拉式菜单项。在系统设计中，应善于通过菜单反映系统的功能。

工作区：用来显示应用系统内容的一个矩形区域，用户可以在这里进行应用系统的图形编辑和信息的显示与描述。

3. 菜单驱动的界面

菜单最初指餐馆提供的列有各种菜肴的清单，现引申指计算机软件程序在显示屏上提供功能选项的列表，也指各种软件功能清单等。菜单是由系统预先设置好的，显示于屏幕上的一组或几组可供用户选用的命令。只需通过鼠标或移位键等定位设备，就可方便地选取所需要的菜单项，使对应命令可以执行。

图 7.20　Windows 环境下菜单驱动的 GIS 界面

在 Windows 成为 PC 的主流操作系统之后，菜单驱动的用户界面几乎在所有的应用软件中被采用。它按照层次，列出了系统提供的所有操作，用户可以通过键盘或者指点设备，通常是鼠标，来选择并执行一个操作。每个菜单项目都有相应的帮助信息，便于用户随时参看，如图 7.20 所示。根据屏幕的位置和操作风格，可将菜单分为固定位置菜单、弹出式菜单、下拉式菜单和嵌入式菜单等类型。

（1）固定位置菜单：相对固定地出现在屏幕的一定位置，如在屏幕的中央或一侧。用户从当前屏幕上菜单项的内容，可以知道自己在当前系统中的位置及上下关系。使用固定菜单会占据屏幕一定的空间，使得用户的工作区变小。

（2）弹出式菜单：其特点是仅当需要时才从屏幕上显示出来以供使用，完成任务后立即消失。可根据屏幕上不同的对象（区域）定义一组弹出式菜单，每组菜单表示用户在当前状态或位置所能执行的操作。弹出式菜单能方便直观地引导用户进行有效的工作。

（3）下拉式菜单：下拉式菜单融合了固定位置菜单和弹出式菜单的特点。它的结构分为两层：第一层是各父菜单项，常驻在窗口标题栏的下方；第二层是各父菜单的子菜单项，它们分别隶属于所对应的菜单项，仅当激活父菜单项时，所属子菜单项才显示出来，以供进一步选用。

（4）嵌入式菜单：或称为超级链接菜单。菜单项嵌入文本内容之中，是文本的组成部分。嵌入式菜单以醒目的字体或亮度与普通文本（或背景）区别开来，在档案管理系统、多媒体数据库系统及许多帮助系统中常使用嵌入式菜单。

菜单的设计关键是仔细考虑任务相关的对象和动作，使用频率通常成为组织菜单的主导因素。依据信息系统的复杂程度来选择合适的菜单类型，也可以多菜单组合，可以将不同类的多菜单结合起来，方便 GIS 用户的使用。

菜单驱动界面最大的长处在于界面友好，便于用户掌握系统。但是对于高级用户而言，与命令行界面相比，它往往显得不够灵活而且效率低下。在 GIS 中，往往需要连续地对批量数据进行处理，并且需要较长的计算时间，这种情况下采用菜单界面就变得不可忍受。

4. 基于对话框的界面

对话框是一类特殊的窗体，包含按钮和各种选项，通过它们可以完成特定命令或任务。

对话框是系统显示于屏幕上的一定矩形区域内的图形和正文信息，是实现系统与用户之间通信的重要途径之一（图 7.21）。

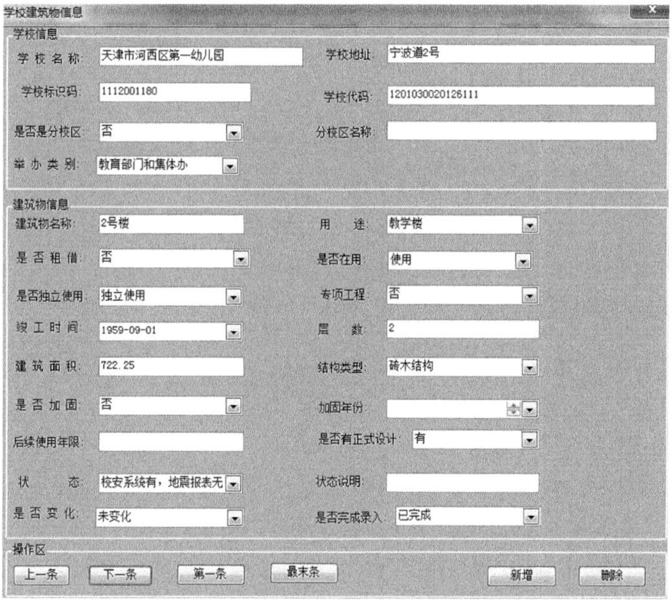

图 7.21　地下水资源管理信息系统的对话框设计

　　对话框主要由两部分组成：①对话框资源。可以使用对话框编辑器来配置对话框的界面，如对话框的大小、位置、样式，对话框中控件的类型和位置等。另外，还可以在程序的执行过程中动态创建对话框资源。②对话框类。在 MFC 程序中，可以使用向导帮助用户建立一个与对话框资源相关联的类，通常这个类由 CDialog 类派生。

　　对话框通常用于选取菜单项或图标时，是进一步与系统交流信息的辅助手段。按交互的方式，对话框大致分为以下三类。

　　（1）问答式：用户必须在对话框内的控件中键入内容或其他选择操作，然后按回车（或"确定"）按钮，系统进一步执行操作。

　　（2）显示信息式：这类对话框仅为用户提供参考信息，对话框内所有内容以只读方式出现。在使用 Windows 系统的过程中经常会见到消息对话框，提示异常发生或提出询问等。因为在软件开发中经常用到消息对话框，所以 MFC 提供了两个函数可以直接生成指定风格的消息对话框，而不需要在每次使用的时候都去创建对话框资源和生成对话框类等。

　　（3）警告式：用于系统报错或警告。

第8章 GIS 建设与测试

GIS 设计的主要成果是设计说明书，是 GIS 的概念模型，也是 GIS 建设的重要依据。完成设计之后，GIS 建设工作进入实施阶段。GIS 工程涉及因素众多，概括起来可以包括硬件采购安装、软件编码调试、地理数据采集加工、系统综合调试及人员培训等内容。GIS 建设管理是 GIS 工程的重中之重，主要包括组织结构、项目任务分工、实施阶段的进度、质量和成本控制、最后阶段的系统测试和交付等内容。

8.1 GIS 工程建设组织

工程建设方案是根据一个具体的 GIS 项目制定的实施方案。它是用来指导施工项目全过程各项活动的技术、经济和组织的综合性文件，是工程技术与施工管理有机结合的产物。编制工程建设方案的目的是保证工程开工后施工活动有序、高效、科学合理地进行。工程建设方案包括组织机构方案（各职能机构的构成、各自职责、相互关系等）、人员组成方案（项目负责人、各机构负责人、各专业负责人等）、软件开发方案（进度安排、关键技术预案、重大节点和系统联调步骤预案等）、地理数据库建设方案（总体要求、建设规范、质量因素分析、数据安全措施、数据验收步骤预案等）、硬件设备安装方案（设备采购、安装流程、硬件调试等）。此外，根据项目大小还有系统运维方案、数据更新方案等。建设方案的繁简，一般要根据工程规模大小、结构特点、技术复杂程度和施工条件的不同而定，以满足不同的实际需要。复杂和特殊工程的施工组织设计需较为详尽，小型建设项目或具有较丰富施工经验的工程则可较为简略。

8.1.1 项目建设组织机构

项目建设是 GIS 工程付诸实现的实践阶段。这一阶段要把物理概念转换为可实际运行的物理系统。一个好的设计方案，只有经过精心实施，才能带来实际效益。项目建设阶段的工作对系统的质量有着直接的影响，因此，应该做好细致的组织工作，编制出周密的实施计划。

1. 项目经理

项目经理（project manager），从职业角度，是指企业建立以项目经理责任制为核心，对项目实行质量、安全、进度、成本管理的责任保证体系，为全面提高项目管理水平设立的重要管理岗位。它要负责处理所有事务性质的工作。首先要求项目经理把项目作为一个整体来看待，认识到项目各部分之间的相互联系和制约及单个项目与母体组织之间的关系。只有对总体环境和整个项目有清楚的认识，项目经理才能制定出明确的目标和合理的计划。

项目经理选聘高水平的技术、管理人员组成项目经理部，项目决策层由项目技术负责人（总工程师）、软件开发部门经理、数据生产部门经理、硬件安装部门经理和项目质检负责人等组成。在建设单位、监理单位和企业的指导下，负责对工程的工期、质量、安全、物资等实施计划、组织、协调、控制和决策。

项目经理具体职责包括以下几点。

1）计划

计划是为了实现项目的既定目标，对未来项目实施过程进行规划和安排的活动。计划作为项目管理的一项职能，贯穿于项目的全过程，在项目全过程中，随着项目的进展不断细化和具体化，同时又不断地修改和调整，形成一个前后相继的体系。项目经理要对整个项目进行统一管理，就必须制定出切实可行的计划或者对整个项目的计划做到心中有数，各项工作才能按计划有条不紊地进行。也就是说，项目经理对施工的项目必须具有全盘考虑、统一计划的能力。

2）组织

这里所说的项目经理必须具备的组织能力是指为了使整个施工项目达到它既定的目标，使全体参加者经分工与协作，以及设置不同层次的权力和责任制度而构成的一种人的组合体的能力。当一个项目在中标后（有时在投标时），担任（或拟担任）该项目领导者的项目经理就必须充分利用他的组织能力对项目进行统一的组织，如确定组织目标、确定项目工作内容、组织结构设计、配置工作岗位及人员、制定岗位职责标准和工作流程及信息流程、制定考核标准等。在项目实施过程中，项目经理又必须充分利用他的组织能力对项目的各个环节进行统一的组织，即处理在实施过程中发生的人和人、人和事、人和物的各种关系，使项目按既定的计划进行。

3）目标定位

项目经理必须具有定位目标的能力，目标是指项目为了达到预期成果所必须完成的各项指标的标准。目标有很多，但最核心的是质量目标、工期目标和投资目标。只有对这三大目标定位准确、合理才能使整个项目的管理有一个总方向，各项目工作也才能朝着这三大目标开展。要制定准确、合理的目标（总目标和分目标）就必须熟悉合同提出的项目总目标、反映项目特征的有关资料。

4）整体意识

项目是一个错综复杂的整体，它可能含有多个分项工程、分部工程、单位工程，如果对整个项目没有整体意识，势必会顾此失彼。

5）授权能力

授权能力也就是要使项目部成员共同参与决策，而不是那种传统的领导观念和领导体制，任何一项决策均要通过有关人员的充分讨论，并经充分论证后才能做出决定。这不但可以做到"以德服人"，而且由于聚集了多人的智慧后，该决策将更得民心，更具有说服力，也更科学、更全面。

2. 项目技术负责人

项目技术负责人在项目经理的领导下工作，负责整个项目的技术工作，负责全过程的技术决策、技术指导。参与编写系统建设与实施管理方案，针对项目实施过程中的技术重点和难点等问题及项目参与人员的技术素养，做出切合实际、有针对性、可操作的技术策划；负责对实施方案的动态管理，发现工程设计中有重大问题、施工方法需要重大调整、施工资源配置需要重大变化时，要及时进行修改或补充，并重新按流程进行审批。

3. 项目质检负责人

在项目经理和技术负责人的领导下，把好项目质量检查关。依据项目工程目标，确定质检目标，分别制定出项目工程质检实施方案，明确职责的措施，建立制度的规约、考核办法。大型工程需要组建质检部。

8.1.2　项目任务分解与分工

　　编制进度计划前要进行详细的项目结构分析，系统地剖析整个项目结构构成，包括实施过程和细节，系统规则地分解项目。只有将项目任务分解得足够细，项目建设才能做到心里有数，才能有条不紊地工作，才能统筹安排项目建设的时间表。项目任务分解与分工主要依据工作分解结构原理。

　　1. 工作分解结构

　　在项目管理实践中，以可交付工程成果为导向，对项目要素进行分组，工作分解结构（work breakdown structure，WBS）是最常用的项目任务分解与分工方法之一。它是一个分级的树型结构，是将项目按照其内在结构和实施过程的顺序进行逐层分解而形成的结构示意图。项目 WBS 分解的优点是项目单元内容单一、相对独立、易于成本核算与检查，明确了单元之间的逻辑关系与工作关系，每个单元具体地落实到责任者，并能进行各部门、各专业的协调。

　　工作分解结构与因数分解是一个原理，就是把一个项目，按一定的原则分解，项目分解成任务，任务再分解成一项项工作，再把一项项工作分配到每个人的日常活动中，直到分解不下去为止，即项目→任务→工作→日常活动。工作分解结构归纳和定义了项目的整个工作范围，每下降一层代表对项目工作的更详细定义。WBS 总是处于计划过程的中心，也是制定进度计划、资源需求、成本预算、风险管理计划和采购计划等的重要基础。WBS 同时也是控制项目变更的重要基础。项目范围是由 WBS 定义的，所以 WBS 也是一个项目的综合工具。

　　日常管理项目时，要学会分解任务，只有将任务分解得足够细、足够明了，才能统筹全局，安排人力和财力资源，把握项目的进度。

　　1）分解原则

　　（1）将主体目标逐步细化分解，最底层的日常活动可直接分派到个人去完成。

　　（2）每个任务原则上要求分解到不能再细分为止。

　　（3）日常活动要对应到人、时间和资金投入。

　　2）任务分解的方法

　　（1）采用树状结构进行分解。

　　（2）以团队为中心，自上而下与自下而上充分沟通，一对一个别交流与讨论，分解单项工作。

　　3）任务分解的标准

　　（1）分解后的活动结构清晰，从树根到树叶，一目了然，尽量避免盘根错节。

　　（2）逻辑上形成一个大的活动，集成了所有的关键因素，包含临时的里程碑和监控点，所有活动全部定义清楚，要细化到人、时间和资金投入。

　　2. 分解方式

　　WBS 的分解可以采用以下方式进行：①按产品的物理结构分解。②按产品或项目的功能分解。③按照实施过程分解。④按照项目的地域分布分解。⑤按照项目的各个目标分解。⑥按部门分解。⑦按职能分解。

3. 表示方式

WBS 可以由树形的层次结构图或者行首缩进的表格表示。实际应用中,表格形式的 WBS 应用比较普遍,特别是在项目管理软件中。树型结构图的 WBS 层次清晰、非常直观、结构性很强,但不是很容易修改,对于大的、复杂的项目也很难表示出项目的全景。由于主观性,一般在小的、适中的项目中用得较多。

对 WBS 需要建立 WBS 词典(WBS dictionary)来描述各个工作部分。WBS 词典通常包括工作包描述、进度日期、成本预算和人员分配等信息。对于每个工作包,应尽可能地包括有关工作包的必要的、尽量多的信息。当 WBS 与组织分解结构(organizational breakdown structure,OBS)综合使用时,要建立账目编码(code of account)。账目编码是用于唯一确定项目工作分解结构每一个单元的编码系统。成本和资源被分配到这一编码结构中。

4. 主要用途

WBS 具有以下四个主要用途。

(1)WBS 是一个描述思路规划和设计的工具。它帮助项目经理和项目团队确定和有效地管理项目的工作。

(2)WBS 是一个清晰地表示各项目工作之间的相互联系的结构设计工具。

(3)WBS 是一个展现项目全貌,详细说明为完成项目所必须完成的各项工作的计划工具。

(4)WBS 定义了里程碑事件,可以向高级管理层和客户报告项目完成情况,作为项目状况的报告工具。

WBS 是面向项目可交付成果的成组的项目元素,这些元素定义和组织该项目的总的工作范围,未在 WBS 中包括的工作就不属于该项目的范围。WBS 每下降一层就代表对项目工作更加详细的定义和描述。项目可交付成果之所以应在项目范围定义过程中进一步被分解为 WBS,是因为较好的工作分解可以防止遗漏项目的可交付成果;帮助项目经理关注项目目标和澄清职责;建立可视化的项目可交付成果,以便估算工作量和分配工作;帮助改进时间、成本和资源估计的准确度;帮助项目团队的建立和获得项目人员的承诺;为绩效测量和项目控制定义一个基准;辅助沟通清晰的工作责任;为其他项目计划的制定建立框架;帮助分析项目的最初风险。

最多使用 20 个层次,多于 20 层是过度的。对于一些较小的项目 4~6 层一般就足够了。

5. 分解作用

(1)明确和准确说明项目的范围。

(2)为各独立单元分派人员,规定这些人员的相应职责。

(3)针对各独立单元,进行时间、费用和资源需要量的估算,提高时间、费用和资源估算的准确度。

(4)为计划、成本、进度计划、质量、安全和费用控制奠定共同基础,确定项目进度测量和控制的基准。

(5)将项目工作与项目的财务账目联系起来。

(6)便于划分和分派责任。

(7)确定工作内容和工作顺序。

(8)估算项目整体和全过程的费用。

6. 分解优点

1）能够为工作定义提供更有效的控制

一般来说，良好的项目管理具有下列几个原则。

（1）通过设施的结构化分解来进行管理。

（2）关注实现什么，而不是怎样实现。

（3）通过工作分解结构，技术和人员、系统和组织之间可以平衡结果。

（4）在项目涉及的所有部门之间，通过定义角色、责任和工作关系来建立一个契约。

（5）采用一个简明的报告结构。

使用工作分解结构可以满足有效项目管理的五个原则中的前三个，而避免了计划的误区，即只在一个详细的层次上定义工作。以一个结构化的方式来定义工作可以保证得到更好的结果。通过可交付成果来进行工作定义，在项目向前进行时，只有那些对生产设施有必要的工作才做，因此计划也变得更加固定。在环境不断变化的情况下，项目所需的工作可能发生变化，但不管怎么变化，一定要对最终结果的产生有益。

2）把工作分配到相应的工作包中（相应的授权）

WBS 中的工作包是自然的，因为 WBS 的目的是生产产品，在分配责任的同时也赋予每个产品或服务的单独的部门。如果工作只是在一个详细的层次上定义，并汇集成工作包，那么这个工作包就不是自然的了，项目经理只能每天忙于告诉人们一些技术和方法，而不是让他们自己独立去完成工作。

3）便于找到控制的最佳层次

人们在较低层次上进行控制可能意味着在控制上所花的时间要比完成工作所需的时间更多，而在较高层次上进行控制则意味着有些重要情况在不经意时会溜走。通过 WBS 可以找到控制的最佳层次。一般情况下，控制活动的长短应该与控制会议召开的频度相一致。

4）有助于限定风险

以上讨论中的限定计划和控制的范围都不包含较高的风险。实际上 WBS 的分解层次不一定是固定不变的，WBS 的最低层次可根据风险的水平来确定。在风险较低的项目中，工作分解的最低层次可以是工作包，而在一个风险较高的项目中，可以继续分解到项目的一个最低层次上。

在项目经理规划和控制其工程项目的过程中，工作分解结构是非常有用的工具。编制完整的 WBS 确定了工程项目的总目标，并确定了各项单独的工作（部分）与整个项目（整体）的关系。

5）是信息沟通的基础

在现代大型复杂项目中，一般要涉及大量的资源，涉及许多公司、供应商、承包人等，有时还会有政府部门的高技术设施或资金投入，因而要求的综合信息和信息沟通的数量往往相当大。这些大项目涉及巨资并历时若干年，因此项目开始进行时设想的项目环境会随着项目的进展而发生很大的变化，即多次提到的项目早期阶段的不确定性。这就要求所有的有关集团要有一个共同的信息基础，一种各有关集团或用户从项目一开始到最后完成都能用来沟通信息的工具。这些集团包括：业主、供应商、承包人、项目管理人员、设计人员，以及政府有关部门等。而一个设计恰当的工作分解结构将能够使得这些集团或用户有一个较精确的信息沟通连接器，成为一种相互交流的共同基础。利用工作分解结构作为基础来编制预算、进度和描述项目的其他方面，能够使所有的与项目有关的人员或集团都明了为完成项目所需要做的各项工作及项目的进展情况等。

6）为系统综合与控制提供了有效手段

典型的项目控制系统包括进度、费用、会计等不同的子系统。这些子系统在某种程度上是相互独立的，但是各个子系统之间的系统信息转移是不可缺少的，必须将这些子系统很好地综合起来，才能够真正达到项目管理的目的。而工作分解结构的应用可以提供一个这样的手段。

在 WBS 的应用中，各个子系统都利用它收集数据，这些系统都是在与 WBS 有直接联系的代码词典和编码结构的共同基础上接收信息的。WBS 代码的应用使所有进入系统的信息都是通过一个统一的定义方法做出来的，这样就能确保所有收集到的数据能够与同一基准相比较，并使项目工程师、会计师及其他项目管理人员都参照有同样意义的同种信息，这对于项目控制的意义是显而易见的。

8.1.3　项目时序进度计划

时序进度，工程专业术语，是指按照一定规章制度及时间的要求，完成相应的程序或者任务。项目进度计划可以帮助项目管理者了解项目的特性、优势和重点，做好项目的具体需求，预测整个项目进展。它是衡量工程进度的综合指标之一。

安排进度计划的目的是控制时间和节约时间；协调资源，使资源在需要时可以获得利用；预测在不同时间所需要的资金和资源的级别以便赋予项目不同的优先级；满足严格的完工时间约束。而项目的主要特点之一是有严格的时间期限要求，由此决定了进度计划在项目管理中的重要性。基本进度计划要说明哪些工作必须于何时完成和完成每一任务所需要的时间，但最好同时也能表示出每项活动所需要的人数。

1. 项目进度计划

项目进度计划是在项目总体设计和详细设计的基础上，根据相应的工程量和工期要求，对各项工作的起止时间、相互衔接协调关系所拟定的计划，同时对完成各项工作所需的时间、劳力、材料、设备的供应做出具体安排，最后制定出项目的进度计划。

项目进度计划是指在确保合同工期和主要里程碑时间的前提下，对设计、采办和施工的各项作业进行时间和逻辑上的合理安排，以达到合理利用资源、降低费用支出和减少施工干扰的目的。按照项目不同阶段的先后顺序，分为以下几种计划。

（1）项目实施计划。承包商基于业主给定的重大里程碑时间（开工、完工、试运、投产），根据自己在设计、采办、施工等各方面的资源，综合考虑国内外局势及项目所在国的社会及经济情况制定出总体实施计划。该计划明确了人员设备动迁、营地建设、设备与材料运输、开工、主体施工、机械完工、试运、投产和移交等各方面工作的安排。

（2）详细的执行计划（目标计划）。承包商在授标后一段时间内（一般是一个月）向工程师递交进度计划。该计划建立在项目实施计划基础之上，根据设计部提出的项目设计文件清单和设备材料的采办清单，以及施工部提出的项目施工部署，制定出详细的工作分解，再根据施工网络技术原理，按照紧前紧后工序编制完成。该计划在工程师批准后即构成正式的目标计划予以执行。

（3）详细的执行计划（更新计划）。在目标计划的执行过程中，通过对实施过程的跟踪检查，找出实际进度与计划进度之间的偏差，分析偏差原因并找出解决办法。如果无法完成原来的目标计划，那么必须修改原来的计划形成更新计划。更新计划是依据实际情况对目标计划进行的调整，更新计划的批准意味着目标计划中逻辑关系、工作时段、业主供货时间等方面修改计划的批准。

2. 制定进度计划方法

常用的制定进度计划的方法有以下几种。

（1）关键日期表。这是最简单的一种进度计划表，它只列出一些关键活动和进行的日期。

（2）甘特图，也称线条图或横道图。它是以横线来表示每项活动的起止时间。甘特图的优点是简单、明了、直观，易于编制，因此到目前为止仍然是小型项目中常用的工具。即使在大型工程项目中，它也是高级管理层了解全局、基层安排进度时有用的工具。

在甘特图上，可以看出各项活动的开始和终了时间。在绘制各项活动的起止时间时，也考虑它们的先后顺序。但各项活动之间的关系却没有表示出来，同时也没有指出影响项目寿命周期的关键所在。因此，对于复杂的项目来说，甘特图就显得不足以适应。

（3）CPM 和 PERT。关键路线法（critical path method，CPM）和计划评审技术（program evaluation and review technique，PERT）是 20 世纪 50 年代后期几乎同时出现的两种计划方法。随着科学技术和生产的迅速发展，出现了许多庞大而复杂的科研和工程项目，它们工序繁多、协作面广，常常需要动用大量人力、物力、财力。因此，如何合理而有效地把它们组织起来，使之相互协调，在有限资源下，以最短的时间和最低的费用，最好地完成整个项目就成为一个突出的重要问题。CPM 和 PERT 就是在这种背景下出现的。这两种计划方法是分别独立发展起来的，但其基本原理是一致的，即用网络图来表达项目中各项活动的进度和它们之间的相互关系，并在此基础上，进行网络分析，确定关键活动与关键路线，利用时差不断地调整与优化网络，以求得最短周期。然后，还可将成本与资源问题考虑进去，以求得综合优化的项目计划方案。因这两种方法都是通过网络图和相应的计算来反映整个项目的全貌，所以又称为网络计划技术。

3. 考虑因素

（1）项目的规模大小。很显然，小项目应采用简单的进度计划方法，大项目为了保证按期按质达到项目目标，就需考虑用较复杂的进度计划方法。

（2）项目的复杂程度。应该注意到，项目的规模并不一定总是与项目的复杂程度成正比。例如，修一条公路，规模虽然不小，但并不太复杂，可以用较简单的进度计划方法。而研制一个小型的电子仪器，要很复杂的步骤和很多专业知识，可能就需要较复杂的进度计划方法。

（3）项目的紧急性。在项目急需进行，特别是开始阶段，需要对各项工作发布指示，以便尽早开始工作时，如果用很长时间去编制进度计划，就会延误时间。

（4）对项目细节掌握的程度。如果在开始阶段项目的细节无法阐明，CPM 和 PERT 法就无法应用。

（5）总进度是否由一两项关键事项所决定。如果项目进行过程中有一两项活动需要花费很长时间，而这期间可把其他准备工作都安排好，那么对其他工作就不必编制详细复杂的进度计划了。

（6）有无相应的技术力量和设备。例如，没有计算机，CPM 和 PERT 进度计划方法有时就难以应用。而没有受过良好训练的技术人员，也无法用复杂的方法编制进度计划。

此外，根据情况不同，还需考虑客户的要求，能够用在进度计划上的预算等因素。到底采用哪一种方法来编制进度计划，要全面考虑以上各个因素。

4. 项目进度步骤

1）编制进度计划

进度计划编制的主要依据是：①项目目标范围；②工期的要求；③项目特点；④项目的内外部条件；⑤项目结构分解单元；⑥项目对各项工作的时间估计；⑦项目的资源供应状况等。

进度计划编制要与费用、质量、安全等目标相协调，充分考虑客观条件和风险预计，确保项目目标的实现。进度计划编制的主要工具是网络计划图和横道图，通过绘制网络计划图，确定关键路线和关键工作。根据总进度计划，制定出项目资源总计划、费用总计划，把这些总计划分解到每年、每季度、每月、每旬等各阶段，作为项目实施过程的依据与控制。

2）成立进度控制管理小组

成立以项目经理为组长，以项目副经理为常务副组长，以各职能部门负责人为副组长，以各单元工作负责人、各班组长等为组员的控制管理小组。小组成员分工明确，责任清晰；定期、不定期召开会议，严格执行讨论、分析、制定对策、执行、反馈的工作制度。

3）制定控制流程

控制流程运用了系统原理、动态控制原理、封闭循环原理、信息原理、弹性原理等。编制计划的对象由大到小，计划的内容从粗到细，形成了项目计划系统；控制是随着项目的进行而不断进行的，是个动态过程，由计划编制到计划实施、计划调整再到计划编制是一个不断循环过程，直到目标实现；计划实施与控制过程需要不断地进行信息的传递与反馈。同时，计划编制时也考虑各种风险的存在，使进度留有余地，具有一定的弹性，进度控制时，可利用这些弹性，缩短工作持续时间，或改变工作之间的搭接关系，确保项目工期目标的实现。

4）影响因素分析

影响因素主要有人、料、机、工艺、环境、资金等方面。每项工作开始之前，控制管理小组组长即项目经理组织相关人员，运用头脑风暴法，结合成员各自的工作经验对潜在的、可能影响到工作目标实现的各种因素进行预见性分析、研究、归纳，并制定出解决措施，责任到人进行落实实施。

5）项目进度实施

计划要起到应有的效果，就必须采取措施，使之得以顺利实施，实施的措施主要有组织措施、经济措施、技术措施、管理措施。组织措施包括落实各层次的控制人员、具体任务和工作责任；建立进度控制的组织系统，确定事前控制、事中控制、事后控制、协调会议、集体决策等进度控制工作制度；监测计划的执行情况，分析与控制计划执行情况等。经济措施包括实现项目进度计划的资金保证措施、资源供应及时的措施，实施激励机制。技术措施包括采取加快项目进度的技术方法。管理措施包括加强合同管理、信息管理、沟通管理、资料管理等综合管理，协调参与项目的各有关单位、部门和人员之间的利益关系，使之有利于项目进展。

　　6）进度动态监测

　　项目实施过程中要对施工进展状态进行观测，掌握进展动态，对项目进展状态的观测通常采用日常观测和定期观测方法。日常观测法是指随着项目的进展，不断观测记录每一项工作的实际开始时间、实际完成时间、实际进展时间、实际消耗的资源、目前状况等内容，以此作为进度控制的依据。定期观测是指每隔一定时间对项目进度计划执行情况进行一次较为全面的观测、检查；检查各工作之间逻辑关系的变化，检查各工作的进度和关键线路的变化情况，以便更好地发掘潜力，调整或优化资源。

　　7）进度分析比较和更新

　　进度控制的核心就是将项目的实际进度与计划进度进行不断分析比较，不断进行进度计划的更新。进度分析比较主要采用横道图比较法，就是将在项目进展中通过观测、检查、搜集得到的信息，经整理后直接用横道图并列标于原计划的横道线，进行直观比较，通过分析比较，分析进度偏差的影响，找出原因，以保证工期不变、保证质量安全和所耗费用最少为目标，制定对策，指定专人负责落实，并对项目进度计划进行适当调整更新。调整更新主要是关键工作的调整、非关键工作的调整、改变某些工作的逻辑关系、重新编制计划、资源调整等。

　　8）计划与控制的关系进度控制管理

　　进度控制管理是采用科学的方法确定进度目标，编制进度计划与资源供应计划，进行进度控制，在与质量、费用、安全目标协调的基础上，实现工期目标。由于进度计划实施过程中目标明确，而资源有限，不确定因素多，干扰因素多，这些因素有客观的、主观的。随着主客观条件的不断变化，计划也随着改变，因此，在项目施工过程中必须不断掌握计划的实施状况，并将实际情况与计划进行对比分析，必要时采取有效措施，使项目进度按预定的目标进行，确保目标的实现。进度控制管理是动态的、全过程的管理，其主要方法是规划、控制、协调。

8.2　地理数据工程建设

　　地理数据是地理信息的主要载体，是地理信息系统应用中的操作对象。地理数据库建设已成为地理信息系统建设的重要内容，也是地理信息系统工程活动的核心。据统计，在地理信息系统建设中，地理数据获取方面的成本费用约占 GIS 项目建设费用的 50%～70%。如何低成本、高效地采集、处理和生产地理数据成为 GIS 工程建设的重点。

8.2.1　地理数据工程

　　地理数据工程是一类工程实践活动，即在地理信息系统应用中借鉴传统工程及软件工程的原则和方法，采集、生产和使用地理数据，以达到提高效率、降低成本的目的。地理数据库是指地理信息系统在计算机物理存储介质上存储的与应用相关的地理空间数据的总和，一般是以一系列特定结构的文件形式组织在存储介质之上的。因不同的地理信息系统应用要求，地理数据库会有各种各样的组织形式。

　　在地理数据库建设工程中，以地理数据建设活动为核心，进行地理数据的创建和处理，需要组织各种地理数据工程活动，这些活动或者直接操作地理数据，或者为地理数据操作提供支持（如管理活动等），它们需遵循相应的标准和规范，并需要地理数据库工程工具的支持。地理数据库建设工程可以表示为七个元素，如图 8.1 所示。

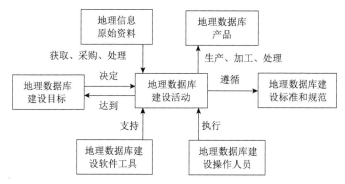

图 8.1　地理数据库建设工程七个元素

1. 地理数据库建设目标

地理数据库建设是为地理信息系统应用服务的。在地理信息系统应用的总目标下，确定地理数据库建设的具体目标和内容。地理数据库建设目标包括：①提高空间数据的质量，保证被提取信息的有效性；②降低空间数据获取和使用过程中的成本；③更加充分地利用空间数据以提取空间信息。其中，数据质量的提高往往意味着更高的成本，通常需要在质量和成本两者之间进行权衡。

2. 地理信息原始资料

地理信息原始资料收集往往依据地理数据库建设目标。地理信息原始资料是获取或更新地理数据的基础，对资料的分析和选择是否正确，直接影响地理数据的质量。因此，地理数据库建库前需要收集的资料为：①实测或最新采集的各种比例尺地理数据及有关元数据；②最新出版的地形图、航片、卫片和影像资料；③最新出版的行政区划代码、世界各国和地区名称代码、行政区划简册、区域的地名录；④最新出版的交通资料和国家公布的交通信息；⑤国家、省、县、乡公路路线名称和编码；⑥铁路路线名称代码，铁路车站站名代码；⑦河流和水工建筑名称代码；⑧成图区域内的测量控制点成果。

实测获取地理数据，一般遵循以下四个基本原则。

（1）对于无图区域，建设大比例尺地图（1∶500～1∶1000），利用全站仪和差分 GPS 等仪器，采用外野实地测量方法。

（2）建设大中比例尺地图（1∶1000～1∶1 万），一般采用航空摄影测量的方法。

（3）建设中比例尺地图（1∶1 万～1∶5 万），一般采用高分辨率遥感图像数字化。

（4）建设中小比例尺地图（1∶5 万～1∶25 万），可采用中分辨率遥感图像数字化。

3. 地理数据库建设活动

地理数据库建设目标和地理信息原始资料决定地理数据库建设活动。活动包括贯穿于地理数据生命周期的一般性活动，如地理数据获取、数据预处理、地理数据集成、地理数据分析和表现等。地理数据库建设目标不同，地理数据资料来源不同，决定了地理数据库建设的活动也不相同。

4. 地理数据库建设软件工具

地理数据库建设软件工具用于支撑地理数据库建设工程中的活动，它既包括了传统的地理数据生产软件工具，如数字测图系统、数字摄影测量系统、图像处理系统、地理信息系统等，又包括了支持地理数据质量控制、管理及数据分发服务的支持工具等。

5. 地理数据库建设标准和规范

标准是由一个公认的机构制定和批准的文件。它对活动或活动的结果规定了规则、导则或特殊值，供共同和反复使用，以实现在预定领域内最佳秩序的效果。规范是指群体所确立的行为标准。它们可以由组织正式规定，也可以是非正式形成。当针对工程规划、设计、施工等通用的技术事项作出规定时，一般采用规范。标准和规范既包括地理数据库建设工程中的活动、数据和支撑工具的相关标准，又包含了非技术层面的一些政策和法规，它们保证地理数据库建设工程有序规范地运行。

6. 地理数据库建设操作人员

地理数据库建设操作人员是地理数据库建设工程活动的执行者，如数据录入员是地理数据输入活动的执行者，它是地理数据库建设实践中不可或缺的要素。在地理数据库建设实践中，活动者被实例化为具体的工作人员。

7. 地理数据库产品

地理数据库产品是地理数据库工程建设的成果。在项目地理数据库设计中详细描述了地理数据库产品类型、形式、精度和尺度等要求，这里不再累述。

国家基础地理信息产品主要有四种基本模式，即数字高程模型、数字正射影像、数字栅格地图和数字线划地图。随着倾斜摄影测量和机载 LiDAR 技术成熟应用，所获取高精度、高分辨率的数字表面模型，以及通过加工生成的三维地物模型和建筑信息模型等充分表达城市三维空间起伏特征，已成为新的地理信息数据产品。

国家制定了地理数据产品标准适用于基础地理信息数字产品的生产、建库、更新与分发服务应用。标准规定了数字正射影像图、数字高程模型、数字线划图、数字栅格地图的元数据内容、结构和格式。主要内容包括元数据文件的结构、元数据文件的记录、元数据文件的内容和格式等。同时，国家制定了地理信息数据产品元数据标准，规定了元数据文件的结构，内容包括有关数据源、数据分层、产品归属、空间参考系、数据质量（数据精度、质量评价）、数据更新、图幅接边等方面的信息。标准对元数据文件的记录提出了要求，即规定了元数据记录内容的一般规定和其他规定，还分别采用表的形式规定了数字栅格地图元数据、数字正射影像图元数据、数字高程模型元数据和数字线划图元数据文件的内容和格式。

8.2.2　地理数据库建设技术路线

地理数据库建设技术路线是指项目要达到建设目标准备采取的技术手段、具体步骤及解决关键性问题的方法的实现途径，应尽可能详尽，每一步骤的关键点要阐述清楚并具有可操作性。技术路线可以采用流程图或示意图说明，再结合必要的解释。合理的技术路线可保证顺利地实现既定目标。技术路线的合理性并不是技术路线的复杂性。技术路线流程图主要包括：①做成树形图。按照工程流程来写，一般包括工程建设对象、方法、拟解决的问题、相互之间关系。②做成结构示意图。根据项目的子内容、建设顺序、相互关系、方法、解决问题做成结构示意图。图 8.2 是地理数据库建设技术路线框架图。

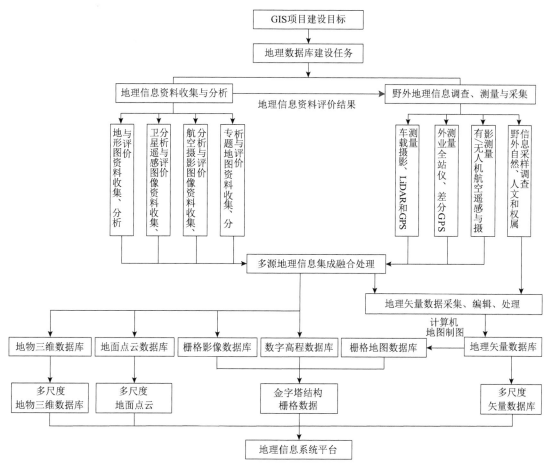

图 8.2　地理数据库建设技术路线框架图

1. 地理矢量数据采集、编辑和处理

地理矢量数据库管理功能包括地理数据采集与输入、编辑处理、数据库管理等模块。地理数据采集与输入模块将基础地理信息、专题信息等不同来源、不同尺度的图形、图像、属性数据通过数字化、数据录入等方式以矢量格式输入地理数据库。编辑处理是将地理数据按项目的要求进行各种编辑、处理，具有图形、属性数据修改，数据的空间坐标变换，投影变换，数据交换格式变换，数据的合并、裁切、拓扑关系建立等功能。数据库管理包括地理矢量数据库的管理、遥感影像库等图像数据库的管理及元数据库的管理，能够完成地理数据库的基本操作，实现数据的存储、组织、集成与矢栅一体化管理，使系统更加灵活。

2. 多源多尺度数据的集成方法

（1）数据标准化模式。数据标准化，是指通过建立统一的数据交换标准来约束并规范已有的各类地理信息系统，采用数据交换标准来进行空间数据共享。它主要是由大商业软件开发商或数据标准化组织负责提出明码数据交换格式，用户自己编写相应的数据转换程序，把其他格式的数据经过转换，变成本系统的数据格式，这是当前 GIS 软件系统共享数据的主要方法。

（2）操作标准化模式。操作标准化模式，是指建立开放式地理数据（Open GIS），进行异构地理信息系统互操作。OGC 制定的规范，是 OGC 关于地理数据互用性规范中的最高层次，目的是提供一套全面的、开放的接口规范，以支持开发者编写提供在网络环境中透明地访问分布式异质地理信息资源功能的互操作部件，从而使得一个系统同时支持不同的空间数据格式成为可能。

3. 多源多尺度地理矢量数据的制图综合

地理数据具有多尺度特性，在地理数据库建设中，为满足不同的需要，往往生产系列比例尺地形图（如国家基本比例尺地图），不同分辨率的航空、卫星遥感影像等，对于这些多比例尺的空间数据组织，多尺度的地理矢量数据库的表现形式有两种：一种是单库多版本，开发更好的层次数据结构来支持空间数据的多级表达，即建立一个较大比例尺的数据库，从中提取其他层次比例尺的数据，这种方法难度很大；另一种是多库多版本，独立对应于多级比例尺的多个空间数据库。

在使用大比例尺数据缩编成的小比例尺数据时，一般要求是先制作和更新最基本比例尺和精度的空间数据，再以此为基础缩编小一级尺度和低一级精度的空间数据。大比例尺地图内容表达较为详细，制图综合的重点是对物体内部结构的研究和概括。小比例尺下，实地即使是形体相当大的目标，也只能用点状或线状符号表示，这时就无法去细分其内部结构，转而把注意力放在物体的外部形态的概括和同其他物体的联系上。这种缩编一般采用删减、概括、抽象、抽稀的方法减少曲线点数，常用的地理信息系统软件都具备"删减""抽稀"的基本功能。但由大尺度、高精度的空间数据向小尺度、低精度的空间数据进行自动的综合和匹配，是一个难题，并且进行手工干预的工作量也很大。

（1）通过自动综合的方法。多尺度 GIS 中的一库多版本，就是通过自动综合方式建立的，这种形式建立的多尺度 GIS 是 GIS 系统的奋斗目标，它几乎能解决目前多尺度 GIS 中存在的所有问题，如数据冗余、数据更新、数据一致及多层数据库的连接等。但目前存在的主要障碍是 GIS 中自动制图综合的技术还不完善。因此，为了满足 GIS 分析和显示的需要，有必要事先在数据库中存储多种比例尺（分辨率）层次的数据，以供使用者随时存取和操作。

（2）通过人工编码的方法。人工编码的方法主要是针对多尺度 GIS 中的多库多版本，它是系统设计者在系统建立之初，根据 GIS 用户的要求，首先建立能够满足用户不同要求的不同比例尺的地理数据库，用不同比例尺的地理数据库之间拥有相同的空间数据编码来实现相互间的联系。

人工编码的方法和自动综合的方法都有一些缺点，通过实践发现：一个好的办法是采集和综合的方法并用，对于相邻比例尺的数据源采用综合的方法生成，而对于比例尺跨度较大的数据用重新采集的方法建立。

8.3　GIS 软件编码与调试

GIS 软件详细设计阶段的重点是用户界面设计、数据库设计、模块设计、数据结构与算法设计等。GIS 软件开发重点是编码实现。GIS 软件编码是一个周期较长，内容广泛，情况复杂的大型系统过程。GIS 具有很强的功能，有很多方面的应用，它的编码是一个大型的系统工程，它的实践也是不断地应用实践、提高、再实践、再提高的螺旋式迂回上升过程。

8.3.1　软件与编码

软件是指计算机系统中的程序及其文档，程序是计算任务的处理对象和处理规则的描述；文档是为了便于了解程序所需的阐明性资料。程序必须装入机器内部才能工作，文档一般是给人看的，不一定装入机器。软件总体分为系统软件和应用软件两大类：系统软件是各类操作系统，如 Windows、Linux、Unix 等，还包括操作系统的补丁程序及硬件驱动程序。应用软件是为了某种特定的用途而开发的软件。它可以是一个特定的程序，如一个图像浏览器；也可以是一组功能联系紧密、可以互相协作的程序的集合，如微软的 Office 软件；还可以是一个由众多独立程序组成的庞大的软件系统，如数据库管理系统。地理信息系统软件是一个获取、存储、编辑、处理、分析和显示地理数据的应用软件，其核心是用计算机来处理和分析地理信息。

软件一般是用某种程序设计语言来实现的。通常采用软件开发工具可以进行开发。计算机软件都是用各种电脑语言（也称程序设计语言）编写的。在实际工作中，一般来讲，编程人员必须要有源码才能理解和修改一个程序。近年来，国际上开始流行一种趋势，即将软件的源码公开，供全世界的编程人员共享。

软件工程过程主要包括开发过程、运作过程、维护过程。它们覆盖了需求、设计、实现、确认及维护等活动。需求活动包括问题分析和需求分析。问题分析获取需求定义，又称软件需求规约。需求分析生成功能规约。设计活动一般包括概要设计和详细设计。概要设计建立整个软件系统结构，包括子系统、模块及相关层次的说明、每一模块的接口定义。详细设计产生程序员可用的模块说明，包括每一模块中数据结构说明及加工描述。实现活动把设计结果转换为可执行的程序代码。确认活动贯穿于整个开发过程，实现完成后的确认，保证最终产品满足用户的要求。维护活动包括使用过程中的扩充、修改与完善，伴随以上过程，还有管理过程、支持过程、培训过程等。

软件开发是根据用户要求建造出软件系统或者系统中的软件部分的过程。软件开发是一项包括需求捕捉、需求分析、设计、实现和测试的系统工程。软件一般是用某种程序设计语言来实现的。通常采用软件开发工具可以进行开发。软件分为系统软件和应用软件，并不只是包括可以在计算机上运行的程序，与这些程序相关的文件一般也被认为是软件的一部分。软件设计思路和方法的一般过程，包括设计软件的功能及实现的算法和方法、软件的总体结构设计和模块设计、编程和调试、程序联调和测试，以及编写、提交程序。

软件编码是将上一阶段的详细设计得到的处理过程的描述转换为基于某种计算机语言的程序，即源程序代码。软件编译是指把某种计算机语言的程序转换成计算机可以接受的程序。程序编码是一种艺术，既灵活又严谨，充满了创造性与奇思妙想。然而应用软件设计是一项团结协作工程，而非程序员展示个人艺术的舞台，大型应用软件项目更是由很多程序员组成的大型开发团队协同完成的。每个程序员都有自己的编码经验与风格，如果缺乏统一的编程规范，则可能导致软件产品最终程序代码风格迥异，可读性与可维护性均较差，不仅给程序代码的理解带来障碍，也增加了维护阶段的工作量。此外，经验证明不规范的编码行为往往还会导致程序出现更多的隐含错误。

根据项目的应用领域选择适当的编程语言、编程的软硬件环境及编码的程序设计风格等事项。充分了解软件开发语言、工具的特性和编程风格，有助于开发工具的选择及保证软件产品的开发质量。为规范编码行为，增强程序代码的可读性、可维护性，提高编码质量与效率，保障应用软件产品整体品质与可持续开发性，从代码组织、命名、注释、编码风格、编译等方面制定软件编码规范。

8.3.2　编码规则

编码是依据预先规定的标准将某一对象信息编成计算机可识别的数码，因此，如果没有规定标准的编码方法，那么由这些独立的、不统一的编码规则实现的程序，将不具兼容性，易出现如乱码等由编码格式一致或不兼容引起的问题。编码规则是程序编码所要遵循的规则，要注意代码的正确性、稳定性、可读性；要避免使用不易理解的数字，用有意义的标识来替代，不要使用难懂的、技巧性很高的语句。源程序中关系较为紧密的代码应尽可能相邻。

1. 编码排版规则

编码排版是指将代码组织、命名、注释、编码等编码元素在布局上调整位置、大小，是使布局条理化的过程，使编码排版达到美观的视觉效果。编码排版规则包括：①关键词和操作符之间加适当的空格。②相对独立的程序块与块之间加空行。③较长的语句、表达式等要分成多行书写。④划分出的新行要进行适当的缩进，使排版整齐，语句可读。⑤长表达式要在低优先级操作符处划分新行，操作符放在新行之首。⑥循环、判断等语句中若有较长的表达式或语句，则要进行适当的划分。⑦若函数或过程中的参数较长，则要进行适当的划分。⑧不允许把多个短语句写在一行中，即一行只写一条语句。⑨函数或过程的开始、结构的定义及循环、判断等语句中的代码都要采用缩进风格。

2. 编码注释规则

程序代码中增加注释是为了帮助用户对程序的阅读理解，不宜太多或太少，太多则会对阅读产生干扰，太少则不利于代码理解，因此只在必要的地方加注释，且准确、易懂、简洁。在软件编码中适当地加入注释可以提高代码的可读性，好的编码规范可以使程序更容易阅读和理解，为了便于间隔一段时间后再阅读和理解，往往在代码中加注解释文字。编码注释规则包括：①注释要简单明了。②边写代码边注释，修改代码同时修改相应的注释，以保证注释与代码的一致性。③在必要的地方注释，注释量要适中；注释的内容要清楚、明了，含义准确，防止注释二义性；保持注释与其描述的代码相邻，即注释的就近原则。④对代码的注释应放在其上方相邻位置，不可放在下面。⑤对数据结构的注释应放在其上方相邻位置，不可放在下面；对结构中的每个域的注释应放在此域的右方；同一结构中不同域的注释要对齐。⑥变量、常量的注释应放在其上方相邻位置或右方。⑦全局变量要有较详细的注释，包括对其功能、取值范围、哪些函数或过程存取它，以及存取时注意事项等的说明。⑧在每个源文件的头部要有必要的注释信息，包括：文件名、版本号、作者、生成日期、模块功能描述（如功能、主要算法、内部各部分之间的关系、该文件与其他文件关系等）；主要函数或过程清单及本文件历史修改记录等。⑨在每个函数或过程的前面要有必要的注释信息，包括：函数或过程名称，功能描述，输入、输出及返回值说明，调用关系及被调用关系说明等。

3. 编码命名规则

命名应遵循下列原则：①简单清晰通俗。②使用英文命名，禁止使用中文命名。③尽量选择通用词汇。④使用完整单词或词组，避免使用简称。⑤准确表达其含义。⑥避免同时使用易混淆的字母与数字，如 1 与 l、0 与 O。⑦禁止使用只靠大小写区分的多个名称。⑧多单词组成的名称，单词的首字母应大写，如 FileName。

名称太长超过 15 字符时应使用简称。简称应遵循：①使用标准的或常用的简写，如 Temp（tmp）、Length（len）。②应用范围内简写一致且规范，避免各处简写各不相同。③简写可以使用单词的前一个或多个字母，如 Channel（Chan）、Connect（Conn），也可以使用去掉所有的不在词头的元音字母，如 screen（scrn）、primtive（prmv）。④多个单词组成的名称，使用有意义的单词或去掉无用的后缀并简称，如 Count of Failure（FailCnt）、Paging Request（PagReq）。

文件命名应使用模块名的小写字母形式，禁止用汉字或大小写字母混用作为代码文件名。

禁止用单字母作为变量名。变量命名格式为[作用域范围前缀_][前缀]基本类型 + 名称。其中，作用域范围前缀、前缀以小写字母表示且可选，基本类型以小写字母表示且必选。

常量与宏应使用全大写名称，多词组名称使用"_"分隔各单词，并使用断行注释说明其含义。函数命名应使用能够表达函数功能的英文动词或动宾结构短语，且每个单词的首字母大写，如 GetName（）、StrTrimLeft（）、KillProc（）。禁止在函数名称中使用非字母或数字的其他字符，如下划线_。

类命名应使用字符 C|T + 名称形式。其中，名称应使用名词或名词短语，且每个单词首字母大写，如 CSignal、CFile、CString、CTagMgr。

函数或方法的参数命名参考变量命名，但应使用 In、Out、Ret 等简写修饰参数，增加函数声明的可读性。

4. 变量规则

变量来源于数学，是计算机语言中能储存计算结果或能表示值的抽象概念。变量可以通过变量名访问。变量能够给程序中准备使用的每一段数据都赋予一个简短、易于记忆的名字。变量规则包括：①避免使用不易理解的数字，用有意义的标识来替代。②去掉没必要的公共变量。③构造仅有一个模块或函数可以修改、创建，而其余有关模块或函数只能访问的公共变量，防止多个不同模块或函数都可以修改、创建同一公共变量的现象出现。④仔细定义并明确公共变量的含义、作用、取值范围及公共变量间的关系。⑤明确公共变量与操作此公共变量的函数或过程的关系，如访问、修改及创建等。⑥当向公共变量传递数据时，要十分小心，防止赋予不合理的值或越界等现象发生。⑦防止局部变量与公共变量同名。⑧仔细设计结构中元素的布局与排列顺序，使结构容易理解，节省占用空间，并减少引起误用现象。⑨结构的设计要尽量考虑向前兼容和以后的版本升级，并为某些未来可能的应用保留余地（如预留一些空间等）。⑩严禁使用未经初始化的变量，声明变量的同时对变量进行初始化。编程时，要注意数据类型的强制转换。

5. 函数、过程规则

函数、过程规则包括：①函数名应准确描述函数的功能，避免使用无意义或含义不清的动词为函数命名。②为简单功能编写函数，函数的规模尽量限制在 200 行以内，一个函数最好仅完成一项功能。③函数的功能应该是可以预测的，也就是只要输入相同数据就应产生同样的输出。④尽量不要编写依赖于其他函数内部实现的函数。⑤避免设计多参数函数，检查函数所有参数输入的有效性，不使用的参数从接口中去掉；用注释详细说明每个参数的作用、取值范围及参数间的关系。⑥函数的返回值要清楚、明了，让使用者不容易忽视错误情况。

⑦明确函数功能,精确(而不是近似)地实现函数设计。⑧检查函数所有非参数输入的有效性,如数据文件、公共变量等。⑨减少函数本身或函数间的递归调用。

8.3.3 编码与调试

系统开发就是为各个模块编写程序,把系统详细设计转变为计算机能够接受的代码。这是系统实现阶段的核心工作,合理的程序是系统质量得到保证的基础。随着计算机硬件的发展,人们对程序的执行速度和长度的要求已经大大降低,同时系统规模不断扩大,GIS 处理对象多,操作也从过程计算向非流程化的事务编辑转化,这导致程序流程复杂,如果程序容错性不强,不规范甚至非法操作,容易导致系统陷入瘫痪。根据统计,稳定性高、健壮性好、易于操作的程序容错代码甚至占程序代码的70%以上。故必须保证程序具有良好的设计风格,以保证程序的可读性和稳定性。

1. 提高程序效率

编程时要经常注意代码的效率。在保证软件系统的正确性、稳定性、可读性及可测性的前提下,提高代码效率。

(1)要仔细地构造或直接用汇编编写调用频繁或性能要求极高的函数。

(2)通过对系统数据结构划分与组织的改进,以及对程序算法的优化来提高空间效率。

(3)尽量减少循环嵌套层次。在多重循环中,应将最忙的循环放在最内层。避免循环体内含判断语句,应将循环语句置于判断语句的代码块之中。

(4)尽量用乘法或其他方法代替除法,特别是浮点运算中的除法。

2. 保证软件质量

代码质量保证优先原则,不能一味地追求代码效率,而对软件的正确性、稳定性、安全性、规范/可读性及可测试性造成影响。正确性指程序要实现设计要求的功能。稳定性、安全性指程序稳定、可靠、安全。规范/可读性指程序书写风格、命名规则等要符合规范。

在软件设计过程中构筑软件质量:①过程/函数中分配的内存,在过程/函数退出之前要释放。②过程/函数中申请的(为打开文件而使用的)文件句柄,在过程/函数退出前要关闭。③防止内存操作越界,时刻注意表达式是否会上溢、下溢。④认真处理程序所能遇到的各种出错情况。系统运行之初,要初始化有关变量及运行环境,防止未经初始化的变量被引用,要对加载到系统中的数据进行一致性检查。⑤防止引用已经释放的内存空间,只引用属于自己的存储空间。⑥充分了解系统的接口之后,再使用系统提供的功能。不能随意改变与其他模块的接口。严禁随意更改其他模块或系统的有关设置和配置。⑦要时刻注意易混淆的操作符。当编完程序后,应从头至尾检查一遍这些操作符。不使用与硬件或操作系统关系很大的语句,而使用建议的标准语句。⑧除非必要,不要使用不熟悉的第三方工具包与控件。使用第三方提供的软件开发工具包或控件时,充分了解应用接口、使用环境及使用时的注意事项,不能过分相信其正确性。⑨在编写代码之前,应预先设计好程序调试与测试的方法和手段,并设计好各种调测开关及相应测试代码,如打印函数等,单元测试要求至少达到语句覆盖,单元测试开始要跟踪每一条语句,并观察数据流及变量的变化。⑩在进行集成测试/系统联调之前,要构造好测试环境、测试项目及测试用例,同时仔细分析并优化测试用例,以提高测试效率。清理、整理或优化后的代码要经过审查及测试。

3. 编程语言选择

编程语言是人机通信的工具，人类使用它"指挥"计算机完成工作。编程语言的心理特性、工程特性、技术特性都对编制程序的质量有重要的影响。

1）编程语言的心理特性

编程语言的心理特性指影响程序员心理的语言性能，这类特性是作为程序设计的结果而出现的，其表现形式如下。

歧义性：有的编程语言的语法规则容易使人用不同的方式来解释语言，易产生心理上的二义性。例如，$X=X_1/X_2 \times X_3$，编译系统只有一种解释，但人们却有不同的理解。若程序语言具有这些使人心理容易产生歧义的特征，则易使编程出错，而且可读性也差。

简洁性：人们为了掌握编程语言，必须记住若干的语句种类、数据类型、运算符、函数、过程等，而这些成分数量越多，该语言的简洁性越差，人们越难以理解。

局部性和顺序性：局部性指语言的联想性。在编程过程中，由语句组合成模块，由模块组装成系统，并在组装过程中实现模块的高内聚、低耦合，加强程序的局部性。若在程序中多采用顺序序列，则使人容易理解。如果存在大量分支或循环，则不利于人们的理解。

传统性：人们已习惯于已掌握的编程语言，若新的一种编程语言的结构形式与原来的类似，还容易接受；若风格完全不同，则较难接受。

新的编程语言虽然有吸引力，但软件开发人员若熟悉某种语言，而且有类似项目开发经验，往往愿选择原有的语言。开发人员应仔细分析软件项目的模型，敢于学习新知识，掌握新技术。

2）编程语言的技术特征

软件设计阶段的设计质量一般与语言的技术特性关系不大（面向对象设计例外），但将软件设计转化为程序代码时，转化的质量往往受语言性能的影响，可能会影响设计方法。编程语言的技术特性对软件的测试与维护也有一定的影响，支持结构化构造的语言有利于减少程序的复杂性，使程序易测试、易维护。从软件工程的角度看，编程语言的特性着重考虑软件开发项目的需要，因此对程序编制有如下要求。

（1）可移植性。要增加可移植性应考虑以下几点：设计的模块与操作系统的特性不应有高度的联系；要使用标准的语言，使用标准的数据库操作；程序中各种可变信息均应参数化。

（2）开发工具的可利用性。有效的软件开发工具可以缩短编码时间，改进源程序的质量。这些开发工具为交互式调试器、交义编译器、屏幕格式定义工具、报表格式定义工具、图形开发环境、菜单系统和宏处理等。

（3）软件的可重用性。编程语言应能提供可重用的软件成分，如模块子程序可通过源程序剪贴、包含和继承等方式实现软件重用。

（4）可维护性。源程序的可读性、语言的文档化特征好对复杂的软件开发项目有重要的影响，可以做到易于把详细设计翻译为源程序，易于修改需要变化的源程序等。

3）编程语言的选择

在选择编程语言时，要从问题入手，确定它的要求是什么，以及这些要求的相对重要性。但是因为一种语言不可能同时满足各种需求，所以要进行权衡，比较各种编程语言的适用程度，最后选择最适用的语言。

　　科学计算、实时处理和人工智能领域中的问题算法较复杂，而数据处理、数据库应用和系统软件领域内的问题，数据结构比较复杂，因此选择语言时可考虑是否有完成复杂计算的能力，或者有构造复杂数据结构的能力。

　　项目应用领域是选择语言的关键。选择编程语言可从以下几个方面考虑。

　　科学工程计算。该计算需要大量的标准库函数，以便处理复杂的数值计算。可供选择的语言有 FORTRAN、Pascal、C、PL/l。

　　数据处理与数据库应用。数据处理与数据库应用可供选用的语言有 COBOL、SQL、4GL（第 4 代语言）。

　　实时处理。实时处理编程语言要有较高的性能，可供选用的语言有汇编语言、Ada。

　　系统软件。如果编写操作系统、编译系统等系统软件，可选用汇编语言、C、Pascal、Ada。

　　人工智能。如果要完成知识库系统、专家系统、决策支持系统、推理语言识别、模式识别、机器人视觉及自然语言处理等人工智能领域内的系统，选择的语言有 Lisp、Prolog。

4. 程序调试

　　程序调试是将编制的程序投入实际运行前，用手工或编译程序等方法进行测试，修正语法错误和逻辑错误的过程。这是保证计算机信息系统正确性的必不可少的步骤。编完计算机程序，必须送入计算机中测试。根据测试时所发现的错误，进一步诊断，找出原因和具体的位置进行修正。

　　程序调试步骤如下。

　　第一步，用编辑程序把编制的源程序按照一定的书写格式送到计算机中，编辑程序会根据使用人员的意图对源程序进行增、删或修改。

　　第二步，把送入的源程序翻译成机器语言，即用编译程序对源程序进行语法检查并将符合语法规则的源程序语句翻译成计算机能识别的"语言"。如果经编译程序检查，发现有语法错误，那就必须用编辑程序来修改源程序中的语法错误，然后再编译，直至没有语法错误为止。

　　第三步，使用计算机中的连接程序，把翻译好的计算机语言程序连接起来，并扶植成一个计算机能真正运行的程序。在连接过程中，一般不会出现连接错误，如果出现了连接错误，说明源程序中存在子程序的调用混乱或参数传递错误等问题。这时又要用编辑程序对源程序进行修改，再进行编译和连接，如此反复进行，直至没有连接错误为止。

　　第四步，将修改后的程序进行试算，这时可以假设几个模拟数据去试运行，并把输出结果与手工处理的正确结果相比较。如有差异，就表明计算机的程序存在逻辑错误。如果程序不大，可以用人工方法去模拟计算机对源程序的这几个数据进行修改处理；如果程序比较大，人工模拟显然行不通，这时只能将计算机设置成单步执行的方式，一步步跟踪程序的运行。一旦找到问题所在，仍然要用编辑程序来修改源程序，接着仍要编译、连接和执行，直至无逻辑错误为止。也可以在完成后再进行编译。

5. 版本控制管理

　　版本控制指将系统划分为若干个具有一定顺序的部分，即所谓版本，首先实现系统的轮廓或框架，在此基础上不断添加新的功能，逐步完善，最后达到系统物理模型所要求的全部功能。这是自顶向下开发的一种重要方法，将系统功能划分到多个相对具有独立性的版本之中，为系统程序的开发组织、质量控制、测试等工作减小了难度。当然采用版本控制时，必须定义好模块接口问题，如果接口定义不好，将在以后的版本开发和调试中不得不修改程序，大大增加程序开发的工作。版本划分一般应遵守的原则是：先主层后下层、先控制部分后执行部分；与开发环境、开发力量、培训计划、用户要求等结合在一起综合考虑；复杂的模块分散在多个版本中逐步实现；功能模块与数据库实现兼顾考虑；保证每个版本具有详细的记录，可根据需要回溯到前面版本。

8.3.4　GIS 软件开发方法

地理信息系统根据其作用可分为两大基本类型：一是应用型地理信息系统，以某一专业领域或工作为主要内容，包括专题地理信息系统和区域综合地理信息系统；二是工具型地理信息系统，也就是 GIS 工具软件包，如 ArcInfo 等，具有空间数据输入、存储、处理、分析和输出等 GIS 基本功能。随着地理信息系统应用领域的扩展，应用型 GIS 的开发工作日显重要。如何针对不同的应用目标，高效地开发出既合乎需要又具有方便、美观、丰富的界面形式的地理信息系统，是 GIS 开发者非常关心的问题。

1. GIS 开发模式

依据地理信息系统的两个基本类型，GIS 开发也分为应用型地理信息系统和工具型地理信息系统两种模式。

1）自主软件开发

对于工具型地理信息系统，往往采用独立自主模式。选用某种程序设计语言，如 Visual C++ 等，在一定的操作系统平台上编程实现空间数据的采集、编辑到数据的处理分析及结果输出等功能。所有的算法都由开发者独立设计，独立开发前期投入比较大、周期长。对于一般应用型用户而言，开发难度太大。受能力、时间和财力等方面的限制，开发出来的 GIS 产品很难在功能上与商业化 GIS 工具软件相比。独立自主开发 GIS 软件仅限于特殊行业、特殊功能要求和特殊应用环境，其优点在于无须依赖任何商业 GIS 工具软件，减少了开发成本。

2）二次开发

二次开发，简单地说就是在现有的软件上进行定制修改、功能扩展，然后达到自己想要的功能，一般来说都不会改变原有系统的内核。例如，一些大公司如 ESRI 开发了一个大型的 ArcGIS 软件平台，根据不同的客户需要，一些其他中小公司为满足客户需求在该平台上进行第二次有针对性的开发。

二次开发的关键是 GIS 平台是否提供相应的接口，有的软件公司只提供软件，但也有小公司连代码一起出售，如果是后者，二次开发就更方便了。二次开发基本要求：①要有这个开源产品所用语言的语言基础。②要对这个开源产品的功能和使用比较熟悉，因为熟悉了，才知道一个需求的内涵，要改什么、什么是系统自带的、大概要怎么改。③要熟悉这个开源产品的数据结构、代码结构、系统的框架结构，核心是哪里，附属功能在哪里。简单点说，就是数据库、代码逻辑、文件目录的熟悉。如果是用接口式的二次开发，则需要对这个接口比较熟悉，一般来说会有相应的文档。④根据需求，利用开源产品的内核，进行系统的扩展和修改，以达到需求。⑤对其提供的 API 函数有一定了解，以利于对 GIS 中函数的使用，更加灵活方便。

二次开发正成为应用 GIS 开发的主流方向。大多数 GIS 平台软件都提供了可供用户进行二次开发的接口，受软件开发技术的影响，不同时期，GIS 厂家提供的接口模式不同。

（1）宿主型二次开发。大多数 GIS 平台软件都提供了可供用户进行二次开发的脚本语言，如 ESRI 的 ArcView 提供了 Avenue 语言、MapInfo 公司的 MapInfo Professional 提供了 MapBasic 语言等。用户可以利用这些脚本语言，以原 GIS 软件为开发平台，开发出自己的针对不同应用对象的应用程序。这种方式省时省心，但进行二次开发的脚本语言，作为编程语言，功能极弱，用它们来开发应用程序仍然不尽如人意，并且所开发的系统不能脱离 GIS 平台软件，是解释执行的，效率不高。

（2）基于 GIS 组件的二次开发。大多数 GIS 软件厂商都提供商业化的 GIS 组件，如 ESRI 公司的 MapObjects、MapInfo 公司的 MapX 等，这些组件都具备 GIS 的基本功能，开发人员可以基于通用软件开发工具尤其是可视化开发工具，如 Delphi、Visual C++、Visual Basic、Power Builder 等，进行二次开发，直接将 GIS 功能嵌入应用系统中，实现地理信息系统的各种功能。其优点是既可以充分利用 GIS 工具软件对空间数据库的管理、分析功能，又可以利用其他可视化开发语言具有的高效、方便等编程优点，能大大提高应用系统的开发效率；使用可视化软件开发工具开发出来的应用程序具有更好的外观效果，更强大的数据库功能，而且可靠性好、易于移植、便于维护。这种方法唯一的缺点是，需要同时购买 GIS 工具软件和可视化编程软件，但"工欲善其事，必先利其器"，这种投资值得。

2. 组件式 GIS

组件式软件技术已经成为当今软件技术的潮流之一，为了适应这种技术潮流，GIS 软件像其他软件一样，已经或正在发生着革命性的变化，即由过去厂家提供了全部系统或者具有二次开发功能的软件，过渡到厂家提供组件由用户自己再开发的方向上来。无疑，组件式 GIS 技术将给整个 GIS 技术体系和应用模式带来巨大影响。

1）组件式 GIS

基本思想是把 GIS 的各大功能模块划分为几个控件，每个控件完成不同的功能。各个 GIS 控件之间，以及 GIS 控件与其他非 GIS 控件之间，可以方便地通过可视化的软件开发工具集成起来，形成最终的 GIS 应用。控件如同一堆各式各样的积木，它们分别实现不同的功能（包括 GIS 和非 GIS 功能），根据需要把实现各种功能的"积木"搭建起来，就构成应用系统。

2）组件式 GIS 系统的特点

传统 GIS 结构的封闭性，往往使得软件本身变得越来越庞大，不同系统的交互性差，系统的开发难度大。在组件模型下，各组件都集中地实现与自己最紧密相关的系统功能，用户可以根据实际需要选择所需控件，以最大限度降低经济负担。组件化的 GIS 平台集中提供空间数据管理能力，并且能以灵活的方式与数据库系统连接。在保证功能的前提下，系统表现得小巧灵活，而其价格仅是传统 GIS 开发工具的十分之一，甚至更少。这样，用户便能以较好的性能价格比获得或开发 GIS 应用系统。

传统 GIS 往往具有独立的二次开发语言，对用户和应用开发者而言存在学习上的负担，而且使用系统所提供的二次开发语言，开发往往受到限制，难以处理复杂问题。组件式 GIS 建立在严格的标准之上，不需要额外的 GIS 二次开发语言，只需实现 GIS 的基本功能函数，按照 Microsoft 的 ActiveX 控件标准开发接口。这有利于减轻 GIS 软件开发者的负担，而且增强了 GIS 软件的可扩展性。GIS 应用开发者，不必掌握额外的 GIS 开发语言，只需熟悉基于 Windows 平台的通用集成开发环境，以及 GIS 各个控件的属性、方法和事件，就可以完成应用系统的开发和集成。目前，可供选择的开发环境很多，如 Visual C++、Visual Basic、Visual Fox Pro、Borland C++、Delphi、C++ Builder 及 Power Builder 等都可直接成为 GIS 的优秀开发工具，它们各自的优点都能够得到充分发挥。这与传统 GIS 专门性开发环境相比，是一种质的飞跃。

组件式技术已经成为业界标准，用户可以像使用其他 ActiveX 控件一样使用 GIS 控件，使非专业的普通用户也能够开发和集成 GIS 应用系统，推动了 GIS 大众化进程。组件式 GIS 的出现使 GIS 不仅是专家们的专业分析工具，同时也成为普通用户对地理相关数据进行管理的可视化工具。

3）组件式 GIS 开发平台的结构

组件式 GIS 开发平台通常可设计为三级结构。

（1）基础组件：面向空间数据管理，提供基本的交互过程，并能以灵活的方式与数据库系统连接。

（2）高级通用组件：由基础组件构造而成，面向通用功能，简化用户开发过程，如显示工具组件、选择工具组件、编辑工具组件、属性浏览器组件等。它们之间的协同控制消息都被封装起来。这级组件经过封装后，使二次开发更为简单。例如，一个编辑查询系统，若用基础平台开发，需要编写大量的代码，而利用高级通用组件，只需几句程序就够了。

（3）行业性组件：抽象出行业应用的特定算法，固化到组件中，进一步加速开发过程。以 GPS 监控为例，对于 GPS 应用，除了需要地图显示、信息查询等一般的 GIS 功能外，还需要特定的应用功能，如动态目标显示、目标锁定、轨迹显示等。这些 GPS 行业性应用功能组件被封装起来后，开发者的工作就可简化为设置显示目标的图例、轨迹显示的颜色、锁定的目标，以及调用、接收数据的方法等。

8.4　地理信息系统测试

GIS 测试具有一般信息系统测试的共同特点，但又有自己独特的个性。系统测试的一般理论和方法都适用于 GIS，同时，GIS 复杂度大、地理数据在系统中具有特殊地位，系统表达方式复杂、更新速度快、维护工作量大和易操作性要求高的这些特点，更加要求 GIS 保证硬件、数据和软件质量，从而要求在应用一般测试方法和技术的同时，还需要应用一些特殊的测试方法和技术对其进行充分的测试，以便更有效地组织和实施测试。

8.4.1　GIS 测试概念

1. GIS 测试的目标

GIS 测试是使用人工或自动手段来运行和测定 GIS 的过程，其目的在于检验系统是否满足客户需求或是否弄清实际效果与预期结果之间的差别。GIS 测试是针对整个系统进行的测试，目的是验证系统是否满足了需求规格的定义，找出与需求规格不符或与之矛盾的地方，从而提出更加完善的方案。系统测试发现问题之后要经过调试找出错误原因和位置，然后进行改正。

GIS 测试的对象不仅包括所开发的软件，还包含软件所依赖的硬件、地理数据、某些支持软件及其接口等。因此，必须将系统中的软件与各种依赖的资源结合起来，在系统实际运行环境进行测试。

对 GIS 来讲，不论采用了什么技术和方法，如采用高级语言、先进的开发方式、完善的开发过程，都可以减少错误的引入，但不可能杜绝错误。这些错误需要测试来找出，错误的密度也需要测试来进行估计。同时，为了降低软件的修复费用，确保软件开发过程始终围绕客户的需求顺畅进行，软件测试应尽早介入开发过程。随着时间的推后，软件修复费用将数十倍地增长。如果到产品交付给用户后，错误才被发现，该错误的成本将达到最大。所以GIS 软件测试有它自身的周期。测试从需求阶段开始，此后与整个开发过程并行，换句话说，在开发过程的每个阶段，都有一个重要的测试活动，它是预期内按时交付高质量的软件的保证。

2. GIS 测试的分类

GIS 分为基础型、应用型（专题型）、网络型和移动型四种，不同类型的 GIS，其测试内容和方法也不相同。

1）基础型 GIS

对于基础型 GIS，常用的测试方法有两种：一是根据系统已有的功能，由用户在技术人员指导下或技术人员根据指定的应用开发目标，从输入数据、编辑数据到信息处理、模型分析，最终得出供生产、管理、规划和决策等使用的数据，并对结果进行评价，包括运行速度、效率、准确性和易用性等。二是根据系统提供的二次开发功能，由技术人员在此平台上建立一个基于此平台的指定的应用模型，以此评价系统的二次开发能力、可扩充性能等。需要指出的是，专题型、专题应用型 GIS 的应用目标不同，功能差异巨大，因此，在此无法详细讨论，开发者和用户可依据系统开发中的文档资料选定适合的测试项目和内容。

2）应用型 GIS

应用型 GIS 有其自身的特点，除了具备常规的系统功能外，它在业务上具有多样化的特点，因此在其执行软件测试时，不仅要考虑软件系统的稳定性，还要测试业务流程的稳定性。要想获得一个版本稳定的应用型 GIS，需要对开发环境和应用领域有深刻的认识，这样才能在测试的过程中对软件给出客观的评价。目前，GIS 测试工作通常是由两类具备专业背景的人员组成：一类是具有计算机基础的人员，这类人在执行 GIS 测试时更注重功能和性能的测试，但往往忽略业务流程或对业务流程理解不透彻，造成测试不全面；另一类是具有 GIS 专业基础的人员，这类人员在测试中更注重业务流程的执行，在基本功能测试环节较弱。GIS测试人员的这种特征，导致 GIS 的测试工作存在不全面的问题。客观地面对测试环境，具备良好的专业素养，形成良性的开发和测试管理机制，是 GIS 质量的可靠保障，也是 GIS 测试工作取得成功的关键。

应用型 GIS 同其他计算机软件相比，具有自己的特点，这些特点在进行软件测试时也是一个重要的因素，需要有针对性地采取不同的测试流程。

（1）应用型 GIS 开发周期短。目前商业化的基础 GIS 软件通常是以组件形式进行开发，其组件粒度较大，开发较快。系统设计主要是针对其应用领域的不同进行的，整个应用型 GIS 的核心是应用模型的开发，在此基础上根据专业需求不同进行模块的布局设计。

（2）应用型 GIS 软件可移植性高。应用型 GIS 是在基础型 GIS 的功能基础上，根据应用领域的不同，开发出具有专业特色的 GIS。因此，对于所开发的应用功能模块可进行系统间的移植操作，提高系统开发效率，极大地节约了成本。

（3）应用型 GIS 操作对象明确。不同领域的 GIS，其操作对象是明确的，即不同专题、不同格式的地理数据，其数据结构相对复杂，需要使用地理数据库技术来完成对图形和属性的一体化管理。

相对于基础型 GIS，应用型 GIS 测试中存在如下问题。

（1）忽视测试，跟进较晚。软件测试滞后于软件开发，这与应用型 GIS 的特点密切相关。应用型 GIS 开发周期较短，这造成开发人员过早进入开发任务中，详细设计和测试前期准备工作不完备。系统提交测试后与详细设计有出入，同时测试人员的测试用例不完整，提交的原型模块问题较多。设计、开发和测试配合不密切，从而形成一个恶性循环，软件问题越测试越多。

（2）模块移植，兼容性差。因为 GIS 基本功能存在很大的相似性，所以不同项目之间可进行模块移植。这种操作一方面有着较大的优势，缩短开发周期、降低开发成本；另一方面也存在着风险，即模块间兼容性不稳定，而在实际的生产中兼容问题较难测试，需要通过大量的测试工作才能提高。

（3）数据涉密，难以测试。GIS 操作对象主要是地理空间数据，而这些数据的使用有些是受到限制的，所以在进行测试时，模拟真实数据的测试数据也对 GIS 软件测试结果产生一定的影响。

3）网络型和移动型 GIS

网络型 GIS 性能测试概括为三个方面：应用在客户端性能的测试、应用在网络上性能的测试和应用在服务器端性能的测试。移动型 GIS 是网络型 GIS 的特例。移动型 GIS 融合了地理信息系统、移动定位技术、嵌入式系统、无线通信技术等。其体系结构主要由三部分组成：客户端、服务器和数据源，分别承载在表现层、中间层和数据层。表现层是客户端的承载层，直接与用户打交道，是向用户提供 GIS 服务的窗口。该层支持各种终端，包括手机、PDA、车载终端，还包括 PC 机，为移动型 GIS 提供更新支持。中间层是移动型 GIS 的核心部分，系统的服务器都集中在该层，主要负责传输和处理空间数据信息，执行移动型 GIS 的功能等，包括 Internet、WebServer、MapServer 等组成部分。数据层是移动型 GIS 各类数据的集散地，是确保 GIS 功能实现的基础和支撑。

移动型 GIS 除了具有传统 GIS 所具有的特性外，还具有以下几个特性。

（1）移动性。移动型 GIS 运行于各种移动终端上，脱离了运行平台与传输介质的约束，可以自由地移动。通过无线通信与服务端进行交互，在户外可以随时访问服务器端的数据，满足终端上实时获取数据的需求。

（2）客户端多样性。移动型 GIS 的客户端指的是在户外使用的可移动终端设备，其选择范围较广，可以是拥有强大计算能力的主流微型电脑，也可以是屏幕较小、功能受限的各类移动计算终端，如 PDA、移动电话等，甚至可以是专用的 GIS 嵌入设备，这决定了移动型 GIS 是一个开放的可伸缩的平台。

（3）实时性。移动型 GIS 作为一种离线型的应用系统，应能实时响应用户的请求，以实时应对不断变化的环境，从而提高现场处理问题的能力，如在 110、抢险指挥、各种便民服务中，移动型 GIS 对保证数据的现势性至关重要。

（4）数据资源分散、多样性。移动型 GIS 运行平台向无线网络的延伸进一步拓宽其应用领域。由于位置是不断变化的，移动用户需要的信息也是多种多样的，这就需要系统支持不同的传输方式，任何单一的数据源都无法满足所有的移动数据请求。

（5）资源的有限性。相对于在线的 Internet，无线的通信带宽资源少而成本高昂，并且移动终端的屏幕、内存、外存等先天不足，其硬件的计算能力也远远达不到传统台式计算机的处理性能。为了确保服务的质量，移动型 GIS 必须尽可能地控制所传输的数据量，通过更有效率的数学模型来提高相关功能的计算效率。

（6）对位置的依赖性。移动型 GIS 将 GIS、GPS 与通信技术结合，为用户提供基于位置的服务（location based service，LBS），无论是所采集的基础空间数据，还是所发布的相关属性、多媒体数据都与用户所在位置密切相连，不同的地理位置环境决定了数据需求性的差异，这也是移动 GIS 所具有的最基本特征。

8.4.2　地理数据检查

地理数据包括自然地理数据和社会经济数据，如土地覆盖类型数据、地貌数据、土壤数据、水文数据、植被数据、居民地数据、河流数据、行政境界及社会经济方面的数据等。自然地理数据在计算机中通常按矢量数据结构或网格数据结构存储，构成地理信息系统的主体。社会经济数据在计算机中按统计图表形式存储，是地理信息系统分析的基础数据。地理数据，就是用一定的测度方式描述和衡量地理对象的有关矢量化标志。对于不同的地理实体、地理要素、地理现象、地理事件、地理过程，需要采用不同的测度方式和测度标准进行描述和衡量，这就产生了不同类型的地理数据。

地理数据库是建设地理信息系统的基础。其数据质量直接影响各种分析结果的准确性与正确性，如何在地理数据建库的过程中通过严格检查以确保数据的质量，其重要性不言自明。

1. 地理数据检查内容

地理数据检查是数据质量控制不可缺少的重要环节，通过对数据全过程的监督控制来提高技术参数，进行数据质量控制，确保产品质量。依据地理数据库设计是对地理数据采集编辑的具体要求，结合工作中的实际情况，对各种比例尺数字线划图（DLG）、数字正射影像图（DOM）、数字高程模型（DEM）、数字栅格图（DRG）和各种应用的专题数据，如土地利用数据、土地权属数据、基本农田数据等进行检查，保证数据的几何、属性和逻辑等方面的精度，满足数据逻辑关系、几何关系和拓扑关系的正确。由于地理数据库建设利用的资料复杂多样，多种来源导致了内容、精度的不一致，各种资料间难免会出现矛盾。如果两种资料来源不同，其位置、属性不一致的地方很多，易出现质量问题。

检查主要包括地理数据现势性检查、数据精度检查、完备性与逻辑一致性检查和接边检查四大部分。

1）地理数据现势性检查

现势性就是所提供的地理数据对地理信息现状的反映程度。地理信息是动态变化的，地理数据要尽可能地体现当前地理信息最新的情况。

2）数据精度检查

数据质量是指数据的可靠性和精度，可用误差来衡量，是数据形成的各个生产环节产生的误差，按误差传播定律，每项资料误差的传播直接影响最终资料的质量。误差包括：位置误差，即点的位置误差、线的位置误差和多边形的位置误差；属性误差；位置误差和属性误差之间的关系误差。数据精度检查主要是位置精度检查和属性精度检查。

（1）位置精度检查：位置精度即定位精度，它包括数学基础、平面精度、高程精度、接边精度等。

（2）属性精度检查：属性精度主要包括要素分类与代码的正确性、要素属性值的正确性、要素注记的正确性。

3）完备性与逻辑一致性检查

（1）完备性检查包括：数据分层的完整性、实体类型的完整性、属性数据的完整性、注记的完整性等。

（2）逻辑一致性检查主要包括：多边形闭合精度、结点匹配精度、拓扑关系的正确性。

矢量数据的质量检查内容分为数据的整体质量和实体元素质量。其中，整体质量检查主要是数据完整性检查，包括：①数据层的完整性检查；②数据层数据文件和属性文件的完整性检查；③属性项完整性检查，即检查应有的属性文件中属性项是否有缺项、顺序是否正确，即使数据所在图幅中没有要采集的属性数据，其属性项也应设置完整、顺序正确；④数据范围检查；⑤要素完整性检查，即检查各数据层应有的要素是否有遗漏或多余，包括数据中是否存在重叠点和冗余点、重叠线等；⑥格式一致性检查，即对上交数据的数据格式进行检查等；⑦数据分层一致性检查，包括数据层名检查、各层要素检查；⑧拓扑一致性检查，包括拓扑线、拓扑面和拓扑点的检查，拓扑面及其拓扑点的数量是否相同，编辑后是否须重建拓扑关系；⑨要素空间关系检查，要素之间如等高线与水系、等高线与高程点、居民地与道路、面状居民地与其几何中心点、境界与河流、道路等，应有合理的空间关系。

4）接边检查

（1）位置接边检查：检查两幅接边图廓边上的点目标是否重复；各层数据的每一接边的线状要素是否严格与理论图廓吻合，在接边线处是否连续、是否严格与理论图廓吻合，被分割在两幅图上的线是否能坐标相连；面状目标被分割在两幅图上的部分是否能坐标相连；对原图不接边的地方处理是否合理。

（2）属性接边检查：属性接边检查主要检查在相邻图幅接边处连续的地物其属性是否一致，即检查面属性、线划属性的一致情况。

2. 地理数据检查方法

地理数据的检查一般分两个阶段，即过程检查与最终检查，而过程检查又包括作业人员自查、互检和最终检查。

1）作业人员自查、互检

作业人员正确运用设计方案、规范和标准等建立地理数据库，对上一工序的数据进行检查，发现数据不正确要及时反映给技术负责人员。在每个地理数据库完成后，要及时进行自查、互检，发现错误及时改正，确保上交数据没有大的、原则性的错误，保证数据产品的质量。

（1）资料、数据的运用：在正式作业前，要将正确的参考资料备份在自己的目录下，应保证资料的现势性、完整性；测图数据是否完整存在，影像资料与整个数据是否完全套合。

（2）方案、属性的检查：认真按照技术规范要求及作业方法进行编辑，正确运用各类点状符号、线型，建好各拓扑面类，确保上交数据所用方案的正确性，按照规范要求的数据检查流程进行检查，检查各数据层逐个地物类的属性项是否合理。

（3）图面检查：地理数据编辑，认真地按调绘资料进行数据编辑，因为数据涵盖内容复杂，注记、点、线、面除图面表示外，还有属性的数据，所以不可避免地存在许多错误，在提交数据前，要依据资料进行全面核查，查有无丢漏、错误表示，各点、线、面相互之间表示是否合理等。

（4）互查：各作业人员之间进行互相检查，自己忽视的问题，其他人员可能很容易发现，对数据质量有很大的提高。

2）最终检查

最终检查是指质检人员，对每个地理数据产品要进行 100%检查，包括数据质量、矢量数据、接边、文档资料等的检查，发现不合格的产品及时反映给项目经理，做进一步的处理，并认真做好各项检查记录。

质量检查包括四种方法，即人工对照检查、程序自动检查、人机交互检查、绘图输出检查。

（1）人工对照检查：通过人工检查核对实物、数据表格或可视化的图形，从而判断检查内容的正确性。本方法具有简便、可操作性强的特点。

（2）程序自动检查：对所有数据应使用软件实现自动检查，由于地理数据的图形与属性、图形与图形、属性与属性之间存在一定的逻辑关系和规律，利用质检软件可将数据中不符合规律、逻辑关系矛盾的要素自动挑选出来，主要包括：数据文件的完整性检查、属性一致性检查、拓扑关系建立检查、异常属性值检查、不符合逻辑关系的属性值检查等。

（3）人机交互检查：利用软件，在数据可视化状态下，以图形、图像、表格等形式显示在计算机的屏幕上，通过人工判断其正确性；也可以使用查询、统计、显示等功能的组合，实现对数据的检查。此种检查方法具有速度与正确性最佳比率的特点，对控制质量是一种不错的方法。

（4）绘图输出检查：绘图输出主要是将各种要检查的数据，根据其性质表现为人眼可见的图纸、报表、文档等模拟形式的介质。地理数据库建设完成后，利用绘图输出对该类数据进行属性数据检查、几何位置检查、地物重叠检查、地物相交检查、几何类型检查、数据一致性检查等，保证数据质量。

地理数据质量控制应贯穿于整个地理数据生产过程，体现在每个生产环节上，将事后检查把关转为事先控制，生产人员在生产过程中，对自己的数据应进行自查。质检人员、项目负责人随时检查、发现、处理生产过程中的问题，尽最大可能确保数据的质量，同时提高工作效率，缩短工程周期，增加收益。

8.4.3　GIS 软件测试

1. 测试步骤

测试过程按三个步骤进行，即单元测试、集成测试、系统测试，不同阶段测试的侧重点不同，下面分别介绍测试策略。

1）单元测试

按照系统、子系统和模块进行划分，但最终的单元必须是功能模块，或面向对象过程中的若干个类。单元测试是对功能模块进行正确检验的测试工作，也是后续测试的基础，目的在于发现各模块内部可能存在的各种差错，因此需要从程序的内部结构出发设计测试用例，着重考虑五个方面：①模块接口。对所测模块的数据流进行测试。②局部数据结构。检查不正确或不一致的数据类型说明、使用尚未赋值或尚未初始化的变量、错误的初始值或缺省值。③路径。虽然不可能做到穷举测试，但要设计测试用例查找不正确的计算（包括算法错误、表达式符号表示不正确、运算精度不够等）、不正确的比较或不正常的控制流（包括不同数据类型量的相互比较、不适当地修改了循环变量、错误的或不可能的循环终止条件等）而导致的错误。④错误处理。检查模块有没有对预见错误的条件设计比较完善的错误处理功能，保证其逻辑上的正确性。⑤边界。注意设计数据流、控制流中刚好等于、大于或小于确定的比较值的用例。

2）集成测试

集成测试也称组装测试或联合测试。通常，在单元测试的基础上需要将所有的模块按照设计要求组装成系统，这时需要考虑的问题：①在把各个模块连接起来的时候，穿越模块接口的数据是否会丢失。②一个模块的功能是否会对另一个模块的功能产生不利的影响。③各个子功能组合起来，能否达到预期要求的父功能。④全局数据结构是否有问题。⑤单元模块的误差累积起来，是否会放大，从而达到不能接受的程度。

3）系统测试

系统测试目的在于验证软件的功能和性能及其他特性是否与用户的要求一致，主要是下列类型的测试。

（1）用户界面测试：测试用户界面是否具有导航性、美观性、行业或公司的规范性，是否满足设计中要求的执行功能。

（2）性能测试：测试相应时间、事务处理效率和其他时间敏感的问题。

（3）强度测试：测试资源（内存、硬盘）敏感的问题。

（4）容量测试：测试大量数据对系统的影响。

（5）容错测试：测试软件系统克服软件、硬件故障的能力。

（6）安全性测试：测试软件系统对非法侵入的防范能力。

（7）配置测试：测试在不同网络、服务器、工作站的软硬件配置条件下软件系统的质量。

（8）安装测试：确保软件系统在所有可能情况下的安装效果和一旦安装之后必须保证正确运行的质量。

2. 测试工具

软件测试工具一般可分为白盒测试工具、黑盒测试工具、性能测试工具，另外还有用于测试管理（测试流程管理、缺陷跟踪管理和测试用例管理）的工具，这些产品主要是 Mercury Interactive（MI）、Segue、IBM Rational、Compuware 和 Empirix 等公司的产品。

1）白盒测试工具

白盒测试工具一般针对代码进行测试，测试中发现的缺陷可以定位到代码级，根据测试工具原理的不同，又可以分为静态测试工具和动态测试工具。

（1）静态测试工具：直接对代码进行分析，不需要运行代码，也不需要对代码编译连接，生成可执行文件。静态测试工具一般是对代码进行语法扫描，找出不符合编码规范的地方，根据某种质量模型评价代码的质量，生成系统的调用关系图等。静态测试工具的代表有 Telelogic 公司的 Logiscope 软件和 PR 公司的 PRQA 软件等。

（2）动态测试工具：动态测试工具与静态测试工具不同，动态测试工具一般采用"插桩"

的方式，向代码生成的可执行文件中插入一些监测代码，用来统计程序运行时的数据。其与静态测试工具最大的不同就是动态测试工具要求被测系统实际运行。动态测试工具的代表有 Compuware 公司的 Dev Partner 软件和 IBM Rational 公司的 Purify 系列等。

2）黑盒测试工具

黑盒测试工具适用于黑盒测试的场合，黑盒测试工具包括功能测试工具和性能测试工具。黑盒测试工具的一般原理是利用脚本的录制（Record）/回放（Playback），模拟用户的操作，然后将被测系统的输出记录下来，同预先给定的标准结果比较。黑盒测试工具可以大大减轻黑盒测试的工作量，在迭代开发的过程中，能够很好地进行回归测试。黑盒测试工具的代表有 Rational 公司的 Team Test、Robot；Compuware 公司的 QA Center。

3）性能测试工具

专用于性能测试的工具包括 Radview 公司的 Web Load、Microsoft 公司的 Web Stress、针对数据库测试的 Test Bytes、对应用性能进行优化的 Eco Scope 等。Mercury Interactive 的 Load Runner 是一种适用于各种体系架构的自动负载测试工具，它能预测系统行为并优化系统性能。Load Runner 的测试对象是整个企业的系统，它通过模拟实际用户的操作行为实时监测系统性能，可更快地查找和发现问题。

4）测试管理工具

测试管理工具用于对测试进行管理。一般而言，测试管理工具对测试计划、测试用例、测试实施进行管理，并且，测试管理工具还包括对缺陷的跟踪管理。测试管理工具的代表有 IBM Rational 公司的 Test Manager；Compuware 公司的 Track Record；Mercury Interactive 公司的 Test Director 等软件。

8.4.4 GIS 综合测试

GIS 综合测试是将已安装计算机硬件、外设、网络、软件开发平台、已经开发的 GIS 软件、建成的地理数据库等其他元素结合在一起，主要进行系统的功能测试和性能测试。其目的是检验 GIS 的功能和性能是否达到系统设计要求，满足客户规定的需求。测试的原本目标就是发现缺陷，挑毛病，工作性质和开发人员相反，但目标是一致的，都是为了使系统更完美、更稳定。

1. GIS 测试环境

1）GIS 运行环境

GIS 运行环境是指系统运行的软、硬件配置要求，主要包括以下几方面。

（1）GIS 运行的硬件：地理信息系统一般都要存储大量的数据，对地理数据选取和处理时，需要进行大量的计算，因此系统对计算环境的计算能力、运算速度、存储容量、图形处理能力等有较高的要求。根据地理信息系统的数据采集、数据处理、数据存储及功能呈现等要求，可选择不同种类和不同类型的硬件设备承载 GIS 的不同功能需求。例如，计算机工作主频和内存要求、显示器分辨率与颜色模式，外围设备包括磁盘机、磁带机、光盘机（CD-ROM 等）、打印机、绘图仪、扫描仪和数字化仪等。

（2）GIS 运行的系统软件：系统软件即系统正常运行的软件，如操作系统、数据库语言与数据库管理系统等。

（3）软件开发工具：大部分的 GIS 软件都不同程度地支持程序开发语言和数据库开发语

言，其中一些还具有可视化和面向对象开发的功能，如 C/C++ 和 Oracle 数据库开发语言等。随着 Java 语言和 Java 类库 JavaBeans、ActiveX 在网络软件开发中的流行，它们对 GIS 跨平台软件和网络化产品的开发带来很大的冲击。此外，不同平台上的应用软件的数据交换也非常方便，对于 GIS 的网络化和跨平台化非常重要。

（4）软件开发平台：由于 GIS 应用受到广泛的重视，各种 GIS 软件平台纷纷涌现，据不完全统计目前有近 500 种。由于激烈的商业竞争，各种 GIS 软件厂商在 GIS 功能方面都在不断创新、相互包容。多数著名的商业遥感图像软件都汲取了 GIS 的功能，而一些 GIS 软件如 ArcInfo 也都汲取了图像虚拟可视化技术。为了使广大用户更好地了解不同平台软件功能，一些国家机构还专门对各种软件进行测试，如美国图像制图协会对遥感图像处理的几种软件进行测试，我国也多次对优秀国产软件进行测评。总体来说，各种软件各有千秋，互为补充。目前市面几种主要的 GIS 软件平台有：ArcInfo 系列、MapInfo、MGE、城市之星（CityStar）、吉奥之星（GeoStar）、MapGIS 和 SuperMap 等。其中前三种由国外公司所研发，后四种为国内研发。

（5）GIS 支持的网络：GIS 网络化是 GIS 发展的一个重要方向。GIS 软件支持的网络可分为局域网和广域网两种。局域网联网范围在几米到几百米内；广域网联网范围在几百千米、几千千米到全球范围内（如 Internet、CERNET 和 CHINANET 等）。具有网络功能的 GIS 软件能够提供信息资源的共享、设备共享、数据传输等功能。

2）GIS 测试地理数据

地理数据是 GIS 的操作对象，是一个 GIS 应用系统最基础的组成部分。地理数据是影响 GIS 功能和性能的主要因素。

（1）地理数据模型。地理数据模型指的是用计算机模拟现实世界的地理信息的概念模型。目前，常用三种地理数据模型来模拟现实世界：一是以矢量格式模拟离散实体。矢量数据模型以点、线、多边形表达实体，是表达具有精确形状和边界的离散对象的最佳方式。二是以栅格格式表达影像或连续的数据。栅格数据模型在存储和应用连续数据上有优势，如高程、水平面、污染聚集和环境噪声水平等，但它不具备直接的空间拓扑关系描述的功能，空间分析和处理能力有限。三是以不规则三角网模拟表面。不规则三角网的三角形由许多数字高程点构成，即 X，Y，Z 三元组，它可以用来模拟点、线和面，而且支持透视效果，是获取地形表面情况的有效方法，在模拟分水岭、能见度、视角、坡度、坡向、山脊和河流，以及体积测量方面十分有用。

（2）地理数据结构。与地理数据模型相对应，有三种基本的地理数据结构来实现地理数据模型，即以坐标对为单位的矢量数据结构、以像元为单位的栅格数据结构和不规则三角网（TIN）。地理数据结构是地理数据适合于计算机存储、管理、处理的逻辑结构，是地理数据在计算机内的组织和编码形式，是地理实体的空间排列和相互关系的抽象描述。它是对地理数据的一种理解和解释。

地理数据编码是指地理数据结构的具体实现，是将图形数据、影像数据、统计数据等资料按一定的数据结构转换为适合计算机存储和处理的形式。不同数据源采用不同的数据结构处理，内容相差极大，计算机处理数据的效率很大程度上取决于数据结构。

（3）数据的组织方式。数据的组织方式是指采取何种方式存取数据，包括文件型、文件与数据库结合型、全关系型三种。文件型指空间数据、属性数据及索引信息等以文件的形式存取（如顺序文件、索引文件、直接文件和倒排文件等）；文件与数据库结合型是指属性数据用关系表格存取，而空间数据和其他描述性信息则用文件型存取方法；全关系型是指所有信息均使用表格形式存取。

地理数据库管理系统是地理数据库的核心软件，将对空间数据和属性数据进行统一管理，为 GIS 应用开发提供地理数据库管理系统，除了必须具备普通数据库管理系统的功能外，还具有以下三方面功能：①空间数据存储管理，实现空间几何和属性数据的统一存储和管理，提高数据的存储性能和共享程度，设计实现空间数据的索引机制，为查询处理提供快速可靠的支撑环境。②支持空间查询的 SQL 语言，参照 SQL-92 和 OpenGIS 标准，对核心 SQL 进行扩充，使之支持标准的空间运算，具有最短路径、连通性等空间查询功能。③索引，支持空间数据的索引。

3）GIS 测试体系结构

GIS 测试体系结构是指 GIS 采用何种逻辑或物理模型来实现 GIS 的各项功能及处理它与其他系统的接口等，其内容根据不同的 GIS 类型和不同的性能要求而有所差异，归纳起来包括以下四个方面。

（1）应用程序间的通信数据共享。在多任务操作系统或网络环境下，各应用程序之间或不同计算机之间可以进行数据交换。例如，计算机的 Windows 操作系统支持动态数据交换和对象连接与嵌入（object linking and embedding，OLE）技术；而许多广域网支持开放数据库互联（又称异构数据库互联，open database connectivity，ODBC）及远程调用和文件传输等。

（2）网络体系结构。客户与服务器体系结构是近几年发展起来的应用相当广泛的一种网络体系结构，它能够极大地提高数据通信和交换的效率。需要获得数据的一方（客户）和提供数据的一方（服务器）运行不同的软件，当客户发出提供数据的请求时，服务器启动相关软件对数据库里的数据进行本地处理，得到满足客户要求的数据，然后通过网络传输给客户。

（3）分布式数据管理。分布式数据管理支持 GIS 软件系统将数据保存在网络的不同节点上，节点可以是局域网上的，也可以是分布在广域网上的。分布式数据处理具有两个优点：一是将大量复杂的数据分散成中小规模的数据，在不同节点的计算机上分别处理，大大提高处理速度；二是对于地域范围分布广而实时性要求高的 GIS 系统（如防洪抗洪 GIS 需要各测量站实时的水文资料），运用分布式数据管理方法能做到及时、准确地收集信息。

（4）跨平台设计。跨平台设计指对于不同的硬件平台（工作站、微型计算机和小型机等）GIS 软件系统能否提供一致的操作功能和数据交换能力。由于各硬件平台指令系统和二进制代码的不同，要做到完全跨硬件平台存在较大的困难，即使是 C/C++等移植性较好的高级语言开发的系统也需要在不同硬件平台上做相应处理后重新编译才可运行。由于硬件平台间性能的巨大差异，不同平台上 GIS 软件的功能也存在差异，相互之间进行数据格式的转换有一定难度。

2. GIS 功能测试

GIS 功能测试就是对所设计的 GIS 各项功能进行验证，根据功能测试用例，逐项测试，检查 GIS 是否达到用户要求的功能。系统功能指标反映系统对地理数据的采集、编辑、存储、管理、查询检索、分析与处理、输出显示、数据共享和网络数据交换，以及二次开发等功能的支持能力。

1）地理数据的采集功能

几何位置数据采集有三种方式：①跟踪数字化，测试内容包括点、线、面地图要素编辑数字化和节点的自动匹配等。②扫描数字化，测试内容包括栅格数据处理、平滑去噪、矢量化功能（分人机交互线划跟踪和自动线划跟踪）、自动识别（分符号自动识别、字体自动识别和线型自动识别）和线划自动压缩。③野外全站仪测量和 GPS 采集数据与 GIS 之间的数据格式转换接口。

属性数据的采集，包括表格输入、单记录输入、分批分类输入及与其他数据库文件（如 DBF 文件等）的接口功能。

数据的查错、编辑与拓扑生成能力包括：①节点、弧段和多边形的查错与编辑；②拓扑关系的生成能力（包括自动、人机交互和手动）；③多图幅的拼接与边缘匹配处理。

属性数据的编辑处理包括：①记录的查找替换功能；②多记录的替换修改功能；③表格编辑与浏览功能。

2）地理数据存储管理功能

地理数据存储管理功能包括：①事务管理（提交、回滚和日志等）、用户使用权限管理、数据安全性与一致性管理、数据容错与恢复管理及构造空间数据库的能力、数据库更新。②数据库的查询功能与数据提供功能。空间数据与属性数据的互查、矢栅一体化查询、布尔查询和对结构化查询语言（SQL）的支持能力。③数据格式转换功能。主要包括矢栅互换、对外部矢量数据格式（如 EDO/MGE/SDTS）的支持能力、对外部栅格数据格式（如 SQ/PCX/PIL）的支持能力等。④投影变换、坐标变换与图幅拼接功能。⑤地理数据的存储功能。包括矢量、栅格等图像数据文件的压缩与还原功能。

3）地理数据分析功能

地理数据空间分析、统计与处理功能主要有：①几何分析。它包括多边形叠置分析、矢量与栅格数据的转换分析、点面包含分析、缓冲区分析、多边形图形的合并、面积和长度的量算、开窗分析，以及栅格数据的逻辑代数运算等。②网络分析。它包括路径选择分析、网络流量的模拟分析、时间和距离计算等。③地形分析。它包括空间内插分析、坡度和坡向分析、流域或分水线分析、三维地形显示与多角度观察、DEM（Grid 和 TIN）的生成、通视分析、专题因子计算、专题要素与三维地形的叠加和显示、三维动态生成与显示等。④多元统计分析。它包括聚类分析、主成分分析、因子分析、趋势面分析、回归分析、相关分析和单量度分析等。⑤栅格图像处理分析。它包括图像输入、图像滤波、图像增强、图像变换、图像辐射纠正、图像几何纠正、图像几何配准、图像专题信息抽取、图像分类、图像镶嵌、遥感图像处理与 GIS 联结，以及 GIS 与商品化图像处理软件的协同能力等。

4）地理数据可视化功能

可视化表现、处理与制图包括三个内容：①可视化表现能力。包括图形显示能力（主要有图形用户界面、开窗缩放功能、窗口自动漫游、多种显示方式的运用和比例尺控制显示等），符号、注记、色彩设计与管理功能等。②可视化处理能力。可视化处理在 GIS 领域中的应用前景广阔，特别是对于 GIS 的前端处理——数据获取和编辑。利用可视化处理，可以在图形环境下考察输入数据的精度、拓扑关系的正确与否等内容。通过可视化操作，可以较为迅速地减少或纠正拓扑关系中存在的错误，提高数据的精度，准确地再现空间数据相互间的位置关系。③地图设计与交互式配置。包括地图整饰、要素设计与安排、统计图表设计制作、绘图输出质量控制、多媒体数据表达、影像制图和支持的绘图语言等内容。可以利用计算机操作中的"所见即所得"功能，在计算机中对所要输出的图形进行全局配置、图幅整饰等处理后，再输出到打印机或绘图仪上，从而减少传统出图方法中不必要的浪费。

5）系统二次开发功能

二次开发的接口类型主要有 API 函数库、可重用类库、宏语言和动态链接库（DLL）等。其中，API 函数库提供对基本数据进行操作的函数；可重用类库则针对面向对象开发的用户，提供从现实世界地理事物抽象出来的基本类（如点、线、面等）；宏语言通过提供一系列命令式的语句（类似于 DOS 操作命令）来进行编程和处理，实现操作过程的半自动化和全自动化；而动态链接库则提供模块化功能函数，这些函数通常是一些最基本的和最常用的函数。

6）网络功能

GIS 网络功能的测试包括以下几个方面内容：①支持网络的种类。②GIS 资源共享。它包括数据共享、软件共享和硬件共享。③数据安全与保密。GIS 系统应具备数据的即时备份功能，并能根据运行记录做好日志。当故障发生时，系统可以恢复到离系统发生故障前最近的正常工作状况，减小所造成的损失。而且不同网络用户对数据应有相应权限，以避免非法用户删改系统数据资料。

3. GIS 性能测试

GIS 性能测试是系统综合测试，GIS 性能涉及计算环境和测试地理数据。性能测试是通过人工或自动化模拟多种正常、峰值及异常负载条件来对系统的各项性能指标进行测试。

1）GIS 性能测试目的

GIS 性能测试的主要目的是测试其是否能够达到用户提出的性能指标，同时发现软件系统中存在的性能瓶颈，优化硬件配置、系统结构和软件，最后达到优化系统的目的。主要包括：①评估系统的能力，测试中得到的负荷和响应时间数据可以被用于验证所计划的模型的能力，并辅助做出决策。②识别体系中的弱点：受控的负荷可以被增加到一个极端的水平，并突破它，从而修复体系的瓶颈或薄弱的地方。③系统调优：重复运行测试，验证调整系统的活动得到了预期的结果，从而改进性能。④检测软件中的问题：长时间的测试执行可导致程序发生由于内存泄漏引起的失败，揭示程序中隐含的问题或冲突。⑤验证稳定性（resilience）与可靠性（reliability）：在一个生产负荷下执行测试一定的时间是评估系统稳定性和可靠性是否满足要求的唯一方法。

2）GIS 性能测试类型

GIS 性能测试类型包括负载测试、强度测试和容量测试等。负载测试和强度测试两者可以结合进行。

（1）负载测试（load testing）：负载测试主要为了测试软件系统是否达到需求文档设计的目标，通过负载测试确定在各种工作负载下系统的性能，目标是测试当负载逐渐增加时，系统各项性能指标的变化情况。例如，软件在一定时期内，最多支持多少并发用户数、软件请求出错率等，测试的主要是软件系统的性能。

（2）强度测试（stress testing）：强度测试也就是压力测试，压力测试主要是为了测试硬件系统是否达到需求文档设计的性能目标，压力测试是通过确定一个系统的瓶颈或者不能接受的性能点，来获得系统能提供的最大服务级别的测试。例如，在一定时期内，系统的 CPU 利用率、内存使用率、磁盘 I/O 吞吐率、网络吞吐量等，压力测试和负载测试最大的区别在于测试目的不同。

（3）容量测试（volume testing）：确定系统最大承受量，如系统最大用户数、最大存储量、最多处理的数据流量等。

3）GIS 性能测试指标

对于用户来说，最关注的是当前系统：①是否满足上线性能要求？②系统极限承载如何？③系统稳定性如何？因此，针对性能测试的目的及用户的关注点，要达到以上目的并回答用户的关注点，就必须首先执行性能测试并明确需要收集、监控哪些关键指标，通常情况下，性能测试监控指标主要分为：资源指标和系统指标。资源指标与硬件资源消耗直接相关，而系统指标则与用户场景及需求直接相关。

性能测试监控关键指标说明如下。

（1）资源指标。

CPU 使用率：指用户进程与系统进程消耗的 CPU 时间百分比，长时间情况下，一般可接受上限为 85%。

内存利用率：内存利用率=（1–空闲内存/总内存大小）×100%，一般至少有 10%可用内存，内存使用率可接受上限为 85%。

磁盘 I/O：磁盘主要用于存取数据，因此当说到 I/O 操作的时候，就会存在两种相对应的操作，存数据的时候对应的是写 I/O 操作，取数据的时候对应的是读 I/O 操作，一般使用% Disk Time（磁盘用于读写操作所占用的时间百分比）度量磁盘读写性能。

网络带宽：一般使用计数器 Bytes Total/sec 来度量，Bytes Total/sec 表示发送和接收字节的速率，包括帧字符在内。判断网络连接速度是否是瓶颈，可以用该计数器的值与目前网络的带宽比较。

（2）系统指标。

并发用户数：某一物理时刻同时向系统提交请求的用户数。

在线用户数：某段时间内访问系统的用户数，这些用户并不一定同时向系统提交请求。

平均响应时间：系统处理事务的响应时间的平均值。事务的响应时间是从客户端提交访问请求到客户端接收到服务器响应所消耗的时间。对于系统快速响应类页面，一般响应时间为 3s 左右。

事务成功率：性能测试中，定义事务用于度量一个或者多个业务流程的性能指标，如用户登录、保存数据、提交操作均可定义为事务。

通过对系统各个功能指标的测定，用户和开发者已经对系统的性能有了一个较为全面的认识。但是前面所测定的功能都是逐项完成，并未考虑各个功能之间的相互联系、相互结合的紧密程度。系统的综合性能测试就是针对系统各项功能及功能之间的接口，系统软、硬件之间结合的紧密程度，以及系统由此而达到的运算速率和处理效果而进行的测试。

8.5　系统运行与维护

地理信息系统是一个复杂的人机系统，系统内外环境，地理信息及各种人为的、机器的因素都不断地在变化着。为了使系统能够适应这种变化，充分发挥软件的作用，产生良好的社会效益和经济效益，就要进行系统运维的工作。系统运维包含系统运行与系统维护两个部分。系统维护侧重于保障系统正常运行。系统运行侧重于系统的日常操作等。任何一个系统都不是一开始就很好的，总是经过多重的开发、运行、再开发、再运行的循环不断上升的。开发的思想只有在运行中才能得到检验，而运行中不断积累问题是新的开发思想的源泉。对于一个系统，有时出错无法预知，系统越复杂，其维护难度越大，为了减少损失，应尽可能地去预防各种错误，对于突发情况，尽可能地去修复。

8.5.1 组织管理

系统投入运行后，事实上，在一项具体的维护要求提出之前，系统维护工作就已经开始了。系统维护工作，首先必须建立相应的组织，确定进行维护工作所应遵守的原则和规范化的过程，此外还应建立一套适用于具体系统维护过程的文档和管理措施，以及进行复审的标准。

1. 系统运行的组织机构

系统维护工作并不仅仅是技术性工作，为了保证系统维护工作的质量，需要付出大量的管理工作。它包括各类人员的构成、各自职责、主要任务和管理内部组织结构。信息系统投入运行后，应设系统维护管理员，专门负责整个系统维护的管理工作；针对每个子系统或功能模块，应配备系统管理人员，他们的任务是熟悉并仔细研究所负责部分系统的功能实现过程，甚至对程序细节都有清楚的了解，以便于完成具体维护工作。系统变更与维护的要求常常来自于系统的一个局部，而这种维护要求对整个系统来说是否合理、应该满足到何种程度，还应从全局的观点进行权衡。因此，为了从全局上协调和审定维护工作的内容，每个维护要求都必须通过一个维护控制部门的审查批准后，才能予以实施。维护控制部门应该由业务部门和系统管理部门共同组成，以便从业务功能和技术实现两个角度控制维护内容的合理性和可行性。

另外，在安排系统维护人员工作时应注意，不仅要使每个人员的维护职责明确，而且对每一个子系统或模块至少应安排两个人进行维护，这样可以避免系统维护工作对某个人的过分依赖，防止工作调动等原因使维护工作受到影响，应尽量保持维护人员队伍的稳定性，在系统运行尚未暴露出问题时，维护人员应着重于熟悉掌握系统的有关文档，了解功能的程序实现过程，一旦维护要求提出，他们就应快速高质量地完成维护工作。

2. 系统运行的管理制度

系统运行管理制度是系统管理的一个重要内容。它是确保系统安装预定目标运行并充分发挥其效益的一切必要条件、运行机制和保障措施。

用户的每个维护请求都以书面形式的"维护申请报告"向维护管理员提出，对于纠错性维护，报告中必须完整描述出现错误的环境，包括输入数据、输出数据及其他系统状态信息；对于适应性和完善性维护，应在报告中提出简要的需求规格说明书。维护管理员根据用户提交的申请，召集相关的系统管理员对维护申请报告的内容进行核实和评价。对于情况属实并合理的维护要求，应根据维护的性质、内容、预计工作量、缓急程度或优先级及修改所产生的变化结果等，编制维护报告，提交维护控制部门审批。

维护控制部门从整个系统出发，从业务功能合理性和技术可行性两个方面对维护要求进行分析和审查，并对修改所产生的影响做充分的估计，对于不妥的维护要求在与用户协商的条件下予以修改或撤销。通过审批的维护报告，由维护管理员根据具体情况制定维护计划。

对于纠错性维护，估计其缓急程度，如果维护十分紧急，严重影响系统的运行，则应安排立即开始修改工作；如果错误不是很严重，可与其他维护项目结合起来从维护开发资源上统筹安排；对于适应性或完善性维护要求，高优先级的安排在维护计划中，优先级不高的可视为一个新的开发项目组织开发。

维护计划的内容应包括：维护工作的范围、所需资源、确认的需求、维护费用、维修进度安排，以及验收标准等。维护管理员将维护计划下达给系统管理员，由系统管理员按计划进行具体的修改工作。修改后应经过严格的测试，以验证维护工作的质量。测试通过后，再由用户和管理部门对其进行审核确认，不能完全满足维护要求的应返工修改。只有经过确认的维护成果才能对系统的相应文档进行更新，最后交付用户使用。

系统维护之所以要按照严格的步骤进行，是为了防止未经允许擅自修改系统的情况发生，因为无论是用户直接找程序人员还是程序人员自行修改程序，都将引起系统混乱，如出现不及时更新文档造成程序与文档不一致、多个人修改的结果不一致，以及缺乏全局考虑的局部修改等。当然维护审批过程的环节多也可能带来反应速度慢，因此当系统发生恶性或紧急故障时，即出现所谓"救火"的维护要求时，必须立即动用资源解决问题，以保证业务工作连续进行。

为了评价维护的有效性、确定系统的质量、记载系统所经历过的维护内容，应将维护工作的全部内容以文档的规范化形式记录下来，主要包括维护对象、规模、语言、运行和错误发生的情况，维护所进行的修改情况，以及维护所付出的代价等，作为系统开发文档的一部分，形成历史资料，以备日后查看。

8.5.2　系统维护内容

从本质上讲，维护工作可以看成开发工作的一个缩影。而且事实上远在提出一项维护要求之前，与软件维护有关的工作就已经开始了。为了有效地进行维护工作，首先必须建立一个维护组织，由这个维护组织确定维护报告、进行维护工作的评价，而且必须为每个维护要求规定一个标准化的事件序列。此外，还应该建立一个适用于维护活动的记录保管过程，并且规定复审标准。系统维护是指在管理信息系统交付使用后，为了改正错误或满足新的需要而修改系统的过程。维护是管理信息系统生命周期中花钱最多、延续时间最长的活动。近年来，从软件的维护费用来看，已经远远超过了系统的软件开发费用，占系统硬、软件总投资的 60%以上。典型的情况是，软件维护费用与开发费用的比例为 2∶1，一些大型软件的维护费用甚至达到了开发费用的 40～50 倍。

1. 维护工作中常见的问题

一个系统的质量高低与系统的分析、设计有很大关系，也与系统的维护有很大关系。维护工作中常见的绝大多数问题，都可归因于软件开发的方法有缺点。在软件生存周期的头两个时期没有严格而又科学的管理和规划，必然会导致在最后阶段出现问题。下面列出维护工作中常见的问题。

（1）理解别人写的程序通常非常困难，而且困难程度随着软件配置成分的减少而迅速增加。如果仅有程序代码而没有说明文档，则会出现严重的问题。

（2）需要维护的软件往往没有合适的文档，或者文档资料显著不足。认识到软件必须有文档仅仅是第一步，容易理解的并且和程序代码完全一致的文档才真正有价值。

（3）当要求对软件进行维护时，不能指望由开发人员来仔细说明软件。因为维护阶段持续的时间很长，所以，当需要解释软件时，往往原来写程序的人已不在附近了。

（4）绝大多数软件在设计时没有考虑将来的修改。除非使用强调模块独立原理的设计方法论，否则修改软件既困难又容易产生差错。

上述种种问题在现有的没采用结构化思想开发出来的软件中，都或多或少地存在。使用结构化分析和设计的方法进行开发工作可以从根本上提高软件的可维护性。

2. 系统维护的内容和类型

根据维护活动的目的不同，可把维护分成改正性维护、适应性维护、完善性维护和安全性维护四大类。另外，根据维护活动的具体内容不同，可将维护分成程序维护、数据维护、代码维护和设备维护四类，下面分别对维护内容和类型作简要说明。

按维护活动的目的分类：

（1）改正性维护。在 8.4 节中曾经说过，系统测试不可能发现一个大型系统中所有潜藏的错误，所以，在大型软件系统运行期间，用户难免会发现程序中的错误，这就需要对错误进行诊断和改正。

（2）适应性维护。由于计算机科学技术的迅速发展，新的硬件、软件不断推出，使系统的外部环境发生变化。这里的外部环境不仅包括计算机硬件、软件的配置，而且包括数据库、数据存储方式在内的"数据环境"。为了适应变化了的系统外部环境，就需要对系统进行相应的修改。

（3）完善性维护。在系统的使用过程中，由于业务处理方式和人们对管理信息系统功能需求的提高，用户往往会提出增加新功能或者修改已有功能的要求，如修改输入格式，调整数据结构使操作更简单、界面更漂亮等。为了满足这类要求就需要进行完善性维护。

（4）安全性维护。随着病毒和计算机罪犯的出现，管理信息系统对安全性和保密提出了更为严格和复杂的要求。除了建立严格的防病毒和保密制度外，用户往往会提出增加防病毒的功能和保密的新措施，而且随着更多的病毒出现，有必要定期进行防病毒功能的维护和保密措施的维护。

按维护活动的内容分类：

（1）程序维护。程序维护指改写一部分或全部程序，程序维护通常都充分利用原程序。修改后的原程序，必须在程序首部的序言性注释语句中进行说明，指出修改的日期、人员。同时，必须填写程序修改登记表，填写内容包括：所修改程序的所属子系统名、程序名、修改理由、修改内容、修改人、批准人和修改日期等。

程序维护不一定在发现错误或条件发生改变时才进行，效率不高的程序和规模太大的程序也应不断地设法予以改进。一般来说，管理信息系统的主要维护工作是对程序的维护。

（2）数据维护。数据维护指的是不定期地对数据文件或数据库进行修改，这里不包括主文件或主数据库的定期更新。数据维护的内容主要是对文件或数据中的记录进行增加、修改和删除等操作，通常采用专用的程序模块。

（3）代码维护。随着用户环境的变化，原有的代码已经不能继续适应新的要求，这时就必须对代码进行变更。代码的变更（即维护）包括订正、新设计、添加和删除等内容。当有必要变更代码时，应由现场业务经办人和计算机有关人员组成专门的小组进行讨论决定，用书面格式写清并事先组织有关使用者学习，然后输入计算机并开始实施新的代码体系。代码维护过程的关键是如何使新的代码得到贯彻。

（4）设备维护。管理信息系统正常运行的基本条件之一就是保持计算机及外部设备的良好运行状态。因此，计算机室要建立相应的规章制度，有关人员要定期对设备进行检查、保养和杀病毒工作，应设立专门设备故障登记表和检修登记表，以便设备维护工作的进行。

综上所述，系统维护应包括对系统的改正、改变和改进这三个方面，而不仅局限于改正错误。

3. 维护的副作用

维护的目的是延长软件的寿命并让其创造更多的价值，经过一段时间的维护，软件的错误被修正了，功能增强了。但同时，因为修改而引入的潜伏的错误也增加了。这种因修改软件而造成的错误或其他不希望出现的情况称为维护的副作用。维护的副作用有编码副作用、数据副作用和文档副作用三种。

（1）编码副作用。使用程序设计语言修改源代码时可能引入如下错误，这些错误要到运行时才能发现。删除或修改一个子程序、一个标号和一个标识符；改变程序代码的时序关系，改变占用存储的大小，改变逻辑运算符；为边界条件的逻辑测试做出改变；改进程序的执行效率；把设计上的改变翻译成代码的改变。这些变动都容易引入错误，因此要特别小心、仔细地修改，避免引入新的错误。

（2）数据副作用。在修改数据结构时，有可能造成软件设计与数据结构不匹配，导致软件错误。有这几种情况：①重新定义局部或全局的常量，重新定义记录或文件格式；②增加或减少一个数组或高层数据结构的大小；③修改全局或公共数据；④重新初始化控制标志或指针；⑤重新排列输入/输出或子程序的参数；⑥修改数据库的结构。这些情况都容易导致设计与数据不相容的错误。

（3）文档副作用。所有的维护活动，都必须修改相应的技术文档，否则会导致文档与程序功能不一致等错误，使文档不能反映软件当前的状态，对以后的维护将造成很大的困难。例如，对可执行软件的修改没有反映在文档中；修改交互输入的顺序或格式，没有正确地记入文档中；过时的文档内容、索引和文本可能造成冲突等。因此，必须在软件交付之前对整个软件配置进行评审，以减少文档副作用。事实上，有些维护请求并不要求改变软件设计和源代码，而只要求指出在用户文档中不够明确的地方。在这种情况下，维护工作主要集中在文档。在维护活动中，应该针对以上容易引起副作用的各个方面小心审查，以免将新的错误带入程序。

在系统维护中，应该注意以上三个问题，以避免修改带来的副作用。

8.5.3　地理数据更新

地理数据是地理信息系统的"血液"，数据的现势性是地理数据库的"生命"。地理数据是地理信息的静态表达，是地理信息某一时刻的一种状态。地理信息具有动态变化特征，即时序特征。可以按照时间尺度将地球信息划分为超短期的（如台风、地震）、短期的（如江河洪水、秋季低温）、中期的（如土地利用、作物估产）、长期的（如城市化、水土流失）、超长期的（如地壳变动、气候变化）等，从而使地理信息常以时间尺度划分成不同时间段信息，这就要求及时采集和更新地理信息，并根据多时相区域性指定特定的区域得到的数据和信息来寻找时间分布规律，进而对未来做出预测和预报。地理数据要精确表达地理信息，必须不断更新。地理空间数据库建成后，地理数据的维护和更新将成为 GIS 运维的工作重心，包括如何建立科学的数据更新的工作机制、如何利用现代测绘技术手段快速获取变化的地理信息，并着手研究如何存储保留历史数据等。

1. 建立持续更新机制

（1）建立更新责任机构。基础地理数据更新机构为测绘主管部门；专题数据更新机构为各专题数据的业务对口部门，城市规划数据更新机构为规划部门、土地利用数据更新机构为国土部门、环境数据更新机构为环保部门。

（2）确定更新内容和范围。地理数据包括基本框架（基础地理数据）、专题数据两方面的建设内容。基础地理数据更新内容主要是 4D 产品当中的线划地形图数据、正射影像数据、数字高程模型数据。专题数据从产权归属来划分包括城市规划数据、土地利用数据、交通数据、综合管网数据、房地产数据、地籍数据、环境数据等。总体上来说则包括专题属性信息、属性对应的图形信息。

（3）更新周期和时间。基础地理数据采取定期更新的方式：DLG 数据更新周期宜为 3 个月；DEM 数据更新周期宜为半年或 1 年；DOM 卫星影像更新周期宜为 3 个月、航空影像更新周期宜为 1 年；专题数据具备社会属性，采取实时按需更新的形式。

（4）建立版本管理机制，加入创建时间，形成各个历史时间版本数据，并将更新后的数据加入现势库。

2. 建立持续更新方法

从更新数据资料中提取每类地理数据的变化信息，不同的更新方式获取变化信息的方法不同。

（1）DLG。对于需要动态更新的重点区域或热点区域，采用内外业一体化数字测图方法对地形图数据进行动态更新；对于城市其他地区，将最新影像数据与需要更新的 DLG 数据进行套合，通过人机交互的方式采集变化信息，再手工屏幕数字化；利用最新的大比例尺地形图数据与现有数据对比，发现变化要素，通过内业缩编，更新小比例尺 DLG 数据。

（2）DOM。影像替换，以待更新影像为基准，对替换影像进行配准、纠正等处理后，利用相应区域的影像替换待更新影像的云层或阴影遮挡区域；影像融合，将同一区域的多源遥感影像数据在统一的坐标系统中，通过空间配准和内容复合，生成一幅新影像。

（3）DEM。实地测量更新 DEM；利用航空影像、卫星遥感影像、机载激光雷达数据更新 DEM。

（4）专题数据。相应地，专题数据更新技术应当既包括传统的针对图形信息的更新技术，又包括针对属性的业务部门更新手段：①利用便携式移动设备等专题数据进行实地采集；②通过对最新影像数据（对于城市专题数据而言主要是航片）进行识别和处理，将时相较新的航片与旧航片进行叠置、相互比较，进行对占地、流域面积等各类专题数据变化图斑的勾绘及数据的初始更新；③通过对最新地形数据，特别是其中的大比例尺地形图进行识别和处理，结合最新影像数据识别和处理的结果，对专题数据进行精确更新；④业务数据更新，提取专题数据对应的各业务部门数据中的属性信息和图形信息用于图形属性信息的更新。

3. 建立持续更新流程

地理数据更新流程应当包括获取采集变化信息、更新元数据、质量检查、现势数据生产几个部分，如图 8.3 所示。

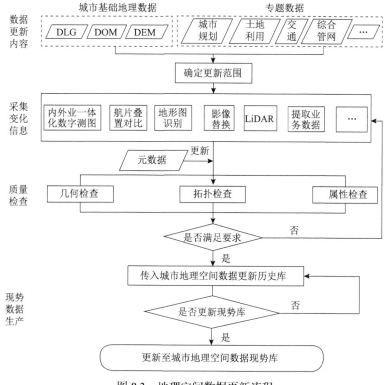

图 8.3　地理空间数据更新流程

4. 建立持续更新模式

1）版本式更新

"版"是简牍时代以木制作的书籍的一种形制，印刷术发明后，用以印刷书籍的木版也称版。书称"本"，版本，最初指一种书籍经过多次传抄、刻印或以其他方式而形成的各种不同本子，"版本"一词，大多指书籍的雕版印本。随着时代的发展，版本也开始应用于影视、软件等事物上，形容对象相同但介绍方法等不同的两个事物。

地图是地理信息的表达形式，是地理信息的载体。地图如同书籍，用版本反映地理信息时序的变化。例如，在城市快速发展的新形势下，城市地形、地貌、地物的变化十分频繁。为保证地形图的现势性，及时反映人文与自然要素的实际变化，必须在已测制完成的地形图上，根据不同情况，按照统一的技术要求，对地面变化了的地理要素进行修测或重测。地图出版周期越短，现势性就越强。地图所提供的地理信息要尽可能地反映当前最新的情况。地理数据如同地图。地理数据表示地理信息时态变化时，也采用版本管理模式，一个版本就是地理数据在某个时间的逻辑快照，如遥感图像、航空摄影相片。

版本管理的任务就是对对象的历史演变过程进行记录和维护，根据实际应用背景选择合适的版本间的拓扑结构。版本管理至少应包括以下功能：新版本的生成；统一、协调管理各个版本；有效记录不同版本的演变过程及对不同版本进行有效管理，以尽可能少的数据冗余记录各版本。同时还要保证不同版本在逻辑上的一致性和相对独立性，一个版本的产生和消失不会对其余版本的内容产生影响。

2）增量更新

增量更新主要针对地理矢量数据更新。地理矢量数据增量更新是指在进行更新操作时，只更新需要改变的地方，不需要更新或者已经更新过的地方则不会重复更新，增量更新与版本更新相对。这种更新的概念应用范围比较广泛，凡是需要进行数据更新的地方都会用到。增量更新具有数据操作量小、便于存储、传输和一致性维护等优点，逐渐成为未来地理数据库更新的主要趋势。国际上所提出的增量更新模式主要是通过版本比较、增量提取、增量发布、数据集成来实现客户数据的增量更新。实际上，在对变化信息进行采集的过程中，如果建立增量信息的组织模型，有效地存储增量信息，再将这些增量信息和旧版本数据库快速匹配，即可实现主（客）数据库的自动更新。其关键技术在于如何对增量信息进行组织和更新建模。

地理数据库增量更新主要是基于增量信息提取的更新模式。数据生产者在待更新矢量地图的基础上，利用 GPS 采集增量或利用影像手绘增量信息，直接修改原数据库，增量在采集的过程中已经集成到原数据库中，没有单独存储。数据提供者要向其他用户提供增量数据，还需要从更新后的数据库中提取变化信息。这种方法虽然能直接采集增量信息，能快速更新当前的数据库，但没有存储增量信息，加大了向其他数据使用者发布增量的难度。

第9章　GIS质量与控制

GIS 质量是指在国家现行的有关法律、法规、技术标准、需求分析、设计文件和技术合同中，对 GIS 数据质量、软件功能、系统性能、用户界面友好和美观等技术指标的综合要求。为了保证和提高 GIS 工程的质量，以需求分析说明书所规定的技术指标为准绳，以人为核心，重点控制人的素质和人的行为，充分发挥人的积极性和创造性，运用一整套质量管理规范、标准、手段和方法进行系统管理活动，对 GIS 硬件、软件和地理数据的工程实施过程进行严格质量控制，科学处理好经费、进度和质量三者的关系。

9.1　质量控制概述

质量是工程建设的生命，是一个组织整体素质的展示，也是一个组织综合实力的体现。伴随人类社会的进步和人们生活水平的提高，人们对产品质量要求越来越高。一个组织要想长期稳定发展，必须围绕质量这个核心开展生产，加强产品质量管理，借以生产出高品质的产品。百年大计，质量第一，在工程建设中应自始至终把"质量第一"作为工程建设的基本原则。

9.1.1　质量管理概念

任何组织都需要管理。当管理与质量有关时，则为质量管理。实现质量管理的方针目标，有效地开展各项质量管理活动，必须建立相应的管理体系，这个体系就称为质量管理体系，它可以有效进行质量改进。

1. 质量

质量是一组固有特性满足要求的优劣程度。其中，"固有特性"指某事或某物本来就有的，尤其是那些永久的特性；"要求"是指明示的、通常隐含的或必须履行的需求或期望。质量不仅是指产品的质量，也可以是某项活动或过程的工作质量，还可以是质量管理体系运行的质量。质量具有动态性和相对性。

2. 质量管理

质量管理是在质量方面指挥和控制组织的协调活动，通常包括制定质量方针、目标及质量策划、质量控制和质量保证等活动。

（1）质量方针。质量方针是由组织的最高管理者正式发布的该组织的质量宗旨和方向。

（2）质量目标。质量目标是依据质量方针，在质量方面所追求的目的。通常对组织的相关职能和层次分别规定质量目标。

（3）质量策划。质量策划是确定质量及采用质量体系要素的目的和要求的活动。其中，"要求"为规定必要的作业过程和相关资源以实现其质量目标。质量策划的内容包括：确定达到质量目标应采取的措施和提供的必要条件（人员和设备资源），并把相应活动落实到部门和岗位；提出生产技术组织措施（如设备引进、技术攻关、人员培训等）和进度安排等。

（4）质量控制。质量控制是质量管理的一部分，致力于满足质量要求。质量控制是为达到质量要求采取的质量保证计划和措施，其目的就是确保产品的质量能满足顾客、法律法规等方面提出的质量要求，如适用性、可靠性和安全性等。质量控制的内容包括专业技术和管理技术两个方面。为了使每项质量活动真正做好，质量控制必须对干什么、为何干、怎么干、谁来干、何时干、何地干做出具体规定，对实际质量活动进行监控，并贯彻预防为主与检验把关相结合的原则。

（5）质量保证。质量保证是质量管理的一部分，致力于提供质量要求会得到满足的信任。质量保证是以保证质量为基础，并进一步引申到提供"信任"这一基本目的。要使用户（或第三方）对组织能信任，组织首先应加强质量管理和完善质量体系，对合同产品有一整套完善的质量控制方案、办法，并认真贯彻执行，确保其有效性；还要有计划、有步骤地开展各种活动，使用户（或第三方）能充分了解组织的实力、业绩、管理水平，以及对合同产品各阶段的质量控制活动的有效性，进而使对方建立对组织的信心和信任。

3. 管理体系

体系（系统）是相互关联或相互作用的一组要素。管理体系是建立方针和目标并实现这些目标的体系。一个组织的管理可包括若干不同的管理体系，如质量管理体系、环境管理体系、职业健康安全管理体系、信息安全管理体系等。

9.1.2　质量管理体系

质量管理体系（quality management system，QMS）是指在质量方面指挥和控制组织的管理体系，是建立质量方针和目标并实现这些目标的相互关联或相互作用的一组要素。质量管理体系是组织内部建立的、为实现质量目标所必需的、系统的质量管理模式，是组织的一项战略决策。它把影响质量的技术、管理、人员和资源等因素都综合成相互联系、相互制约的一个有机整体，使其在质量方针的指引下为达到质量目标而互相配合、努力工作。它将资源与过程结合，以过程管理方法进行系统管理，根据企业特点选用若干体系要素加以组合，如管理活动、资源提供、产品实现，以及测量、分析与改进活动等，可以理解为涵盖了从确定顾客需求、设计研制、生产、检验、销售到交付之前全过程的策划、实施、监控、纠正与改进活动的要求，也可以以文件化的方式，成为企业内部质量管理工作的标准。

任何组织都需要管理。当管理与质量有关时，则为质量管理。实现质量管理的方针目标，有效地开展各项质量管理活动，必须建立相应的管理体系，这个体系就称质量管理体系。它可以有效进行质量改进。ISO 9000 是国际上通用的质量管理体系。

针对质量管理体系的要求，国际标准化组织的质量管理和质量保证技术委员会制定了ISO 9000 族系列标准，以适用于不同类型、产品、规模与性质的组织，该类标准由若干相互关联或补充的单个标准组成，其中为大家所熟知的是 ISO 9001《质量管理体系要求》，它提出的要求是对产品要求的补充，经过数次的改版。在此标准基础上，不同的行业又制定了相应的技术规范。

1. 质量管理体系特性

（1）符合性。欲有效开展质量管理，必须设计、建立、实施和保持质量管理体系。组织的最高管理者对依据 ISO9001 国际标准设计、建立、实施和保持质量管理体系的决策负责，对建立合理的组织结构和提供适宜的资源负责；管理者代表和质量职能部门对形成文件的程序的制定和实施、过程的建立和运行负直接责任。

（2）唯一性。质量管理体系的设计和建立，应结合组织的质量目标、产品类别、过程特点和实践经验。因此，不同组织的质量管理体系有不同的特点。

（3）系统性。质量管理体系是相互关联和作用的组合体，包括：①组织结构。合理的组织机构和明确的职责、权限及其协调的关系。②程序。规定到位的形成文件的程序和作业指导书，是过程运行和进行活动的依据。③过程。质量管理体系的有效实施，是将输入转化为输出的一组活动。④资源。必需、充分且适宜的资源包括人员、资金、设施、设备、材料、能源、技术和方法。

（4）全面有效性。质量管理体系的运行应是全面有效的，既能满足组织内部质量管理的要求，又能满足组织与顾客的合同要求，还能满足第二方认定、第三方认证和注册的要求。

（5）预防性。质量管理体系应能采用适当的预防措施，有一定的防止重要质量问题发生的能力。

（6）动态性。最高管理者定期批准进行内部质量管理体系审核，定期进行管理评审，以改进质量管理体系；还要支持质量职能部门（含车间）采用纠正措施和预防措施改进过程，从而完善体系。

（7）持续受控。质量管理体系所需求过程及其活动应持续受控。

质量管理体系应最佳化，组织应综合考虑利益、成本和风险，通过质量管理体系持续有效运行，逐步优化质量管理体系，使其达到一个最佳状态。

2. 质量管理体系特点

（1）它是代表现代企业或政府机构思考如何真正发挥质量的作用和如何最优地做出质量决策的一种观点。

（2）它是深入细致的质量文件的基础。

（3）质量体系是使公司内更为广泛的质量活动能够得以切实管理的基础。

（4）质量体系是有计划、有步骤地把整个公司主要质量活动按重要性顺序进行改善的基础。

9.1.3　质量控制

企业生存和发展离不开产品质量的竞争。产品质量问题是最难以控制和最容易发生的问题，质量问题往往使企业在市场经济的浪潮中消失。有效地进行过程控制是确保产品质量和提升产品质量的关键，越来越受到人们的关注。为使产品或服务达到质量要求而采取的技术措施和管理措施方面的活动称为质量控制。这就是说，质量控制是为了通过监视质量形成过程，消除质量环上所有阶段引起不合格或不满意效果的因素，以达到质量要求，获取经济效益，而采用的各种质量作业技术和活动。质量控制的目标在于确保产品或服务质量能满足要求（包括明示的、习惯上隐含的或必须履行的规定）。

1. 质量检验

质量检验从属于质量控制，是质量控制的重要活动。国际上，质量控制对象根据它们的重要程度和监督控制要求不同，可以设置"见证点"或"停止点"。"见证点"和"停止点"都是质量控制点，由于它们的重要性或其质量后果影响程度有所不同，它们的运作程序和监督要求也不同。

1）见证点

（1）施工单位应在到达某个见证点之前的一定时间，书面通知监理工程师，说明将到达该见证点准备施工的时间，请监理人员届时现场进行见证和监督。

（2）监理工程师收到通知后，应在"施工跟踪档案"上注明收到该通知的日期并签字。

（3）监理人员应在约定的时间到现场见证。监理人员应对见证点实施过程进行监督、检查，并在见证表上做详细记录后签字。

（4）如果监理人员在规定的时间未能到场见证，施工单位可以认为已获监理工程师认可，有权进行该项施工。

（5）如果监理人员在此之前已到现场检查，并将有关意见写在"施工跟踪档案"上，则施工单位应写明已采取的改进措施，或具体意见。

2）停止点

停止点是重要性高于见证点的质量控制点，它通常针对"特殊过程"或"特殊工艺"而言。凡列为停止点的控制对象，要求必须在规定的控制点到来之前通知监理方派人对控制点实施监控，如果监理方未能在约定的时间到现场监督、检查，施工单位应停止进入该控制点相应的工序，并按合同规定等待监理方，未经认可不能越过该点继续活动。通常用书面形式批准其继续进行，但也可以按商定的授权制度批准其继续进行。

见证点和停止点通常由工程承包单位在质量计划中明确，但施工单位应将施工计划提交监理工程师审批。如果监理工程师对见证点和停止点的设置有不同意见，应书面通知施工单位，要求予以修改，再予以审批。

2. 过程控制

进入20世纪90年代以来，质量控制学说已发生了较大的变化，现代质量工程技术把质量控制划分为若干阶段，在产品开发设计阶段的质量控制称质量设计。在制造中需要对生产过程进行监测，该阶段称质量监控阶段。抽样检验控制质量是传统的质量控制，被称为事后质量控制。上述若干阶段中最重要的是质量设计，其次是质量监控，再次是事后质量控制。对于那些质量水平较低的生产工序，事后检验是不可少的，但质量控制应是源头治理，预防越早越好。事后检验控制要逐渐取消。事实上一些发达国家的企业已经取消了事后检验。综上所述，过程监控是产品质量一个源头控制质量的关键。

任何利用资源并通过管理，将输入转化为输出的活动均可视为过程。系统地识别和管理组织所用的过程，特别是这些过程之间的相互作用，就是"过程方法"。过程方法的目的是获得持续改进的动态循环，并使组织的总体业绩得到显著的提高。过程方法通过识别组织内的关键过程，随后加以实施和管理并不断进行持续改进直到顾客满意。

过程方法鼓励组织对其所有的过程有一个清晰的理解。过程包含一个或多个将输入转化为输出的活动，通常一个过程的输出直接成为下一个过程的输入，但有时多个过程之间形成比较复杂的过程网络（图9.1）。这些过程的输入和输出与内部和外部的顾客相连。在应用过程方法时，必须对每个过程，特别是关键过程的要素进行识别和管理。这些要素包括输入、输出、资源、管理和支持性过程。

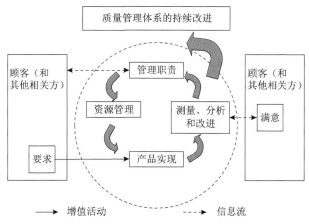

图 9.1　以过程为基础的质量管理体系模式

采用过程的方法，可以提高资源利用的有效性，降低项目成本并缩短周期。由于对过程的要素进行了管理和控制，并按其影响大小的优先次序进行改进，从而获得改进的、一致的和可预测的结果。在目标制定方面，由于掌握了过程能力，可以制定更富有挑战性的目标和指标；在运作管理方面，在所有运作中采用过程方法可以降低成本、预防差错、控制变异、缩短周期得到更可预测的结果；在人力资源管理方面，可建立更经济的人力资源管理过程，如采取聘用、教育和培训的方法，使这些过程更符合组织的需要，建成一支更能干的员工队伍。

过程控制的主要措施如下。

（1）识别质量管理体系所需要的过程，包括管理活动、资源管理、产品实现和度量有关的过程，确定过程的顺序和相互作用。

（2）确定每个过程为取得期望的结果所必须开发的关键活动，并明确管理好关键过程的职责和义务。

（3）确定对过程的运行实施有效控制的准则和方法，并实施对过程的监视和测量，包括度量关键过程的能力和为此采用的统计技术。

（4）对过程的监视和度量的结果进行数据分析，发现改进的机会并采取措施，包括提供必要的资源，实现持续的改进，以提高过程的有效性和效率。

（5）评价过程结果可能产生的风险、后果及对顾客、供方及其他相关方的影响。

3. 质量控制步骤

质量控制大致可以分为如下七个步骤。

（1）选择控制对象。

（2）选择需要监测的质量特性值。

（3）确定规格标准，详细说明质量特性。

（4）选定能准确测量该特性值或对应的过程参数的监测仪表，或自制测试手段。

（5）进行实际测试并做好数据记录。

（6）分析实际与规格之间存在差异的原因。

（7）采取相应的纠正措施。当采取相应的纠正措施后，仍然要对过程进行监测，将过程保持在新的控制水准上。一旦出现新的影响因子，还需要测量数据，分析原因，进行纠正，因此这七个步骤形成了一个封闭式流程，称为"反馈环"。

在上述七个步骤中，最关键有两点：①质量控制系统的设计；②质量控制技术的选用。

9.1.4　GIS 工程质量

质量控制是质量管理的路标和动力，质量管理是质量控制的执行机制。项目质量控制是一种管理流程，目标在于管控地理信息软件和数据的质量，确保产出的成品可以满足用户的需求。GIS 工程不管多么复杂，都由硬件、软件、数据和人员等四大要素构成。硬件是构成地理信息系统的物理基础，包括计算机、图形图像输入输出设备、网络设备等；软件是 GIS 的驱动模型，包括系统软件、GIS 基础软件和各种应用软件等；地理数据是 GIS 的血液和处理对象，也是 GIS 效益和价值的体现，包括基础地理数据和各种专题地理数据等；人员是 GIS 的灵魂，包括系统的开发者（最高管理者和一般管理者、工程技术人员）、直接用户和潜在用户等。软件和数据构筑于硬件之上，数据赖于软件而存在，人员的作用贯穿于整个 GIS 工程之中。在 GIS 工程中，软件开发和数据生产是项目建设的重中之重。所以，GIS 软件质量和地理数据质量是 GIS 工程质量控制的核心。

1. GIS 软件质量

软件质量是软件符合明确叙述的功能和性能需求、文档中明确描述的开发标准，以及所有专业开发的软件都应具有的和隐含特征相一致的程度。软件质量控制对开发过程中的软件产品的质量特性进行连续的收集和反馈，通过质量管理和配置管理等机制，使软件开发过程向着既定的质量目标发展。地理数据质量在很大程度上影响和制约着地理信息系统的可用性，为地理信息系统用户提供满足质量要求的空间数据是地理信息系统建设的关键任务之一。为了提高软件的质量和软件的生产率，对软件进行质量控制涉及以下内容。

（1）用户需求定义。软件质量保证人员必须熟练掌握正确定义用户要求的技术，包括熟练使用和指导他人使用定义软件需求的支持工具。

（2）软件复用。利用已有软件成果是提高软件质量和软件生产率的重要途径。为此，应考虑哪些既有软件可以复用，并在开发过程中，随时考虑所生产软件的可复用性。

（3）软件工程方法。对开发新软件的方法经过长期的探索和积累，最普遍公认的成功方法就是软件工程学方法。应当在开发新软件的过程中大力使用和推行软件工程学的开发方法和工具。

（4）组织协作。一个软件自始至终由同一软件开发单位来开发也许是最理想的。但在现实中常常难以做到。因此需要改善对外部协作部门的开发管理。必须明确规定进度管理、质量管理、交接检查、维护体制等各方面的要求，建立跟踪检查的机制。

（5）开发人员。软件生产是人的智力生产活动，它依赖于开发团队的工程能力。开发者必须有学习各专业业务知识、生产技术和管理技术的能力。管理者或产品服务者要制定技术培训计划、技术水平标准，以及适用于将来需要的中长期技术培训计划。

（6）项目管理。对于大型软件项目来说，工程项目管理能力极其重要。提高管理能力的方法是重视和强化项目开发初期计划阶段的项目计划评价、计划执行过程中及计划完成报告的评价。正确地评价开发计划和实施结果，不仅可以提高软件开发项目管理的精确度，还可以积累项目管理经验。

2. 地理数据质量

地理信息数据质量控制主要指在系统建设和应用过程中对可能引入误差的步骤和过程加以控制，对这些步骤和过程的一些指标和参数予以规定，对检查出的误差和错误进行修正，以达到提高系统数据质量和应用水平的目的。在软件产品和数据产品正式发行之前，软件质量和数据质量的管理人员必须对其进行质量测试，确保在软件和数据产品交付前预先发现并修正错误。

地理数据的采集与处理工作，是建立 GIS 的重要环节，了解 GIS 数字化数据的质量与不确定性特征，最大限度地纠正所产生的数据误差，对保证 GIS 分析应用的有效性具有重要意义。地理信息的数据质量控制，是针对数据中可度量和可控制的质量问题而言的，主要集中在数据源的选择和处理及数字化过程部分。

1）对数据源的选择和处理

这一步骤中的数据质量控制在于选择满足系统和应用质量要求的数据源，这是决定 GIS 数据质量的关键因素。它可以是未经数字化的测量或地图资料，也可以是已经为数字形式的各种数据。若采用现有地图，应尽量采用最新的底图，以保证资料的现势性和减少材料变形对数据质量的影响。因为数据处理和使用过程的每一个步骤都会保留甚至加大原有误差，同时可能引入新的误差，所以数据源的误差范围至少不能大于系统对数据误差的要求范围。为了提高 GIS 的数据质量，应逐步减少甚至取消不必要的中间环节，直接从测量数据经编辑处理而建立数据库，而不经由测量、先成图再数字化的途径来建立数据库。这样不仅能够提高工作效率，缩短工作周期，还能减少工作过程所引入的误差，提高系统的数据质量。

2）数字化过程的数据质量控制

数据质量控制应体现在数据生产和处理的各个环节。下面以地图数字化生成地图数据过程为例，说明数据质量控制的方法。数字化过程的质量控制，主要包括数据预处理、数字化设备的选用、数字化对点精度、数字化限差和数据的精度检查等内容。

（1）数据预处理，主要包括对原始地图、表格等的整理、誊清或清绘。对于质量不高的数据源，如散乱的文档和图面不清晰的地图，通过预处理工作不但可减少数字化误差，还可提高数字化工作的效率。对于扫描数字化的原始图形或图像，还可采用分版扫描的方法，来减少矢量化误差。

（2）数字化设备的选用，主要根据手扶数字化仪、扫描仪等设备的分辨率和精度等有关参数进行挑选，这些参数应不低于设计的数据精度要求。一般要求数字化仪的分辨率达到 0.025mm，精度达到 0.2mm；扫描仪的分辨率则不低于 0.083mm。

（3）数字化对点精度。数字化对点精度是数字化时数据采集点与原始点重合的程度。一般要求数字化对点误差小于 0.1mm。

（4）数字化限差。限差的最大值分别规定如下：采点密度（0.2mm）、接边误差（0.02mm）、接合距离（0.02mm）、悬挂距离（0.007mm）、细化距离（0.007mm）和纹理距离（0.01mm）。

接边误差控制。通常当相邻图幅对应要素间距离小于 0.3mm 时，可移动其中一个要素以使两者接合；当这一距离在 0.3mm 与 0.6mm 之间时，两要素各自移动一半距离；若距离大于 0.6mm，则按一般制图原则接边，并做记录。

（5）数据的精度检查。主要检查输出图与原始图之间的点位误差。一般要求，对于独立地物，这一误差应小于 0.2mm；对于曲线地物和水系，这一误差应小于 0.3mm；对于边界模糊的要素应小于 0.5mm。

9.2　地理数据质量控制

9.2.1　地理数据质量概述

地理数据质量是指空间数据表达实体空间位置、特征和时间所能达到的准确性、一致性、完整性和三者统一性的程度，以及数据适用于不同应用的能力。空间数据的质量控制是针对空间数据的特点来进行的。空间数据的质量主要包括数据完整性、数据逻辑一致性、数据位置精度、数据属性精度、数据时间精度，以及一些关于数据的说明。空间数据的质量控制就是采用科学的方法，制定出空间数据的生产技术规程，并采取一系列切实有效的方法，在空间数据的生产过程中，针对空间数据质量的关键性问题予以精度控制和错误改正，以保证空间数据的质量。

1. 地理数据质量基本概念

地理信息是对现实世界的抽象和表达，因为现实世界的无限复杂性和模糊性，以及人类认识和表达能力的局限性，这种抽象和表达总是不可能完全达到真实值，而只能在一定程度上接近真值。而且，真值往往是不可知的或不可测的，所以误差总是存在的。GIS 数据质量的好坏不是一个绝对的概念，目前比较公认的定义是指数据对特定用途的分析和操作的适用程度。只有了解数据质量之后才能判断数据对某种应用的适宜性。但是要充分评价数据质量并不容易。若要想知道地理数据各类特征的准确度，就需要用独立于 GIS 所使用的原始地理数据而又至少有同等精度的数据来验证。欲验证从 GIS 上量测出的数据，所用验证的数据要么需要用更昂贵的仪器去量测，要么需要用同样的测量方法对某些制图对象进行重复测算。

在论及数据质量时，人们常常使用误差或不确定性的概念，数据质量问题在很大程度上可以看作数据误差问题，而描述误差最常用的概念是准确度和精密度。

（1）误差（error）：误差指观测值与真值的接近的程度。误差反映了数据与真实值或者大家公认的真值之间的差异，它是一种常用的衡量数据准确性的表达方式。

（2）数据的准确度（accuracy）：数据的准确度被定义为测试结果与公认的真值（理论值）或可接受的参照值（计算值或估计值）的近似程度。如果两地间的距离为 100km，从地图上量测的距离为 98km，那么地图距离的误差为 2km；若用 GPS 量测并计算两点间的距离得 99.9km，则 GPS 的测距误差为 0.1km，因而 GPS 比地图量测距离更准确。

（3）数据的精密度（resolution）：数据的精密度指对某个量的多次观测中，各观测值之间的离散程度。它表现了测量值本身的离散程度。数据的精密度指数据表示的精密程度，即数据表示的有效位数。由于精密度的实质在于它对数据准确度的影响，同时在很多情况下，它可以通过准确度得到体现，故常把两者结合在一起称为精确度，简称精度。

（4）不确定性（uncertainty）：不确定性是关于空间过程和特征不能被准确确定的程度，

是自然界各种空间现象自身固有的属性。在内容上，它是以真值为中心的一个范围，这个范围越大，数据的不确定性也就越大。不确定性含义比较广泛，数据的误差、数据和概念的模糊性及不完整性都可视作不确定性问题的内容。不确定性可以看作一种广义的误差，包含了可度量和不可度量的误差，也包含了数值和概念上的误差。

当真值不可测或无法知道时，就无法确定误差，因而用不确定性取代误差。统计上，用多次测量的平均来计算真值，而用标准差来反映可能的误差大小。因此，可以用标准差来表示测量值的不确定性。然而欲知标准差，就需要对同一现象做多次测量。所以要知道某测量值的不确定程度，需要多次测量，而称一次测量的结果为不确定的。一般而言，从大比例尺地图上获得的数据，其不确定性较小比例尺图上的小，从高空间分辨率遥感图像上得到数据的不确定性较低分辨率数据的小。

（5）相容性（compatibility）：相容性指两个来源的数据在同一个应用中使用的难易程度。例如，两个相邻地区的土地利用图，当将它们拼接到一起时，两图边缘处不仅边界线可良好地衔接，而且类型也一致，称两图相容性好。反之，若图上的土地利用边界无法接边，或统计指标不一致造成数据无法比较，导致数据不相容。这种不相容可以通过统一分类和统计标准来减轻。

（6）一致性（consistency）：一致性指对同一现象或同类现象的表达的一致程度。例如，同一条河流，在地形图上和在土壤图上形状不同，或同一行政边界在人口图和土地利用图上不能重合，这些均表示数据的一致性差。又如，在同一地形图上，同类地形起伏和地貌状况，等高线的疏密和光滑程度有所不同。这或是由同一制图者对等高线的制图综合标准不一，或是由两个不同制图者的制图综合标准有出入造成的。再如，水系图与森林图叠加后发现，森林与湖面重叠，这在逻辑上是不一致的，造成这一状况的原因要么是某图的数据坐标有偏差，要么是制图综合程度不一致。逻辑的一致性，指描述特征间的逻辑关系表达的可靠性。这种逻辑关系可能是特征的连续性、层次性或其他逻辑结构。例如，水系或道路不应该穿越房屋；岛屿和海岸线应该是闭合的多边形，等高线不应该交叉等。有些数据的获取，由于人力所限，是分区完成的，这造成了数据在时间上的不一致。

（7）完整性（completeness）：完整性指数据在类型上和特定空间范围内的完整程度。一般来说，空间范围越大，数据的完整性可能就越差。数据不完整最简单的例子是缺少数据。例如，计算机从 GPS 接收机传输位置数据时，由于软件受干扰，只记录下经度而丢失了纬度，以致数据不完整。又如，某个应用项目需要 1：5 万的基础底图，但现有的地图数据只覆盖项目区的一部分，底图数据便不完整。这时可用更大比例尺的地图填补缺少 1：5 万比例尺的地区。再如，生态类型制图需要地形高程、坡度、坡向、植被覆盖类型、气温、降水和土地等数据，缺少上述任一方面的数据对于生态分类都是不完整的。

（8）可得性（accessibility）：可得性指获取或使用数据的容易程度。保密的数据按其保密等级限制使用者的多少，有些单位或个人无权使用；公开的数据则按价决定可得性，太贵的数据可能导致潜在用户另行搜集，造成浪费。

（9）现势性（timeliness）：现势性指数据反映客观现象当前状况的程度。不同现象的变化频率是不同的，如地形、地质状况的变化一般来说比人类建设要缓慢，地形可能会由于山崩、雪崩、滑坡、泥石流、人工挖掘及填海等而在局部区域改变。如果地图制作周期较长，局部的快速变化往往不能及时地反映在地形图上，对那些变化较快的地区，地形图就失去了现势性。城市地区土地覆盖变化较快，这类地区土地覆盖图的现势性就尤其重要。开发数据库时，应该记录数据的采集时间及其处理方法和过程，这便可作为数据的档案。

综上，数据质量的好坏与上述种种数据的特征有关。这些特征代表着数据的不同方面，它们之间有联系，例如，数据现势性差，那么用于反映现在的客观现象就可能不准确；数据可得性差，就会影响数据的完整性；数据精度差，则数据的不确定性就高。

2. 地理数据质量表达

地理数据质量的表达指对数据说明的全面性和准确性，是对数据的来源、数据内容及其处理过程等做出准确、全面和详尽的说明。

1）地理数据质量表达内容

人们常用误差表达地理数据质量，按地理数据误差表现形式分为位置精度、属性精度、时间精度、逻辑一致性、数据完整性和表达形式的合理性等六类。

（1）位置精度。或称定位精度，为实体的坐标数据与实体真实位置间的接近程度，常以空间三维坐标数据精度来表示，包括数学基础精度、平面精度、高程精度、接边精度、形状再现精度（形状保真度）、像元定位精度（分辨率）等。其中，平面精度和高程精度又可分为相对精度和绝对精度。

（2）属性精度。指实体的属性值与其真值相符的程度，属性精度通常取决于数据的类型，且常常与位置精度有关，包括要素分类与代码的正确性、要素属性值的正确性及名称的正确性等几个方面。

（3）时间精度。主要指数据的现势性。可以通过数据采集时间和数据更新的时间及频度来表现。

（4）逻辑一致性。指数据关系上的可靠性，包括数据结构、数据内容、空间属性和专题属性，尤其是拓扑性质上的内在一致性，如多边形的闭合精度、结点匹配精度、拓扑关系的正确性等。

（5）数据完整性。指地理数据在范围、内容及结构等覆盖所有要求的方面的完整程度，包括数据范围、数据分层、实体类型、属性数据和名称等方面的完整性。数据的不完整性是可以通过几何误差、属性误差、时间误差和逻辑误差反映出来的。事实上检查逻辑误差有助于发现不完整的数据和其他误差。对数据进行质量控制或质量保证或质量评价，一般先从数据的逻辑性检查入手。例如，桥或停车场等与道路是相接的，如果数据库中只有桥或停车场，而没有与道路相连，则说明道路数据被遗漏，而使得数据不完整。在这种情况下，需要确定谁的精度更高。

（6）表达形式的合理性。主要指数据抽象、数据表达与真实地理世界的吻合性，包括空间特征、专题特征和时间特征表达的合理性等。

因为地理要素是定义在空间（几何位置）、专题（属性）和时间三个维度之上的，所以，用以表达地理要素的地理数据，其质量的各方面内容也必然与这三个维度相对应。时间精度属于数据时间维度方面的内容，位置精度属于数据空间维度方面的内容，属性精度属于数据专题维度方面的内容，而数据的逻辑一致性和完整性及数据情况说明涵盖了地理数据三个维度方面的内容。

按地理数据处理的误差分为数字化误差、格式转换误差、不同 GIS 系统间数据转换误差、利用 GIS 的数据进行各种应用分析时的误差、数据层冗余多边形叠加时由应用模型引进的误差等：①几何改正。②坐标变换和比例变换。③特征地物的编辑。④属性数据的编辑。⑤空间分析。⑥图形化简（数据压缩和曲线光滑）。⑦数据格式转换。⑧地形数据模型化。⑨计算机截断误差等。

按地理数据误差来源可分为：①遥感数据，如平台、传感器结构的稳定性。②测量数据，如人操作误差、仪器、环境。③GPS 测量，如信号、接收机、计算方法、坐标交换。④地图制图，如展点、编绘、绘图、综合、制印。⑤数字化，如纸张变形、比例尺和投影变换、仪器、人员、线宽、采点密度、图纸漂移。⑥属性记录，如输错、漏输、重输。

误差的来源是多方面的，数据处理误差远远小于源误差。

按地理数据使用误差来源可分为：①数据的完备程度。②时间的有效性，即现势性。③拓扑关系的正确性。④缺乏数据的质量报告。

这些误差分类对于了解误差分布特点、误差源和处理方法、产生误差的原因有很多好处。

2）地理数据质量元素

地理数据质量元素（data quality element）是指记录数据集质量的定量成分。按数据质量特性的详细程度，数据质量元素可分为一级质量元素、二级质量元素（一级质量元素的子元素）、三级质量元素（二级质量元素的子元素），依此类准。关于质量元素的划分目前尚无统一的标准。根据 ISO/TC 211 颁布的《地理信息、质量原则》（ISO 19113—2002/GB/T 21337—2008），下面介绍该标准中使用的数据质量元素、数据质量子元素及其描述符、数据质量概述元素。

（1）数据质量元素。数据质量元素和数据质量子元素（在适用的情况下）将用于描述数据集对产品规范中预设标准的符合程度。

完备性：要素、要素属性和要素关系的存在和缺失。

逻辑一致性：对数据结构、属性及关系的逻辑规则的依附度（数据结构可以是概念上的、逻辑上的或物理上的）。

位置准确度：要素位置的准确度。

时间准确度：要素时间属性和时间关系的准确度。

专题准确度：定量属性的准确度、定性属性的正确性、要素的分类分级及其他关系。

根据需要还可建立其他数据质量元素来描述数据集定量质量的某一方面。

（2）数据质量子元素（data quality sub-element）是指数据质量元素的组成部分，描述数据质量元素的某一个方面。以下分别介绍每个数据质量元素的子元素及其定义。

完备性。①多余：数据集中多余的数据。②遗漏：数据集中缺少的数据。

逻辑一致性。①概念一致性：对概念模式规则的符合情况。②值域一致性：值对值域的符合情况。③格式一致性：数据存储同数据集的物理结构匹配程度。④拓扑一致性：数据集拓扑特征编码的准确度。

位置准确度。①绝对或客观精度：坐标值同可以接受或真实值的接近程度。②相对或内在精度：数据集中要素的相对位置和其可以接受或其实的相对位置的接近程度。③格网数据位置精度：格网数据位置值同可以接受或真实值的接近程度。

时间准确度。①时间量测准确度：时间参照的正确性（时间量测误差报告）。②时间一致性：事件时间排序或时间次序的正确性。③时间有效性：时间上数据的有效性。

专题准确度。①分类分级正确性：要素被划分的类别或等级，或者它们的属性同论域（如地表真值或参考数据集）的比较。②非定性属性准确度：非定性属性的正确性。③定量属性准确度：定量属性的正确性。

对于任意数据质量元素可以根据需要建立其他的数据质量子元素。

（3）数据质量子元素的描述符。要报告每个适用的数据质量子元素的质量信息，将用以下七个数据质量子元素描述符作为全面记录数据质量子元素信息的机制：数据质量范围；数据质量量测；数据质量评价过程；数据质量结果；数据质量值的类型；数据质量值的单位；数据质量日期。

（4）数据质量概述元素。数据质量概述元素是用来描述数据集的非定性质量信息。数据质量非定量元素（data quality overview element）记录数据集质量的非定量成分，如关于一个数据集的目的、用途和数据志等定性信息。

目的：应描述数据集创建原因并包含有关其预期用途的信息。注意：数据集的预期用途不必与实际用途相同，实际用途用数据质量概述"用途"描述。

用途：应描述数据集的实际应用，数据生产者或其他的截然不同的数据使用者通过用途描述数据集的应用。

数据志：应尽可能详细地描述数据集的历史，叙述数据集从采集和获取直到编辑和派生，再到其当前形式的生命周期。数据志可以包含以下两个独立的组成部分。①来源信息：应描述数据集的出处。②处理步骤或历史信息：应说明发生的事件记录或数据集经历的转换，包括数据集维护过程是否是持续的或定期的，也包括维护周期。

另外，数据质量概述元素应描述国际标准没有标明的，数据集定性质量的某一方面。

3. 地理数据误差传播规律

在统计学上，变量含有误差，而使函数受其影响也含有误差，称为误差传播，阐述这种关系的定律称为误差传播定律。误差传播定律是阐述观测值中误差与观测值函数中误差之间关系的定律。误差传播定律包括线性函数的误差传播定律、非线性函数的误差传播定律。误差传播在 GIS 中可归结为以下三类。

1）代数关系下的误差传播

地理数据误差和 GIS 操作误差经累积后传播到 GIS 的产品中，代数关系下的误差传播指对有误差的数据进行代数运算后，所得结果的误差，其代数关系如下。

（1）倍数函数：$Z=KX$，则有 $mZ=\pm KmX$。其中，X 为观测值，Z 为观测值中误差，m 为常数。

观测值与常数乘积的中误差，等于观测值中误差乘常数。

（2）和（差）函数：$Z=X_1 \pm X_2$ 且 X_1、X_2 独立，则有 $mZ^2 = mX_1^2 + mX_2^2$。

两观测值代数和的中误差平方，等于两观测值中误差的平方和。

当 Z 是一组观测值 X_1，X_2，$\cdots$，X_n 的代数和（差）的函数时，即 $Z = X_1 \pm X_2 \pm \cdots \pm X_n$，$Z$ 的中误差的平方为 $mZ^2 = mX_1^2 + mX_2^2 + \cdots + mX_n^2$。

n 个观测值代数和（差）的中误差平方，等于 n 个观测值中误差平方之和。

在同精度观测时，观测值代数和（差）的中误差，与观测值个数 n 的平方根成正比，即 $m_Z = m\sqrt{n}$。

（3）线性函数：$Z = K_1 X_1 \pm K_2 X_2 \pm \cdots \pm K_n X_n$，则有 $m_Z = \pm \sqrt{(K_1 m_1)^2 + (K_2 m_2)^2 + \cdots + (K_n m_n)^2}$。

（4）一般函数：$Z=f(X_1, X_2, \cdots, X_n)$，则有 $m_Z^2 = (\partial f / \partial X_1)^2 m_1^2 + (\partial f / \partial X_2)^2 m_2^2 + \cdots +$

$(\partial f / \partial X_n)^2 mn^2$ 。其中，X_i（i=1，2，…，n）为描述空间数据的自变量，它带有源误差；Z 为描述 GIS 产品的因变量；$f(X)$ 为描述 GIS 空间操作过程的数学函数。根据 $f(X)$ 的特征，可以分成算术运算和逻辑运算。如果 $f(X)$ 为算术关系，如独立变量的和差关系、倍数关系或线性关系、相关或一般非线性函数时，其误差传播规律在经典测量误差理论中已有详细介绍。

2）逻辑关系下的误差传播

逻辑关系下的误差传播是指在 GIS 中对数据进行逻辑交、并等运算所引起的误差传播，如叠置分析时的误差传播。除了算术关系操作外，在 GIS 中还存在着叠置、推理等大量逻辑运算，如布尔逻辑运算（AND，OR，NOT）和专家系统中的不精确推理。布尔逻辑运算是GIS 中的一类典型操作。空间集合分析就是按照逻辑运算合成的。举例来说，现有一幅土地利用现状图和一幅土壤类型图，需查询土层厚度大于 50cm 的麦地。在分析操作时，首先，从土地利用现状图中找出小麦地的子集 A_1，再从土壤类型图中获取土层厚度大于 50cm 的子集 A_2；然后求两个子集的交集 $A=A_1 \cap A_2$，即为查询结果。由于子集 A_1 和 A_2 实际上都含有误差，A_1 子集中可能也包含了其他地物，麦地只是其中心类别。设 A_1 的误差为 5%，A_2 的误差为 10%，则 A 的误差应是多少？这是不易计算的。

3）不精确推理关系下的误差传播

这是指不精确推理所造成的误差。GIS 作为辅助决策工具常常需要进行综合分析、评判和基于知识的推理。在利用含有误差的知识时，经不精确推理所得结论的精度和可信度如何？这是推理关系下的传播定律所要解决的问题。逻辑关系下的误差传播规律正处于研究中，借用信息论、模糊数学、人工智能和专家系统的基础理论可望解决这一问题。

4. 地理数据质量评价

地理数据质量直接影响地理信息系统各种分析结果的准确性与正确性，关系地理信息系统建立的成败。因此，对地理数据质量的科学度量及精确表达，成为地理数据提供者、使用者都非常关心的问题。为此，国内外学者对地理数据质量的研究高度重视，对质量评估方法开展了深入的研究，提出了一些度量指标和数学模型。不论质量评估中采用什么度量指标和数学模型，质量的最终表达应该使用统一的质量元素。

地理数据质量的评价，就是用地理数据质量标准对数据所描述的空间、专题和时间特征进行评价。表 9.1 是空间数据质量评价矩阵。

表 9.1　空间数据质量评价矩阵

空间数据要素　　　　空间数据描述	空间特征	时间特征	专题特征
世系（继承性）	√	√	√
位置精度	√		√
属性精度	√	√	√
逻辑一致性	√	√	√
完整性	√	√	√
表现形式准确性	√	√	√

1）地理数据质量的评价方法

地理数据质量评价方法分直接评价法和间接评价法。直接评价法是对数据集（产品）通过全面检测或抽样检测方式进行评价的方法，又称验收度量。间接评价法是对数据的来源和质量、生产方法等间接信息进行数据集质量评价的方法，又称预估度量，它们之间的关系如图 9.2 所示。这两种方法的本质区别是面向的对象不同，直接评价方法面对的是生产出的数据集，而间接质量评价方法则面对的是一些间接信息，只能通过误差传播的原理，根据间接信息估算出最终成品数据集的质量。

图 9.2　地理数据质量评价方法

（1）直接评价法。直接评价法细分为内部与外部。内部直接评价法要求对所有数据集在内部做评价。例如，在属于拓扑结构的数据集中，为边界闭合的拓扑一致性做的逻辑一致性测试所需要的所有信息。外部直接评价法要求参考外部数据对数据集测试。例如，对数据集中道路名称做完整性测试需要另外的道路名称原始资料。又如，位置准确度的测试要求一个参考数据集或新测资料。

对于外部和内部评价法，有全面检查或抽样检查两种实现方法。全面检查要求按照数据质量范围确定的总数测试每个样本。抽样检查要求测试总数中足够的样本以获得数据质量评价结果。检查时尽量采用自动和半自动的方法。数据质量元素和数据质量子元素用自动方法检查比较容易，包括：①逻辑一致性。格式一致性（如对实际输入检查数据的字段）；拓扑一致性（如多边形闭合）；域值一致性（如违反限定，不符合指定域值）。②完整性。多余（如与其他文件对比检查街道名称）、缺少（如与其他文件对比检查街道名称）。③时间精度。时间一致性（如对规定的时间范围检查所有记录）。

（2）间接评价法。间接评价法是一种基于外部知识的数据集质量评价方法。外部知识可包括但不限定数据质量综述元素和其他用来生产数据集的数据集或数据的质量报告。

使用信息记录了数据集的用法。当搜索为特定目的生产或使用的数据集时是有帮助的。

数据日志信息记录了有关数据集生产和历史的信息。例如，它包括生产数据的原始资料或采用的生产步骤等。

用途信息描述了数据集生产的用途。一个特定的要求支持一个用途，对几种用途的数据集可有一个综合性用途。当确定数据集的可能的值时这是有用的。

2）数据质量的评价流程

在对地理数据质量进行评价时，首先要选择评价方法，然后根据评价方法和质量规范确定质量特性（元素），并对数据集进行质量评价，最后形成质量评价报告，其流程如图 9.3 所示。实际操作时，数据质量评价方法的优先顺序为：先直接评价，后间接评价；或以直接评价法为主，间接评价法为辅。

（1）确定可应用的数据质量元素、数据质量子元素和数据质量范围，并按照产品规范和用户要求确定需要重复的不同测试次数。

（2）确定数据质量度量方法。为每次测试的执行确定数据质量度量方法、数据质量值的类型和数据质量值的单位（如果可用）。

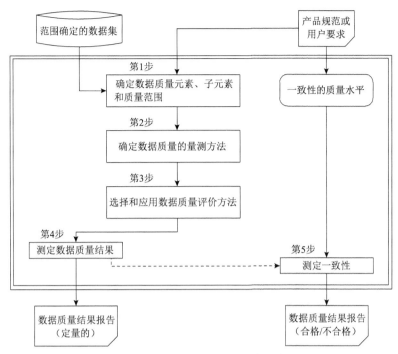

图 9.3　数据质量评价与报告步骤流程

（3）选择和应用数据质量评价方法。为每次确定的数据质量度量方法选择数据质量评价方法。数据质量评价方法可以是直接评价法，也可以是间接评价法。

（4）测定数据质量评价结果。定量的数据质量评价结果、一个或一组数据质量值、数据质量值单位和日期是所应用方法的输出结果。

（5）测定一致性。无论何时在产品规范或用户要求中详细说明一致性质量水平，数据质量评价结果与其对比确定一致性。一致性的数据质量评价结果（合格、不合格）是定量数据质量评价结果与一致性质量水平的对比。

3）地理数据质量模型

地理数据分矢量数据和栅格数据，栅格数据又分为影像数据和格网数据。不同类型的数据应采用不同的数据质量模型评价其数据质量。地理数据质量是众多影响因素共同作用的结果，在充分考虑这些因素后，才能确立反映其质量特性的质量模型。本书提出的地理数据质量模型采用层次化抽象方法建立，以逐渐趋近产品的技术特性与指标。

（1）直接评价质量模型。从用户的角度出发，直接评价质量模型应包括可用性、可共享性和可加工性三个方面。可用性就是指地理数据在位置精度、属性精度、逻辑一致性、要素完备性、现势性、影像质量、附件质量等技术指标方面满足用户应用的要求。可共享性反映的是数据存储格式的通用性和开放性。可加工性则表示要素分类编码的合理性，即分类编码标准化的程度或反映现实世界真实性的程度。直接评价质量模型由用户层和技术指标层两个层次来表达，如图 9.4 所示。

（2）间接评价质量模型。间接评价的依据是一些间接信息，没有直接面对最终的数据集，其质量模型的选取只能以间接信息来确定。这些间接信息也只能按照数据集形成的数据流中误差传播的途径来选择。通常有数据源质量、数据生产质量和数据加工处理质量三个层面。数据源质量又可进一步细分为源图形（像）数据质量、源属性数据质量、文档数据质量；数据生产质量包括数字化质量和数据转换质量；数据加工处理质量分为计算误差、拓扑分析质量和图层叠置分析质量，如图 9.5 所示。

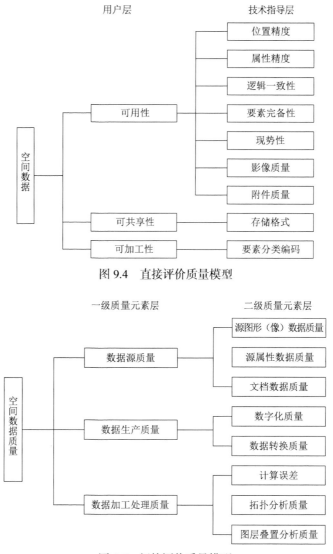

图 9.4　直接评价质量模型

图 9.5　间接评价质量模型

（3）直接评价质量模型与间接评价质量模型的统一。由图 9.4 和图 9.5 可以看出，两个质量模型的最底层不是一个统一的质量元素层，为了形成最终统一的质量度量模型，为用户提供一致性的、非多义性的质量报告，必须使两个模型统一起来。但直接质量评价模型中表现用户的可用性和可加工性的技术指标对于数据集来说已反映在数据集的元数据中，无须评价，当用户需要时可直接从元数据库中查询这些信息。因此，通过间接评价质量模型二级质量元素层的分析，其各项元素与直接评价质量模型的技术指标层存在着紧密的关联，例如，直接评价模型中的位置精度即是间接评价质量模型中源图形（像）数据质量、数字化质量、数据转换质量、计算误差、拓扑分析质量、图层叠置分析质量的积累。据此形成如图 9.6 所示两个模型间的连接关系。

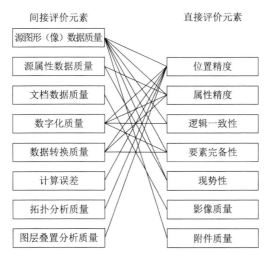

图 9.6　直接评价质量模型与间接评价质量模型的关系

4）地理数据质量度量模型

根据直接评价质量模型与间接评价质量模型间的关系，将直接评价质量模型与间接评价质量模型统一起来后，就可用其中一个子列的质量元素来统一度量数据质量，也就是说，不论采用什么质量评价方法都可以用一致的元素来度量空间数据质量。由于直接评价方法使用得更多，质量表达得更为准确，更适于用户判定产品适用性，这里选用直接评价元素来作为数据质量度量的元素，并建立如图 9.7 所示的空间数据质量度量模型。

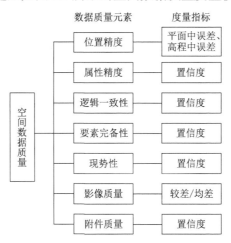

图 9.7　空间数据质量度量模型

这里提出的空间数据质量模型、质量度量模型、质量评价模型属于概念级模型，用于空间数据质量标准的制定，其中，质量度量指标（如置信度、误差大小）在有关标准中规定。该模型中质量元素不同的组合可用于不同类型的空间数据质量的评价。例如，矢量数据质量可采用位置精度、属性精度、逻辑一致性、要素完备性、现势性和附件质量作为质量元素；影像数据质量可采用位置精度、影像质量和附件质量作为质量元素；格网数据质量可采用属性精度和附件质量作为质量元素。1∶1 万、1∶5 万基础地理信息数据属于矢量数据，在其采集与更新工作中使用该模型进行了一定程度的试验，基本反映了空间数据质量的内在特征。因为空间数据质量影响因素的多样性、一些度量指标的非定量性，所以对空间数据质量的度量指标与评价方法还须进一步深入研究。

9.2.2 地理数据质量分析

地理数据质量控制涉及数据源及数据产品的质量，包括数据质量的内容、衡量标准、表示方法、质量问题的来源和类型、影响因素，数据质量的检验、评价及控制方法等。

1. 影响地理数据质量的因素

地理数据质量问题，实际上是伴随着数据的采集、处理与应用过程而产生并表现出来的。根据这一过程，可以把地理数据质量问题划分为三个阶段：第一个阶段是地理数据的采集和保存；第二个阶段是地理数据库建立，包括数字化、数据录入和必要的数据转换；第三个阶段则是 GIS 中地理数据的操作、分析和处理。每一个阶段都包含前一个阶段所带来的原有误差，并增加了本阶段所引入的新的误差。因而，数据质量的影响因素可以以数据获取和应用过程的这三个阶段为线索来考查。

1）地理数据源影响数据质量的因素

地理数据源通常包括外业测量记录的数字化数据、图纸、图像和文档材料等。地理数据源的质量问题包括这些数据源的采集和生成过程中产生的误差，如测量中由测量方法、仪器及人员操作带来的误差，遥感的系统误差及干扰误差，文档材料在社会调查和统计时产生的误差，地图本身固有的误差（包括数学基础的展绘、编绘、清绘、制图综合、地图复制及套色误差），遥感解译过程中产生的定位和分类误差等，以及数据源在保存过程中产生的误差，如图纸变形误差等。

2）地理数据库建立影响数据质量的因素

由于技术方法和设备条件的限制，GIS 所采用的数据源，主要还是来自图纸和调查、统计资料。这类数据源，必须经过数字化和数据录入及二者之间的连接配准，也许还要经过一定的格式转换，才能提供给 GIS 使用，成为地理数据库中的原始数据。

GIS 的原始数据是指地理数据库建成时所包含的基本的数字化数据，它未经过任何 GIS 的分析处理。GIS 的原始数据可以直接由测绘或制图部门、国家统计部门或各有关专业管理部门以数据的形式提供，这种方式已比较普遍。

这一部分数据的质量问题，包括地理数据获取、数字化和数据录入及数据格式转换所引起的质量问题。影响这部分数据质量的因素主要有数字化仪器精度、数字化方法及数字化操作精度、统计数据录入中的差错等。这类数据质量问题相对比较简单，影响因素容易发现，可控制程度相对较高。

3）GIS 分析和处理过程对数据质量产生影响的因素

在 GIS 分析和处理过程中，可能影响其数据质量问题的因素包括计算、拓扑、叠加。这一部分的数据质量问题是 GIS 的分析和处理过程引入的，问题比较复杂，影响因素较隐蔽，产生的误差也比较难估计。

2. 地理数据源的质量分析

地理数据主要有图形数据和属性数据两大类。图形数据包括基础数据和专题数据，如测量数据、地图数据和遥感图像数据等。这些数据的各种数据源都带有一定的误差因素并将之装载在 GIS 的数据库中。另外，数据源在时间精度（即现势性）和数据空间范围与数据内容方面，若不能满足 GIS 应用的需要，也会严重影响系统数据和应用结果的质量。关于这一阶段的数据在精度方面的质量问题，可以从不同的地理数据来源进行考查。

1）图形数据的质量问题

（1）测量数据的质量问题。测量数据主要指使用大地测量、GPS、城市测量、摄影测量和其他一些测量方法直接量测所得到的测量对象的空间位置信息。这部分数据的质量问题，主要是空间数据的位置误差。

空间数据的位置通常以坐标表示。该位置的坐标对与其经纬度表示之间存在确定的转换关系。在以标准椭球体和标准地球体代表地球真实表面和空间时，已引入了一定的误差因素。这种误差因素无法排除，一般也不作为误差考虑。

测量方面的误差通常考虑的是系统误差、操作误差和偶然误差。

系统误差的产生与一个确定的系统有关。由于环境（如温度、湿度和气压等）、仪器结构与性能及操作人员技能等方面的影响而产生。系统误差不能通过重复观测加以检查或消除，只能用数学模型模拟和估计。

操作误差是操作人员在使用设备、读数或记录观测值时因粗心或操作不当而产生的误差。应采用各种方法检查和消除操作误差。一般地，操作误差可通过简单的几何关系或代数检查验证其一致性，或通过重复观测检查消除。

偶然误差是一种随机性的误差，由一些不可见和不可控制的因素引入。这种误差具有一定的特征，如正负误差出现频率相同、大误差少、小误差多等。偶然误差可采用随机模型进行估计和处理。

（2）地图数据的质量问题。地图数据是指由现有地图数字化产生的数据。地图数据质量问题中，不仅含有地图固有的误差，还包括图纸变形、图形数字化等误差。

地图固有的误差是指用于数字化原图的地图本身所带有的误差，包括：控制点误差、投影误差、展绘控制点误差、编绘误差、清绘误差、地图复制误差、分色版套合误差等。这些误差在相应的制图和制印规范中都有明确的规定，但由于这些误差间的关系很难确定，所以很难对其综合效果做出准确评价。如果假定综合总误差与各类误差间存在线性关系，即可采用误差传播定律来计算总误差。

材料变形产生的误差是图纸的大小随着湿度和温度的变化而变化所引起的。温度不变的情况下，若湿度由 0 增至 25%，则纸的尺寸可能改变 1.6%。纸的膨胀率和收缩率并不相同，即使湿度又恢复到原来的大小，图纸也不能恢复原来的尺寸。一张 36 英寸（1 英寸 ≈ 2.54cm）长的图纸因湿度变化而产生的误差可能高达 0.576 英寸。在印刷过程中，纸张先随温度的升高而变长变宽，又由于冷却而产生收缩，最后，图纸在长、宽方向的净增长约为 1.25%、2.5%，变形误差的范围为 0.24～0.48mm。基于聚酯薄膜的二底图与纸质地图相比，材料变形产生的误差相对较小。

（3）遥感数据的质量问题。遥感数据的质量问题，一部分来自遥感观测过程，一部分来自遥感图像处理和解译过程。遥感观测过程中，本身存在精确度和准确度的限制。这一过程产生的误差主要表现为分辨率、几何畸变和辐射误差，这些误差将影响遥感数据的位置和属性精度。遥感图像处理和解译过程中，主要产生空间位置和属性方面的误差。这是由图像处理中的影像或图像校正和匹配及遥感解译判读和分类引入的，其中包括混合像元的解译判读所带来的属性误差。

专题定位数据应与基础数据空间位置和关系协调一致，并符合实际。

2）属性数据的质量问题

属性数据是 GIS 的重要数据源，一般由调查统计方法得到，其中存在的数据质量问题主要包括调查随机误差和统计误差，这种误差通常为属性误差和误分类。

3）文档数据的质量问题

文档数据应简明清晰、无错误。

3. 建库过程中的质量问题

GIS 数据库的建立可能通过两种途径：由现有的纸介质的图形、图像和文档数据进行数字化和数据录入而建库；或由现有的图形、图像和文档数据直接或通过一定转换而建立数据库。因此，这部分数据质量问题除了包括地理数据源的固有误差外，还包含数字化和数据转换所引入的误差。在这个过程中产生的数据质量问题，是地理数据质量问题的最重要的部分，也是地理数据质量控制的重点。

1）数字化误差

数字化方式主要有手工数字化和扫描数字化两种。

（1）数据预处理。在进行地图数字化时，必须采用适当的比例尺因子进行修正。如果从不同的地图上采集信息，应了解地图的投影方式是否一致，比例尺是否匹配，以估计由此可能产生的误差。

（2）跟踪数字化。跟踪数字化一般有点方式和流方式两种，在实际生产中使用较多的是点方式。用流方式进行数字化所产生的误差要比点方式大得多。影响跟踪数字化数据质量的主要因素如下。

数字化要素对象。地理要素图形本身的宽度、密度和复杂程度对数字化结果的质量有着显著影响。例如，粗线比细线更易引起误差，复杂曲线比平直线更易引起误差，密集的要素比稀疏要素更易引起误差等。

数字化操作人员。数字化操作人员的技能与经验不同，所引入的数字化误差也会有较大的差异。这主要表现在最佳采点点位的选择、十字丝与目标重合程度的判断能力等方面。另外，数字化操作人员的疲劳程度和数字化的速度也会影响数字化的质量。

数字化仪。数字化仪的分辨率和精度对数字化的质量有着决定性的影响。通常，数字化仪的实际分辨率和精度比标称分辨率和精度都要低一些，选择数字化仪时应考虑这一因素。

数字化操作。操作方式也会影响数字化数据的质量，如曲线采点方式（流方式或点方式）和采点数目（或称采样点密度）等。

（3）扫描数字化。扫描数字化采用高精度扫描仪将图形、图像等扫描并形成栅格数据文件，再利用扫描矢量化软件对栅格数据文件进行处理，将之转换为矢量图形数据。矢量化过程有两种方式，即交互式和全自动。影响扫描数字化数据质量的因素包括原图质量（如清晰度）、扫描（仪）精度、扫描分辨率、配准精度、校正精度等。

2）数据转换误差

GIS 中的数据转换可能有数据结构变换、数据格式转换、数据计算变换等。

（1）数据结构转换。主要包括栅格向矢量格式转换和矢量向栅格格式转换。栅格向矢量的转换其实就是矢量化，这部分内容在扫描数字化中已论述过。矢量数据转换为栅格数据，主要产生属性误差和拓扑匹配误差，包括像元属性值错误和边界重复加粗问题。

（2）数据格式转换。主要是指数据在不同文件格式之间的转换。在转换过程中，各系统内部数据结构不同和功能差异，往往会造成信息的损失，包括数据精度上的损失。

（3）数据计算变换。指通过各种计算方法对数据进行的处理，包括数据坐标变换、比例变换、投影变换等。变换过程中，可能由于算法模型本身的局限而引入误差。

4. 分析过程中的质量问题

GIS 数据库建立后，其中已经包含了数据源和数据库建库所引入的误差。数据库中的多源数据，经过系统的各种分析、处理后，可以派生新的数据和最后产品。在这个过程中还会产生新的数据质量问题，这些问题包括：计算误差、拓扑叠加分析引起的数据质量问题及 GIS 中的误差传播问题。

1）计算误差

计算机能否按需要的精度存储和处理数据，主要取决于计算机字长。在计算机字长不够的情况下进行许多大数据的运算时，会出现较大的舍入误差。总的来说，数据处理过程中引入的计算误差一般还是较小的，特别是与源数据误差和数字化误差相比，此项误差是可以忽略不计的。

2）拓扑叠加分析引起的数据质量问题

叠加分析是 GIS 中很常用的一种分析方法。通过同一地区不同内容的多幅地图的叠加组合，产生新的图形和属性信息。在这个过程中，往往产生拓扑匹配、位置和属性方面的数据质量问题。

由于叠加时，多边形的边界可能不完全重合，从而产生若干无意义多边形。对这些无意义多边形进行处理的结果往往会改变边界线的位置。叠加后形成的新的多边形，其属性值的确定也可能存在属性组合带来的误差。

3）GIS 中的误差传播问题

GIS 中，因为从数据来源、数据库建立到数据的操作和使用都引入了各种误差因素，所以系统应用分析的最终结果也包含了这些误差因素的影响。误差传播的研究目的就是研究初始过程和中间过程引入的误差因素对于最后结果的影响，并模拟误差的变化。

误差传播的应用研究包括确定误差指标、建立误差传播函数，并通过对所生成的地理数据的空间、专题和时间精度的评定来分析误差指标和误差传播函数的实用性。每个误差传播函数的确定主要取决于三个因素：欲研究的特定误差的度量指标、所选择的 GIS 数据变换函数及对空间数据误差特性和误差传播机理所做的一组假设。

目前，误差传播问题方面的应用研究已有不少进展，提出了一些误差传播模式和误差传播函数，如分层误差传播模式、再选择函数、相交函数等。由于对 GIS 误差传播机理的认识还不够深入，误差传播的很多方面都还处于研究和试验阶段。但是，对于 GIS 的建设者和应用者来说，了解数据的各类误差均会以某种方式在系统中传播并将对系统的最后应用结果的质量产生影响，对理解 GIS 数据和数据产品的可靠性将是十分有益的。

9.2.3　地理数据质量控制

地理数据质量控制是个复杂的过程。控制数据质量，应从数据质量产生和扩散的所有过程和环节入手，分别用一定的方法减少误差。

1. 地理数据质量控制常见的方法

（1）传统的手工方法。质量控制的人工方法主要是将数字化数据与数据源进行比较，图形部分的检查包括目视方法、绘制到透明图上与原图叠加比较，属性部分的检查采用与原属性逐个对比或其他比较方法。

（2）元数据方法。数据集的元数据中包含了大量的有关数据质量的信息，通过它可以检查数据质量，同时元数据也记录了数据处理过程中质量的变化，通过跟踪元数据可以了解数据质量的状况和变化。

（3）地理相关法。用空间数据的地理特征要素自身的相关性来分析数据的质量。例如，从地表自然特征的空间分布着手分析，山区河流应位于微地形的最低点，因此，叠加河流和等高线两层数据时，若河流的位置不在等高线的外凸连线上，则说明两层数据中必有一层数据有质量问题，如不能确定哪层数据有问题，可以通过将它们分别与其他质量可靠的数据层叠加来进一步分析。因此，可以建立一个有关地理特征要素相关关系的知识库，以备各空间数据层之间地理特征要素的相关分析之用。

2. 地理数据库的质量控制

地理数据库的质量控制通常包括空间数据和属性数据的质量检测。下面对两种不同质量控制类型的内容和方法分别加以简要介绍。

1）空间数据质量控制

（1）空间位置的几何精度。

（2）空间地理特征的完整性，是否所有的内容均数字化。

（3）空间特征表达的完整性。例如，面状的特征是否以面状的多边形进行表达。

（4）空间数据的拓扑关系。

（5）空间数据的地理参考系统是否正确，是否满足整个数据库使用的最低要求。

（6）空间数据所使用的大地控制点正确与否。

（7）边界匹配如何。

2）属性数据质量控制

（1）属性表的定义是否符合数据库的设计。

（2）主关键项的定义和唯一性怎样。

（3）各项的值是否在有效范围以内。

（4）各属性表的外部关键项是否正确。

（5）关系表之间的关系表达得是否正确。

（6）各数据项的完整性。

3）数据检查方法

为保证数据的质量，尽可能避免出现错误和对已经发现的错误进行修改，应当在建库的过程中，自始至终加强数据质量控制。数据质量控制主要是在建库的全过程中，不断进行检查修改。

对图形数据进行检查的方法如下。

（1）在屏幕上进行目视检查，将数据显示在屏幕上，对照原图检查数据的错误，如点、线、面目标的丢失，相互关系错误等。

（2）利用软件进行检查，主要指利用 GIS 软件本身的功能，检查数据拓扑关系的一致性，或者开发一些检查程序，检查数据的逻辑一致性和完整性。同时，将发现的错误显示或打印出来。

（3）绘制检查用图进行检查，利用数据生成绘图文件，绘制分要素或全要素的检查用图，与原图套合进行检查。

上述这些方法，往往交替使用，以便能够对图形数据进行认真、全面地检查。对专题统计数据和属性数据，则主要是通过打印表格，对照原始资料进行检查，还可以通过屏幕显示或绘图，发现异常数值。

检查出的各种错误和问题，均应根据原始资料进行修改处理。对数据的质量检查和修改需要反复进行。最后，还应当组织进行专门的检查验收，从而最大限度地减少错误、确保质量。

建库过程每个步骤的情况、发现的问题及其处理结果等，均应详细地记入登记表中。

4）常用的质量控制方法

表 9.2 中将各种质量控制的内容与方法进行了小结，表中的数字分别对应于上面提到的各种空间和属性质量控制方法。

表 9.2　各种质量控制方法比较

项目		图件	有效值	频率	包含	统计	匹配检查	程序	报告检查
空间控制	（1）	○							
	（2）	○							
	（3）	○							
	（4）							○	○
	（5）								○
	（6）	○							
	（7）								
属性控制	（1）						○	○	
	（2）			○					○
	（3）	○		○	○	○			
	（4）							○	○
	（5）								○
	（6）	○		○		○		○	

图件方法是将空间和属性数据以制图的方式表达出来。这些图可以使用与原始图一致的比例尺和注记、符号等，绘制在透明纸上，然后与原始图件进行重叠比较。图件法使用广泛，是检查空间数据位置精度的有效方法。

有效值法通常用于属性数据的有效值检查。例如，如果属性数据是电压的话，它的有效值通常应该是 220V、110V、6V、9V、12V 等；如果属性数据是土地利用，那么有效值只可能是林业、牧业、水系、居住用地、道路等。频率方法主要用于主关键项、外部关键项等的检查，当一个表中某一项的值都要求是唯一的情况时，频率法是最有效的检查方法。

统计方法主要使用常用的均值、方差、最大值、最小值、中值等来检查属性数据的内容。

包含法用来检查数据项的值是否在一定的范围内。它与有效值方法类似，主要区别在于它通常用来检查连续性的数据，而有效值方法主要用来检查离散型数据。数据表的定义是否正确，是否符合数据库设计的要求，可以使用匹配方法来检查。

匹配法将标准的数据表定义与实际的数据表定义写成同一种数据格式，如文本数据格式，然后使用程序，如 Unix/Linux 的 Shell 或其他语言脚本编写的程序进行比较。该方法是数据库结构检查的常用方法。

程序法通常是一种很灵活的质量检测方法，它可以或多或少地被应用于任何一类质量检查。它要求实施者会使用某一种或多种程序语言。

最后一种方法即报告法通常用于给用户提供质量检查报告，该报告可以根据各不同项目的具体要求而定。

目前各种商业的 GIS 软件均提供一些基本的控制功能，使用户可以根据自己的要求进行裁剪或二次开发，这种质量控制方面的工具可以以一种标准的方式制定出来，对整个数据库进行自动检测。

9.2.4　地理数据质量评估

1. 地理数据质量检验

地理数据质量检验的主要内容包括：定位精度的检验、属性精度的检验、逻辑一致性与完整性的检验。检验的方法主要有软件检查和目视检查两种。

1）定位精度的检验

（1）数学基础。数据库内图廓点、公里网、经纬网交点、控制点等的坐标值应正确。方法是将数据库中的相关数据与理论值相比较。输出检查图上的图廓点、公里网、经纬网交点，控制点的点位误差和对角线长度误差不得超过标准。

（2）平面精度。测量数据（地面测量、摄影测量）采用外业散点法按测站点精度施测。每幅图需随机抽查 50 个点和 20 条边。经抽查，地物点对邻近控制点位置中误差及邻近地物点间的距离中误差不得大于相应比例尺测图规范的规定。现有地图数字化采集的数据，主要是将数字化后的数据分层输出检查图，逐层与原图重叠，采用随机抽样的方法检查数据的位置精度。输出检查图相对于数字化原图的点状目标、线状目标的位移中误差不得大于规定的限差。在做套合检查时，不宜将经图纸变形改正过的输出检查图与具有图纸变形的数字化原图整幅图套合，最好利用坐标格网控制，分块套合。

（3）高程精度。测量数据（地面测量、摄影测量）采用实地检测的方法检验，每幅图需随机抽查 50 个点。经抽查，高程注记点和等高线对邻近高程控制点的高程中误差不得大于相应比例尺测图规范的规定。现有地图数字化采集的数据，所有等高线的高程值和高程点的高程注记应正确。输出检查图上的等高线相对于数字化原图上的等高线的位移中误差不得大于规定的限差。

（4）接边精度。每幅数字地图与相邻图幅的接边不能出现逻辑裂隙、几何裂隙，应自然接边。

任何方式采集的数据，在图幅的接边处均不允许出现逻辑裂隙。几何裂隙超过规范规定的限差时，若为实测数据，应到实地检查改正；若是数字化采集的数据，应对照数字化原图检查改正。

2）属性精度的检验

属性精度的检验着重在以下几项：检查属性文件是否已建立，属性项是否齐全；检查属性项定义（包括名称、类型、长度等）是否正确；逐行检查属性表中各数据项的属性值及其单位是否正确，按照坐标值及属性值等各类型数据自身的允许值域，剔除异常值；将单要素图与预处理图对照比较，检查代码是否正确、完整、有效等。

3）逻辑一致性与完整性的检验

对数据逻辑一致性和完整性的检验包括数据的一般性检查和特定的拓扑关系检查。对数据完整性的一般性检查包括：是否有重复输入的点或线划；是否有遗漏的点或线划；是否有悬挂节点或伪节点；是否存在相邻弧段的粘连线划；是否有伪（奇异）多边形；数据文件是否完整；接边是否准确；接边线划是否连续；其属性代码是否一致；要素之间的关系是否正确；数据分级分层是否正确，是否符合规定要求；名称是否有遗漏和错误等。

检查各数据层的拓扑关系是否完整和正确。拓扑关系检查包括：拓扑关系是否存在；多边形是否闭合；多边形内部是否有和仅有一个标识点；是否有未完全说明的区域等。

2. 地理数据质量报告

数据质量报告的作用在于提供有关数据质量的详细信息，以便用户能够就数据的适用性做出评判。所以报告应从 GIS 数据质量的六个方面提供有关数据准确和详细的说明。

1）数据质量报告的形式

由于质量报告将在评价数据的适用性时发挥作用，因而它必须与数据完全分开，能够独立获取。它既可以是数据文件的形式，又可以是文字报告形式。

2）数据质量报告的内容

数据质量报告由数据情况说明、定位精度、属性精度、时间精度、完整性和逻辑一致性，以及综合质量评价等六个部分组成。

（1）数据情况说明。原始资料情况说明：GIS 数据库的数据来源非常广泛，对于数据归属和数据源，应分别加以说明。数据归属说明，包括数据归属单位名称、信息系统名称、数据名称、数据库建库日期。数据源说明，包括测量和制图数据，应说明其数据内容和数据覆盖范围、测量精度、控制点等级、测量密度、使用的坐标系统（平面和高程系统）、比例尺、测量日期和成图日期、数据更新日期、测量和制图或测量单位名称、操作人员和制图人员的姓名。对于遥感数据，应说明其遥感平台及其轨道参数、数据记录时间和太阳高度角、影像分辨率等。对于专题数据，应说明其数据内容、来源、统计单位和截止日期、数据提供单位和提供者姓名。对于转储数据，应说明其数据内容、用途、数据提供单位和提供者姓名，以及有关的数据资料的说明。

数据获取方法说明：包括数字化方式、数字化仪类型和精度、数据格式等。

坐标变换和投影变换说明：如果数据经过了坐标变换和投影变换，则应说明变换前后的坐标系、坐标格式、换算公式及投影参数等。

数据处理过程说明：若对数据进行过处理，则应说明所有处理过程的名称、方法、精度和结果。

（2）定位精度，也称作空间位置精度，包括数学基础精度、平面精度、高程精度、接边精度、形状再现精度（形状保真度大小）、像元定位精度（分辨率）等。平面精度和高程精度又可分为相对精度和绝对精度。定位精度为实体的坐标数据与实体真实位置之间的接近程度，常常以空间三维坐标数据精度来表示，如点状目标位置中误差、线状目标位置中误差、高程中误差等。

（3）属性精度，主要包括要素分类与代码的正确性、要素属性值的正确性及名称的正确性等几个方面。即有无差错、遗漏（分别用差错、遗漏个数与抽查个数的百分比表示），误分类情况等。属性精度是指实体的属性值与其真实值相符的程度，属性精度一般取决于数据的类型，而且常常与位置精度有关。

（4）时间精度，包括各层数据的采集日期和更新日期，即数据的现势性，是指地理数据时间信息的可靠性。地理数据的更新周期较长，因此历史数据和实际数据存在一定差异，这直接影响了地理数据的有效应用，可以通过记录数据更新的时间和频率等来表示。

（5）完整性和逻辑一致性。完整性包括地理数据在范围、内容及结构等方面覆盖所有要求的完整程度，包括数据范围、数据分层、实体类型、属性数据和名称等方面的完整性。逻辑一致性包括描述数据结构（包括概念的、逻辑的或物理的数据结构）、要素属性和它们间的相互关系符合逻辑规则的程度。它是指数据关系上的可靠性，包括数据结构、数据内容、空间属性和专题属性，尤其是拓扑性质上的内在一致性，如多边形的闭合精度、结点匹配精度、拓扑关系的正确性等。

（6）综合质量评价，包括质量评定记录、产品品级、应用情况和适用范围等。利用可视化手段，分别检查地理空间数据的所表现的地理实体对象的图形、属性、时间等要素是否达到质量要求，从位置精度、逻辑一致性、数据完整性、属性精度和时间精度等方面列出加权质量评分表，实现对地理空间数据的综合评价。

9.3　GIS 软件质量控制

软件质量是各种特性的复杂组合。它随着应用的不同而不同，随着用户提出的质量要求不同而不同。因此，有必要讨论各种质量特性，以及评价质量的准则。GIS 软件质量控制是为保证产品和服务充分满足消费者要求的质量而进行的有计划、有组织的活动。GIS 软件质量控制的目的是向用户及社会提供满意的高质量的产品，也就是满足各项质量特性的产品。

9.3.1　软件质量与度量

1. 软件质量
1）软件质量定义

软件质量是反映实体满足明确的和隐含的需求能力的特性的总和。具体地说，软件质量是软件符合明确叙述的功能和性能需求、文档中明确描述的开发标准，以及所有专业开发的软件都应具有的和隐含特征相一致的程度。从管理角度对软件质量进行度量，可将影响软件质量的主要因素划分为三组，分别反映用户在使用软件产品时的三种观点：①正确性、健壮性、效率、完整性、可用性、风险（产品运行）；②可理解性、可维修性、灵活性、可测试性（产品修改）；③可移植性、可再用性、互运行性（产品转移）。

（1）性能（performance）是指系统的响应能力，即要经过多长时间才能对某个事件做出响应，或者在某段时间内系统所能处理的事件个数。

（2）可用性（availability）是指系统能够正常运行的时间比例。

（3）可靠性（reliability）是指系统在应用或者错误面前，在意外或者错误使用的情况下维持软件系统功能特性的能力。

（4）健壮性（robustness）是指在处理或者环境中系统能够承受的压力或者变更能力。

（5）安全性（security）是指系统向合法用户提供服务的同时能够阻止非授权用户使用的企图或者拒绝服务的能力。

（6）可修改性（modification）是指能够快速地以较高的性能/价格比对系统进行变更的能力。

（7）可变性（changeability）是指体系结构扩充或者变更成为新体系结构的能力。

（8）易用性（usability）是衡量用户使用软件产品完成指定任务的难易程度。

（9）可测试性（testability）是指软件发现故障并隔离定位其故障的能力特性，以及在一定的时间或者成本前提下进行测试设计、测试执行的能力。

（10）功能性（functionability）是指系统完成所期望工作的能力。

（11）互操作性（inter-operation）是指系统与外界或系统与系统之间的相互作用能力。

2）软件质量标准

判断软件质量好坏有三个标准：①软件需求是度量软件质量的基础，与需求不一致就是质量不高；②指定的标准定义了一组指导软件开发的准则，如果没有遵守这些准则，几乎肯定会导致质量不高；③通常有一组没有显式描述的隐含需求（如期望软件是容易维护的），如果软件满足明确描述的需求，却不满足隐含的需求，那么软件的质量仍然是值得怀疑的。

2. 软件质量度量模型

软件质量特性，反映了软件的本质。一个软件的质量问题最终要归结到定义软件的质量特性。一般来说，影响软件质量的因素可以分为如下两大类：一类是直接度量因素，如每千行代码中的错误数；另一类是间接度量因素，如可用性或可维护性。在软件开发和维护过程中，为了定量地评价软件质量，必须对软件质量特性执行度量，以测定软件具有要求质量特性的程度。1976 年，Boehm 等提出了定量评价软件质量的层次模型；1979 年 Walters 和 McCall 提出了从软件质量要素、准则到度量的三个层次的软件质量度量模型；G.Murine 根据上述人的工作，提出了软件质量度量（software quality metrics，SQM）技术，用来定量评价软件质量。它们共同的特点是把软件质量特性定义成分层模型。在这种分层的模型中，最基本的叫作基本质量特性，它可以由一些子质量特性定义和度量。二次特性在必要时又可由它的一些子质量特性定义和度量。McCall 软件质量模型是目前影响较大的一种软件质量模型。

McCall 等于 1979 年提出的软件质量模型，其软件质量概念基于 11 个特性。而这 11 个特性分别面向软件产品的运行、修正、转移。McCall 等认为，特性是软件质量的反映，软件属性可用作评价准则，定量化地度量软件属性可知软件质量的优劣。表 9.3 给出了 McCall 等定义的软件质量特性与评价准则之间的关系。

表 9.3　McCall 等定义的软件质量特性与评价准则的关系

软件质量的评价准则 ＼ 软件质量因素	正确性	可靠性	效率	完整性	可使用性	可维护性	灵活性	可测试性	可移植性	复用性	互连性
可跟踪性	○										
完备性	○										
一致性	○	○					○	○			

续表

软件质量因素 / 软件质量的评价准则	正确性	可靠性	效率	完整性	可使用性	可维护性	灵活性	可测试性	可移植性	复用性	互连性
安全性	○			○							
容错性	○										
准确性	○										
简单性	○					○	○	○			
执行效率			○								
存储效率			○								
存取控制				○							
存取审查				○							
操作性					○						
易训练性					○						
简明性	○					○		○	○		
模块独立性	○					○	○	○	○		○
自描述性						○	○	○.		○	
结构性						○					
文档完备性						○					
通用性							○		○	○	○
可扩充性							○				
可修改性							○	○		○	
自检性		○		○				○			
机器独立性									○	○	
软件系统独立性									○	○	
通信共享性											○
数据共享性											○
通信性					○						

McCall 等的质量特性定义如下。

正确性：在预定环境下，软件满足设计规格说明及用户预期目标的程度。它要求软件没有错误。

可靠性：软件按照设计要求，在规定时间和条件下不出故障，持续运行的程度。

效率：为了完成预定功能，软件系统所需的计算机资源的多少。

完整性：为了某一目的而保护数据，避免它受到偶然的，或有意地破坏、改动或遗失的能力。

可使用性：对于一个软件系统，用户学习、使用软件及为程序准备输入和解释输出所需工作量的大小。

可维护性：为满足用户新的要求，或当环境发生了变化，或运行中发现了新的错误时，对一个已投入运行的软件进行诊断和修改所需工作量的大小。

灵活性：修改或改进一个已投入运行的软件所需工作量的大小。

可测试性：测试软件以确保其能够执行预定功能所需工作量的大小。

可移植性：将一个软件系统从一个计算机系统或环境移植到另一个计算机系统或环境所需工作量的大小。

复用性：软件（或软件的部件）能再次用于其他应用（该应用的功能与此软件或软件部件的所完成的功能有联系）的程度。

互连性：连接一个软件和其他系统所需工作量的大小。如果这个软件要联网，或与其他系统通信，或要把其他系统纳入自己的控制之下，必须有系统间的接口，使之可以联结。互连性很重要，又称相互操作性。

通常，对以上各个质量特性直接进行度量是很困难的，在有些情况下甚至是不可能的。因此，McCall 定义了一些评价准则，使用它们对反映质量特性的软件属性分级，以此来估计软件质量特性的值。软件属性分级范围一般从 0（最低）到 10（最高）。各评价准则定义如下。

可跟踪性：在特定的开发和运行环境下，跟踪设计表示或实际程序部件到原始需求（可追溯）的能力。

完备性：软件需求充分实现的程度。

一致性：在整个软件设计与实现的过程中技术与记号的统一程度。

安全性：防止软件受到意外的或蓄意的存取、使用、修改、毁坏，或防止泄密的程度。

容错性：系统出错（机器临时发生故障或数据输入不合理）时，能以某种预定方式，做出适当处理，得以继续执行和恢复系统的能力，又称健壮性。

准确性：能达到的计算或控制精度，又称精确性。

简单性：在不复杂、可理解的方式下，定义和实现软件功能的程度。

执行效率：为了实现某个功能，提供使用最少处理时间的程度。

存储效率：为了实现某个功能，提供使用最少存储空间的程度。

存取控制：软件对用户存取权限的控制方式达到的程度。

存取审查：软件对用户存取权限的检查程度。

操作性：操作软件的难易程度。它通常取决于与软件操作有关的操作规程，以及是否提供有用的输入输出方法。

易训练性：软件辅助新的用户使用系统的能力。这取决于是否提供帮助用户熟练掌握软件系统的方法。它又称可培训性或培训性。

简明性：软件易读的程度。这个特性可以帮助人们方便地阅读自己或他人编制的程序和文档。它又称可理解性。

模块独立性：软件系统内部接口达到的高内聚、低耦合的程度。

自描述性：对软件功能进行自身说明的程度，也称自含文档性。

结构性：软件能达到的结构良好的程度。

文档完备性：软件文档齐全、描述清楚、满足规范或标准的程度。

通用性：软件功能覆盖面宽广的程度。

可扩充性：软件的体系结构、数据设计和过程设计的可扩充的程度。

可修改性：软件容易修改，而不致产生副作用的程度。

自检性：软件监测自身操作效果和发现自身错误的能力，又称工具性。

机器独立性：不依赖于某个特定设备及计算机而能工作的程度，又称硬件独立性。

软件系统独立性：软件不依赖于非标准程序设计语言特征、操作系统特征，或其他环境约束，仅靠自身能实现其功能的程度，又称软件独立性或自包含性。

通信共享性：使用标准的通信协议、接口和带宽的标准化的程度。

数据共享性：使用标准数据结构和数据类型的程度。

通信性：提供有效的 I/O 方式的程度。

需要特别注意的是，正确性和容错性是相互补充的。正确的程序不一定是可容错的程序。反过来，可容错的程序不一定是完全正确的程序。这就要求一个可靠的软件系统应当在正常的情况下能够正确地工作；而在意外的情况下，也能做出适当的处理，隔离故障，尽快恢复，这才是一个好的程序。此外，有人在灵活性中加了一个评价准则，叫作"可重配置特性"，它是指软件系统本身各部分的配置能按用户要求实现的容易程度。在简明性中也加了一个评价准则，即"清晰性"，它是指软件的内部结构、内部接口要清晰，人机界面要清晰。

9.3.2　软件质量问题分析

只要是人，都会犯错。即使是一位很优秀的程序员，也可能犯低级错误。因此，测试是必需的。导致软件出现质量问题的常见根源如下。

（1）缺乏有效的沟通，或者没有进行沟通。现在的软件开发已经不是一个人的事情，往往涉及多个人，甚至成百上千人。同时，软件的开发还需要与不同的人、不同的部门进行沟通。如果沟通方面表现不力，最后会导致产品无法集成，或者集成出来的产品无法满足用户需要。

（2）软件复杂度。软件越复杂就越容易出错。在当今的软件开发中，对于一些没有经验的人来说，软件复杂性可能是难以理解的。图形化界面、客户/服务器和分布式的应用、数据通信、大规模的关系数据库、应用程序的规模等增加了软件的复杂度。面向对象技术也有可能增加软件的复杂度，除非能够被很好地工程化。

（3）编程错误。编程错误是程序员经常会犯的错误，包括语法错误、语义错误、拼写错误、编程规范错误等。有很多错误可以通过编译器直接找到，但是遗留下来的错误就必须通过严格的测试才能发现。

（4）不断变更的需求。在实际项目开发过程中，不断变更的需求是项目失败的最大杀手。用户可能不知道变更的影响，或者知道影响却还是提出变更需求。这些因素会引起项目重新设计、工程重新安排，从而对其他项目产生影响。已完成的工作可能不得不重做或推翻，硬件需求可能也会受到影响。如果存在许多小的变更或者任何大的改动，项目中不同部分间可知和不可知的依赖关系也可能产生问题，跟踪变更的复杂性也可能引入错误，项目开发人员的积极性也会受到打击。在一些快速变化的商业环境下，不断变更的需求可能是一种残酷的现实。在此情况下，管理人员必须了解结果的风险，质量保证工程师必须适应和计划进行大规模的测试来防止不可避免的 bug，防止出现无法控制的局面。

（5）时间的压力。进度压力是每个从事软件开发的人员都会碰到的问题。为了抢占市场，必须比竞争对手早一步把产品提供出来，于是不合理的进度安排就产生了。不断加班加点，最终导致大量错误的产生。另外，由于软件项目的时间安排是最难的，通常需要很多猜测性的工作。因此，当最后期限来临时，错误也就随之发生。

（6）缺乏文档的代码。由于人员的变动和产品的生命周期演进，在一个组织中很难保证一个人一直针对某个产品进行工作。因此，对于后面进入产品项目的人员来说，去读懂和维护没有文档的糟糕代码十分困难。最终的结果只会导致更多的问题。

（7）软件开发工具。当产品开发依赖于某些工具时，这些工具本身隐藏的问题可能会导致产品的缺陷。因此，在选择开发工具时，应尽可能选择比较成熟的产品，不应追求技术最新的开发工具，这类工具往往本身还存在很多问题。

9.3.3　软件质量控制方法

为了解决大型软件项目的承包管理问题，1987 年美国卡内基梅隆大学的软件工程研究所（Software Engineering Laboratory，SEL）提出了软件能力成熟程度型（capability maturity model for software，SW-CMM，简称 CMM）认证。它是对于软件组织在定义、实施、度量、控制和改善其软件过程的实践中各个发展阶段的描述。CMM 的核心是把软件开发视为一个过程，并根据这一原则对软件开发和维护进行过程监控和研究，以使其更加科学化、标准化，使企业能够更好地实现商业目标。CMM 对软件开发项目最大的贡献在于，它把组织和管理的精神明确地纳入软件开发过程中，它不是基于目标和方法的管理，而是基于过程的管理。

软件是以质量为最重要目标的。一个项目的主要内容是：成本、进度、质量；良好的项目管理就是综合三方面的因素，平衡三方面的目标，最终依照目标完成任务。项目的这三个方面是相互制约和影响的，有时对这三方面的平衡策略甚至成为一个企业级的要求，决定了企业的行为。软件界已经达成共识，影响软件项目进度、成本、质量的因素主要是人、过程、技术。首先要明确的是这三个因素中，人是第一位的，但人需要管理。根据现代软件工程对众多失败项目的调查，管理是项目失败的主要原因。这个事实的重要性在于说明了"要保证项目不失败，应当更加关注管理"。因此，人们引入了全面质量管理的思想，尤其侧重了全面质量管理中的过程方法，并且引入了统计过程控制的方法，在进行过程改进中坚持以人为本，人比过程更重要，强调过程和人的和谐。

1. 软件质量保证

软件开发工程中，质检的职责就是测试（主要是系统测试），由于缺乏有效的项目计划，在项目管理时，留给系统测试的时间很少。另外，需求变化太快，没有完整的需求文档，测试人员就只能根据自己的想象来测试。这样一来，测试就很难保障产品的质量，为了解决这个问题，必须建立软件质量保证体系。

软件质量保证（software quality assurance，SQA）是建立一套有计划、有系统的方法，来向管理层保证拟定出的标准、步骤、实践和方法能够正确地被所有项目所采用。软件质量保证的目的是使软件过程对于管理人员来说是可见的。它通过对软件产品和活动进行评审和审计来验证软件是否合乎标准。软件质量保证组在项目开始时就一起参与建立计划、标准和过程。这些将使软件项目满足机构方针的要求。软件质量保证如图 9.8 所示。

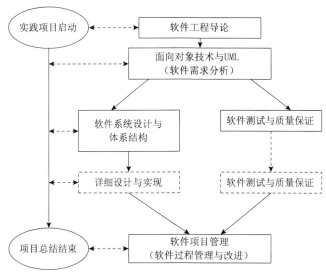

图 9.8　软件质量保证

软件质量保证（SQA）是一种应用于整个软件过程的活动，它包含：①一种质量管理方法；②有效的软件工程技术（方法和工具）；③在整个软件过程中采用的正式技术评审；④一种多层次的测试策略；⑤对软件文档及其修改的控制；⑥保证软件遵从软件开发标准；⑦度量和报告机制。

SQA 实施与技术负责人和质检负责人有关。软件工程师通过采用可靠的技术方法和措施，进行正式的技术评审，执行计划周密的软件测试来考查质量问题，并完成软件质量保证和质量控制活动。质检负责人负责质量保证的计划、监督、记录、分析及报告工作，辅助软件开发小组得到高质量的最终产品。质检工作包含以下内容。

（1）为项目准备 SQA 计划。该计划在制定项目规定、项目计划时确定，由所有感兴趣的相关部门评审。需要进行的审计和评审；项目可采用的标准；错误报告和跟踪的规程；由SQA 组产生的文档；向软件项目组提供的反馈数量。

（2）参与开发项目的软件过程描述。评审过程描述以保证该过程与组织政策、内部软件标准、外界标准及项目计划的其他部分相符。

（3）评审各项软件工程活动，对其是否符合定义好的软件过程进行核实。记录、跟踪与过程的偏差。

（4）审计指定的软件工作产品，对其是否符合事先定义好的需求进行核实。对产品进行评审，识别、记录和跟踪出现的偏差；对是否已经改正进行核实；定期将工作结果向项目管理者报告。

（5）确保软件工作及产品中的偏差已记录在案，并根据预定的规程进行处理。

（6）记录所有不符合的部分并报告给高级领导者。

2. 质量控制体系

软件的质量控制活动，是涉及各个部门间的活动。例如，如果在用户处发现了软件故障，产品服务部门就应听取用户的意见，再由检查部门调查该产品的检验结果，进而调查软件实现过程的状况，并根据情况检查设计是否有误，对不当之处加以改进，防止再次发生问题。为了顺利开展以上活动，事先明确部门间的质量保证业务，确立部门间的联合与协作的机构十分重要。在质量保证体系图上，用户、领导、各部门横向安排，而纵向则顺序列出软件质量控制活动的各项工作。

1）软件开发过程管理

（1）项目管理框架。软件项目管理框架如图9.9所示。

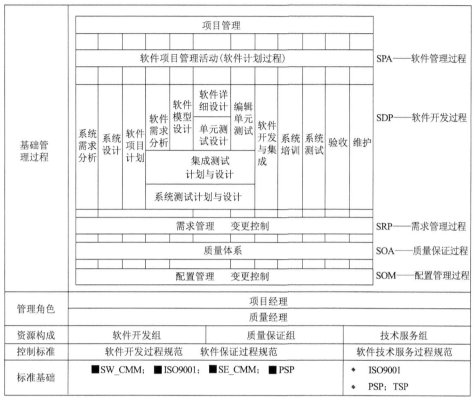

图9.9　项目管理框架

（2）项目管理模式。依据项目的软件特点、合作方的项目实施要求，在继承软件以往软件项目管理的工程实践经验基础上，软件开发项目中将采用如下模式组织控制项目的过程管理：双经理与双过程的项目管理模式；透明过程，两级管理（项目组级和公司级）的模式。

2）项目过程监控

外包软件项目的成功通常受到三个核心层面的影响，即项目组内环境、项目所处的组织环境、客户环境。这三个环境要素直接关系软件项目的可控性。项目组管理模型与项目过程模型、组织支撑环境、项目管理接口是上述三个环境中各自的核心要素。

（1）软件项目监控的过程步骤。软件项目监控的目的是通过建立对软件项目过程的可视性，使项目管理者在软件项目性能与软件计划出现偏差时采取有效的纠正措施，以确保软件过程的质量满足要求。

一般软件项目的监控按照如下的步骤执行：获取项目过程信息、分析判断、采取纠偏措施、验证。这一过程以获得真实、实时的项目一手数据为基础，建立过程的可视性，通过过程可视实施项目目标管理与过程管理的统一。

（2）项目监控的实施要点。GIS软件在组织实施软件项目的过程中，对项目的监控从以下三个角度着手实施。①建立符合软件工程和软件项目管理流程要求的实用的软件项目运行环境。包括明确的流程、项目策划、组织支撑环境。②优秀的项目经理和质量保证经理构成项目的第一责任人。GIS 软件采用双过程经理制，项目经理和软件质量保证经理是软件项目的灵魂人物。③项目沟通。项目计划、进度和项目范围必须能够被项目成员方便地得到，以确保大家是在统一的平台上朝着同一个目标前进。为此，在软件开发项目实施过程中，GIS 软件从三个方面展开工作以建立项目组内部、公司全局、项目组与项目方的沟通机制：①采用适当的图表和模板增强项目组内沟通效果并保障沟通的一致性；②采用协同开发软件工具内部统一的消息平台；③项目策划中必须包括与项目方的适当沟通并建立沟通渠道。

3. 软件质量检验

为了做好质量控制，要在软件开发工程的各个阶段实施检验。检验的实施有两种形式：实际运行检验（即白盒测试和黑盒测试）和鉴定。常见检验的包括以下几种。

（1）供货检验。这是指对委托外单位承担开发作业，而后买进或转让的构成软件产品的部件、规格说明、半成品或产品的检查。因为委托单位、委托时间等情况差别很大，往往与质量相关的信息不完整，要想只靠供货时检查，质量很难保证。所以，要调查接受委托单位的开发能力，并且要充分交流情况。

（2）中间检验。在各阶段的中途或向下一阶段移交时进行的检查称为中间检验或阶段评审。阶段评审的目的是判断是否可进入下一阶段进行后续开发工作，避免将差错传播到后续工作中，给后续工作带来不良影响，造成损失。

（3）验收检验。确认产品是否已达到可以进行"产品检验"的质量要求。

（4）产品检验。这是软件产品交付使用前进行的检查。其目的是判定向用户提供的软件是否达到了用户要求。

如果能够妥善地管理各开发阶段，工程能力也足以满足计划要求，而且后续阶段及用户没有退货也没有提出问题，这种情况下可以不进行检验。但若反之，工程能力不够，经常发生问题，而且当前无法使实现能力提高，在这种情况下必须进行全面检验。检验不能直接提高产品的附加价值，但不检验，就可能产生损失。为了防止这种损失，就需要从经济观点考虑，在全面检验、抽样检验和不检验之间做出权衡。

9.3.4 软件质量评估方法

通常，软件的质量评价标准分为三级：质量需求准则、质量设计准则、质量度量准则。质量需求准则主要考察"是否满足用户的要求"，质量设计准则主要考察"开发者在设计实现时是否按软件需求保证了质量"，而质量度量准则是为定量度量质量而规定的一些检查项目。它们一级比一级具体，一级比一级易于定量评价。每一级质量准则可因用户、开发者、评价者和评价观点的不同而不同。

软件生存期每个阶段的工作中都可能引入人为的错误。在某一阶段中出现的错误，如果得不到及时纠正，就会传播到开发的后续阶段中去，并在后续阶段中引出更多的错误。在软件开发的各个阶段都要采用评审的方法，以暴露软件中的缺陷，然后加以改正。

要想提高质量，使用户满意，有两个必要条件：一是设计质量，即设计的规格说明书要符合用户的要求；二是程序质量，即程序要按照设计规格说明所规定的情况正确执行。

软件的规格说明分为外部规格说明和内部规格说明。外部规格说明是从用户角度来看的规格，包括硬件系统设计、功能设计。而内部规格说明是为了实现外部规格的更详细的规格，即软件模块结构与模块处理过程的设计。因此，内部规格说明是从开发者角度来看的规格说明。一般地，软件的设计质量是由外部规格说明决定的，而程序质量是由内部规格说明决定的。

1. 设计质量的评审内容

设计质量评审的对象是在需求分析阶段产生的软件需求规格说明、数据需求规格说明，在软件总体设计阶段产生的软件总体说明书等，通常需要从以下几个方面来进行评审。

（1）评价软件的规格说明是否合乎用户的要求，即总体设计思想和设计方针是否正确，需求规格说明是否得到了用户或单位上级机关的批准，需求规格说明与软件的总体设计规格是否一致等。

（2）评审可靠性，即是否能避免输入异常（错误或超载等）。硬件及软件所产生的失效，一旦发生应能及时采取代替手段或恢复手段。

（3）评审保密措施实现情况，即是否对使用系统资格、对特定数据的使用资格及特殊功能的使用资格进行检查，在查出有违反使用资格的情况后，能否向系统管理人员报告有关信息，是否提供对系统内重要数据加密的功能。

（4）评审操作特性实现情况，即操作命令和操作信息的恰当性、输入数据和输入控制语句的恰当性、输出数据的恰当性、应答时间的恰当性等。

（5）评审性能实现情况。

（6）评审软件是否具有可修改性、可扩充性、可互换性和可移植性。

（7）评审软件是否具有可测试性。

（8）评审软件是否具有重用性。

2. 程序质量的评审内容

程序质量评审通常是从开发者的角度进行评审，直接与开发技术有关。主要着眼于软件的结构、与运行环境的接口及变更带来的影响而进行的评审活动。

1）软件的结构

软件结构（software structure）是指一种层次表况，由软件组成成分构造软件的过程、方法和表示。为了使软件能够满足设计规格说明中的要求，应包括功能结构、功能的通用性、模块的层次、模块结构及处理过程的结构等功能。

（1）功能结构。功能结构是联系用户和开发者的规格说明。功能结构有两层含义，即程序的数据结构和控制结构：

数据结构：包括数据名和定义，可构成该数据的数据项及数据与数据时间的关系。

控制结构：包括功能名和定义，可构成该功能的子功能及功能与子功能之间的联系。控制结构具有代表性的是块结构和嵌套结构两种。块结构比较自然，各个部分之间通过一些公用变量取得联系，嵌套结构是在嵌套分程序的基础上引进局部性和动态性，以减少程序的初始信息量，嵌套结构不如块结构直观，调试不方便。

数据结构和功能结构之间的对应关系包括数据元素与功能元素之间的对应关系，数据结构与功能结构的一致性。

（2）功能的通用性。在软件的功能结构中，某些功能有时可以作为通用功能反复出现。从功能便于理解、增强软件的通用性及降低开发的工作量等观点出发，希望尽可能多地使功能通用化。检查功能通用性项目包括抽象数据结构（抽象数据的名称和定义、抽象数据构成元素的定义）及抽象功能结构。

（3）模块的层次。模块具体表现为函数、子程序、过程等，一个模块具有输入/输出（接口）、功能、内部数据和程序代码四个特征。输入/输出用于实现模块与其他模块间的数据传送，即向模块传入所需的原始数据及从模块传出得到的结果数据。模块的层次是指程序结构。因为模块是功能的具体体现，所以模块层次应当根据功能层次来设计。

（4）模块结构。模块的组成可有三种结构，即顺序结构、并发结构和分布结构。顺序结构的程序是最古老的，所采用的程序设计语言是顺序程序设计语言，如 ALGOL、FORTRAN、C 等。并发结构的程序由若干个可以同时执行的模块组成。这些模块可以在多台处理机上并行执行，也可以在同一台处理机上交叉执行，所采用的程序设计语言是并发程序设计语言，如并发 PASCAL、Modula-2 等。分布结构的程序由若干个可独立运行的模块组成，这些模块可以分布于一个分布式系统中，在几台计算机上同时运行，采用的程序设计语言是分布式程序设计语言。对于大型程序，也可以是这三种结构的混合。

模块分为处理模块和数据模块两类。模块结构又分模块的静态结构和动态结构。模块间的动态结构与模块分类有关，检查模块间的动态结构包括以下内容。

控制流结构：规定了处理模块与处理模块之间的流程关系。检查处理模块之间的控制转移关系与控制转移形式（调用方式）。

数据流结构：规定了数据模块是如何被处理模块进行加工的流程关系。检查处理模块与数据模块之间的对应关系；处理模块与数据模块之间的存取关系，如建立、删除、查询及修改等。

模块结构与功能结构之间的对应关系包括功能结构与控制流结构的对应关系、功能结构与数据流结构的对应关系。

每个模块的定义包括功能、输入与输出数据。

（5）处理过程的结构。处理过程是最基本的加工逻辑过程。对它的检查项目有：要求模块的功能结构与实现这些功能的处理过程的结构明确对应；要求控制流是结构化的；数据的结构与控制流之间的对应关系是明确的，并且可依这种对应关系来明确数据流程的关系；用于描述的术语应标准化。

2）与运行环境的接口

运行环境包括硬件、其他软件和用户。与运行环境的接口应设计得较理想，要预见到环境的改变，并且一旦环境变更，应尽量限定其变更范围和变更所影响的范围。主要检查项目如下。

（1）与硬件的接口：包括与硬件的接口约定，即根据硬件的使用说明等所作出的规定；硬件故障时的处理和超载时的处理。

（2）与其他软件的接口：包括与上层软件的接口，如与操作系统等控制该软件的那些软件的接口；与同层软件的接口，如通过文件连接起来的软件的接口；与下层软件的接口，如编译程序与作为其输入的源程序之间的接口。

（3）与用户的接口：包括与用户的接口规定；输入数据的结构；输出数据的结构；异常输入时的处理；超载输入时的处理；用户存取资格的检查。

3）变更带来的影响

随着软件运行环境的变更，软件的规格也将相应地变更。运行环境变更时的影响范围，需要从以下三个方面来分析。

（1）与运行环境的接口，是变更的重要原因。

（2）在每项设计工程规格内的影响，即在每个软件结构范围内的影响。例如，若是改变某一功能，则与之相联系的父功能和它的子功能都会受到影响；如果要变更某一模块，则调用该模块的其他模块都会受到影响。

（3）在设计工程之间的影响，指不同种类的软件结构间的影响。

第 10 章 GIS 验收与评价

GIS 建设和测试完成后，进入移交、总结、验收和评价阶段。项目总结是对整个系统开发工作的全面评价，主要包括项目工作总结和项目技术总结两个部分；项目验收是核查项目需求或合同规定范围内各项工作或活动是否已经全部完成，主要包括 GIS 计算环境验收、地理数据验收、GIS 软件测试和 GIS 性能测试四个部分；项目评价是利用工程质量评价方法认定交付的 GIS 工程质量是否令人满意，最后给出验收结论。

10.1 GIS 项目总结

GIS 工程总结是对整个项目建设工作的全面总结，主要包括项目工作总结、项目技术总结和系统操作说明，为项目验收与评价提供文档资料。

10.1.1 项目工作总结

工程建设结束时，需要回过头来对所做的事情认真地分析研究。项目工作总结是把整个工程建设工作进行一次全面系统的总检查、总评价、总分析、总研究，肯定成绩，并分析不足，找出问题，归纳出经验教训，提高认识，明确方向，从而得出引以为戒的经验，以便进一步做好工作。把这些内容用文字表述出来，就称为项目工作总结。GIS 工程总结的写作过程，既是对自身 GIS 工程实践活动的回顾过程，又是人们思想认识提高的过程。通过总结，人们可以把零散的、肤浅的感性认识上升为系统的、深刻的理性认识，从而得出科学的结论，推动 GIS 工程发展。同时，它还可以作为先进经验被推广应用。

GIS 工程总结是应用写作的一种，表达方式以叙述、议论为主，说明为辅，可以夹叙夹议。总结是对前一段的工作有所反思，并由感性认识上升到理性思考认识，要写得有理论价值。一方面要抓主要矛盾，无论谈成绩或谈存在的问题，都不用面面俱到；另一方面，对主要矛盾要进行深入细致的分析，谈成绩要写清怎么做的，为什么这样做，效果如何，经验是什么；谈存在要写清是什么问题，为什么会出现这种问题，其性质是什么，教训是什么。

GIS 工程工作总结内容分为以下几部分。

1. 项目基本概况

（1）项目情况简述。简要介绍本系统的名称、开发目的，并列出系统建设的组织单位。概述项目建设地点、项目性质、特点，以及项目开工和竣工时间；建设单位名称、性质、基本建制、人员数量、主要工程任务等。

（2）项目背景、目的和意义。GIS 工程建设背景、任务来源、建设的理由、依据和目的的简略介绍。

（3）项目主要建设内容。初步设计批复、批准规模和实际建成规模，项目建设的主要内容。

（4）项目实施进度。项目各个阶段的起止时间、时间进度表、建设工期。

（5）项目开发文档。项目开发文档包括：①项目可行性分析报告；②项目的计划任务书、合同或批文；③需求规格说明书；④总体设计说明书；⑤计算环境设计说明书；⑥地理数据库设计说明书；⑦GIS 软件详细设计说明书；⑧GIS 工程施工方案；⑨GIS 测试大纲；⑩手册中引用的其他资料，包括项目采用的工程标准和规范。

（6）项目总投资。项目建议书批复投资匡算，初步设计批复概算及项目调整概算、竣工决算和实际完成投资情况、投资变化情况和原因。

（7）项目资金来源及到位情况。资金来源计划和实际情况、变化及原因。

（8）项目运行及效益现状。项目运行现状、能力实现状况、项目财务经济效益情况等。

2. GIS 项目建设方案

（1）系统构成。系统总体架构，说明实际开发出的系统的结构。

（2）功能和性能。说明系统实际具有的主要功能及性能，对照可行性研究报告和系统设计任务书的有关内容，说明原定开发目标是否已经达到。

3. 项目实施过程概述

（1）项目前期决策。项目立项的依据、项目决策过程和目标、项目评估和可行性研究报告批复的主要意见。

（2）项目实施准备。项目需求调研分析、招标采购、总体设计、详细设计和资金筹措等情况。

（3）项目任务分工。参与项目的组织和单位，其分组情况和任务安排。

（4）项目实施过程。工程建设时间进度、完成任务情况，项目设计变更情况，项目投资控制情况，工程质量控制情况，工程监理和竣工验收情况，项目合同执行与管理情况。列出原计划的开发进度和实际的开发进度，并加以对比分析。列出原计划的费用和实际费用，并加以对比分析。

4. 项目建设成绩和创新

（1）工程建设工作量的评价。工作取得了哪些主要成绩，这些是工作的主要内容，需要较多事实和数据。

（2）技术方法评价。采取了哪些方法、措施，收到了什么效果等；对开发中使用的技术、方法、工具和手段进行评价；项目技术水平，新技术应用等。

（3）系统建设质量评价。说明系统的质量情况，并与原设计的预期要求进行比较分析。

（4）技术创新和知识产权情况。项目关键技术解决方案、论文发表和专利申报等。

5. 项目效果和效益

（1）项目的社会效益。项目的建设实施对当地（宏观经济、区域经济、行业经济）发展的影响，对当地就业和人民生活水平提高的影响。

（2）项目财务及经济效益。项目资产及债务状况，项目财务效益情况，项目财务效益指标分析和项目经济效益变化的主要原因。

（3）项目运营情况。项目实施管理和运营管理，项目设计能力实现情况，项目技术改造情况，项目运营成本和财务状况及产品方案与市场情况。

6. 项目主要经验教训、结论和相关建议

（1）经验和教训。说明开发中出现的错误，并分析导致错误的原因。通过对实践过程进行认真的分析，找出经验教训，发现规律性的东西，使感性认识上升到理性认识。列出系统开发工作任务过程中所取得的主要经验与教训，并提出对今后开发工作的建议。

（2）提出相关的对策和建议。从项目实施过程、效果和效益、环境影响评价、目标实现及可持续性发展等方面进行综合分析，总结项目的主要经验与教训，对项目提出相关的对策和建议。

（3）项目可持续性。根据项目现状，结合国家的政策、资源条件和市场环境对项目的可持续性进行分析，预测项目的市场前景，评价整个项目的可持续发展能力。

7. 工作总结注意事项

写好总结需要注意的问题如下。

（1）重视调查研究，熟悉情况。工作总结前要充分收集材料。总结的对象是过去做过的工作或完成的某项任务，进行总结时，要通过调查研究，努力掌握全面情况和了解整个工作过程，只有这样，才能进行全面总结，避免以偏概全。

（2）坚持实事求是的原则。一定要实事求是，成绩不夸大，缺点不缩小，更不能弄虚作假。总结是对以往工作的评价，必须坚持实事求是的原则，就像陈云同志所说的那样，"是成绩就写成绩，是错误就写错误；是大错误就写大错误，是小错误就写小错误"，这样才能有益于现在，有益于将来。夸大成绩，报喜不报忧，违反做总结的目的，是应该摒弃的。

（3）条理清楚，层次分明。总结是写给人看的，条理不清，人们就看不下去，即使看了也不知其所以然，这样就达不到总结的目的。

（4）剪裁得体，详略适宜。

10.1.2　项目技术总结

项目技术总结是对 GIS 工程项目采用的技术方案、技术路线、关键技术和技术创新，或者实施过程中遇到的技术问题做全面、系统的技术总结。项目技术总结主要内容如下。

1. 项目概述

项目的社会经济意义、现有工作基础、申请项目的必要性。项目计划目标（包括总体目标，经济目标，技术、质量指标，知识产权指标），主要技术经济指标对比（项目实施前后的比较）和推广及应用前景。

（1）任务来源和背景。阐述与项目来源相关的技术背景，现有技术基础和工作基础，包括前期所取得的成果或技术情况、相关领域的技术情况及与国内外同类技术比较情况。

（2）项目的目的和意义。应从产品与国家产业、技术、行业政策的相符性，对促进产品结构与产业结构优化升级的重要性，以及对主要应用领域需求的迫切性等方面进行阐述。

2. 技术方案及原理

详细说明本项目的基本原理及相关技术内容，描述项目的技术或工艺路线、产品结构、基本算法原理等；描述软件各个子系统的功能模块，功能模块采取的技术原理、方案、方法、工艺等内容，各个子系统的性能，系统的功能特点及主要技术性能指标。

实践出真知。项目技术总结的核心是对项目的需求分析、总体设计方案、详细设计方案、项目建设实施方案进行全面总结，以描述该产品的核心技术、系统运行的硬件和网络支撑环境、应用覆盖面，指出项目设计方案中存在的问题和不足，提出改进意见。

采用简洁的图形、流程图或示意图说明，再结合表格、必要的文字解释等形式描述技术变化的步骤或技术相关环节之间的逻辑关系，绘出技术路线图。应尽可能详尽，描述项目采取的技术手段、具体步骤及解决关键性问题的方法，每一步骤的关键点要阐述清楚并具有可操作性。

3. 项目关键技术与创新

论述项目创新点，包括技术创新、产品结构创新、产品工艺创新、产品性能及使用效果的显著变化等。详细描述项目的技术来源、合作单位和项目知识产权的归属情况。阐述该系统实现过程中的技术关键，描述关键技术的解决途径。从项目中凝练出重要的、有意义的、必须要解决的、不得不做的关键技术。关键技术是指在一个系统或一个环节或一项技术领域中起到重要作用且不可或缺的环节或技术，可以是技术点（从关键技术中凝练的技术创新点）。

技术创新是以新思维、新发明和新描述为特征的一种概念化过程。技术创新，指生产技术的创新，包括开发新技术，或者将已有的技术进行应用创新。说明系统的创新性，包括系统在新设计构思、新技术、新结构等几个方面的创新点、创新程度（首创、重大改进、较大改进）及创新范围（国际首次或首批、国内首次或首批、本市首次或首批）；说明系统的先进性，与国内同类先进产品进行比较；若属国际领先或国际先进，需要与国外同类典型产品进行比较。同国内外同类典型产品进行比较，需要提供企业名称、国别和公司及产品的主要技术指标。

取得的专利（尤其是发明专利和国外专利）及知识产权分析，包括项目涉及的技术改造，技术引进及国际合作，项目技术水平与国内外的对比评价。

为了更好保护企业技术创新和利益，知识产权制度应运而生并不断完善。知识产权是关于人类在社会实践中创造的智力劳动成果的专有权利。知识产权，也称为"知识所属权"，指"权利人对其智力劳动所创作的成果享有的财产权利"。在工程建设过程中各种智力创造如发明、外观设计和工艺作品，以及在系统中使用的标志、名称、图像，都可被认为是某一个人或组织所拥有的知识产权。

专利（patent）顾名思义是指专有的权利和利益。它是由政府机关或者代表若干国家的区域性组织根据申请而颁发的一种文件，这种文件记载了发明创造的内容，并且在一定时期内产生一种法律状态，即获得专利的发明创造在一般情况下他人只有经专利权人许可才能予以实施。在我国，专利分为发明、实用新型和外观设计三种类型。

4. 项目技术指标

技术指标就是 GIS 要达到的目的、成果，所要解决的问题，如误差要达到多少之类等。技术指标是评价 GIS 优劣的主要参考依据。

1）GIS 计算机环境

GIS 计算机环境包括计算机系统、技术指标及网络设备和软件配置。

计算机系统是由数量和品种繁多的部件组成的，各种部件技术内容十分丰富，主要有运算与控制技术、信息存储技术和信息输入输出技术等。

计算机技术指标包括：字长、运算速度、主频、内存容量和外设配置等。

计算机网络设备技术指标包括：速率、带宽、吞吐量、时延和利用率等。

软件配置包括：操作系统、计算机语言、数据库语言、数据库管理系统、网络通信软件、汉字支持软件及其他各种应用软件。

2）地理数据技术指标

数据种类：地理矢量数据、栅格图像数据、栅格图形数据、数字高程模型、三维地物模型、点云数据等。

数据尺度：地理矢量数据比例尺、栅格图像数据分辨率、点云数据间隔密度等。

数据精度：空间位置精度、属性分类精度、语义表达精度。

3）GIS软件技术指标

功能：软件能够完成任务。

性能：关键功能的平均响应时间、最长响应时间、满负荷每小时处理请求数目，对CPU、内存、硬盘的要求等。

可用性：能够提供服务的时间和不能提供服务的时间的比例，不能提供服务通常是维护活动引起的。

可靠性：关键功能容错能力、是否能够恢复、平均无故障时间等。

5. 结论

总结系统创新的经验，并从创新的角度出发，阐述为了进一步提高系统的质量和性能所应采取的措施。

10.1.3　系统操作说明

系统操作说明，在系统测试时可作为系统测试大纲，是GIS工程的主要文档。系统操作说明详细描述了GIS的系统运行环境、功能、性能和用户界面，用户应应用系统操作说明书了解和使用GIS系统。系统操作说明应包括以下内容。

1. 系统安装和卸载

计算机发展之初，因硬件设备的限制，电脑软件都比较小型和简单，而且当时电脑尚未普及，通常电脑使用者都有一定程度的电脑操作知识，所以安装程序并不是相当必要。但随着电脑硬件发展的突飞猛进，软件也因而大型化与复杂化，加上网络带动电脑普及化，越来越多的使用者困扰于软件的安装，因此越来越多的软件开发者会提供安装程序以协助使用者进行安装。

安装包（install pack），即软件安装包，是可自行解压缩文件的集合，其中包括软件安装的所有文件。运行这个安装包（可执行文件），可以将此软件的所有文件释放到硬盘上，完成修改注册表、修改系统设置、创建快捷方式等工作。安装包文件多为exe格式。

安装程序（或称安装软件）是计算机软件的一种，用以协助使用者安装其他软件或驱动程序。安装程序的文档名称常见有"setup""install""installer""installation"等字样。安装程序通常也会同时提供移除程序（或称反安装程序）以协助使用者将软件自电脑中删除。

卸载软件协助使用者卸载GIS软件或驱动程序。

2. 系统运行环境

（1）硬件环境。列出系统运行时所需的硬件最小配置：①计算机型号、主存容量；②外存储器、媒体、记录格式、设备型号及数量；③输入、输出设备。

（2）网络环境。数据传输设备及数据转换设备的型号及数量。

（3）软件环境。①操作系统名称及版本号；②软件开发语言或开发平台的名称及版本号；③数据库管理系统的名称及版本号；④其他必要的支持软件。

3. 软件功能

1）系统界面

软件界面就是指软件中面向操作者而专门设计的用于操作使用及反馈信息的指令部分。

优秀的软件界面有简便易用、突出重点、容错性高等特点。GIS 软件界面主要包括软件启动封面、软件整体框架、软件面板、菜单界面、按钮界面、标签、图标、滚动条、菜单栏及状态栏属性的界面等。

2）功能描述

功能命令输入形式、操作命令、功能含义等。

3）功能界面说明

（1）功能菜单和初始化：给出功能菜单的存储。

（2）输入：给出输入数据或参数的要求，包括以下内容。

数据背景：说明数据来源、存储媒体、出现频度、限制、质量管理等。

数据格式：如长度、格式基准、标号、顺序、分隔符、词汇表、省略和重复。

（3）输出：给出每项输出数据的说明，包括以下内容。

数据背景：说明输出数据的去向、使用频度、存放媒体、质量管理等。

数据格式：详细阐明每一输出数据的格式，如首部、主体和尾部的具体形式。

（4）出错和恢复：给出出错信息及其含义，以及出错时用户应采取的措施，如修改、恢复、再启动。

（5）求助查询：说明如何获得帮助。

4. 安全可靠性

（1）软件容错性。在软件的测试运行中进行判定。软件发现错误时，有错误提示，可以回复到正常状态。对关键输入数据的有效性检查比较完备。

（2）运行稳定性。在软件的测试运行中进行判定。没有发生由于软件错误而导致的系统崩溃和丢失数据现象。

10.2　GIS 项目验收

GIS 工程项目的竣工验收是施工全过程的最后一道程序，也是工程项目管理的最后一项工作。GIS 工程验收分成 GIS 计算环境验收、地理数据验收、GIS 软件测试和 GIS 性能测试四个部分。

10.2.1　验收前准备工作

在项目竣工验收之前，施工单位应做好下列竣工验收的准备工作。

1. 完成收尾工程

收尾工程的特点是零星、分散、工程量小，但分布面广，如果不及时完成，将会直接影响项目的竣工验收。

做好收尾工程，必须摸清收尾工程项目，通过竣工前的预检，做一次彻底的清查，按设计书和合同要求，逐一对照，找出遗漏项目和修补工作，制定作业计划，相互穿插施工。

2. 竣工验收资料的准备

GIS 工程建设实施单位应向建设单位提供验收所需的成果和文档资料。项目工程资料和文件是工程项目竣工验收的重要依据，从项目建设开始就应设专职人员完整收集、完整地积累和保管，竣工验收时应该编目建档，主要包括以下内容。

（1）系统需求报告。包括任务委托合同、系统需求调查分析报告等。

（2）系统设计报告。包括 GIS 工程总体设计书、计算环境设计书、地理数据库设计书、GIS 软件详细设计等。

（3）GIS 工程实施方案。包括实施方案、质量检查记录与检测报告。

（4）GIS 工程总结报告。包括工作报告、技术总结等。

（5）验收计划。验收单位编写的验收计划内容包括：验收的依据，验收部门及人员情况，验收地点、时间及要求。

（6）验收报告。承担建库单位编写详细的 GIS 工程验收报告，报告内容包括：验收的基本原则、验收范围、详细的功能测试指标、详细的性能测试指标、详细的测试步骤及测试结果、测试结论。

（7）其他技术文件。包括数据库运行记录、系统安装步骤说明等。

3. 测试大纲编制

实施单位依据相关标准、规范、数据库设计及本标准中规定的数据集测试与管理系统测试的内容编制测试大纲，报委托方确认。测试大纲内容如下。

（1）测试大纲的名称。

（2）测试任务来源。说明被测 GIS 工程的名称、委托单位、开发单位及主管部门；说明被测 GIS 工程基本情况，包括数据集的名称、内容、结构、覆盖范围，系统的软、硬件运行环境及其功能、性能等。

（3）术语定义。应列出测试大纲中用到的专门术语的定义和缩写词的原意。

（4）测试依据。包括经过论证的 GIS 工程设计、任务委托合同等有关文件；GIS 工程总体设计、详细设计、开发所遵循的有关标准或规范；系统建设中形成的其他文档资料等。

（5）测试内容。结合 GIS 工程项目设计要求，逐项列出测试内容。

（6）测试安排。给出各项测试的名称、测试顺序、测试日期及测试人员的分工。

（7）测试设计：对于每一个测试项，给出测试的软硬件条件，说明所选择的测试用例能够检查的范围及其局限性，列出本项测试所需的数据资料，提取图幅或数据的比例；说明本项测试的操作方式、具体的测试步骤并记录测试结果；给出用于判断测试结果是否通过的评价指标。

（8）测试记录表：根据上述测试设计，形成测试记录表。

（9）测试结果评价。依据项目设计书、测试委托合同及相关的标准、规范和技术规定等，确定评价标准，并对 GIS 工程测试结果进行评价。

4. 竣工验收的预验收

按照测试大纲，通过预验收，可及时发现遗留问题，事先予以返修、补修。同时，竣工验收的预验收，可以估算竣工验收的验收工作量，避免竣工进程拖延，保证项目顺利通过验收，是不可缺少的工作。

5. 验收文档检查

检查的文档应包括需求规格说明、设计文档、系统操作手册和帮助文件等。文档检查的内容如下。

（1）完整性。文档的种类应齐全。

（2）准确性。各类文档的描述是否准确，有无歧义；文字、图、表、公式等表达是否存在错误。

（3）一致性和可追溯性。文档的一致性和可追溯性应审查下列内容：①软件的设计描述是否按照需求定义进行展开；②应用程序是否与设计文档的描述一致；③用户文档是否客观描述应用程序的实际操作；④同一问题在文档中或不同文档间是否存在不同的描述；⑤文档编制依据是否充分，关键环节是否可溯源。

（4）可理解性。文档的可理解性应审查文档是否表达清晰、明确和易读。

10.2.2　GIS 计算环境验收

GIS 计算环境平台应包括计算机、输入设备、存储设备、输出设备及网络和不间断电源等设备。硬件设备应满足 GIS 的运行要求，并符合 GIS 设计书的规定。对计算环境进行验收是建设单位向用户移交过程的正式手续，也是用户对工程的认可，检查环境建设是否符合设计要求和有关规范。用户要确认是否达到了原来的设计目标，质量是否符合要求，有没有不符合原设计有关规范的地方。验收主要包括验收前的准备工作、验收的方式及工程验收的主要内容。

在计算环境建设过程中，应该以技术规范为标准，严格执行分阶段测试计划。各阶段建设完成后，应采用测试设备进行测试，并做出分阶段测试报告及总体质量检测评价报告，作为工程验收与评价的原始备查材料。

1. 基础环境的验收

1）施工前检查

建设单位在施工前，应先检查环境是否符合要求、满足施工条件，主要包括以下几方面。

（1）环境要求：土建施工中与综合布线工程相关部分的完成情况和质量情况，即地面、墙面、天花板内、门的位置及高度、电源插座及接地装置等要素；设备间、管理间的设计情况；竖井、线槽、预留孔洞、预埋管孔位置及畅通情况；电力电源线是否安全可靠，容量是否符合需求；防静电活动地板的敷设质量和承重测试等。

（2）器材检验：工程中使用的缆线、槽管等是否与方案规定的要求或封存的产品在规格、型号、等级上相符；机柜、接线面板等机房设备是否符合方案规定的要求；缆线特性、光纤特性抽样测试；备品、备件及各类材料是否齐全。

（3）安全与防火要求：消防器材是否齐全有效；危险物的堆放是否有防范措施；发生火情时能否及时提供消防设施。

2）现场验收

（1）工作区子系统验收。对于众多的工作区，不可能逐一验收，通常由甲方挑选部分工作间。验收的重点包括：线槽走向、布线是否美观大方，符合规范；信息插座是否按规范进行安装；信息插座安装是否做到一样高、平、牢固；信息面板是否固定牢靠。

（2）水平干线子系统验收。水平干线验收重点包括：线槽安装是否符合规范；槽与槽、槽与槽盖是否接合良好；托架、吊杆是否安装牢靠；水平干线与垂直干线、工作区交接处是否出现裸线，是否符合规范；水平干线槽内的线缆是否固定；接地是否正确。

（3）垂直干线子系统验收。垂直干线子系统的验收除了类似于水平干线子系统的验收内容外，还要检查楼层与楼层之间的洞口是否采用防火材料封闭，以防火灾发生时，成为一个隐患点；线缆是否按间隔要求固定，拐弯线缆是否按规范留有弧度。

（4）管理间、设备间子系统验收。主要检查设备安装是否规范、整洁，标牌、标志是否齐全等。

3）物理验收内容

验收不一定要等工程结束时才进行，通常有些内容是随时验收的，特别是隐蔽工程要随工检验。物理验收内容通常包括以下几点。

（1）设备的安装检查。机柜安装的位置是否正确，规格、型号、外观是否符合要求，设备标牌、标志是否齐全；跳线制作是否规范，配线面板的接线是否美观、整洁；设备安装垂直度、水平度是否有偏差，螺丝是否紧固，防震加固措施是否齐全；测试接地措施是否可靠。

（2）信息模块的安装检查。信息插座安装位置是否规范，质量、规格是否符合要求；信息插座、盖板安装是否平、直、正，是否用螺丝拧紧，标志是否齐全；屏蔽措施的安装是否符合要求。

（3）双绞线电缆和光缆的安装检查。桥架和线槽安装：位置是否正确，安装是否符合规范，接地是否正确。线缆布放：线缆规格、路由、位置是否符合设计要求；线缆的标号是否正确；线缆拐弯处是否规范；竖井的线槽、线缆是否固定、牢靠；是否存在裸线。

（4）室外光缆的敷设。架空布线：架设竖杆位置是否正确；吊线规格、垂度、高度是否符合要求；卡挂钩的间隔是否符合要求；光缆标志牌是否正确。管道布线：使用的管孔及管孔位置是否合适；线缆规格、走向是否正确；有无防护设施。挖沟布线（直埋）：线缆规格是否符合要求；敷设位置、深度是否符合设计规定；是否加了防护铁管；回填时的复原与夯实情况。隧道线缆布线：线缆规格、安装位置、路由等是否符合规范。线缆终端：信息插座安装是否符合设计和工艺要求；配线模块是否符合工艺要求；配线架压线是否符合规范；光纤头制作是否符合要求；光纤插座是否符合规范；各类跳线的布放是否符合规范。

4）测试

在基础环境完工后，组织由质量监理机构的专家和甲乙双方的技术专家组成的联合检测组做出质量抽测计划，采用测试仪器和联机测试双重标准进行科学的抽样检测，并做出权威性的测试结果和质量评审报告书，归入竣工文档资料。

测试方式包括以下几种。

（1）线缆测试。采用专用的电缆测试仪对电缆的各项技术指标进行测试，通常包括连通性、串扰、回路电阻、信噪比等。

（2）联机测试：选取若干个工作站，进行实际的联网测试。测试的内容主要包括：电缆的性能测试、光纤的性能测试、系统接地指标测试、主干线连通状况、信息传输的速率、衰减距离、接线图等。

通常要求测试人员具有测试工程师证书，并使用经过认证的测试仪器、仪表。信息点测试完成后，应提交信息点测试结果表，包括信息点编号、测试项目、测试内容、测试参数、测试结果。如有不合格，应立即返工，直到测试结果合格为止。

2. 设备的清点与验收

（1）任务目标。对照设备订货清单清点到货，确保到货设备与订货清单一致。保证验货工作有条不紊，井然有序。

（2）先期准备。由建设单位人员在设备到货前根据订货清单填写"到货设备登记表"的相应栏目，以便到货时进行核查、清点。通常"到货设备登记表"仅为方便工作而定，不需要相关人员签字，只需由专人保管即可。

（3）开箱检查、清点与验收。一般情况下，设备厂商会提供一份验收单，验收时以该验收单为准。设备随机文档、质保单及说明书等需妥善保存，软件和驱动程序应单独存放，妥善保管。

3. 网络系统的验收与试运行

1）初步验收

对网络设备的测试成功标准为：从网络中任选一台有 Ping 或 telnet 能力的机器和设备，通过 Ping 和 telnet 功能测试网络中其他任一机器或设备（有 Ping 或 telnet 能力）。由于网内设备较多，不可能逐对进行测试，通常采用如下方式进行。

（1）在每一个子网中选取两台机器或设备，进行 Ping 和 telnet 测试。

（2）对每一对子网，从两个子网中各选一台机器或设备进行 Ping 和 telnet，测试两次子网的连通性。

（3）测试中，Ping 测试每次发送数据报不应少于 300 个，telnet 连通即可。Ping 测试的成功率在局域网内应达到 100%，在广域网内由于线路质量问题，视具体情况而定，一般不应低于 80%。

（4）测试所得具体数据填入"初步验收测试报告"。

2）试运行

从初步验收结束时刻起，整体网络系统进入为期三个月的试运行阶段。整体网络系统在试运行期间不间断地连续运行时间要不少于两个月。试运行一般由建设方代表负责，用户和设备厂商密切协调配合。在试运行期间要完成监视系统运行、网络基本应用测试、可靠性测试、下电-重启测试、冗余模块测试、安全性测试、网络负载能力测试和系统最忙时访问能力测试等任务。

3）最终验收

各种系统试运行满三个月后，由用户对系统进行最终验收。最终验收的过程如下。

（1）检查试运行期间的所有运行报告及测试数据，确定各项测试工作已做充分，所有遗留问题都已解决。

（2）验收测试。按照测试标准对整个网络系统进行抽测，测试结果填入"最终验收测试报告"。

（3）签署"最终验收报告"，报告后附"最终验收测试报告"。向用户移交所有技术文档，包括所有设备的详细配置参数、各种用户手册等。

4）系统交接

最终验收结束后开始交接过程。交接是一个逐步使用户熟悉系统，进而能够掌握、管理和维护系统的过程。交接包括技术资料交接和系统交接，系统交接一直延续到维护阶段。技术资料交接是将实施过程中所产生的全部文件和记录交付用户方，资料至少包括总体设计文档、工程实施设计、系统配置文档、各种测试报告、系统维护手册（设备随机文档）、系统操作手册及系统管理建议书等。

4. 工程文档管理

结合国际 ISO 9000 工程管理的规范，在工程的实施过程中，文档资料的管理是整个工程项目管理的一个重要组成部分，必须根据相关的文档资料管理规范进行规范化管理。文档既要作为工程设计实施的技术依据，又要成为工程竣工后的历史资料归档，更要作为整个系统的未来维护、扩展、故障处理工作的客观依据。计算环境的文档资料主要包括设计文档、管理文档、综合布线系统文档、网络文档和软件文档等方面的内容。

10.2.3　地理数据验收

GIS 工程中各种软件都是基于一定的地理数据进行工作，对地理数据进行收集、处理、分析、显示是 GIS 工程的特性，都与地理数据密不可分，因此，为了更好地使地理数据为 GIS 提供准确依据及分析条件，对于地理数据的正确性、规整性和合理性就需要严格进行技术控制，对于各个途径获取的地理数据，行之有效的验收方法是 GIS 工程最终成果验收的必要组成部分。地理数据库验收应根据地理数据库设计要求逐项进行测试。

1. 验收基本要求和原则

1）地理数据库验收基本要求

地理数据和文档资料应完整齐全，地理数据已通过质检机构的检查验收及数据入库的全面检查，符合要求，并具有相关的质检报告、入库检查质量报告及数据成果清单等。

地理数据库测试由地理数据库建设项目的主管部门组织实施，也可委托独立于地理数据库建设实施单位之外具有资质的第三方承担。

地理数据库测试应由测试组独立完成。测试组是承担数据库测试的工作机构，其成员由项目主管部门或由被委托的第三方指定，一般由测绘与地理信息系统、计算机软硬件、系统开发及质检方面的专家组成。测试时应按照测试大纲规定的内容、程序和要求，对测试项逐项进行测试，不应擅自改变、调整其内容、技术要求和质量要求。

测试时应逐项填写测试记录，并由测试人员签名确认。测试记录填写应及时、完整、规范、清晰、真实，客观反映存在的问题；不应随意涂改、增删，测试人员应在修改处签名确认；测试评价、结论应公正、全面。

当测试过程中发现数据库系统存在重大质量问题时，测试组应及时与地理数据库建设实施单位进行沟通和确认，当双方对测试结果存有分歧时，应形成专题报告报测试委托单位处理。

2）地理数据验收基本原则

（1）数据库验收工作由任务的委托单位组织实施，或由该单位委托专家组验收。

（2）验收工作应在数据库建成，并经承担建库单位自查和试运行的基础上进行。

（3）承担建库的单位应向任务的委托单位或任务下达部门提出验收申请和预案，经审批后，由验收单位提出验收计划，并将验收计划传递给承担建库单位和相关部门及验收组成员。

3）地理数据验收的依据

地理数据验收的主要依据包括：①GIS 需求分析说明书；②GIS 总体设计书；③地理数据设计书；④检查验收的内容和任务依据各个项目工作合同书、协议或任务书要求，有关的地理数据生产技术规定，各个项目指定标准规定内容；⑤质量指标依据地理信息专业数据库的标准、指南、规范或相关要求；⑥数据库的测试报告、委托检验文件等。

2. 地理数据验收内容

从操作过程上来说，在整个地理数据生产及更新过程中，需要对新采集数据，按照规定的方法进行检验，达到规定的指标后确认收下。从地理数据本身来说，在获取数据本身后，通过一系列的检验方法，按一定标准，检查是否达到预期可用于各个数据生产环节的基本要求，数据的范围、内容等是否符合数据库设计的要求（表 10.1）。一般应根据制定的数据质量检查验收方案对数据进行检查评估。

表 10.1　地理数据验收主要内容

数据验收项目	数据源的说明	1. 数据类型；2. 数据的现势性；3. 数据精度；4. 数据质量；5. 采用的标准
数据库的说明	1. 数据库名称、范围	1. 数据库名称；2. 数据库范围；3. 数据库文件名
	2. 数据库的数学基础	1. 平面坐标系；2. 高程基准
	3. 数据库的分层	1. 层数；2. 层名；3. 内容
	4. 数据库建库说明	1. 建库单位；2. 建库日期；3. 采用的标准；4. 技术文件
地理数据质量验收	1. 数据检查验收依据和要求	按照规划工作的要求确定相关指标
	2. 数据成果内容及检查项目	对获取的数据按指定规范整理，根据相应指标建立验收项目
	3. 检查的方式和流程	根据指标要求对各个验收项目设定各自的验收方式和操作流程
	4. 数据质量评估	根据检查工作对数据做出价值的评估报告

地理数据库是由地理数据集及其管理系统构成的数据库系统。地理数据集一般包括数字线划图（DLG）、数字高程模型（DEM）、数字正射影像（DOM）、数字栅格地图（DRG）、地名、地形图制图数据及相应的元数据等。

（1）DLG 数据。DLG 数据验收内容包括：①数据的正确性（图幅范围、分层、数学基础、要素、位置、属性内容及结构、接边、注记、拓扑关系等）；②数据的完整性（要素、属性内容及数量）；③数据的图廓点位、图廓边长、图廓对角线公里网点间距、点位位置等经过软件处理（输入/输出/传输）后，应满足相应技术规定要求的数据加工精度和入库精度的限定。

（2）DOM、DRG 数据。DOM、DRG 数据验收内容包括：①数据的正确性（图幅范围、接边）；②数据的完整性；③数据的无缝拼接；④影像数据色调的一致性。

（3）DEM 数据。DEM 数据验收内容包括：①数据的正确性（图幅范围、高程范围、接边）；②数据的完整性；③数据的无缝拼接。

（4）元数据。元数据验收内容包括：数据内容完整性和正确性。

（5）数据结构。数据结构包括需要进行验收的数据类型和格式，如点、线、面等。

根据数据成果内容或用途的不同，划分各个数据集，如路网数据、建筑物、公共建设设施等；明确检查数据的权重，划分重点数据和次要数据。

3. 地理数据质量检查

地理信息数据库应按照数据库设计的要求，对表 10.2 中几项质量进行验收。

表 10.2　地理数据检查的项目

项目名	说明	内容
数据完整性	实体、实体属性和实体关系的多余和缺失程度	冗余 遗漏
逻辑一致性	数据结构、属性及关系的逻辑规则的一致性程度	概念 值域 格式 拓扑 接边

续表

项目名	说明	内容
空间定位准确度	空间实体位置的准确程度	数学基础精度 校正精度 采集精度 接边精度
属性数据准确度	定量属性的准确度、定性属性、实体及其属性分类的正确性	分类的正确性 定性属性的正确性 定量属性准确性
图面整饰规范性	符号、注记和图廓整饰的规范性	符号规范性

（1）冗余：数据中多余数据的程度，如图层、空间实体、数据表、记录、数据项、符号、注记与文档等。

（2）遗漏：数据集中遗漏数据的程度，如数据范围、图层、空间实体、数据表、记录、数据项、符号、注记与文档等。

（3）概念：与数据库符合的程度。

（4）值域：值对值域符合的程度，值不应超出值域的范围，并满足值域之间的运算关系。

（5）格式：数据存储和数据集的物理结构匹配程度，即数据库文件、图层名和数据格式等。

（6）拓扑：拓扑性质的准确性，如点、线、面类型定义的正确性，多图层共用的界线是否一致，多边形封闭，节点关系的正确等。

（7）接边：相邻图幅间接边的类型和属性描述一致。

（8）数学基础精度：坐标系、投影参数、图廓点、坐标网交点、控制点坐标等的准确度。

（9）校正精度：空间实体位置与可接受的值或真值的符合程度，包括扫描和矢量化进度、形态控制精度等。

（10）采集精度：图件数字化采集的点坐标值与点真实坐标值的符合程度，主要包含作业员的对点误差、仪器的偶然误差及图纸变形的非线性影响和线划粗细的影响。

（11）接边精度：分幅图件数字化采集时相邻图幅同名点空间实体位置误差，是衡量数字化位置精度的一个指标。

（12）分类的正确性：实体及其属性分类与值或参考数据集的符合程度。

（13）定性属性的正确性：属性是否符合实体的现实描述情况。

（14）定量属性准确性：数据值及其单位的准确性，如涉及计算的长度、面积等属性。

（15）符号规范性：符号的正确性、位置的准确性是否合理；符号之间或与其他要素的压盖关系是否合理；是否符合相关专业的颜色标准或规范。

4. 地理数据验收方法

地理数据的检验方法分为全检和抽检。全检是指对整批数据所有的个体进行逐一检查，某些可以用计算机软件进行自动检查的，可以进行自动全检。抽检是按一定的方式从整批数据中抽取部分个体作为样本进行检查，并根据样本的质量来判断整批数据的质量。由抽检的方式特性来看，被抽检的数据应该是在统一标准下或规范指导下，由基本相同的数据源、在基本相同的时段和软硬件条件下生产的数据，能作为整批数据的代表，因此在抽取这些样本数据时，可按照以下方法进行。

（1）多幅抽样：需要验收的数据从所有的图幅里按抽样的比例进行，如按要求进行 10% 的数据抽检，则每幅图里抽取 10% 的数据参加检查。

（2）单（个别）图幅抽样：因为地理数据空间具有不均匀性，所以由专家根据经验选择若干区域或图幅进行样本抽取。

5. 地理数据验收流程

地理数据验收的流程如图 10.1 所示。

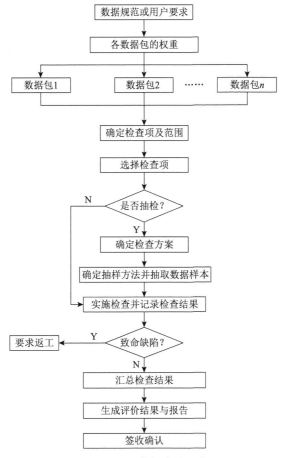

图 10.1 地理数据验收的流程

（1）初检。数据采集完成并经过项目组自检和互检后，由生产单位对数据产品质量进行初检，并提交初检报告。初检内容包括数据质量、完成任务情况、数据说明和其他相关文档等验收所需资料。初检依据具体的验收方案所规定的检查内容和方法，对所有数据进行全面的检查和测试，填写检查记录表，编写初检数据质量报告。

（2）提交。数据经初检合格，对初检所发现的问题进行全部修改完善后，将数据、相关文档和初检报告提交给项目组织单位。

（3）验收。在初检的基础上，组织专家或委托有关机构对提交的数据产品进行验收。验收方案和初检报告是验收的主要依据。项目组织单位或委托机构组织专家对数据产品进行验收。验收专家组分为检查组和综合评价组，检查组负责对数据产品进行检查并如实记录检查结果，综合评价组依据检查结果确定缺陷级别并进行评价，提出验收意见，编写数据质量报告。

（4）复核（复检）。经验收通过的数据产品，根据项目组织单位的要求和数据产品质量情况，返回承担单位进行修改完善，完成后提交项目组织单位复核。验收未获得通过的数据产品返回项目承担单位修改或重做，完成后进行复检（重新检查和验收）。

10.2.4　GIS 软件测试

软件项目开发是个分工明确的系统工程，不同的人员扮演了不同的角色，包括部门经理、产品经理、项目经理、系统分析师、程序员、测试工程师、质量保证人员等。可见，软件测试是软件项目开发中一个重要的环节。软件测试指按照需求分析中对软件的功能要求，对其进行测试，检查软件有没有缺陷（bug），测试软件是否具有稳定性（robustness）、安全性、易操作性等性能，写出相应的测试记录并撰写报告，以便程序员对软件进行修改。

1. 测试环境搭建

（1）一般要求。在 GIS 软件测试之前，应了解其系统的运行环境，在此基础上建立测试环境。测试环境与运行环境应保持一致，测试组根据需要提出测试环境方案，由系统建设单位进行准备，构建测试环境。

（2）硬件环境。硬件环境主要包括数据库服务器、磁盘阵列、图形工作站、微机等，明确相应的设备名称、型号及其基本参数。建成的数据库应储存在最终使用的硬件（主机、外设）及网络设备上，供验收单位验收。

（3）软件环境。验收的软件应是数据库最终运行的软件，包括计算机操作系统、基础软件、应用软件和网络软件等。软件环境主要包括所采用的空间数据管理及关系型数据库管理软件，明确其产品型号、基本功能。

（4）网络环境。网络环境主要包括服务器与磁盘阵列之间、服务器与客户端之间的连接方式，提供的网络速率，以及网络安全措施、网络安全的检测结论。

（5）测试的数据。GIS 软件测试离不开地理数据，GIS 软件测试应对地理数据库中的各类数据抽取比例不少于地理数据总数 5% 的数据测试。

2. 软件测试的目的

Myers 对软件测试的目的提出了三个观点：①软件测试是为了发现错误而执行程序的过程；②一个好的测试用例能够发现至今尚未发现的错误；③一个成功的测试是发现了至今尚未发现的错误。

测试的目标是以最少人力、物力和时间投入，尽可能多地找出软件中潜在的各种错误和缺陷。寻找故障是测试的目的。通过检查实际结果与预期结果之间的差别，说明程序实现是否满足规范的需求。Myers 的定义指出了软件测试的核心问题是寻找故障，比较符合实际，但它针对的是测试阶段。实际上软件测试可以在需求分析、设计、测试和维护的任何阶段进行。

测试并不仅是为了找出错误。通过分析错误产生的原因和错误的分布特征，可以帮助项目管理者发现当前所采用的软件过程的缺陷，以便进行改进。同时，这种分析也能帮助人们设计出有针对性的检测方法，改善测试的有效性。没有发现错误的测试也是有价值的，完整的测试是评定软件质量的一种方法。

而从历史的观点来看，测试关注执行软件来获得软件在可用性方面的信心并且证明软件能够令人满意地工作。这将引导测试把重点放在检测和排除缺陷上。现代的软件测试延续了这个观点，同时，还认识到许多重要的缺陷主要来自于对需求和设计的误解、遗漏。因此，早期的结构化同行评审被用于预防编码前的缺陷。证明、检测和预防已经成为良好的测试的重要目标。

正确认识测试的目的十分重要，测试目的决定了测试方案的设计。如果测试是为了发现程序中的故障，就会力求设计出最能暴露故障的测试方案；相反，如果是为了表明程序正确而进行测试，就会自觉或不自觉地回避可能出现故障的地方，设计出一些不易暴露故障的测试方案，从而使程序的可靠性受到影响。

3. 软件测试的原则

GIS 工程中所遵循的测试原则总的来讲可以用"足够好"原则来概括。具体地说，有以下八项原则。

（1）所有的测试都应追溯到 GIS 用户的需求。GIS 软件的开发始终是在需求牵引下进行的，需求不能被所设想的问题解决方案所掩盖。软件测试的目标在于揭示错误，特别是揭示那些无法满足用户需求的最严重的错误。

（2）在需求分析阶段就应该编制测试计划，应当把"尽早地和不断地进行软件测试"融入软件开发实践中。软件开发是分阶段完成的，不同阶段解决不同的问题，因而不同阶段会产生不同的错误。所以不应把测试仅仅视为软件开发的一个独立阶段，应把软件测试贯穿到软件开发的各个阶段，坚持软件开发的阶段评审，以期尽早发现错误，提高软件质量。

（3）充分注意测试中的群集现象。测试时不要以为找到了几个错误后问题就已解决，而不需要继续测试了。经验表明，测试后程序中残存的错误数目与该程序中已发现的错误数目或检错率成正比。据估计，测试发现的错误有 80%很可能源于 20%的程序模块。根据这个规律，应当对错误群集的程序段进行重点测试，以提高测试投资的效益。在测试时不仅要记录下出现了多少错误，而且应该记录下错误出现的模块。

（4）应从"小规模"开始，逐步转向"大规模"。

（5）测试之前应当根据测试的要求选择在测试过程中使用的测试用例（test case）。测试用例主要用来检验程序员编制的程序，因此不但需要测试的输入数据，而且需要针对这些输入数据的预期输出结果。如果测试输入数据没有给出预期的程序输出结果，那么就缺少了检验实测结果的基准，就有可能把一个似是而非的错误结果当成正确结果。

（6）避免穷举测试。一个大小适度的程序，其路径组合是一个天文数字，因此考虑测试程序执行中的每一种可能性是不可能的。当然，充分覆盖程序逻辑并确保程序设计中使用的所有条件是可能的。

（7）应该由独立的第三方进行测试。人们常由于各种原因具有一种不愿否定自己工作的心理，认为揭露自己程序中的问题是一件不愉快的事情。心理状态和思维定式是测试自己程序的两大障碍。基于心理因素，人们不愿意否定自己的工作；由于思维定式，也难以发现自己的错误。而独立的第三方对测试工作会更客观、冷静、严格。因此，为达到软件测试的目的，应由别人或另外的机构来测试程序员编写的程序。

（8）严格执行测试计划，排除测试的随意性。对于测试计划，要明确规定，不要随意解释。测试计划应包括所测软件的功能、输入和输出、测试内容、各项测试的进度安排、资源要求、测试资料、测试工具、测试用例的选择、测试的控制方式和过程、系统组装方式、跟踪规程、调试规程、回归测试的规定、评价标准等。

4. GIS 软件功能测试

系统功能指标反映系统对地理数据的采集与编辑，数据的存储与管理，空间分析、统计与处理，可视化与制图，网络，以及系统二次开发等功能的支持能力。

1）地理数据采集与编辑

GIS 软件的空间数据采集主要有三种方式：①手扶跟踪数字化，测试内容包括数字化仪的连接、参数设置、图板定向与定向点平差、地图要素数字化和结点的自动匹配功能。②扫描数字化，测试内容包括栅格数据编辑（分二值化与灰阶数据）、平滑去噪、矢量化功能（分人机交互线划跟踪或自动线划跟踪）、自动识别（分符号自动识别、字体自动识别和线型自动识别）和线划自动压缩。③野外测量、遥感与 GPS 数据采集（野外测量、遥感、GPS 数据与 GIS 之间的数据格式转换接口）。

（1）图形数据编辑。GIS 中一般要求图形与编辑功能，以修正所出的错误，图形数据的编辑大多数是通过键盘、鼠标进行交互式处理，编辑对象主要是地理图层中包括空间目标（Point、Line 和 Polygon）的集合个体及 Line、Polygon 的节点（Node）和弧段（Arc 或 Parts），一般 GIS 软件还提供基本的编辑操作，包括对象的增加（Add）、复制（Copy）、粘贴（Pat）、删除（Delete）、缩放（Zoom）、移动（Pan）、旋转（Rote）、分割（Spit）、组合（Union）、合并（Merge）；对象坐标修改、目标镜像、曲线光滑、平行线绘制等编辑功能。通过图形的编辑保证图形数据的完整性和位置正确性。

（2）属性数据采集与编辑。包括表格输入、单记录输入、分批分类输入及与其他数据库文件的接口功能。属性数据的编辑处理包括：①记录的查找替换功能。②表格编辑与浏览功能。

（3）数据的查错、编辑与拓扑生成能力。包括：①节点、弧段和多边形的查错与编辑；②拓扑关系的生成能力（包括自动、人机交互和手动）。③多图幅的拼接与边缘匹配处理。

2）数据的存储与管理

数据的存储测试包括：①支持的存储器类型（磁盘、磁带和光盘等）。②矢量、栅格等图像数据文件的压缩与还原功能。数据管理功能测试包括：①数据库建库、数据入库（增、删、改）、数据入库检查。②数据库空间索引建立与更新、查询检索。③数据库数据转换与输出。④数据库统计分析。⑤数据库分发服务。⑥数据库维护更新和权限管理及安全审计。

数据库查询检索的功能测试应包括：基于空间位置的查询（坐标范围、图号范围）、基于要素属性的查询（政区、道路、河流、地名等）、基于空间关系的查询（相交查询、缓冲区查询、邻近查询、穿过查询等）、基于元数据查询空间数据和组合条件查询。数据库的查询功能与数据提供功能包括空间数据与属性数据的互查、矢栅一体化查询、布尔查询和对结构化查询语言（SQL）的支持能力。

数据库数据输出的功能测试应包括：投影转换、坐标转换与数据格式转换、按标准图幅号输出、按经纬度或投影坐标范围全要素或部分要素输出、按行政区范围全要素或部分要素输出、屏幕上任意范围内全要素或部分要素输出、符合特定条件的数据导出。数据格式转换功能主要包括矢栅互换、对外部矢量数据格式的支持能力、对外部栅格数据格式的支持能力等。

数据库统计分析的功能测试应包括：统计某个区域内的矢量要素，统计分析两点或多点间的平面距离，统计分析某个区域内的面积、坡度、坡向等，剖面的计算、显示与统计。

数据库分发服务的功能测试应包括：数据目录查询、订单管理功能（生成、查询、处理、输出）。数据库维护更新的功能测试应包括：数据库编辑（增加、删除、修改）、数据覆盖与替换、数据库版本管理、数据备份和恢复、数据库迁移和数据库日志管理。

权限管理及安全审计的功能测试应包括：权限管理（角色管理、用户管理、数据管理）、安全审计（审计信息记录、审计信息控制、审计信息管理）。

空间数据库管理，包括事务管理（提交、回滚和日志等）、用户使用权限管理、数据安全性与一致性管理、数据容错与恢复管理，以及构造空间数据库的能力及数据库的更新。

3）空间分析、统计与处理

空间分析、统计与处理功能是 GIS 分析与建模能力的重要表现。系统提供的分析、统计与处理功能越强，结果越准确，系统使用范围和市场就越广。GIS 所包含的分析、统计与处理功能非常丰富，主要包括：①几何分析。包括多边形叠置分析、矢量与栅格数据的转换分析、点面包含分析、缓冲区分析、多边形图形的合并、面积和长度的量算、开窗分析及栅格数据的逻辑代数运算等。②网络分析。包括路径选择分析、网络流量的模拟分析、时间和距离计算等。③地形分析。包括空间内插分析、坡度和坡向分析、流域或分水线分析、三维地形显示与多角度观察、DEM（Grid 和 TIN）的生成、通视分析、专题因子计算、专题要素与三维地形的叠加和显示、三维动态生成与显示等。④多元统计分析。包括聚类分析、主成分分析、因子分析、趋势面分析、回归分析、相关分析和单量度分析等。⑤栅格图像处理分析。包括图像输入、图像滤波、图像增强、图像变换、图像辐射纠正、图像几何纠正、图像几何配准、图像专题信息抽取、图像分类、图像镶嵌、遥感图像处理与 GIS 联结，以及 GIS 与商品化图像处理软件的协同能力等。

4）可视化与制图

具有友好的用户界面，丰富的、多层次的图形表现手法，以及直观、简洁的功能描述手法的 GIS，既能够帮助新用户尽快适应开发或工作环境，减少培训和其他开销，又能使老用户提高工作效率。GIS 的可视化是当代 GIS 软件功能的一个重要组成部分，它具体包括三个内容：①可视化表现能力。包括图形显示能力（主要有图形用户界面、开窗缩放功能、窗口自动漫游、多种显示方式的运用和比例尺控制显示等），符号、注记、色彩设计与管理功能等。②可视化处理能力。可视化处理在 GIS 领域中的应用前景广阔，特别是对于 GIS 的前端处理——数据获取和编辑。利用可视化处理，可以在图形环境下考察输入数据的精度、拓扑关系的正确与否等内容。通过可视化操作，可以较为迅速地减少或纠正拓扑关系中存在的错误，提高数据的精度，准确地再现空间数据相互间的位置关系。③地图设计与交互式配置。包括地图整饰、要素设计与安排、统计图表设计制作、绘图输出质量控制、多媒体数据表达、影像制图和支持的绘图语言等内容。可以利用计算机操作中的"所见即所得"功能，在计算机中对所要输出的图形进行全局配置、图幅整饰等处理后，再输出到打印机或绘图仪上，从而减少传统出图方法中不必要的浪费。

5）网络

网络化是当代 GIS 软件功能的一个重要组成部分,尤其适用于地理数据空间分布较分散,实时性要求又较高的 GIS（如洪水灾情动态监测等）。采用传统的先备份后交付处理中心进行集中处理的方式既费时费力,又容易延误时间。而利用网络的数据传输功能和分布式处理能力,则可以实时、快速地传送和处理数据信息,从而能够较及时地获得处理结果,为决策提供有力的支持。对 GIS 网络功能的测试包括以下几个方面内容:①支持网络的种类。②GIS 资源共享,包括数据共享、软件共享和硬件共享。③数据安全与保密。GIS 系统应具备数据的即时备份功能,并能根据运行记录做好日志。当故障发生时,系统可以恢复到离系统发生故障前最近的正常工作状况,降低所造成的损失,而且不同网络用户对数据应有相应权限,以避免非法用户删改系统数据资料。

6）系统二次开发能力

系统二次开发能力指利用系统提供的开发接口来开发应用软件的能力。对于 GIS 软件来说,若能够向用户提供全面的、简便的和适宜的二次开发接口,就能适应不同用户的特定需求,并可在原有基础上提供应用扩充能力。二次开发接口的类型主要有 API 函数库、可重用类库、宏语言和动态链接库（DLL）等。其中,API 函数库提供对基本数据进行操作的函数;可重用类库则针对面向对象开发的用户,提供从现实世界地理事物抽象出来的基本类（如点、线、面等）;宏语言通过提供一系列命令式的语句来进行编程和处理,实现操作的批量化处理;而动态链接库则提供模块化功能函数,这些函数通常是一些最基本的和最常用的函数。

5. GIS 软件测试过程

因为人的主观认识常常难以完全符合客观现实,与工程密切相关的各类人员之间的通信和配合也不可能完美无缺,所以在软件生存周期的每个阶段都不可避免地会产生差错,并且前一阶段的故障自然会导致后一阶段相应的故障,从而导致故障积累。此外,后一阶段的工作是前一阶段工作结果的进一步具体化,因此,前一阶段的一个故障可能会造成后一阶段中出现几个故障,也就是说,软件故障不仅有积累效应,还有放大效应。研究结果表明,如果在需求阶段漏过一个错误,该错误可能会引起 n 个设计错误,n 称为放大系数。一般而言,不同阶段 n 值不同。经验表明,从概要设计到详细设计的错误放大系数大约为 1.5,从详细设计到编码阶段的错误放大系数大约为 3。图 10.2 表示了缺陷放大模型的大致状况。

图 10.2　缺陷放大模型图

在软件开发的不同阶段进行改动需要付出的代价完全不同,后期改动的代价比前期进行相应修改要高出 2～3 个数量级。软件工程界普遍认为,软件生存期的每一阶段都应进行测试,检验本阶段的工作是否达到了预期的目标,尽早地发现并改正故障,以免因故障延时扩散而导致后期测试的困难。

显然,表现在程序中的故障并不一定是编码所引起的,而很可能是详细设计、概要设计阶段甚至是需求分析阶段的问题引起的。即使针对源程序进行测试,所发现故障的根源也可能在开发前期的各个阶段。解决问题、排除故障也必须追溯到前期的工作。实际上,软件需求分析、设计和实施阶段是软件故障的主要来源,因此,需求分析、概要设计、详细设计及程序编码等各个阶段所得到的文档，包括需求规格说明分析、概要设计规格说明、详细设计规格说明及源程序，都应成为软件测试的对象。

由此可知，软件测试并不等于程序测试。软件测试应贯穿于软件定义与开发的整个期间。软件开发过程是一个自顶向下、逐步细化的过程。测试过程则是依相反顺序的自底向上、逐步集成的过程。低一级的测试为上一级的测试准备条件。图 10.3 为软件测试的四个步骤，即单元测试、集成测试、确认测试和系统测试。

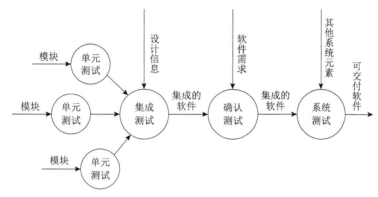

图 10.3　软件测试过程

首先，对每一个程序模块进行单元测试，以消除模块内部在逻辑和功能上的故障及缺陷。然后，把已测试过的模块组装起来，形成一个完整的软件后进行集成测试，以检测和排除与软件设计相关的程序结构问题。确认测试以规格说明书规定的需求为尺度，检验开发的软件能否满足所有的功能和性能要求。确认测试完成以后，给出的应该是合格的软件产品。但为了检验开发的软件是否与系统的其他部分（如硬件、数据库及操作人员）协调工作，还需进行系统测试。

1）单元测试

单元测试指对源程序中每一个程序单元进行测试，检查各个模块是否正确实现规定的功能，从而发现模块在编码中或算法中的错误，以消除模块内部在逻辑和功能上的故障及缺陷。该阶段涉及编码和详细设计的文档。

单元测试涉及模块接口、局部数据结构、重要的执行路径、错误处理、边界条件等五方面的内容。

（1）模块接口。模块接口测试主要检查数据能否正确地通过模块。检查的主要内容是参数的个数、属性及对应关系是否一致。当模块通过文件进行输入/输出时，要检查文件的具体描述（包括文件的定义、记录的描述及文件的处理方式等）是否正确。

（2）局部数据结构。局部数据结构主要检查以下几方面的错误：说明不正确或不一致，初始化或默认值错误，变量名未定义或拼写错误，数据类型不相容，上溢、下溢，地址错等。除了检查局部数据外，还应注意全局数据与模块的相互影响。

（3）重要的执行路径。重要模块要进行基本路径测试，仔细地选择测试路径是单元测试的一项基本任务。注意选择测试用例能发现不正确的计算、错误的比较或不适当的控制流造成的错误。计算中常见的错误有：算术运算符优先次序不正确、运算方式不正确、初始化方式不正确、精确度不够、表达式的符号表示错误等。条件及控制流向中常见的错误有：不同的数据类型进行比较、逻辑运算符不正确或优先次序错误、由于精确度误差造成的相等比较出错、循环终止条件错误或死循环、错误地修改循环变量等。

（4）错误处理。错误处理主要测试程序对错误处理的能力，检查是否存在以下问题：不能正确处理外部输入错误或内部处理引起的错误；对发生的错误不能正确描述或描述内容难以理解；在错误处理之前，系统已进行干预等。

（5）边界条件。程序最容易在边界上出错，如输入/输出数据的等价类边界、选择条件和循环条件的边界、复杂数据结构（如表）的边界等都应进行测试。对测试中发现的问题和错误进行修改，直到不再发现问题为止。

因为被测试的模块往往不是独立的程序，它处于整个软件结构的某一层位置上，被其他模块调用或调用其他模块，其本身不能单独运行，所以在单元测试时，需要为被测试模块设计驱动模块（Driver）和桩模块（Stub）。驱动模块的作用是模拟被测模块的上级调用模块，功能要比真正的上级模块简单得多，它只能接收测试数据，以上级模块调用被测模块的格式驱动被测模块、接收被测模块的测试结果并输出。桩模块用来代替被测模块所调用的模块，作用是返回被测模块所需要的信息。驱动模块和桩模块的编写给测试带来了额外开销，但是在与被测模块有联系的那些模块尚未编写好或未测试的情况下，设计驱动模块和桩模块是必要的。

2）集成测试

集成测试是指在单元测试的基础上，将已测试过的所有模块按照设计要求组装成一个完整的软件系统后而进行的测试，所以也称为组装测试或联合测试，用以检测和排除与软件设计相关的程序结构问题、软件体系结构问题。实践证明，单个模块能正常工作，组装后不见得仍能正常工作，原因如下。

（1）单元测试使用的驱动模块和桩模块，与它们所代替的模块并不完全等效，因此单元测试有不彻底、不严格的情况。

（2）各个模块组装起来后，穿越模块接口的数据可能丢失。

（3）一个模块的功能可能会对另一个模块的功能产生不利的影响。

（4）各个模块的功能组合起来可能达不到预期要求的功能。

（5）单个模块可以接受的误差，组织起来可能累积和放大到不能接受的程度。

（6）全局数据可能会出现问题。

集成测试的重点在于检查模块之间接口的有关问题，用于发现模块组装中可能出现的问题，发现公共数据与全局变量引起的模块间的相互干扰的问题。最终构成一个符合要求的软件系统。

集成测试采用的方法主要有非增量式测试和增量式测试。非增量式测试是首先对每个模块分别进行单元测试，然后把所有的模块按设计要求组装在一起进行的测试。增量式测试是逐个把未经过测试的模块组装到已经测试过的模块上去，进行集成测试。每加入一个新模块，就进行一次集成测试，重复此过程直至程序组装完毕。

增量式与非增量式测试有明显的区别。非增量式方法把单元测试和集成测试分成两个不同的阶段，前一阶段完成模块的单元测试，后一阶段完成集成测试；而增量式测试把单元测试与集成测试合在一起，同时完成。非增量式测试需要更多的工作量，因为每个模块都需要驱动模块和桩模块；而增量式测试利用已测试过的模块作为驱动模块和桩模块，所以工作量较少。增量式测试可以较早地发现接口之间的错误；非增量式测试最后组装时才发现错误。增量式测试有利于排错，因为发生错误往往和最近加进来的模块有关；而非增量式测试发现接口错误要推迟到最后，很难判断是哪一部分接口出错。增量式测试比较彻底，已测试的模块和新的模块组装在一起再测试，增量式测试占用的时间较多；但非增量式测试需要更多的驱动模块和桩模块，也占用一些时间，非增量式测试开始可并行测试所有模块，能充分利用人力，对测试大型软件很有意义。

3）确认测试

确认测试又称为有效性测试，是在 GIS 软件开发过程之中或结束时确认评估系统或组成部分的过程，目的是判断该系统是否满足规定的要求。它的任务是以规格说明书规定的需求为尺度，检查软件的功能与性能是否与需求说明书中确定的指标相符合，是否达到了系统设计确定的全部要求。它可用于显示错误的存在，而不是错误的不存在，且经证明，未发现的错误数与已经发现的错误数成正比。在确认测试开始时，应与开发人员谈一谈，了解他们对系统担忧的地方，这样将有助于系统用户更加合理地确认测试计划。确认测试完成以后，给出的应该是合格的软件产品。但为了检验开发的软件是否与系统的其他部分（如硬件、数据库及操作人员）能够协调工作，确认测试阶段要完成进行确认测试与软件配置审查两项工作。

进行确认测试一般是在模拟环境下运用黑盒测试方法，由专门测试人员和用户参加的测试。确认测试需要需求说明书、用户手册等文档，要编制测试计划，确定测试的项目，说明测试内容，描述具体的测试用例。测试用例应选用实际运用的数据。测试结束后，应写出测试分析报告，测试包括以下内容。

（1）功能测试检查是否能实现设计要求的全部功能，是否有未实现的功能，以便予以补充。

（2）性能测试检查和评估系统执行的响应时间、处理速度、网络承载能力、操作方便灵活程度、运行可靠程度等。

（3）安全性测试检查系统在容错功能、恢复功能、并发控制、安全保密等方面是否达到设计要求。

经过确认测试后，可能有两种情况：功能、性能与需求说明一致，该软件系统是可以接受的；功能、性能与需求说明有差距，要提交一份问题报告。对这样的错误进行修改，工作量非常大，必须同用户协商。

软件配置审查的任务是检查软件的所有文档资料的完整性、正确性。如发现遗漏和错误，应补充和改正。同时要编排好目录，为以后的软件维护工作奠定基础。

4）系统测试

软件系统只是计算机系统中的一个组成部分，软件经过确认后，最终还要与系统中的其他部分（如计算机硬件、外部设备、某些支持软件、数据及人员）结合在一起。系统测试是指测试各个部分在实际使用环境下运行时能否协调工作，以验证软件系统的正确性和性能指标等是否满足需求规格说明书和任务书所指定的要求。系统测试需要从用户的角度思考并且进行很多的创造。系统测试的类型有功能测试、容量测试、负载/强度测试、安全性测试、可用性测试、性能测试、资源应用测试、配置测试、兼容性测试、可安装性测试、恢复性测试和可靠性测试等。

6. GIS 软件测试方法

黑盒测试和白盒测试是两类广泛使用的软件测试方法，传统的软件测试活动基本上都可以归到这两类方法当中。要检验开发的软件是否符合规格说明书的要求，可以采取各种

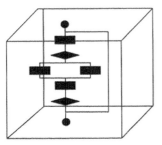

图 10.4　白盒测试示意图

不同的测试策略。已知产品的内部工作过程，通过测试来检验每种内部操作是否符合要求，称为白盒测试。已知产品具有的功能，通过测试来检验是否每个功能都符合规定的要求，称为黑盒测试。

1）基于程序的结构测试（白盒测试）

白盒测试有多种叫法，如玻璃盒测试（glass box testing）、透明盒测试（clear box testing）、开放盒测试（open box testing）、结构化测试（structured testing）、基于代码的测试（code-based testing）、逻辑驱动测试（logic-driven testing）等。白盒测试是一种测试用例设计方法。此处，盒子指的是被测试的软件。如图 10.4 所示，白盒顾名思义即盒子是可视的，人们可清楚知道盒子内部的东西是如何运作的。因此，白盒测试需要对系统内部的结构和工作原理有清楚的了解，并且基于这个知识来设计用例。

白盒测试将被测对象视为一个打开的盒子，白盒知道软件的内部工作过程，可通过测试来检测软件产品内部动作是否按照规格说明书的规定正常进行，每种内部操作是否符合设计规格要求，按照程序内部的结构测试程序，设计、选择测试用例，检验程序中的每条通路是否都能按预定要求正确工作，所有内部成分是否已经通过检查，而不考虑它的功能是否正确。

白盒测试的主要方法有控制流分析、数据流分析、逻辑覆盖、域测试、符号测试、路径分析、程序插桩、程序变异等。域测试策略基于对程序输入空间的分析，根据程序分支语句中的谓词，将输入空间划分为若干子域，每一子域对应于一条程序路径，对每一子域的每一谓词边界，通过选取位于被测边界上的测试数据（ON 点）和距被测边界有一小点距离并在被测域之外的测试数据（OFF 点），检测由于边界偏移而导致的域差错。

符号测试是一种基于代数运算的测试方法，它允许程序输入符号值（变量符号值及它们的表达式），以符号计算代替普通测试执行中的数值计算。符号测试执行的结果代表一类普通测试的运行结果，因此测试代价较低。但主要问题是遇到循环、数组、指针处理时，符号测试实现困难。

逻辑覆盖是在白盒测试中一种经常用到的技术。一方面，通过逻辑覆盖率可以知道测试用例的设计；另一方面，可以通过覆盖率来衡量白盒测试的力度。白盒测试中经常用到的逻辑覆盖主要有语句覆盖、判定覆盖、条件覆盖、判定条件覆盖、路径覆盖。

白盒测试方法主要涉及代码覆盖、分支、路径、指令及内部逻辑等方面。常用的白盒测试技术有下述内容。

（1）单元测试（unit testing）：对硬件或软件单元或相关的单元组进行单独的测试。

（2）动态分析（dynamic analysis）：通过执行时的行为对系统或组件进行评估的过程。

（3）指令覆盖（statement testing）：测试要求程序的每一条指令都被执行。

（4）分支覆盖（branch testing）：测试要求计算机程序的每一条分支指令的所有判断输出都被执行。

（5）安全测试（security testing）：测试信息系统是否能按预期的目的保护数据和维持其实现的功能。

（6）突变测试（mutation testing）：为被测试程序生成两个或更多的突变版本，并使用与原程序相同的测试用例驱动突变程序的执行，对不同突变的检测能力进行评估。

使用白盒测试方法产生的测试用例能够保证一个模块中的所有独立路径至少被使用一

次；对所有逻辑值均需测试 True 和 False；在上下边界及可操作范围内运行所有循环；检查内部数据结构以确保其有效性。

2）基于规范的功能测试（黑盒测试）

黑盒测试又称为功能测试（functional testing），它是在软件测试中使用得最早、最广泛的一类测试。它不仅应用于开发阶段的测试，更重要的是，在产品测试阶段及维护阶段也必不可少。黑盒测试是与白盒测试截然不同的测试概念。这是因为在黑盒测试中，主要关注被测软件的功能实现，而不是内部逻辑。在黑盒测试中，被测对象的内部结构、运作情况对测试人员是不可见的。测试时，把程序视为一个不能打开的黑盒子，在完全不考虑程序内部结构和特性的情况下，测试者在程序接口进行测试，它只检查程序功能是否按照需求规格说明书的规定正常使用，程序是否能适当地接收输入数据产生正确的输出信息，并且保持外部信息（如数据库或文件）的完整性。黑盒测试试图发现功能错误、界面错误、数据结构错误、外部数据库访问错误、性能错误、初始化和终止错误等。测试人员对被测产品的验证主要是根据其规格，验证其与规格的一致性。图 10.5 是黑盒测试的示意图。

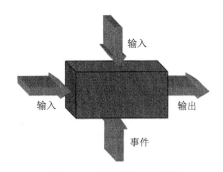

图 10.5　黑盒测试示意图

黑盒测试方法是穷举输入测试，只有把所有可能的输入都作为测试情况使用，才能以这种方法查出程序中的所有错误。实际上测试情况有无穷多个，人们不仅要测试所有合法的输入，还要对那些不合法但是可能的输入进行测试。理想情况下，测试所有可能的输入，将提供程序行为最完全的信息，但这是不可能的。实际应用中，必须采用某种策略，从输入域中选取少数有代表性的测试数据，以尽可能全面、高效地对软件进行测试。

黑盒测试方法主要有等价类划分、边界值分析、故障推测法等。实践表明，软件在输入/输出域边界附近特别容易出现故障。边界值分析是一种有效而实用的功能测试方法。针对边界附近的处理，设计专门的测试用例，常常可以取得良好的测试效果。常见的黑盒测试技术如下。

（1）功能测试（functional testing）。功能测试忽略系统或组件的内部机制，关注所选择的输入在特定条件下执行所产生的输出，主要用于衡量系统或组件是否与规定的功能需求相一致。

（2）压力测试（stress testing）。压力测试用于评估系统或组件在超过其限制范围的负载条件下能否满足特定的要求，它和边界测试相近。

（3）负载测试（load testing）。负载测试指在一定约束条件下测试系统所能承受的并发用户量，以确定系统的负载承受力或在满负荷工作下的健壮性。

（4）易用性测试（usability testing）。指用户操作的简易性，如易于掌握、数据输入方便、系统输出易于理解等。

（5）烟雾测试（smoke testing）。烟雾测试是一种基本的集成软件测试方式，用于确定系统的大部分关键功能是否能够正确被行使，但并不涉及更多的细节。该词源于类似的硬件测试，即设备在运行后不会"冒烟起火"，则表示通过了该类测试。

（6）恢复测试（recovery testing）。恢复测试是指对系统、程序、数据库或其他系统资源的状态恢复，使其能正常执行所需的功能。

（7）容量测试（volume testing）。容量测试是系统或组件处理大容量数据时进行的数据相关测试。

7. GIS 软件测试技术

GIS 工程中的软件测试技术分为静态分析和动态测试两大类。

1）静态分析技术

静态分析是一种不通过执行程序而进行测试的技术。静态分析无须执行被测代码，采用人工检测和计算机辅助静态分析的手段对程序进行检测，借助专用的软件测试工具评审软件文档或程序，度量程序静态复杂度。静态分析的关键功能是检查软件的表示和描述是否一致，通过检查源程序的文法、结构、过程、接口等来检查程序的正确性，借以发现编写程序的不足之处，减少错误出现的概率。它瞄准的是纠正软件系统在描述、表示和规格上的错误，找出欠缺和可疑之处，如不匹配的参数、不适当的循环嵌套和分支嵌套、不允许的递归、未使用过的变量和空指针的引用等。静态分析结果可用于进一步的查错，为测试用例的选取提供帮助，是任何进一步测试执行的前提。静态分析覆盖程序语法的词汇分析，并研究和检查独立语句的结构和使用。

静态分析无须程序的执行，因此可以应用在软件开发生命周期的各个阶段，即使在系统的需求分析和概要设计阶段，也能很好地被运用。此外，一些依靠动态测试难以发现或不能发现的错误，也可以使用静态方法来分析和检查。静态分析和动态检测是互为补充的，对错误的检测有各自的特点。静态分析方法中，主要有下述几种。

（1）软件审查（inspection）。软件审查是一种主要的静态分析技术，它依赖于人工检查方式来发现产品中的错误或问题，包含代码审查和设计审查两种类型。

（2）静态排演（walk-through）。设计者或程序员组织开发小组或相关成员对代码分段进行静态分析，通过提问或评论方法寻找可能的错误和问题。

（3）评审（review）。通过会议方式将软件产品让顾客、用户、项目经理等相关人员进行评论，以确定能否被通过。它分为代码评审、设计评审、正式的质量评审、需求评审、测试完成评审几种类型。其中，代码评审包括代码检查和桌面检查等，主要检查代码和设计的一致性、代码的可读性、代码逻辑表达的正确性、代码结构的合理性等方面；可以发现违背程序编写标准的问题，发现程序中不安全、不明确和模糊的部分，找出程序中不可移植部分，找出违背程序编程风格的问题，包括变量检查、命名和类型审查、程序逻辑审查、程序语法检查和程序结构检查等内容。代码检查看到的是问题本身而非征兆，但是代码检查非常耗费时间，而且需要知识和经验。代码检查应在编译和动态测试之前进行，在检查前，应准备好需求描述文档、程序设计文档、程序的源代码清单、代码编码标准和代码缺陷检查表等。

2）动态测试技术

动态检测是通过人工或使用工具运行程序，使被测代码在相对真实的环境下运行，从多角度观察程序运行时能体现的功能、逻辑、行为、结构等，通过检查、分析程序的执行状态和外部表现，来定位程序的错误。当软件系统在模拟的或真实的环境中执行之前、之中和之后，对软件系统行为的分析是动态检测的主要特点。动态检测由构造测试用例、执行程序、分析程序的输出结果三部分组成。

在动态检测技术中，最重要的技术是路径和分支测试。路径测试，使程序能够执行尽可能多的逻辑路径。分支测试需要程序中的每个分支至少被经过一次。分支测试中出现的问题可能会导致今后程序的缺陷。动态分析主要完成功能确认与接口测试、覆盖率分析、性能分析等。

（1）功能确认与接口测试。这部分测试包括各个单元功能的正确执行、单元间的接口，具体包括单元接口、局部数据结构、重要的执行路径、错误处理的路径和影响上述几点的边界条件等内容。

（2）覆盖率分析。覆盖率分析主要对代码的执行路径覆盖范围进行评估，语句覆盖、判定覆盖、条件覆盖、条件/判定覆盖、修正条件/判定覆盖、基本路径覆盖都是从不同要求出发，为设计测试用例提出依据的。

（3）性能分析。代码运行缓慢是开发过程中的一个重要问题。一个应用程序如果运行速度较慢，那么程序员不容易找到是哪里出现了问题。如果不能解决应用程序的性能问题，将降低并极大地影响应用程序的质量，于是查找和修改性能瓶颈就成为调整整个代码性能的关键。

8. 软件测试工具

软件测试作为保证软件质量和可靠性的关键技术，正日益受到广泛的重视，但随着软件项目的规模越来越大，客户对软件质量的要求越来越高，测试工作的工作量也相应地变得越来越大。为了保证测试的质量和效率，人们很自然地想到，是否能够开发软件测试工具，部分地实现软件测试的自动化，让计算机替代人进行繁重、枯燥、重复的测试工作，或通过对软件故障模型的研究，找到定位各种软件故障的方法，使计算机能代替测试人员进行代码检查，从而定位各种各样的软件故障。正确、合理地实施自动化测试，能够充分地利用计算机快速、重复计算的能力，提高软件测试的效率，缩短软件的开发周期。根据软件测试工具的用途不同，可分为白盒测试工具、功能测试工具、负载压力测试工具和测试管理工具等四类。

10.2.5　GIS 性能测试

GIS 性能测试是表明 GIS 是否满足需求规格说明所确定的原有需求和目标的过程。系统测试的类型有容量测试、负载、强度测试、安全测试、可用性测试、性能测试、资源应用测试、配置测试、兼容性测试、可安装性测试、恢复性测试和可靠性测试等。GIS 发展趋势使软件系统和操作平台越来越趋向于大型、复杂化、图形用户界面多层体系结构及依赖于超大型关系数据库等，这使得 GIS 开发更加复杂，对测试人员的要求也越来越高。影响 GIS 的质量要素很多，如正确性、精确性、可靠性、容错性、性能、效率、易用性、可理解性、简洁性、可复用性、可扩充性、兼容性，等等。这些质量因素相辅相成，互相依赖，彼此影响。其中，正确性与精确性排在首位，但性能与效率、易用性、可理解性与简洁性和可复用性与可扩充性也是举足轻重的质量因素。性能测试涉及对整个产品的测试，涉及硬件计算环境、地理数据、基础软件和应用软件。性能测试是最难的测试活动，是从用户的角度，一般由客户或最终用户在指定时间内以生产方式运行并操作软件，从而将最终产品与最终用户的当前需求进行比较的过程。项目合同中很难规定性能验收标准，测试目的主要是发现非常严重的缺陷。性能测试可采用审核文档、观看操作演示、上机测试等方法，以数据库管理的数据集为基础，针对系统各项功能及功能之间的接口，系统软、硬件之间结合的紧密程度，以及系统由此而达到的运算速率和处理效果，可采用逐步加大数据量的方式，测试各项技术指标。

GIS 的性能测试包括：GIS 运行效率、可用性、可靠性和安全性，系统界面友好性、系统运行稳定性、系统操作便捷性、系统运行结果的正确性、海量数据操纵与响应的时效性和其他性能指标（功能组织的合理性、系统维护的方便性、帮助和手册的完备性）。在地理信息系统软件测评工作中软件运行的性能是考核一个软件的重要指标，对性能的考核将贯穿测评的始终。

1. GIS 运行效率

影响 GIS 运行效率的有计算机硬件、系统软件、地理数据和 GIS 软件等多种因素。GIS 软件又分为基础型与应用型两个层次。对于基础型 GIS，常用的测试方法有两种：一是根据系统已有的功能，由用户在技术人员指导下或技术人员根据指定的应用开发目标，从输入数据、编辑数据到信息处理、模型分析，最终得出供生产、管理、规划和决策等使用的数据，并对结果进行评价，包括运行速度、效率、准确性和易用性等；二是根据系统提供的二次开发功能，由技术人员在此平台上建立一个基于此平台的指定的应用模型，以此评价系统的二次开发能力、可扩充性能等。需要指出的是，因为专用型、专题应用型 GIS 的应用目标不同，功能差异巨大，所以，在此无法详细讨论，开发者和用户可依据系统开发中的文档资料选定适合的测试项目和内容。

阻碍网络 GIS 性能的因素分为两大方面：硬件环境和软件环境。聚焦于软件环境，从通用网络 GIS 的三层体系架构入手，分别在数据层、逻辑层和层间数据传输上描述了一些可实施的优化途径及其技术原理，以综合应用来提高网络 GIS 的效率。

高性能 GIS 往往采用并行计算、内存计算、多级缓存、动态调度等技术，实现 GIS 算法的并行化计算，满足云环境下超大规模地理数据的快速入云发布、浏览、查询、分析需求。

2. 可用性测试

可用性测试是确定 GIS 产品的用户界面与用户实际应用软件需求之间的差异，目的是让软件适合于用户的实际工作风格而不是强迫用户的工作风格适应于软件。它需要真正的用户通过仿真或实际形式单独使用产品并观察他们的反应。可用性测试始终围绕"用户满意"进行，所以应尽早让真正的客户参与进来。在未开始测试时就访问 GIS 用户，了解他们即将使用产品的方式，为如何开展测试提供思路。软件的可用性特征包括可访问性、反应性、有效性、可理解性。为了使普通用户在日常工作中方便地使用 GIS 软件，软件的可用性测试是地理信息系统软件测评工作的重要内容。

3. 系统可靠性测试

可靠性测试是测试 GIS 规定的环境条件下，完成规定功能的能力。测试可靠性是指运行 GIS 软件，通过软件的可选路径的不同组合，在一个复杂应用程序中试图找到潜在的失败，如果时间允许，可采用更复杂的测试以揭示更微小的缺陷。

（1）压力测试。压力测试是指模拟巨大的工作负荷以查看应用程序在峰值使用情况下如何执行操作。

（2）集中测试。集中测试主要关注与其他服务、进程及数据结构（来自内部组件和其他外部应用程序服务）的交互。集中测试从最基础的功能测试开始，需要知道编码路径和用户方案，了解用户试图做什么，以及确定用户运用应用程序的所有方式。

（3）随机破坏测试。测试可靠性的一个最简单的方法是使用随机输入。这种类型的测试通过提供虚假的、不合逻辑的输入，努力使应用程序发生故障或挂起。输入可以是键盘或鼠标事件、程序消息流、Web 页、数据缓存或任何其他可强制进入应用程序的情况。这种测试通过强制失败观察返回的错误处理来改进代码质量。

随机测试故意忽略程序行为的任何规范。如果该应用程序中断，则未通过测试。如果该应用程序不中断，则通过测试。这里的要点是随机测试可高度自动化，因为它完全不关心基础应用程序应该如何工作。

在日程和预算允许的范围内，应始终尽可能延长测试时间。不是测试几天或一周，而是要延续测试达一个月、一个季度或者一年之久，并查看应用程序在较长时期内的运行情况。

4. 系统安全性测试

系统安全性测试需要考虑以下三个方面。

第一个方面是用户程序安全，包括：①明确区分系统中不同用户权限；②系统中会不会出现用户冲突；③系统会不会因用户权限的改变造成混乱；④用户登录密码是否是可见、可复制；⑤是否可以通过绝对途径登录系统；⑥用户退出系统后是否删除了所有鉴权（authentication token，AUTN）标记，是否可以使用后退键而不通过输入口令进入系统。

第二个方面是系统网络安全，包括：①测试采取的防护措施是否正确装配好，有关系统的补丁是否打上；②模拟非授权攻击，看防护系统是否坚固；③采用成熟的网络漏洞检查工具检查系统相关漏洞；④采用各种木马检查工具检查系统木马情况；⑤采用各种防外挂工具检查系统各组程序的外挂漏洞。

第三个方面是数据库安全，包括：①系统数据是否机密；②系统数据的完整性；③系统数据的可管理性；④系统数据的独立性；⑤系统数据可备份和恢复能力。

通过上述三个方面，就可以全面地进行系统安全性测试了。

10.3　GIS 项目评价

10.3.1　项目评价方法

GIS 项目评价是在 GIS 测试的基础上，通过对技术因子（如 GIS 运行效率、安全性、可扩展性和可移植性等）、经济因子（如软件的可用性、商品化水平、技术支持与服务能力、软件维护与更新、开发管理等）和社会因子（如系统科学价值、经济效益等）进行评价，从而得出对系统整体水平及系统实施所能取得的效益的认识和评价。GIS 软件评价的基本方法是将运行着的系统与预期目标进行比较，考察是否达到了预期的效果和要求。

根据以上关于软件评价的描述，可以将软件的评价分为三种类型，即技术评价、经济评价和社会评价。

1. 技术评价

技术评价是从技术方面对系统进行评价。其评价指标及具体内容见表 10.3。

表 10.3　系统技术评价指标及具体内容

评价指标	具体内容
可靠性或称安全性	系统在正常环境下能够稳定运行而不发生故障，或者即使发生故障也可以通过系统具备的功能将数据恢复过来，减少系统故障造成损失的能力
可扩展性	为满足新的功能需求而对系统进行修改、扩充的能力，对于商品化 GIS 产品指进一步完善产品的功能、提供更佳的和更通用的用户开发接口及平台的能力
可移植性	系统在多种计算机硬件平台上正常工作的能力及与其他软件系统进行数据共享、交换的能力
系统效率	包括系统运行的速度和运算处理精度两个方面的要求

2. 经济评价

经济评价是从经济及配套服务方面进行的产品评价，其评价指标及具体内容见表 10.4。

表 10.4　系统经济评价指标及具体内容

评价指标	具体内容
系统产生的效益	系统应用对国民经济与生产实践所起的作用，以及 GIS 信息产品商品化能实现的价值
软件商品化程度	指用户的认可程度，体现在软件安装程序的易用性、产品的包装、技术手册、用户手册及界面的友好性和易用性等方面
技术服务支持能力	对用户进行的工作进行跟踪服务和技术指导，有时还可能需要对用户进行集中的技术培训
软件维护与运行管理	软件的易于维护和便于管理的能力

3. 社会评价

社会评价是从间接的经济效益方面进行评价，往往只具有定性的分析而难以定量描述。项目级 GIS 和部门级 GIS 的评价侧重于此，其他类型 GIS 也有一部分用于社会评价。其评价指标及具体内容见表 10.5。

表 10.5　系统社会评价指标及具体内容

评价指标	具体内容
系统的科学价值	系统解决经典问题、区域乃至全球问题等所体现的创新的科学意义和潜在的巨大经济价值
系统的政治与军事意义	GIS 软件利用自身特有的优势，实现在政治、军事等领域的巨大潜在价值
系统决策能力	根据系统所提供的及时、准确的信息所做的正确的决策，产生巨大的间接效益
管理工作改革	系统提高和重视信息导向作用，提高管理工作效率和质量，促进管理体制和组织机构的改革

10.3.2　项目验收报告

项目验收报告是在对系统硬件设备、地理数据、软件进行严格的功能和性能测试过程中形成的系统建设文件。它是用户从运行的角度对所建成的新系统进行评价，验收时用户要调查系统实施后是否达到设计时提出的预期目标，并给出是否可以通过验收的结论。系统测试必须按照系统总体说明书所要求的系统功能和性能进行，并应对测试结果进行分析研究。系统测试报告应包括下列内容。

1. 引言

（1）系统简介。简要介绍被验收系统的名称、基本功能和编写本报告的主要目的，并说明被验收系统的任务提出者、开发者及其主管部门。

（2）验收依据。本系统核准的计划任务书、合同或上级机关的批文；总体设计和子系统设计方案及系统用户需求报告等有关资料。

2. 验收

1）验收环境

列出被测试系统运行的地理数据，软、硬件环境。列出参加验收工作的有关人员名单、工作单位、职称等情况，给出系统验收所采用的方法及与验收有关的其他环境。

2）验收内容

（1）文档验收：说明被验收系统的文件资料档案是否齐全，以及其质量如何。

（2）软件验收：列出被验收系统的软件功能、性能是否达到计划任务书、合同或上级部门批文和设计的要求，系统运行是否满足用户要求。

（3）数据库验收：说明被验收系统的数据库内容是否完整、数据的标准化和质量是否符合要求。

3）验收情况

对照系统设计方案和系统用户需求报告，列出验收系统各个组成部分的步骤；列出各功能模块测试中所得到的动态输入输出数据、图形（包括内部生成数据、图形的输出）的结果，同动态输入输出预期结果相比较，列出发现的问题。逐一简述各项系统的功能，说明为满足此项功能而设计的软件能力及经过一项或多项测试已证实的能力。同时，还应说明测试的输出结果和范围，列出就该功能而言在测试过程中发现的缺陷和局限性。

3. 评价

说明该系统的开发是否达到预期的目标，能否交付使用。根据文档、硬件、数据、软件和整个系统验收情况，说明该系统是否通过验收。

第 11 章　GIS 标准与标准化

　　标准是 GIS 工程组织建设实施的重要手段和必要条件。GIS 标准化的直接作用是保障 GIS 工程及其应用的规范化发展，指导 GIS 相关的实践活动，同时又是保证地理数据交换与共享的前提，拓展 GIS 的应用领域和获得最佳秩序，即降低工程成本、为使用者提供有效服务，从而实现 GIS 的社会及经济价值。GIS 标准化是 GIS 产业发展必要的支撑条件，也是反映一个国家经济发展和科技进步的重要标志。

11.1　标准和标准化概述

　　"不以规矩，不成方圆"是人们在生活中归纳出来的一个十分实用的道理——做任何事都要有规矩，懂规矩，守规矩。这里的规矩就是标准。在同其他社会实践活动相结合的过程中，标准化活动的基本功能是总结实践经验，并把这些经验规范化、普及化。人类工业发展的历史证明，标准化活动几乎渗透到人类社会实践活动的一切领域，是人类社会实践活动的一部分，成为人类社会实践活动不可缺少的内容。

11.1.1　标准和标准化概念

　　标准是科学、技术和实践经验的总结。为在一定的范围内获得最佳秩序，对实际的或潜在的问题制定共同的和重复使用的规则的活动，即制定、发布及实施标准的过程，称为标准化。

　　1. 标准和标准化定义

　　《标准化工作指南 第 1 部分：标准化和相关活动的通用术语》（GB/T 20000.1—2014）条目 5.3 中对标准的描述为：通过标准化活动，按照规定的程序经协商一致制定，为各种活动或其结果提供规则、指南或特性，供共同使用和重复使用的一种文件。其中，对标准的定义是：为了在一定范围内获得最佳秩序，经协商一致制定并由公认机构批准，为各种活动或其结果提供规则、指南或特性，供共同使用和重复使用的一种文件。该文件经协商一致制定并经一个公认机构的批准。它以科学、技术和实践经验的综合成果为基础，以促进最佳社会效益为目的。

　　国际标准化组织（International Organization for Standardization，ISO）一直致力于标准化概念的研究，以"指南"的形式给"标准"的定义做出统一规定：标准是由一个公认的机构制定和批准的文件。它对活动或活动的结果规定了规则、导则或特殊值，供共同和反复使用，以实现在预定领域内最佳秩序的效果。

　　2. 标准分类

　　按标准制定的机构与适用的范围划分有国际标准、国家标准、行业（专业）标准、地方标准、企业规范及项目规范六个等级。

　　1）国际标准

　　国际标准是由国际标准化机构正式通过的标准，或在某些情况下由国际标准化机构正式通过的技术规定，通常包括下述两方面标准。

（1）国际标准化组织（ISO）和国际电工委员会（International Electrotechnical Commission, IEC）制定的标准。

（2）国际标准化组织认可的其他 22 个国际组织所制定的标准。

国际标准由国际标准化组织（ISO）制定和发布，供世界各国参考。它所公布的标准有很大权威性。20 世纪 60 年代初，该机构建立了计算机与信息处理技术委员会（ISO/TC97），专门负责与计算机有关的标准化工作。

2）国家标准

由政府或国家级的机构制定或批准，适合于全国范围的标准。主要有以下几类。

（1）GB：由中华人民共和国国家质量监督检验检疫总局颁布实施的标准。中华人民共和国国家质量监督检验检疫总局是中国的最高标准化机构，由该机构颁布实施的标准简称为"国标"。

（2）ANSI（American National Standards Institute），即美国国家标准协会。这是美国一些民间标准化组织的领导机构，具有一定的权威性。

（3）BS（British standard）：英国国家标准。

（4）DIN（Deutsches Institut für Normung）：德国标准协会。

（5）JIS（Japanese industrial standard）：日本工业标准。

3）行业标准

行业标准是在全国某个行业范围内统一的标准，是由行业机构、学术团体或国防机构制定的适合某个行业的标准，并报国务院标准化行政主管部门备案。当同一内容的国家标准公布后，该内容的行业标准即行废止。行业标准主要有以下几类。

（1）中国行业标准以汉语拼音字母缩写为开头编码。例如，城镇建设行业标准以 CJ 开头；测绘行业标准以 CH 开头；中华人民共和国国家军用标准是由国防科学技术工业委员会批准，适合于国防部门和军队使用的标准，以 GJB 开头。

（2）IEEE（Institute of Electrical and Electronics Engineers）：美国电气和电子工程师学会。近年来该学会专门成立了软件标准分技术委员会，一直从事着软件工程标准的制定推广工作。

（3）DOD-STD（Department of Defense standards）：美国国防部标准，适合于美国国防部门。

（4）MIL-S（Military standard）：美国军用标准，适用于美军内部。

4）地方标准

地方标准是指在某个省、自治区、直辖市范围内统一的标准，地方标准由省、自治区、直辖市标准化行政主管部门制定，并报国务院标准化行政主管部门和国务院有关行政主管部门备案。当相同内容的国家标准或行业标准公布后，该地方标准即自行废止。

5）企业规范

大型企业或公司所制定的适用于企业内部的规范。

6）项目规范

某一项目组织为该项目专用的软件工程规范。

按内容划分有基础标准（一般包括名词术语、符号、代号、机械制图、公差与配合等）、产品标准、辅助产品标准（工具、模具、量具、夹具等）、原材料标准、方法标准（包括工艺要求、过程、要素、工艺说明等）；按成熟程度划分有法定标准、推荐标准、试行标准、标准草案。

标准的制定，国际标准由国际标准化组织（ISO）理事会审查，ISO 理事会接纳国际标准并由中央秘书处颁布。中国国家标准由国务院标准化行政主管部门制定，行业标准由国务院有关行政主管部门制定，企业生产的产品没有国家标准和行业标准的，应当制定企业标准，作为组织生产的依据，并报有关部门备案。

法律对标准的制定另有规定，依照法律的规定执行。制定标准应当有利于合理利用国家资源，推广科学技术成果，提高经济效益，保障安全和人民身体健康，保护消费者的利益，保护环境，有利于产品的通用互换及标准的协调配套等。

3. 标准实施形式

（1）直接采用上级标准。直接采用上级标准就是直接引用标准中所规定的全部技术内容、毫无改动地实施，对重要的国家和行业基础标准、方法标准、安全标准、卫生标准、环境保护标准必须完全实施。

（2）压缩选用上级标准。压缩选用有两种方法：一种是对标准中规定的产品品种规格、参数等级等压缩一部分，对允许采用的产品品种规格、参数等，在正式出版发行的标准上标注"选用"或"优选"标记，企业有关部门，按标准中规定的标记执行；二是编制"缩编手册"，即把有关"原材料""零部件""结构要素""通用工具"等国家标准、行业标准内容进行压缩，将选用的部分汇编成册。

（3）对上级标准内容做补充后实施。当所实施的标准内容（如对通用技术条件、通用实验方法、通用零部件等）规定得比较概括、抽象、不便于操作时，可在不违背标准的实质内容和原则精神的条件下，做一些必要的补充规定，以利于贯彻实施；还有一种情况是上级标准规定的产品参数指标偏低，企业可提出严于上级标准的补充规定。

（4）制定并实施配套标准。某些相关标准本应成套制订，成套贯彻实施，但因条件所限，成套标准中有一两种或者若干种标准未能及时制定出来，此时企业可根据已有的标准内容，自行制定与其配套的标准，以便更全面有效地实施标准。

（5）制定并实施严于上级标准的企业标准。企业根据市场的需要，可以制定出高于国家标准或行业标准的企业标准，并加以实施。

标准的贯彻工作，大致分为计划、准备、实施、检查与监督和总结五个阶段。

11.1.2　GIS 标准和标准化

GIS 工程巨大而复杂，数据来源广泛，因此要求信息分类、数据格式、技术流程和设备配置等有一系列标准、规范和规程进行约定。从已建立的 GIS 来看，突出问题表现在各部门重复建设、存在严重的质量问题、通用性差等上。GIS 网络化带来海量终端用户和海量多源数据，为了实现信息交换、资源共享、互操作和协同工作，必须进行 GIS 标准化设计。

1. GIS 标准和标准化概念

1）GIS 标准和标准化定义

（1）GIS 标准定义：GIS 标准是在 GIS 工程建设实践范围内为获得最佳秩序，对 GIS 工程实践活动或其结果规定共同和重复使用的规则、准则或特性的文件，该文件需要协商一致制定并经公认的机构批准。

（2）GIS 标准化定义：GIS 标准化是围绕着标准的制定、发布和实施这三个环节进行的。GIS 标准的制定活动需要有关各方的共同参与并协商一致；GIS 标准的发布需经公认的机构批准；GIS 标准的实施需要有关各方的大力宣贯、推动和监督。

根据 GIS 特点，其标准化应做好：①分析 GIS 对标准化工作的要求，编制 GIS 标准体系表；②调查与 GIS 有关的国家、地方、行业及国际标准，根据实际提出相应的标准制定规划；③应组织制定一些内部规定或指导性文件，对暂时不能制定标准的情况进行规范；④制定 GIS 标准化指导文件，使其有章可循。

2）GIS 标准化的原则

GIS 标准体系表是反映 GIS 行业范围内整套标准体系结构和相互关系的图表。通过这一图表，可以清楚地看出标准的所属层次和结构，以及当前标准的齐全程度和今后应制定的标准项目。为了充分体现上述内容，并在实践中能够为计划的编制提供科学依据，起到客观指导和管理作用，编制 GIS 标准体系表必须遵循以下原则。

（1）科学性。标准体系表中，层次的划分和信息分类标准项目的拟定不能以行政系统的划分为依据，而必须以 GIS 技术及其所涉及的社会经济活动性质和城市综合体总体为主要思路和科学依据。在行业间或门类间项目存在交叉的情况下，应服从整体需要，科学地组织和划分。

（2）系统性。标准体系表在内容、层次上要充分体现系统性，按 GIS 工程的总体要求，恰当地将标准项目安排在不同的层次上，做到层次主次分明、合理，标准之间体现出衔接配套关系，反映出纵向顺序排列的层次结构。

（3）全面性。对 GIS 行业所涉及的各种技术、管理工作和各类型数据的标准对象，都应制定相应的标准，并列入标准体系中。这些标准之间应协调一致、互相配套，构成一个完整、全面的体系结构。

（4）兼容性。列入标准体系表中的标准项目，应优先选用我国的国家标准（GB）和行业标准，同时应充分体现等同或等效采用国际标准和国外先进标准的精神，尽量使我国 GIS 标准与国际标准接轨，为实现行业、地域、全国和全球的信息资源共享和系统兼容奠定基础。

（5）可扩展性。在编制标准体系表、确定标准项目时，既要考虑目前的需要和技术水平，又要对未来的科学技术发展有所预见，所以标准体系表应具有可扩展性，以适应现代科学技术发展的要求和需要。

3）GIS 标准化的实现

实现 GIS 标准化一般原则：①必须贯彻国家标准；②积极采用国际标准；③同其他领域标准化相协调一致。

（1）凡是需要统一的技术要求，如果有现行国家标准，就必须贯彻执行国家标准。

（2）若没有国家标准而有相应行业标准，则执行相应的行业标准。

（3）如果没有国家标准和行业标准，但是有地方标准，则执行相应的地方标准。

（4）如果没有国家标准、行业标准及地方标准，而有相应的国际标准或类似的国外先进标准，则可以先参照采用国际标准或国外先进标准，同时建议立项制定相应的标准。

（5）如果没有任何相应标准，但是有相关的内部规范或指导性技术文件，则应当借鉴采用这些规范或文件，同时积极制定相应标准。

（6）做好 GIS 标准化审查工作。

在制定标准体系表的具体方法上，必须区分 GIS 和国家其他部门信息系统在标准方面的共性特征和 GIS 的个性特征，以此作为标准体系层次划分的依据。同时也注意到层次的相互衔接和层次划分深浅的一致，但不排除一些类别的进一步细化，直到标准项目为止，以充分体现标准项目的结构特征和隶属关系。

需要说明的是：GIS 应用实践范围并不完全是共性化的，而是更多地表现出行业或特定应用领域的色彩，因此在应用层面上的 GIS 标准应归于行业或领域标准；但 GIS 应用实践活动必然涉及 GIS 系统建设和地理信息的规范化，在这两方面的重复性事物和概念是表现出共性特征的，所以其相应的 GIS 标准应以国家标准的形式来发布实施。

4）GIS 标准化的趋势

标准化对于 GIS 的重要意义在 GIS 涉及的各部门中早已形成了普遍共识，我国 GIS 标准化正在经历着从单一标准到体系标准、从只涉及一个研究领域发展为涉及多个领域、从传统技术向高新技术领域开拓、从领域需求转向市场需求的过程，未来的 GIS 标准化发展将会在以下几个方面有所侧重。

（1）突出整体性。即从整体的角度展开 GIS 的标准化，研究具有层次结构的 GIS 标准参考模型、GIS 标准相互间的关系，整理整合现有标准，从整体层面上统一标准体系结构，解决标准化基础问题。通过整体研究，建立全面的 GIS 标准体系框架，以体系框架为依据确定 GIS 标准化工作的目标和规划。

（2）强调数据共享和互操作。从 GIS 整体考虑，围绕系统的共性特征，针对统一术语定义、统一设计与实施方法、统一体系结构、统一信息分类编码、统一数据交换格式、统一接口规范等问题，提出一系列标准化的原则和具体要求；同时对地理信息的空间定位、系统的软硬件环境、数据质量、数据通信与系统互联、系统的安全与保密等方面提出相应的标准化、规范化要求，以达到数据共享的目的，并为系统互操作打下基础。

（3）与国际接轨。借鉴吸收国际标准的内容及处理方法，将研究的重点从一个个具体应用性标准转移到 GIS 标准化基本规则与标准化手段方法等结构化标准方面，从而少走弯路，赶上国际 GIS 标准化的发展趋势。

（4）建立若干 GIS 标准化机制。包括：

建模机制。对 GIS 标准化的对象进行抽象，建立其一般性结构模型，通过模型分析得出标准化的解决方案。

Profile/Profiling 机制。通过选取已有标准的适用内容结合特定目的生成针对具体 GIS 应用需求的专用标准，以适合于特定的应用领域或用户。

标准化元数据机制。对已经建立的 GIS，规范其元数据，使 GIS 用户知道自己所需要的数据可以在哪里找到、维护者是谁、内容包含了些什么、相关环境怎样、如何得到等。

一致性测试机制。对 GIS 的标准化实现给予认证认可，一方面贯彻实施标准进行测试，另一方面促进多边互认，并使相应的 GIS（或产品）在用户中增加可信度。

用户参与机制。使 GIS 标准的制定，不再只是标准制定者的单方行为，而是标准制定者与标准用户彼此协作的结果，这样制定出的 GIS 标准更贴近用户的实际需求。

2. GIS 标准化的目标

GIS 标准化的目的在于保障 GIS 技术及其应用的规范化发展，指导 GIS 相关的实践活动，拓展 GIS 的应用领域。GIS 的标准体系是 GIS 技术走向实用化和社会化的保证，对于促进地理信息共享、实现标准化体系化具有巨大的推动作用。

1）促进地理数据使用与交换

GIS 所直接处理的对象是反映地理信息的地理数据，地理数据生成及其操作的复杂性，是造成 GIS 研究及其应用实践中许多共性问题的重要原因。不规范的地理数据给地理数据质量、地理数据存储和操作、地理数据交换和共享、地理数据分析与应用等方面带来术语不一致、数据语义不确定、数据类型不一致、数据结构不统一、功能不符合和分析处理结果表达不理解等问题。进行 GIS 标准化研究最直接的目标，就是解决在 GIS 应用中遇到的这些问题。

（1）地理数据质量保证。影响地理数据质量的因素包括两方面：一方面是生产部门数字化作业人员水平参差不齐，各种数据采集设备的精度不同，导致最终对 GIS 数据的精度进行控制的难度；另一方面是对地理属性特征的识别质量，如果没有严谨的标准规范，人们对地理属性认知存在差异，就会传导属性数据误差，从而导致 GIS 使用地理数据的不确定性。通过制定一系列的标准和规程对地理数据质量实施控制。例如，地图数字化操作规范、遥感图像解译规范等标准化规范，以及日常工作的规章制度，可以指导和规范工作人员的工作，以最大限度地保障地理数据产品的质量。

（2）地理数据库设计。在 GIS 实践中，数据库设计是至关重要的一个问题，它直接关系数据库应用的方便性和数据共享。一般来说，数据库设计包括三方面的内容：数据模型设计、数据库结构和功能设计，以及数据建库的工艺流程设计。在这三方面内容中，可能会出现一些问题。要解决这些问题，就需要针对数据库的设计问题建立相应的标准，如数据语义标准、数据库功能结构标准、数据库设计工艺流程标准。

（3）元数据标准。地理元数据标准化及其规范化，其中代表性的工作就是对 GIS 元数据的研究及其标准的制定。明确的元数据定义及方便地访问元数据，是安全地使用和交换数据的最基本要求。一个系统中如果不存在元数据说明，很难想象它能被除系统开发者之外的第二个人正确应用。因此，除了空间信息和属性信息以外，元数据信息也被作为地理信息的一个重要组成部分。

（4）地理数据格式。在 GIS 发展初期，GIS 的数据格式被当作一种商业秘密，因此对 GIS 数据的交换使用几乎是不可能的。为了解决这一问题，通用数据交换格式的概念被提了出来，并且有关空间数据交换标准的研究发展很快。在 GIS 软件开发中，输入功能及输出功能的实现必须满足多种标准的数据格式。

2）地理可视化符号设计

地理信息的可视化表达，是 GIS 区别于一般商业化管理信息系统的重要标志。地图学在几百年来的发展过程中，为地理信息的可视化表达提供了大量的技术储备。在 GIS 技术发展早期，地理数据的显示基本上直接采用传统地图学的方法和标准。但是，由于 GIS 面向空间分析功能的要求，地理数据的 GIS 可视化表达与地图的表达方法具有很大的区别。传统的制图标准并不适合地理数据的可视化要求，例如，利用已有的地图符号无法表达三维 GIS 数据。解决 GIS 可视化表达的一般策略是：与标准的地图符号体系相类似，制定一套标准的、在 GIS 中用于显示地理数据的符号系统。GIS 标准符号库不但应包括图形符号、文字符号，还应当包括图片符号、声音符号等。

3）促进地理信息共享

地理信息的共享，是指地理信息的社会化应用，即地理信息开发部门、地理信息用户和地理信息经销部门之间以一种规范化、稳定、合理的关系共同使用地理信息及相关服务的机制。

地理信息共享受信息技术的发展（包括 RS 技术、GPS 技术、GIS 技术、网络技术）、相关的标准化研究及其所制定的各种法规保障制度的制约。现代地理信息共享以数字化形式为主。在共享方式上，数据共享以分布式的网络传输方式为主。

从信息共享的内容上来看，地理信息的共享并不只是空间数据之间的共享，它还是其他社会、经济信息的空间框架和载体，是国家及全球信息资源中的重要组成部分。因此，除了空间数据之间的互操作性和无误差的传输性作为共享内容外，空间数据与非空间数据的集成也是地理信息共享的重要内容。后一种数据共享方式具有更大的社会意义，因为它为某些社会、经济信息的利用提供了一种新的方法。

地理信息共享有三个基本要求：①要正确地向用户提供信息；②用户要无歧义、无错误地接收并正确使用信息；③要保障数据供需双方的权利不受侵害。在这三个要求中，数据共享技术的作用是最基本的，它将在保障信息共享的安全性（包括语义正确性、版权保护及数据库安全性等方面）和方便灵活地使用数据方面发挥重要的作用。数据共享技术涉及面向地理信息系统过程语义的数据共享概念模型的建立、地理数据的技术标准、数据安全技术和数据的互操作性四个方面。

4）实现地理数据互操作

互操作是指一种能力，使得分布的控制系统设备通过相关信息的数字交换能够协调工作，从而达到一个共同的目标。传统上互操作是指"不同平台或编程语言之间交换和共享数据的能力"（interoperability is the ability to communicate and share data across programming languages and platforms）。为了达到"平台或编程语言之间交换和共享数据"的目的，需要包括硬件、网络、操作系统、数据库系统、应用软件、数据格式、数据语义等不同层次的互操作，问题涉及运行环境、体系结构、应用流程、安全管理、操作控制、实现技术、数据模型等。

地理信息系统的异构是一种状态，而互操作一般而言必须是一种交互行为：一方提供服务而另一方接受服务，其中必然包含两个系统（实体）之间的信息交流过程，否则就不是互操作。互操作都需要建立在大量的标准规范的基础上，进行时互操作除了与设计时的互操作一样要求有关数据结构、格式、语法、通信协议等静态的标准规范之外，还需要更多的服务过程、组合、注册、发现等方面的体系规范。

地理数据互操作是指通过规范接口自由处理所有种类地理数据的能力和在 GIS 软件平台通过网络处理地理数据的能力。地理数据的互操作性体现在两个方面：一是在不同 GIS 数据库之间数据的自由传输；二是不同用户可以自由操作、使用同一数据集并不会发生错误。

地理数据的互操作，指针对异构的地理数据库和平台，实现地理数据处理的互操作，是"动态"的地理数据共享，独立于平台，具有高度的抽象性，是地理数据共享的发展方向。它包括从最底层的面向硬件的互操作，到应用层次的信息团体之间的语义共享。实现地理数据的互操作标准之一是：开放的地理数据互操作规范（open geodata interoperability specification，OpenGIS）。OpenGIS 是由 OGC 提出的有关地理信息互操作的框架和相关标准和规范。Open GIS 框架主要由三部分组成：开放的地理数据模型、开放的服务模型和信息群模型。在 Open GIS 互操作框架下，OGC 又制定了一系列的抽象规范和实现规范用于指导应用 GIS 互操作的构建，从标准的格式、结构和功能等方面介绍了 14 个主题。

5）GIS 产品的测评

对于一个产业来讲，其产品的测评是一件非常重要的工作。同样，在 GIS 产品的质量、等级、性能等方面进行测试与评估，对于 GIS 项目工程的有效管理、促进地理信息市场的发展具有重大意义。

11.1.3　GIS 工程标准体系

GIS 标准体系表是应用系统科学的理论和方法，运用标准化工作原理，说明 GIS 标准化总体结构，反映全国 GIS 行业范围内整套标准体系的内容、相互关系并按照一定形式排列和表示的图表。GIS 标准体系涉及地理信息的硬件设备标准、数据结构及格式标准、GIS 软件标准和 GIS 数据集等内容。GIS 工程标准具体涉及的内容如图 11.1 所示。

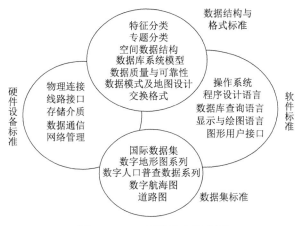

图 11.1　GIS 标准的有关内容

1. 硬件设备的标准

包括硬件网络设备的物理连接、线路接口、存储介质、数据通信的方式和网络管理的方式等，如国际化标准组织制定的 X500 和 Z39.50 标准。

2. 软件方面的标准

包括操作系统、数据库查询语言、程序设计语言、显示与绘图语言、图形用户接口等，如美国开放 GIS 模型标准。

软件工程标准的类型主要有四类：过程标准、产品标准、专业标准和记法标准。过程标准包括方法、技术及变量等；产品标准包括需求、设计、部件、描述及计划报告等；专业标准包括职别、道德准则、认证、特许及课程等；记法标准包括术语、表示法及语言等。

根据软件工程目前发展的情况和水平来看，在近几年内，软件工程标准化的重点仍将是文件编制及围绕着软件生存期各阶段的方法和工具的标准化，如用户要求规范、设计方法和工具、软件质量保证方案和技术、测试技术等。软件工程标准化的重点是围绕整个软件生存期的方法论和开发环境，即整个软件开发流程的标准化和具体系统的标准化，将逐步出现各种用途的软件开发流程技术标准和专用工具系统标准。从长远看，软件工程标准化和软件的标准化会更紧密地结合起来，即软件生产过程、工具、环境的标准与软件产品标准相结合。

软件工程的标准主要有两个：一是 FIPS 135，其是美国国家标准局（National Bureau of Standards，NBS）发布的《软件文档管理指南》；二是 ISO 5807，是国际标准化组织公布的《信息处理——数据流程图、程序流程图、系统流程图、程序网络图和系统资源图的文件编制符号及约定》，现已成为中国国家标准。

3. 地理数据和格式标准

GIS 标准化的内容广泛，地理信息门类和层次、分类与编码、记录格式与转换和地理信息规范及标准的制定，几乎涉及所有与 GIS 相关的领域。其中，地理数据标准是核心。地理数据标准并不是简单的数据交换标准，而是包括数据的定义、数据的描述和空间数据模型、数据的处理、数据库系统模型、数据质量与可靠性、地理特征分类系统、数据的结构方案和地图方法、数据的转换格式等，如美国空间数据转换标准和元数据标准等。空间数据标准的缺乏将导致大量建成系统资源不能相互共享、技术不能相互集成，并难以再发展。

1）地理信息的内容和层次

制定空间数据共享标准，首先需要研究和定义空间数据模型，进而定义相应的数据结构。地理空间数据不同于一般的事务管理数据，一般的事务数据或者说属性数据仅有几种固定的数据模型，而且一般关系数据库管理系统直接提供读写数据的函数，数据的转换问题比较简单。但是，地理空间数据不同，由于对空间现象理解的差异，对空间对象的定义、表达、存储方式也不相同。GIS 数据模型的设计是在对于地理知识的演绎和归纳基础之上，形成反映地理系统本质的形式化的地理信息的组织和表达模式。

（1）地理知识、地理信息和地理数据。地理知识是有关地理现象及地理过程发展规律的正确认识的集合。地理信息是地理知识的一种，它强调对于地理知识的规范化及其结构化的描述形式。地理数据是地理信息的数字化载体，只有建立在某种数据模型基础上的地理数据集，才能够表达地理信息和地理知识，才具有地理分析的意义。

（2）地理信息的构成和信息结构。地理信息是对地理实体特征的描述，地理实体特征一般分为四类：①空间特征，描述地理实体空间位置、空间分布及空间相对位置关系。②属性特征，描述地理实体的物理属性和地理意义。③关系特征，描述地理实体之间所有的地理关系，包括对空间关系、分类关系、隶属关系等基本关系的描述，也包括对由基本地理关系所构成的复杂地理关系的描述。④动态特征，描述地理实体的动态变化特征。地理信息对这些特征的描述，是以一定信息结构为基础的。一个合理的信息结构中的各个信息项应当具有明确的数据类型定义，它不但能全面反映上述地理实体的四类特征，而且能够很容易地被映射到一定的数据模型之中。一般地，设计出反映地理实体某项信息的信息结构并不困难；难度较大，而且也更为主要的是设计一个能够全面反映地理现实的信息模型。

对地理信息的描述是以数据为基础的，关于数据本身的一些描述信息，如数据质量、数据获取日期、数据获取的机构等，因为它们间接地描述了地理实体，所以也成为地理信息的组成之一。这一类信息在 GIS 领域一般称为元数据。

2）地理信息的分类与编码

地理数据对地理现实的表达是建立在一定的逻辑概念体系之上的，对地理知识的系统化是建立这些逻辑概念的基础，而地理信息的分类是地理知识系统化的一个重要方法。

（1）地理信息的分类。作为地学编码基础的分类体系，主要是由分类与分级方法形成的。分类是把研究对象划分为若干个类组，分级则是对同一类组对象再按某一方面量上的差别进行分级。分类和分级共同描述了地物之间的分类关系、隶属关系和等级关系。在 GIS 领域中的分类方法，是传统地理分析方法的应用。

地理信息的分类方法并不是要以整个地理现实作为它的分类对象，其目的是要为某种地理研究及其应用服务。不同地理研究目的之下的分类体系可能不同，即使研究对象为同一地理现实，而用以描述该地理现实的分类体系则可能有质的不同。如果从地理组成要素的观点出发，并且认为地貌、水文、植被、土壤、气候、人文是全部的地理组成要素，那么这六大组成要素就形成了六大分类体系。这六大分类体系共同组成了对地理现实的描述体系。

地理信息的分类方法也可以是成因分类，即以成因作为主要的分类指标进行地物分类。地理信息的另一种分类方法，以地理现实的空间分布特点为主要指标进行分类，ISO 将这种以地理空间差异为主要指标而划分形成的空间体系称为地理现实的非直接参考系统，行政区划、邮政编码都是这类的代表。

分类体系中的分级方法所依据的指标，一般以地理现实的数量指标或质量指标为主。例如，对河流的分级描述、土地利用类型的确定，最有代表意义的是以地物光谱测量特征为主要指标的遥感解译和制图。

应用目的不同和分类指标不同，在极大地丰富了地理分类学研究内容的同时，也在一定程度上造成了使用上的困难，其最大的问题是各分类体系之间不兼容。因为这种分类体系的直接应用是对地理现实的编码表示，所以各分类体系之间的不兼容将导致同一地物的编码不一，或同一编码所具有的语义有多个，从而造成了数据共享困难。

（2）地理信息的编码。对地理信息的代码设计是在分类体系基础上进行的，在编码过程中所用的码有多种类型，如顺序码、数值化字母顺序码、层次码、复合码、简码等。我国所编制的地理信息代码以层次码为主。

层次码是以分类对象的从属和层次关系为排列顺序的一种代码，它的优点是能明确表示出分类对象的类别，代码结构有严格的隶属关系，例如，《中华人民共和国行政区划代码》（GB/T 2260—2007），《基础地理信息要素分类与代码》（GB/T 13923—2006）都采用了层次码作为代码的结构。

地理信息的编码要坚持系统性、唯一性、可行性、简单性、一致性、稳定性、可操作性、适应性和标准化的原则，统一安排编码结构和码位；在考虑需要的同时，也要考虑代码的简洁明了，并在需要的时候进一步扩充，最重要的是要适合于计算机的处理和方便操作。目前，形成国家标准的地理信息方面的分类及代码已有多个，如《中华人民共和国行政区划代码》（GB/T 2260—2007）、《基础地理信息要素分类与代码》（GB/T 13923—2006）。

3）地理数据的记录格式与转换

不同 GIS 软件工具，记录和处理同一地理信息的方式是有差别的，这往往导致早期不同 GIS 软件平台上的数据不能共享。记录格式的不同加上格式对用户是隐蔽的，导致了数据使用上的困难。世界上已有许多数据交换标准，其中有关数据格式的转换建立了一种通用的、对用户来讲是透明的通用数据交换格式。数据格式的另一个内容，是数据在各种媒介上的记录标准问题。

（1）地理数据交换格式。在数据转换中，数据记录格式的转换要考虑相关的数据内容及所采用的数据结构。如果是纯粹为转换空间数据而设立的标准，那么重点考虑的是：①不同空间数据模型下空间目标的记录完整性及转换完整性。例如，由不同简单空间目标之间的逻辑关系形成的复杂空间目标，在转换后其逻辑关系不应被改变。②各种参考信息的记录及转换格式，如坐标信息、投影信息、数据保密信息、高程系统等。③数据显示信息，包括标准的符号系统、颜色系统显示等。

对于地理信息，除了考虑上述数据的转换格式外，还应该考虑：①属性数据的标准定义及值域的记录与转换。②地理实体的定义及转换。③元数据（metadata）的记录格式及转换等。在转换过程中，地理数据是一个整体，各类数据一般以单独转换模块为基础进行转换，因此，还要具备不同种类数据转换模块之间关系的说明及数据整体信息的说明。例如，利用一定的机制说明不同转换模块的记录位置信息、转换信息的统计等。

在所有数据标准中，数据交换格式的发展是最快的，GIS 软件开发商在其中做了不少工作，例如，DXF、TIFF 等可以用于空间数据的记录与交换；SDTS、DIGES 等数据交换标准，以一定的概念模型为基础，不但注重空间数据的数据格式，而且注重属性数据的数据格式及空间、属性数据之间逻辑关系的实现。

（2）地理数据的媒介记录格式。在数据的使用过程中，数据总是以一定的媒介（如磁带、磁盘、光盘）等作为存储载体。数据在媒介上的记录格式对用户是否透明也是制约数据应用范围的一个重要因素。在该类记录格式的标准化过程中，各种媒介本身的技术发展对记录格式的影响很大。

4）地理数据交换

目前主要存在以下三种数据共享或者说数据交换方式，即外部数据交换、空间数据相互操作协议和空间数据共享平台。

外部数据交换是指直接读写其他软件的内部格式、外部格式或由其转出的某种标准格式。而外部交换只是空间数据共享的一种较为低级的形式，这种交换要通过两次转换才能实现，并难以做到空间数据的动态更新和保持数据的一致性。

空间数据相互操作协议是美国等国家 10 多家 GIS 软件公司制定的一个开放性地学数据相互操作协议（Open Geodata Interoperation Specification，OGIS）空间数据共享方案。它的主要目的是制定出一套各方能接受的空间数据操纵函数 API。大家遵循这一标准，各厂商提供与这一 API 函数一致的驱动软件，不需借助外部数据文件，不同的软件就可以互相操纵对方的数据。

空间数据共享平台是当前大数据和云计算时代下主流的空间数据共享方式。采用 C/S 体系结构，一个部门或政府所有的空间数据及各个应用软件模块都共享一个平台。所有的数据都存在服务器端（云端），各个应用软件都是一个客户端的程序，通过这一平台向服务器中存取数据。任何一个应用程序所做的数据更新都及时地反映在数据库中，避免了数据的不一致问题。

空间数据共享方法的研究在国外非常受重视，如美国、加拿大、英国、德国、澳大利亚、芬兰、瑞典等国制定和颁布了国家或行业的地理空间数据交换标准。在国际上，先后出现了多种数据交换标准，如下。

（1）数据交换标准格式，如美国地质调查局的 DLG 数据交换格式、Autodesk 有限公司的 DXF 数据交换格式、Intergraph 公司的 ISIF、加拿大的 MDIF、英国的 NTF。

（2）特征分类、分析及标准特征编码方案，如加拿大的地理信息委员会（Canada Council on Geomatics）制定的标准。

（3）专题分类、分析与编码方案，如新西兰的土地利用分类标准。

（4）数据质量与可靠性报告标准，如美国开发的 DCDS Task Force。

（5）美国的"空间数据转换标准"（the spatial data transfer standard，SDTS），解决不同数据类型、结构方式的地理和制图空间数据之间的转换问题。

（6）多国数字地理信息工作组（Digital Geographic Information Working Group，DGIWG）设计了"数字地理信息交换标准"（digital geographic information exchange standard，DIGEST），以建立数字地理数据交换的统一方法。

5）数据集标准

数据集标准包括国际数据集、数字地形图系列、数字人口普查数据系列、数字航海图、道路图和其他各类数据集，如美国人口普查局的 TIGER 文件等。

在制定地理信息工程的相关标准和规范时，都要涉及这四类相互关联的问题，或者说要同时协调处理这四类问题。

4. 地理信息标准的制定

地理信息技术标准的制定、管理和发布实施，是将地理信息技术活动纳入正规化管理的重要保证。在标准的制定过程中，必须遵守国家相关的法律法规，特别是《中华人民共和国标准化法》和《中华人民共和国标准化法实施条例》。

1）制定地理信息技术标准的主要对象

制定标准的主要对象，应当是地理信息技术领域中最基础、最通用、最具有规律性、最值得推广和最需要共同遵守的重复性的工艺、技术和概念。针对地理信息领域，应优先考虑作为标准制定对象的客体如下。

（1）软件工具，如软件工程、文档编写、软件设计、产品验收、软件评测等。

（2）地理数据，如数据模型、数据质量、数据产品、数据交换、数据产品评测、数据显示、空间坐标投影等。

（3）系统开发，如系统设计、数据工艺工程、标准建库工艺等。

（4）其他，如名词术语、管理办法等。

2）制定地理信息技术标准的一般要求

（1）认真贯彻执行国家有关的法律法规，使地理信息技术标准化的活动正规化、法制化。

（2）在充分考虑使用的基础上，注意与国际接轨，并注意在标准中吸纳世界上最先进的技术成果，以使所制定的标准既能适合于现在，还能面向未来。

（3）编写格式要规范化。在制定地理信息技术标准时，要遵守标准工作的一般原则，采用正确的书写标准文本的格式。我国颁布了专门用于制定标准的一系列标准，详细规定了标准编写的各种具体要求。

3）编制标准体系表

围绕着地理信息技术的发展，所需要的技术标准可能有多个，各技术标准之间具有一定的内在联系，相互联系的地理信息技术标准形成地理信息技术标准体系。信息技术标准体系具有目标性、集合性、可分解性、相关性、适应性和整体性等特征，是实施编制整个地理信息技术标准的指南和基础。

地理信息标准体系反映了整个地理信息技术领域标准化研究工作的大纲，规定了需要编写的新标准，还包括对已有的国际标准和其他相关标准的使用。对国际、国外标准的采用程度一般分为三级：等同采用、等效采用和非等效采用。我国标准机构对标准体系表的编制有详细的规定。

11.2　国外 GIS 标准化

目前国外 GIS 标准化最有影响的是 ISO/TC 211 和 OGC 两个组织开展的标准化活动。

11.2.1　国外 GIS 标准化现状

自 20 世纪 60 年代以来，随着 GIS 技术在国际上的迅速发展，信息系统的标准化问题也日益受到国际社会的高度重视。

美国早在 20 世纪 60 年代就制定了联邦信息处理标准（federal information processing standards，FIPS）计划，并由美国国家标准和技术研究院（National Institute of Standards and Technology，NIST）直接负责。在这一计划中，首先制定的标准是地理编码标准，被广泛称为 FIPS 编码。20 世纪 80 年代初，美国国家标准局与美国地质调查局（United States Geological Survey，USGS）签订了协调备忘录，把 USGS 作为联邦政府研究和制定地理数据标准的领导机构。1993 年，美国国家标准协会（American National Standards Institute，ANSI）成立了"GIS 技术委员会"。1994 年，美国总统克林顿签署了"地理数据采集和使用的协调——国家空间数据基础设施"的行政命令。"国家空间数据基础设施"的标准化工作目前主要侧重于数据标准化问题。美国一些著名的 GIS 专家提出，GIS 的标准范围应该包括数据、数据管理、硬件、软件、媒体、通信和数据表达等。

加拿大是国际上信息规范化和标准化研究卓有成效的国家之一。早在 1978 年，加拿大测绘学会（Canadian Institute of Surveying and Mapping，CISM）就授权加拿大能源矿产资源部测绘局成立适当机构，研究制定数字制图数据交换标准，并为此成立了三个委员会。

瑞典的地理信息标准化工作，在早期主要是由于实际需要的推动，由地方政府联合会发起的，旨在开展地图数据交换格式的研究工作，其中包括了大比例尺应用中所有的制图数据编码。1989 年，瑞典土地信息技术研究与发展委员会（The Urban Land Institute，ULI）提出了由其牵头的国家 STANLI 项目计划。1990 年，瑞典标准化机构（Swedish Standards Institute，SIS）的下属机构 SIS-STG 直接负责 STANLI 的 GIS 标准化计划。

法国标准化协会（Association Francaise de Normalization，AFNOR）在 20 世纪 90 年代初向欧洲标准化委员会（Comité Européen de Normalization，CEN）提出了"地理信息范围内标准化"的建议，并获批准，为此在 CEN 内成立了地理信息技术委员会（CEN/TC287），该委员会下设四个工作组，其研究内容包括：通用术语和词汇表、数据分类和特征码、通用概念数据模型、通用坐标系、定位方法、数据描述、查询和更新、欧洲空间数据转换格式（European Transfer Format，ETF）等。

一些国际组织，如北大西洋公约组织（North Atlantic Treaty Organization，NATO），也建立了数字地理信息工作组（Digital Geographic Information Working Group，DGIWG），并完成了主要用于军事目的的 DIGEST 空间数据交换标准；国际海事组织（International Maritime Organization，IMO）和国际水文组织（International Hydrographic Organization，IHO）制定了 DX-90 空间数据交换标准；国际制图协会（International Cartographic Association，ICA）建立了数字制图交换标准委员会。

跨入 21 世纪，由于经济全球化的进程不断加快，国际标准的地位和作用也越来越重要。WTO、ISO、EU 等国际组织和美国、日本等发达国家纷纷加强了标准研究，制定出标准化发展战略和相关政策。WTO/TBT 协议中规定了世界各国和国际标准化机构必须遵循的原则和义务。国际标准化机构在制定国际标准过程中，要确保制定过程的透明度（文件公开）、开放性（参加自由）、公平性和意见一致（尊重多种意见）；要确保国际标准的市场适应性。EU 标准化战略强调要进一步扩大欧洲标准化体系的参加国，要统一在国际标准化组织中进行标准化提案，要在国际标准化活动中确立欧洲的地位，加强欧洲产业在世界市场上的竞争力。美国和日本等发达国家均把确保标准的市场适应性，国际标准化战略、标准化政策和研究开发政策的协调、实施作为标准化战略的重点。各国在研究制定标准化发展战略的同时，将科技开发与标准化政策统一协调。EU 也把国际标准化战略作为重点，在国际标准化组织中统一进行标准化提案，在国际标准化中确立欧洲的地位，所以 EU 在国际标准化舞台上具有优势。发达国家在建立和完善标准体系方面受到各方和广大企业的广泛重视。在日本，有许多关于标准体系表的专著和论文发表；在德国，1983 年 B.Hartlieb、H.Neitsche 和 W.Urban 三人发表了《标准中的体系关系》，对德国标准化协会（DIN）中约 1500 个标准的关系进行了分析，指出了相互存在冲突和矛盾的近 200 个标准，发现了缺项标准，给出了一个合理的方法体系结构图表。美国《军用通信设备通用技术要求》，其实质是一整套军用通信设备的标准。

国际上地理信息产业的标准和规范的发展十分迅速，各国对地理信息产业的标准和规范空前重视，在地理信息标准化的研究和标准的制定方面的合作十分密切。国际标准化组织地理信息技术委员会（ISO/TC211）和以开放地理空间信息联盟（OGC）为代表的国际论坛性地理信息标准化组织及 CEN/TC287 等区域性地理信息标准化组织，在其成员的积极参与下建立了完整的地理信息标准化体系，研究和制定出了一系列国际通用或合作组织通用的标准或规范。

国际地理信息标准化工作大体可分为两部分：一是以已经发布实施的信息技术标准为基础，直接引用或者经过修编采用；二是研制地理空间数据标准，包括数据定义、数据描述、数据处理等方面的标准。同其他标准一样，地理信息标准分为五个层次，即国际标准、地区标准、国家标准、地方标准、其他标准。

国家标准是国家最高层次的标准。这类标准往往由许多政府部门、学术团体和公司企业等方面的专家共同研制，经国家主管部门批准发布实施。例如，美国国家标准协会（ANSI）批准成立的信息技术委员会（X3）地理信息系统分技术委员会（X3L1），其成员就是由这三部分单位的专家组成的。X3L1 下设四个工作组：空间数据转换标准、GIS/SQL 扩展、数据质量、地理空间目标。

地区标准则是跨越国家范围的、应用于某一区域若干国家的地理空间信息标准。例如，欧洲标准化委员会（CEN）下设的地理信息技术委员会（CEN/TC287），由法国任主席，分为四个工作组：框架和参考模型工作组、数据描述和模型工作组、数据交换工作组、空间参考系统工作组。这四个工作组分别制定欧洲地区国家共同执行的地理空间信息标准。根据 1994 年 8 月在我国北京召开的亚太地区国家部长级会议的决定，联合国亚洲及太平洋经济社会委员会（UN Economic and Social Commission for Asia and the Pacific，UNESCAP）亚太地区 GIS 标准化指导专家组建立了 GIS 基础设施常设委员会，并组织亚太地区国家编写《亚太地区 GIS 标准化指南》，以帮助协调这一地区国家地理空间信息的标准化。

其他和地理信息领域相关的国际性和区域性标准还有：国际水道测量组织（IHO）制定了 DX90（S-57）标准系列，详细规定了数字水道测量数据生成的一系列标准；国际制图协会（ICA）下设的四个技术委员会——空间数据转换委员会、元数据委员会、空间数据质量委员会和空间数据质量评价方法委员会，也参与了地理信息标准化的研究，此外还参与 ISO/TC211 标准的制定，其空间数据标准委员会利用其国际联系广泛的优势，积极收集和研究各国的测绘和地理信息标准。

11.2.2　国外 GIS 标准化体系

下面通过对 ISO/TC211、OGC、CEN/TC287 及美国等具有代表性和权威性的标准和组织进行分析和介绍，以便读者了解国际地理信息标准体系的内容。

1. 国际标准化组织

随着国际地理信息产业的蓬勃发展，为促进全球地理信息资源的开发、利用和共享，国际标准化组织（ISO）于 1994 年 3 月召开的技术局会议决定成立地理信息技术委员会（即 ISO/TC211），秘书处设在挪威。

ISO/TC211 的工作范围为数字地理信息领域标准化，其主要任务是针对直接或间接与地球上位置相关的目标或现象信息，制定一套结构化的定义、描述和管理地理信息的系列标准（系列编号为 ISO 19100），这些标准说明管理地理信息的方法、工具和服务，包括数据的定义、描述、获取、处理、分析、访问、表示，并以数字/电子形式表现在不同用户、不同系统和不同地方之间转换这类数据的方法、工艺和服务，从而推动地理信息系统间的互操作，包括分布式计算环境的互操作。该项工作与相应的信息技术及有关数据标准相联系，并为使用地理数据进行各种开发提供标准框架。

该标准化组织对地理信息标准化的基本思路是：确定论域，建立概念模式，最终达到可操作。ISO/TC211 标准化的基本方法是：用现成的数字信息技术标准与地理方面的应用进行集成，建立地理信息参考模型和结构化参考模型，对地理数据集和地理信息服务从底层内容上实现标准化。此外，利用标准化这一手段来满足具体标准化实现的需求。ISO/TC211 的标准化活动主要围绕两个中心点展开：一个是地理数据集的标准化，另一个是地理信息服务的标准化。为此，ISO/TC211 已确立了 43 项国际标准制定项目，这些标准将规定用于地理信息管理的方法、工具及服务，包括数据的定义、描述、获取、分析、访问、提供，以及在不同的用户、系统和地点间的数字/电子形式数据的传送。

1）ISO/TC211 的工作和历史

北大西洋公约组织（NATO）的地理信息科学工作组（DGIWG）和美国、加拿大国家标准的成果是 ISO/TC211 成立的直接驱动力。国际水文组织（IHO）和 CEN/TC287（地理数据文件，geographical data file，GDF）、北美及加入此技术委员会的世界上其他地区如亚洲、大洋洲和非洲等的国家都为 ISO/TC211 的工作提供了经验。CEN/TC287 有一套确定的工作程序，为 ISO/TC211 基础标准提供了发展计划。DGIWG 最初提议成立地理信息标准化组织，但因为由国家提议的程序较为容易实现，所以在 1994 年由加拿大国家代表提出了成立 ISO/TC211 的建议。

CEN 最初的工作和 DGIWG 的工作都比目前的 ISO/TC211 标准更接近于应用标准等级。随着时间的推移，ISO 研制了较多的抽象标准，为了便于应用这些抽象标准，制定了专用标准和应用规范。ISO/TC211 的建立推动了全球的地理信息标准化工作。

2）ISO 19100 标准系列的结构体系

ISO 19100 地理信息系列标准的重点是为数据管理和数据交换定义地理信息的基本语义和结构，为数据处理定义地理信息服务的组件及其行为。ISO/TC211 从结构化系列标准角度考虑，将应用于空间数据基础设施的地理信息标准划分为四个组成部分：存取与服务技术、数据内容、组织管理与教育培训。ISO 19100 系列标准构成彼此联系密切的结构体系，这个体系随着地理信息技术发展和标准工作进展而逐渐充实、完善。ISO 19100 系列标准由最初的 20 个标准，增加到目前的 40 个标准。这些标准之间相互联系、相互引用，组成了具有一定结构和功能的有机整体。例如，框架和参考模型组制定的模型、方法、语言、过程、术语等综合性、基础性标准，为制定其他各项标准提出了要求。又如，由于 ISO 19100 地理信息系列标准是通用的、基础性的，必须对其进行裁剪才能用于特定的应用领域，《地理信息应用模式规则》定义了标准的不同部分如何用于特定的应用领域的模式，运用这些通用的处理规则，可以在不同的应用领域内或相互之间交换数据和系统。处理的核心是将通用要素模型（general feature model）用于 ISO 19100 系列标准，特别是元数据和要素编目，详细的要素编目需要根据每一个应用领域制定，元数据的内容也要针对每一个应用领域确定。使用一个应用模式可以详细说明互操作和共享数据的物理应用。

此外，ISO 19100 地理信息系列标准不仅以结构化方式存在，而且以结构化方式发生作用，这是同标准作用对象的系统属性相吻合的。"地理信息学科"最初是由一门实用技术"地理信息系统"融合其他技术发展而来的，多学科融合、交叉和综合是其典型特征。地理信息标准的作用方式也具有这样的特点。例如，元数据标准以规范的方式和规定的内容描述地理信息数据，有了这个标准，就可以了解数据的标识、内容、质量、状况及其他有关特征，用于数据集的描述、管理及信息查询。

从标准的应用角度看，ISO/TC211 制定的标准可以分成三种类型：指导型、组件型和规则型。指导型标准描述了把地理信息标准连接在一起的元素和过程，但该类标准不能单独实现，只有通过其他标准才能感受其影响。组件型标准描述特定的地理信息元素，取自于此类标准中的地理信息元素可以在一个专用标准内使用，从而达到实现。规则型标准规定了构造组件的标准化规则，此类标准不能直接实现，它们阐述的规则需要经过实例化创建出标准化组件来实现。

3）ISO/TC211 的标准化活动的技术特点

ISO/TC211 标准化思路采用先建立参考模型，再研究、制定标准的思路进行。尽可能采用现有的信息技术标准化手段，来开展地理信息应用于服务领域的标准化活动，使现成的数字信息技术与地理方面的应用达到有机集成。

强调互操作性、强调信息和计算。从地理信息数据集底层开始标准化，从而保证地理信息标准化的实现与特定的产品、软件或 GIS 无关。所制定标准属于理论上的基础标准，一般不涉及生产性标准，因此它很难直接用于生产。

地理信息标准不针对个别特定应用，不涉及具体作业标准，而是从整体上来确定。用宏观标准来构架注重于客观的理论性描述，当某个特定应用需要实现标准化时，应运用专用标准来实现。

ISO/TC211 的标准化工作目标可以归纳为以下几点。

（1）面向应用，建立一个标准框架。在此框架中，地理数据交换及地理信息服务的互操作性能够跨越各种应用环境得以实现。

（2）规定以数据管理和数据交换为目标的地理信息基本语义与结构，准确描述地理信息，规范管理地理数据，促进人们对地理信息的认识和使用。

（3）通过集成地理信息与信息技术两方面的概念实现地理信息标准化，建立相关模型，运用有效方法，促进 GIS 的互操作性。

（4）规定地理信息服务的内容和以地理数据处理为目的的服务行为，满足服务需求。

（5）促进不依赖于任何具体应用（软件）系统的地理信息标准化产品的开发，增加地理信息的可利用性、集成性和共享性。

ISO/TC211 的基本方法是：用已有的信息技术标准与地理方面的应用进行集成，建立地理信息域参考模型和结构化参考模型，对地理数据集和地理信息服务从底层内容上实现标准化。此外，利用 profile 的手段来满足具体标准化实现的需求。

4）ISO/TC211 地理信息/地球信息科学标准

ISO/TC211 对与地球上的位置直接或间接有关的物体或现象的信息建立结构化的标准。该标准包括 20 个部分，下面分别简要介绍。

（1）参考模型：描述了 GIS 标准的使用环境、使用的基本原则和标准的改造框架，同时也定义了该标准所有的概念和要素。该模型是整个工作小组的工作指南。

（2）回顾：整个 ISO/TC211 标准系列的介绍和回顾，介绍标准的目的、标准与标准之间的关系等，使用户能够快速查询到所需要的内容。

（3）概念化大纲：使用一种标准的概念化大纲语言来开发互操作式的标准，并提供快速建立地理信息标准的基础。

（4）专用词汇定义：定义了所有 ISO/TC211 标准使用的专用词汇。

（5）一致性测试：为了保证所有 ISO/TC211 标准的一致性而制定的一套测试框架、概念和方法。

（6）剖面：定义所有 ISO/TC211 标准系列的剖面产品，一个剖面是指标准家族中的一个逻辑子集。ISO/TC211 标准家族包括了地理信息管理和处理的定义和描述。

（7）空间子模式：定义空间实体空间特性的概念模式，主要从几何和拓扑关系的角度来制定概念模式。

（8）时间尺度模式：定义空间实体时间尺度特征的概念。

（9）应用模式规则：定义地理信息应用的模式，包括地理实体的分类和它们之间的关系模式。

（10）制定目录：定义制作地理实体、属性及其关系目录的方法，并试图建立一个单一的国际多种语言环境的目录管理规则。

（11）测量参考系统：定义大地测量参考系统的概念化系统，其中也包括一些国际使用的参考系统。制定大地参考系统的国际标准可以帮助各类应用的交流和数据共享。

（12）间接参考定义：定义了间接的空间参考系统（即非坐标类型的参考系统）的概念化模式。

（13）质量：定义了与地理数据质量有关的标准。

（14）质量评价过程：定义了数据质量的概念和评价方法。一套标准的质量评价原则和评价过程将保证不同地理数据集之间的相对质量。

（15）元数据：定义地理信息和服务的描述性信息标准。包括地理信息的现势性、精度、数据内容、属性内容、来源、价格、覆盖地区和对各类应用的适应性。

（16）定位服务：定义定位系统的标准界面协议，GPS 技术的发展使得一个地理实体在全球范围内的定位成为可能。

（17）地理信息描述：定义地理信息描绘方法。为了更好地理解和识别各类地理信息，需要制定一套制图综合系统。

（18）编码：定义一套标准的地理信息编码系统。

（19）服务：识别和定义地理信息的服务界面和关系。

（20）空间操作：定义地理信息获取、查询、管理等空间操作。

目前 ISO/TC211 已经完成或正在制定的地理信息国际标准有 40 余项。我国已于 2003 年以《地理信息国际标准手册》的名义翻译出版了其中的 19 项标准或技术报告的草案文本，见表 11.1。

表 11.1　《地理信息国际标准手册》所含 ISO 标准（草案）一览表

标准号	标准名称	备注
ISO 19101	地理信息　参考模型（Geographic Information—Reference Model）	2002 年发布
ISO/TS 19103	地理信息　概念模式语言（Geographic Information—Conceptual Schema Language）	2005 年发布
ISO 19104	地理信息　术语（Geographic Information—Terminology）	2008 年发布
ISO 19105	地理信息　一致性及试验（Geographic Information—Conformance and Testing）	2000 年发布
ISO 19106	地理信息　剖面图（Geographic Information—Profiles）	2002 年发布
ISO 19107	地理信息　空间模式（Geographic Information—Spatial Schema）	
ISO 19108	地理信息　时间模式（Geographic Information—Temporal Schema）	2002 年发布
ISO 19109	地理信息　应用模式规则（Geographic Information—Rules for Application Schema）	2006 年发布
ISO 19110	地理信息　要素编目方法（Geographic Information—Feature Cataloguing Methodology）	2005 年发布
ISO 19111	地理信息　基于坐标的空间参照（Geographic Information—Spatial Referencing by Coordinates）	
ISO 19112	地理信息　基于地理标识符的空间参照（Geographic Information—Spatial Referencing by Geographic Identifiers）	
ISO 19113	地理信息　质量基本原理（Geographic Information—Quality Principles）	2002 年发布
ISO 19114	地理信息　质量评价过程（Geographic Information—Quality Evaluation Procedures）	
ISO 19115	地理信息　元数据（Geographic Information—Metadata）	
ISO 19116	地理信息　定位服务（Geographic Information—Positioning Services）	2004 年发布
ISO 19117	地理信息　图示表达（Geographic Information—Portrayal）	2006 年发布
ISO 19118	地理信息　编码（Geographic Information—Encoding）	2005 年发布
ISO 19119	地理信息　服务（Geographic Information—Services）	2005 年发布
ISO/TR 19120	地理信息　功能标准（Geographic Information—Functional Standards）	2001 年发布

2. 开放地理空间信息联盟

开放地理空间信息联盟（OGC）是一个非营利的、志愿的国际标准化组织，致力于提供地理信息行业软件和数据及服务的标准化工作。

OGC 起源于 1994 年，是一个国际化的、自愿协商的标准化组织。在 OGC，谷歌、微软、美国环境系统研究所公司（ESRI）、哈佛大学、甲骨文公司等超过 480 个来自世界各地的商业组织、政府机构、非营利组织和研究性机构在寻求共识的过程中合作，致力于发展和执行地理信息的开放式标准，规范地理空间的内容、服务，方便地理信息系统的数据处理、数据共享。OGC 所制定的规范已被各国采用。

OGC 的目标是通过信息基础设施，把分布式计算、对象技术、中间件技术等用于地理信息处理，使地理空间数据和地理处理资源集成到主流的计算技术中。OGC 所涉及问题的挑战性，使得在地理信息与地理信息处理领域中的著名专家参与了 OGC 的互操作计划（interoperability program，IP）。该项计划的目标是提供一套综合的开放接口规范，以使软件开发商可以根据这些规范来编写互操作组件，从而满足互操作需求。它所制定的规范已被各国采用，OGC 与其他地理数据处理标准组织有密切的协作关系，ISO/TC211 也是其管理委员会成员。

1）OGC 的宗旨

OGC 致力于一种基于新技术的商业方式来实现能互操作的地理信息数据的处理方法，利用通用的接口模板提供分布式访问（即共享）地理数据和地理信息处理资源的软件框架。OGC 的使命是实施地理数据处理技术与最新的以开放系统、分布处理组件结构为基础的信息技术同步，推动地球科学数据处理领域和相关领域的开放式系统标准及技术的开发和利用。

2）OGC 制定的标准

大多数 OGC 的标准都依赖于一个通用的体系结构，这个体系结构由一组共同称为抽象规范的文档中捕获而来，文档描述了表示地理特征的一个基本的数据模型。在这个抽象规范之上，OGC 的会员们已经制定并将在未来继续发展更多的规格或标准，以满足对包括 GIS 在内的互操作定位、地理空间技术的特定需求。

目前 OGC 制定的标准已逐渐成为广泛认可的主流标准。美国联邦地理数据委员会（Federal Geodata Commission，FGDC）在 1994 年就计划引用 OGC 的标准实现国家空间数据基础设施工程，并于 1997 年正式开展地理信息数据处理互操作技术合作，实现网上地理信息数据的传播功能。OGC 经过几年的努力已逐渐成熟，它提出的地理数据互操作技术被普遍接受并开始付诸实践。最近 OGC 又推出了一个参考模型来反映其标准体系、相互关系和引用关系。OGC 目前在因特网上公布的标准分基本规范和执行规范。其中，基本规范是提供 OpenGIS 的基本构架或参考模型方面的规范。基本规范的关系如图 11.2 所示。

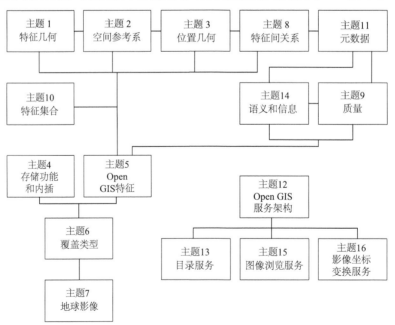

图 11.2　OGC 基本规范关系图

OGC 基础标准涵盖 30 多种，以下列举几种并简要说明。

（1）网络目录服务 CSW：获取目录信息。

（2）地理标记语言 GML：为地理数据提供 XML 编码。

（3）地理空间信息可扩展访问控制的标记语言（geospatial extensible access control markup language，GeoXACML），目前的 1.0.1 版本已经通过开放地理空间联盟（OGC）。

（4）Keyhole 标记语言 KML：是一种基于 XML 语法标准的标记语言。用于在现在的（或未来的）以网络为基础的二维地图或三维地球浏览器上显示地理数据。

（5）观察与测量：OGC 参考模型（一组完整的参考模型）、OGC Web 服务通用规范 OWS、传感器观测服务（sensor observation service，SOS）、传感器规划服务（sensor planning service，SPS）、传感器模型语言（sensor model language，SensorML）、简单要素规范（simple features standard，SFS）。

（6）图层样式描述（styled layer descriptor，SLD）。网络覆盖服务（web coverage service，WCS）：提供对地理覆盖数据的接入、构造子集及处理。网络覆盖处理服务（web coverage processing service，WCPS）：为点对点栅格数据的处理和过滤提供一个光栅查询语言。网络要素服务（web features service，WFS）：为了规范对 OpenGIS 简单要素的数据编辑操作，从而方便服务器端和客户端能够在要素层面进行"通信"。网络地图服务（web map service，WMS）：提供地图图像。网络切片地图服务（web map tile service，WMTS）：提供地图切片图片。网络处理服务（web processing service，WPS）：远程处理服务。

（7）地理 SPARQL 协议和 RDF 查询语言 GeoSPARQL：为语义网络提供地理空间信息的表示与查询。

标准的设计最初是建立在 HTTP 网络服务框架上，以实现在网络为基础的系统上进行以信息为基础的交互。期间，随着 SOAP 协议和 WSDL 绑定方法的流行，标准的设计方法得到扩展。定义表述性状态转移（representational state transfer，REST）网络服务已经取得相当大的进展。

目前 OGC 指定的标准已逐渐成为广泛认可的主流标准。美国联邦地理数据委员会（FGDC）在 1994 年就计划引用 OGC 的标准实现美国空间数据基础设施工程，并于 1997 年正式开展地理信息数据处理互操作技术合作，实现网上地理信息数据的传播功能。

OGC 与其他地理数据处理标准组织有密切的协作关系，ISO/TC211 是其管理委员会成员。自 ISO19100 系列开始，由 ISO 协会发展的标准逐步取代了 OGC 抽象规范。此外，OGC 标准的网络地图服务、GML、网络要素服务、观察与测量及简单功能接入都已经成为 ISO 的标准。

OGC 与超过 20 个国际标准协会合作，这些协会包括：万维网联盟（World Wide Web Consortium，W3C）、结构化信息标准促进组织（Organization for the Advancement of Structured Information Standards，OASIS）、工作流管理联盟（Workflow Management Coalition，WFMC），以及互联网工程任务组（Internet Engineering Task Force，IETF）。

3）OGC 的更名

2004 年，OGC（Open GIS Consortium）正式更名为 Open Geospatial Consortium。自 1994 年 OGC 成立以来，OGC 已由最初的 20 个成员发展为拥有 250 多个成员的、具有很大国际影响的国际知名组织。OGC 的名称也具有很高的知名度，得到了广泛的认同。

OGC 更名的直接原因是适应 OGC 工作范围变化的需要，OGC 指导委员会建议 OGC 更名为 Open Geospatial Consortium。名字的变更并不是要传输 GIS 不再重要的信息，与此相反，OGC 认识到更多其他的收集和使用空间相关内容的应用领域并不使用 GIS，甚至可能没有听说过这个名词。空间内容和服务在传统的 GIS 范围外有着重要的地位和价值。空间内容和服务是很多价值链和企业工作流中非常重要的组成部分，这个观点正得到越来越多的认可。OGC 不仅开发 GIS 内容互操作的标准，OGC 的愿景在于"一个任何人都能从任何网络、应用或平台获取地理空间信息和服务而受益的世界"。

3. 欧洲标准化委员会

欧洲标准化委员会（CEN），1961 年成立于法国巴黎，1975 年总部迁移至比利时布鲁塞尔。CEN 是以西欧国家为主体、由国家标准化机构组成的非营利性标准化机构，宗旨在于促进成员国之间的标准化协作，制定本地区需要的欧洲标准（EN，除电工行业以外）和协调文件（HD），CEN 与欧洲电工标准化委员会（European Committee for Electrotechnical Standardization，CENELEC）和欧洲电信标准化协会（European Telecommunications Standards Institute，ETSI）一起组成信息技术指导委员会（Information Technology Steering Committee，ITSTC），在信息领域的互联开放系统（open system interconnection，OSI）制定功能标准。

CEN/TC287 为欧洲标准化委员会/地理信息技术委员会，成立于 1992 年，其秘书处设在法国标准化研究所。其标准化任务基于以下决议：数字地理信息领域的标准化包括一整套结构化规范，它包括能详细地说明、定义、描述和转化现实世界的理论和方法，使现实世界的任何位置信息都可被理解和使用。

CEN/TC287 的工作目标是，通过信息技术为现实世界中与空间位置有关的信息的使用提供便利。其标准化工作将对信息技术领域的发展产生交互影响，并使现实世界中的空间位置用坐标、文字和编码来表达。CEN/TC287 目前开展的工作项目有 10 余个，有一些标准和预备标准形成。表 11.2 列出了地理信息的 8 个欧洲预备标准和两个 CEN 报告。被认为是抽象标准的这些项目后来被 ISO/TC211（地理信息/地理信息科学）发展。许多 CEN 文件被作为 ISO 标准草案，并且许多 CEN 的专家也转入 ISO/TC211 继续他们的工作。

表 11.2 CEN/TC287 预备标准和其他可以使用的标准

标准号	标准名称	标准号	标准名称
ENV 12009：1997	地理信息——参考模型	ENV 12009：1997	地理信息——参考系统——地理标识符
ENV 12160：1997	地理信息——数据描述——空间模型	ENV 12009：1997	地理信息——参考系统——位置指向
ENV 12656：1998	地理信息——数据描述——质量	prENV 13376	地理信息——应用模型规则
ENV 12657：1998	地理信息——数据描述——元数据	CR 13425	地理信息——综述
ENV 12658：1998	地理信息——数据描述——转换	CR 13436	地理信息——词汇

注：ENV=欧洲预备标准，prENV=欧洲预备标准草案，CR=CEN 报告。

4. 美国地理信息标准

1）美国联邦地理数据委员会

美国联邦地理数据委员会（FGDC）是美国政府机构的一个协调组织，它由农业部、商业部、能源部、内务部、国务院、交通部、环保局、国会图书馆、宇航局、档案局等多个部门组成，并由内务部负责，其主要功能是负责联邦地理数据的协调发展、使用、共享和宣传。根据有关规定，FGDC 负责下列五项协调任务：①促进全美范围内分布式数据库的开发、维护和管理；②建立数据格式及其转换标准；③促进技术交流、发展和转化；④协调政府及其他与空间数据有关的机构；⑤出版有关技术和管理报告。

FGDC 的任务之一是致力于美国国家地理空间数据标准的研究制定，以便使数据生产商与数据用户之间实现数据共享，从而支持国家空间数据基础设施（national spatial data infrastructure，NSDI）建设。美国联邦地理数据委员会各分委会和工作组在与州、地区、地方、私营企业、非营利组织、学术界及国际组织的不断协商和合作的基础上，研究开发了地理空间数据的内容、精度和转换等方面的标准（表 11.3）。这些标准是为支持 NSDI 的实施制定出的一批实用的国家地理空间数据标准。

表 11.3　FGDC 的主要分委员会及其工作标准

分委员会	标准内容	完成阶段
基础地图	地理空间位置精度标准（第三部分）	9
	数据高程数据的内容标准	9
	数字正射影像的内容标准	9
	空间数据转换标准（第五部分）	2
水深测量	地理空间位置精度标准（第四部分）	4
	国家海岸线标准	2
文化和人口	数字地理元数据内容标准（文化和人口部分）	5
测量	地理空间位置标准（报告制作部分）	9
	地理空间位置标准（测量网络部分）	9
	空间数据的转换标准（点剖面部分）	11
地质	地质数据模型	1
	数字地质图制作标准	1
地籍	地籍数据内容标准	12
土壤	土壤地理数据的国家标准	11
植被	植被分类和信息标准	11
湿地	美国湿地和深水栖息地分类标准	12

注：完成阶段一栏中的数字代表了该标准目前的完成状态（根据 12 级制度）。

NSDI 内容囊括了空间数据的获取、处理、存储、分发的技术政策、标准和人员的要求，同时将 FGDC 的协调作用拓展到各州、地方政府机构、学术团体与私营企业。FGDC 对 NSDI 的建设起到关键作用：①建立了国家地理数据交换所（National Geospatial Data Clearinghouse，NGDC）；②制定地理数据分享的标准；③产生国家基础专题数据的数字化框架；④促进联邦机构以外的不同团体为共同开发地理数据出资出力。

NGDC 是一个分布式的、连接地理数据的生产者、管理者和使用者的电子网络系统。NGDC 是一个信息网络，通过该网络，数据生产者可以将其所生产的数据的元数据通过显示屏让用户看到；用户可以确定其所需的数据是否存在、判断存在的数据是否可用，并了解获取这些数据的途径。NGDC 的建立和发展，使联邦政府各机构已经开始生产空间数据的元数据，然后通过因特网来发布和获取。

FGDC 网站提供的最近一次更新资料显示，FGDC 已签署批准的地理空间数据标准超过 20 项。表 11.4 给出了地理空间数据一站式服务——地理信息框架——数据内容标准（公开评议版），表 11.5 给出了已完成的 FGDC 地理信息标准，表 11.6 给出了 FGDC 地理信息标准草案，表 11.7 给出了 FGDC 地理信息标准建议。

表 11.4　地理空间数据一站式服务——地理信息框架——数据内容标准（公开评议版）

序号	标准英文名称	标准中文名称	发布日期	当前版本
1	Geographic Information Framework—Base Standard	地理信息框架——基础标准	10/8/03	1.0
2	Geographic Information Framework—Cadastral	地理信息框架——地籍	9/23/03	1.0
3	Geographic Information Framework—Digital Ortho Imagery	地理信息框架——数字正射影像	9/30/03	1.0
4	Geographic Information Framework—Elevation	地理信息框架——高程	5/9/03	1.0
5	Geographic Information Framework—Geodetic Control	地理信息框架——大地控制	9/23/03	1.0
6	Geographic Information Framework—Government Units	地理信息框架——行政单元	9/26/03	1.0
7	Geographic Information Framework—Hydrography	地理信息框架——水道	4/3/03	1.0
8	Geographic Information Framework—Transportation	地理信息框架——交通	9/24/03	1.0
8.1	Air	航空	9/30/03	1.0
8.2	Railroad	铁路	9/25/03	1.0
8.3	Road	公路	9/24/03	1.0
8.4	Transit	过境运输	9/24/03	1.0
8.5	Waterway	水路	9/26/03	1.0

表 11.5　已完成的 FGDC 地理信息标准

序号	标准英文名称	标准中文名称	标准号
1	Content Standard for Digital Geospatial Metadata（version 2.0）	数字地理空间元数据内容标准（2.0 版）	FGDC-STD-001-1998
2	Content Standard for Digital Geospatial Metadata, Part 1：Biological Data Profile	数字地理空间元数据内容标准，第 1 部分：生物学数据专用标准	FGDC-STD-001.1-1998
3	Metadata Profile for Shoreline Data	岸线数据元数据专用标准	FGDC-STD-001.2-2001
4	Spatial Data Transfer Standard（SDTS）（修订版）	空间数据转换标准	FGDC-STD-002
5	Spatial Data Transfer Standard（SDTS），Part 5：Raster Profile and Extensions	空间数据转换标准，第 5 部分：栅格数据专用标准与扩展	FGDC-STD-002.5
6	Spatial Data Transfer Standard（SDTS），Part 6：Ponit Profile	空间数据转换标准，第 6 部分：点数据专用标准	FGDC-STD-002.6
7	SDTS, Part 7：Computer-Aided Design and Drafting（CADD）Profile	空间数据转换标准，第 7 部分：计算机辅助设计与制图专用标准	FGDC-STD-002.7-2000
8	Cadastral Data Content Standard	地籍数据内容标准	FGDC-STD-003
9	Classification of Wetlands and Deepwater Habitats of the United States	美国湿地与深水栖息地分类	FGDC-STD-004
10	Vegetation Classification Standard	植被分类标准	FGDC-STD-005
11	Soil Geographic Data Standard	土壤地理数据标准	FGDC-STD-006
12	Geospatial Positioning Accuracy Standard, Part 1：Reporting Methodology	地理空间数据定位精度标准，第 1 部分：报告方法	FGDC-STD-007.1-1998
13	Geospatial Positioning Accuracy Standard, Part 2：Geodetic Control Networks	地理空间数据定位精度标准，第 2 部分：大地测量控制网	FGDC-STD-007.2-1998

序号	标准英文名称	标准中文名称	标准号
14	Geospatial Positioning Accuracy Standard，Part 3：National Standard for Spatial Data Accuracy	地理空间数据定位精度标准，第 3 部分：空间数据精度国家标准（USGS 已提交修改建议）	FGDC-STD-007.3-1998
15	Geospatial Positioning Accuracy Standard，Part 4：Architecture, Engineering Construction and Facilities Management	地理空间数据定位精度标准，第 4 部分：体系结构、工程建设与设施管理	FGDC-STD-007.4-1998
16	Content Standard for Digital Orthoimagery	数字正射影像内容标准	FGDC-STD-008-1999
17	Content Standard for Remote Sensing Swath Data	遥感条带数据内容标准	FGDC-STD-009-1999
18	Utilities Data Content Standard	公共设施数据内容标准	FGDC-STD-010-2000
19	U.S. National Grid	美国国家格网	FGDC-STD-011-2001
20	Content Standard for Digital Geospatial Metadata：Extension for Remote Sensing Metadata	数字地理空间元数据内容标准：遥感元数据扩展	FGDC-STD-012-2002

表 11.6　FGDC 地理信息标准草案

序号	英文名称	中文名称	标准号
1	Earth Cover Classification System	地球覆盖分类系统	
2	Encoding Standard for Geospatial Metadata	地理空间元数据编码标准	
3	Government Unit Boundary Data Content Standard	行政单元边界数据内容标准	
4	Biological Nomenclature and Taxonomy Data Standard	生物学术语与分类数据标准	

表 11.7　FGDC 地理信息标准建议

序号	英文名称	中文名称	标准号
1	FGDC Profile（s）of ISO 19115，Geographic information—Metadata	ISO 19115 地理信息——元数据 FGDC 专用标准（系列）	已终止
2	Federal Standards for Delineation of Hydrologic Unit Boundaries	水文地质单元边界描述联邦标准	
3	National Hydrography Framework Geospatial Data Content Standard	国家水文地理框架地理空间数据内容标准	
4	National Standards for the Floristic Levels of Vegetation Classification in the United States：Associations and Alliances	美国植被分类（种级）国家标准：群丛与群落	
5	Revisions to the National Standards for the Physiognomic Levels of Vegetation Classification in the United States：Federal Geographic Data Committee Vegetation Classification Standards	美国植被（相级）分类国家标准：联邦地理数据委员会植被分类标准修改	FGDC-STD-005-1997
6	Riparian Mapping Standard	河岸制图标准	

　　空间数据转换标准（spatial data transfer standard，SDTS）是目前美国许多政府部门和商业组织所采用的交换格式标准。SDTS 自 1992 年被定为美国联邦政府信息处理标准的信息交换标准，1994 年被 ANSI 采用作为地理空间数据转换标准。

　　SDTS 数据模型是一个分层的数据转换模型，它定义了数据转换的概念、逻辑和格式三个层次，同时采用元数据来辅助数据转换和评价。

　　SDTS 的概念层建立了地理要素及其特征的模型，可以是矢量数据也可以是栅格数据，提供了地理要素的标准实体和属性的定义。例如，点、线、面和容量的模型，这些特征可以表示成矢量的或栅格的数据集。

SDTS 的逻辑层将概念层的地理特征转换成逻辑化的模型、记录、项和子项，这些数据集是 SDTS 的基础，提供了空间数据类型和关系的基础内容。

SDTS 的物理格式层可以将空间数据组织成与标准相符合的文件来进行数据转换，该过程中元数据相应地也会得到转换。

SDTS 是对地理空间数据及其相关的属性和元数据进行编码的技术规范，规范格式层上定义了很多规则，尤其是从矢量和栅格的角度。

SDTS 是一个庞大的标准，它的建立使得任何两种空间和属性数据格式可以进行相互转换，同时保证必要的信息得以转换，并保证最小的信息损失，对于 NSDI 的实现具有决定性的意义。

2）美国空间数据元数据标准

《数字化地理元数据标准》定义了一套数字化地理元数据的内容，并建立了一套有关元数据概念的术语与定义。根据该标准的定义，元数据可以从以下七个方面对数据进行描述。

（1）标识：数据的名称、开发者、数据涉及的区域、包括的专题、现势性如何、对数据使用的限制。

（2）数据质量：数据质量的定义、数据的适应性、位置和属性、数据精度、完整性、一致性、经何处理等。

（3）空间数据组织：数据编码的空间数据、有多少空间实体、除了空间坐标外是否有其他属性。

（4）空间参考信息：数据坐标采用的地图投影、是矢量还是栅格方式存储、不同坐标之间转换的参数等。

（5）实体和属性信息：包括的地理信息、各类信息如何编码、各种编码的意义和定义如何。

（6）分发（distribution）：如何得到数据、数据的格式如何、怎样的介质、是否可以从网上获取、价格如何。

（7）元数据参考信息：该数据何时完成、由谁来完成等。

其他的有些内容，如引用文献、期限及联络方式等，都可以作为辅助资料附加在这七条中。

这七个部分是元数据标准的主要内容，每一部分包括定义、生产规则和成员元素。

定义部分包括章节名称及定义；生产规则部分用以描述该章涉及的初级元素及其替代规则；成员元素部分则提供该章节每一成员元素的名称、定义及与其有效值有关的信息。

11.3　国内 GIS 标准化

高新技术的标准化是高新技术实施产业化的重要环节，地理信息技术属于高新技术领域中的信息技术范畴，标准化作为推动地理信息产业化及社会信息化发展的重要手段，在确定技术体系、促进技术融合、稳定和推广技术成果、加强行业管理与协调、提高产品质量、实现信息交换与共享等方面发挥着重要作用，地理信息标准化日趋成为人们关注的焦点。我国标准化工作经历了从单一标准到体系标准、系列标准，从一个研究领域发展为多个领域，从基础标准向高新技术领域开拓的过程，逐步建立了科学的基础理论系统，为国家信息化工程建设提供了一个较完整的标准体系。

11.3.1　国内 GIS 标准化现状

地理信息标准化与国家标准化有着同样的发展历程。我国自 1983 年开始对地理信息标准化进行系统研究，次年发表了《资源与环境信息系统国家规范和标准研究报告》，这是我国第一部有关地理信息标准化的论著，对后来地理信息系统及其标准化工作产生了重要影响。"九五"之前，我国在地理信息标准方面做了一些基础探索。随着信息化高潮的兴起，"九五"以后，地理信息标准化重点转到地理信息共享急需的标准上，包括建立国家空间数据基础设施（NSDI）、数字区域（包括数字中国、数字省区、数字行业、数字城市、数字社区等）急需的有关标准；进入"十五"，与地理信息相关的各行业都十分重视标准化工作，国家将卫星定位导航应用作为重点项目列入"十五"规划，科学技术部结合智能交通系统开展了"交通地理信息及定位技术平台"研究，国家发展和改革委员会专门建立了全球卫星定位系统产业化项目，863 网络空间信息标准与共享应用服务关键技术等科技项目推动了一批国家和行业标准的制定和完善。

我国于 1997 年成立了全国地理信息标准化技术委员会（CSBTS/TC230），负责我国地理信息国家标准的立项建议、组织协调、研究制定、审查上报，秘书处设在国家基础地理信息中心。至今，全国地理信息标准化技术委员会已先后组团参加 ISO/TC211 第 3 次至第 21 次全体会议和工作组会议，并推荐专家参加 43 个标准项目的制定工作。

目前我国已经发布了许多基础的行业分类代码标准，如《中华人民共和国行政区划代码》《县以下行政区划代码编制规则》《国家干线公路路线名称和编号》《公路等级代码》《基础地理信息要素分类与代码》《城市基础地理信息系统技术规范》《城市地理信息系统设计规范》《基础地理信息城市数据库建设规范》等。其中，《基础地理信息要素分类与代码》标准已经用于国家基础地理信息中心的全国 1∶400 万、1∶100 万、1∶25 万、1∶5 万、1∶1 万数据库建设之中。重新修订的《基础地理信息要素数据字典》国家基本比例尺地图图式标准在指导和整合已建成的基础地理信息数据库方面发挥了重要作用。这些数据库是国家、省（自治区、直辖市）国民经济各部门信息化的空间定位框架，已经有数百个国民经济建设部门、国防部门、科研院所、高等院校、公司企业使用了该数据，为地理信息共享奠定了坚实的基础，产生了良好的社会经济效益。为保证以往地理信息的持续采集与更新，也便于地理信息交换与共享，需要在更高层次上，研究制定所有地理信息的总体分类体系框架及其编码方案，保证在数据交换的过程中和交换后的应用分析中，能够容易地区分和识别不同种类的信息，而不会产生矛盾和混淆，因此制定并发布了跨行业跨部门的高层次的地理信息数据分类编码体系标准《地理信息分类与编码规则》；为了保证数据质量，使共享信息能有效应用，制定了地理信息数据质量控制标准；为了规范地理信息系统的开发，并为开发使用地理数据的部门提供标准保证，研制了地理信息一致性测试标准。此外，"十五"期间完成的标准项目还包括《导航电子地图框架数据交换格式》《地理信息元数据》等。

11.3.2　我国 GIS 标准化体系

20 世纪 80 年代初以来，我国就开始了地理信息标准化工作。我国作为参与成员国积极参与 ISO/TC211 的多项地理信息共享技术标准的编制，随后通过翻译采标方式编制相应的国家标准。在充分吸取国外先进经验和教训的基础上，从我国的实际出发，并结合 GIS 技术发展的需要，制定和发布实施了若干急需的标准，建立了相应的学术组织，培养了一批从事地理信息标准研制的高、中级人才，取得了一定的进展。标准的制定着眼于实际应用，以满足当前的需求为目的，其特点是"遇到了什么问题就解决什么问题，能在本部门、本系统使用是第一需要"。在解决了一个个的局部标准化问题后，再去做整体标准化工作。思路模式为"从局部到整体，从特殊到一般"。因此，国内标准的针对性较强，在处理单纯对象时效果显著，但在处理复杂对象或解决整体标准化问题时则难以归纳和统一，致使已有的标准化工作基础难以利用，许多标准化工作不得不重新开始。

全国地理信息标准化技术委员会于 2009 年年底推出了《国家地理信息标准体系》，它针对直接或间接与地球上位置相关的目标或现象，制定一套结构化的系列标准。它将地理信息标准分为 7 大类、44 小类和其他相关标准，并按照标准性质分为三个层次，即地理信息基础类标准、支持专业类标准和专项类标准。该标准体系还归纳了现阶段各项标准的编制状态和采标情况，较为全面地展示了我国在地理信息标准化建设方面取得的成绩和未来国家地理信息标准化发展的蓝图。

图 11.3　测绘标准体系表

涉及标准框架方面的项目成果有："八五"期间，国家测绘局测绘标准化研究所编制了《测绘标准体系表》，如图 11.3 所示；"九五"期间编制了《国家地理信息标准体系》（C95-07-01-01）。

在《国家地理信息标准体系》中，与地理信息共享密切相关的标准主要包含通用类、数据资源类和应用服务类中的若干标准。其中，一部分标准已经通过自主编制或采标相关国际标准等方式发布为国家标准。例如，在通用类的空间基准和参考系方面，发布了以《国家大地测量基本技术规定》（2008 年发布）和《地理格网》（2009年发布）为代表的各项国家标准，在术语方面于 2008 年和 2009 年间发布了地理信息、测绘、地图学、大地测量、摄影测量与遥感术语等系列国家标准，此外，还发布了采标国际标准 ISO 19108 和 ISO 19107 的《地理信息 时间模式》（2008 年）和《地理信息 空间模式》（2009年）等多项通用类国家标准；在数据资源类标准中，最具代表的国家标准是 2005 年通过采标国际标准 ISO 19115 发布的《地理信息 元数据》标准，该标准定义了各类有关基础地理信息的完整的数据描述信息，是地理信息共享的基础。应用服务类标准在近几年也得到了重视和发展，例如，2007 年通过自主编制发布了《地理空间数据交换格式》（GB/T 17798—2007）国家标准；2009 年通过采标国际标准 ISO 19136 发布了《地理信息 地理标记语言（GML）》（GB/T 23708—2009）国家标准。此外，通过了采标国际标准 ISO 19125 的《地理信息 万维网地图服务规范》和自主编制的《地理信息 目录服务规范》《地理信息服务》《地理信息万维网地图服务接口》和《地理信息定位服务》等若干国家标准。

2000 年，由中国科学院、北京大学、国家发展计划委员会、国家信息中心和农业、林业、水利、地矿、海洋、测绘等部门联合承担的国家"九五"重大科技攻关项目"国土资源环境与区域经济信息系统及国家空间信息基础设施关键技术研究"取得一系列重要成果。成果之一为"国土资源、环境与地区经济信息系统（national resources, environment and regional economic information system , NREDIS）标准体系框架"，如图 11.4 所示，在该框架中标准体系的第一层分为四类，分别是系统通用基础标准、系统建设基础标准、系统应用标准和系统管理法规。

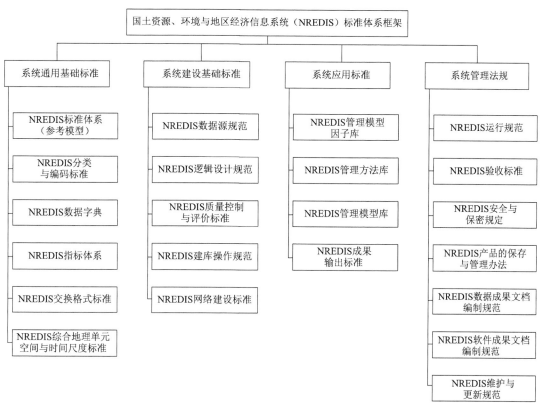

图 11.4　国土资源、环境与地区经济信息系统（NREDIS）标准体系框架

　　2000 年，中国测绘学会承担完成了"测绘质量体系模式研究"等项目，此外，还有国土资源标准体系表（图 11.5）、军用数字化测绘技术标准体系表（图 11.6）、海洋测绘标准体系表（图 11.7）。

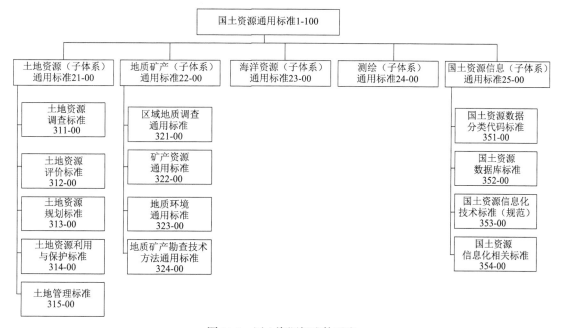

图 11.5　国土资源标准体系表

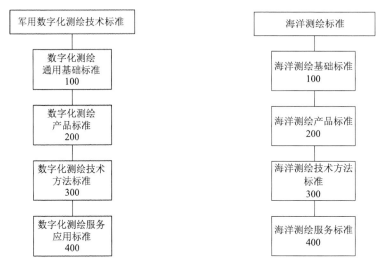

图 11.6　军用数字化测绘技术标准体系表　　　图 11.7　海洋测绘标准体系表

"九五"期间制定的地理信息标准体系表，主要是一个层次的二维表形式的结构，没有表现出标准与标准之间的逻辑关系。在国家地理信息标准体系表以往工作的基础上，采用UML工具，有关部门于 2009 年 12 月发布了国家地理信息标准体系框架图（图 11.8）。

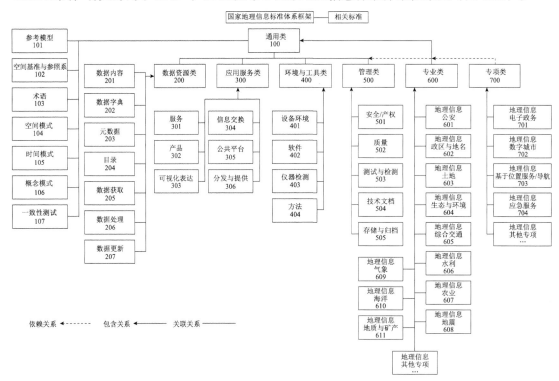

图 11.8　国家地理信息标准体系框架图

本国家地理信息标准体系框架共列入 7 大类、4 小类标准，其中，数据资源类、环境与工具类、管理类标准和应用服务类标准相互关联，并且依赖通用类标准；专业类标准是以上述 5 类标准为基础，面向专业应用的地理信息标准；专项类标准是以上述 6 类标准为基础，面向专项应用的地理信息标准。地理信息标准体系框架将随科学技术的发展和地理信息的广泛应用，不断调整和完善

尽管 ISO/TC211、OGC 和我国地理信息标准化技术委员会都定义了结构良好的地理信息

标准体系或参考模型，在较大程度上引导和规范了地理信息领域各个环节的工作，推动了地理信息技术发展。但是仍然存在着一些问题，例如，无论国际还是国内，标准的数量看起来很多，但用起来仍然不足；ISO/TC211 的国际标准主要侧重于概念级标准研制，OGC 定义了若干概念级标准和物理级标准。与国际标准相比较，中国的地理信息技术标准侧重实用的物理级标准，而缺乏或没有及时引进高层次的概念级标准。标准之间的一致性欠缺将不易保证数据的共享和系统的互操作。此外，还存在对地理信息标准的依存主体研究不够，标准范围界定不够合理、标准研制周期较长等问题。

主要参考文献

毕硕本, 王桥, 徐秀华. 2003. 地理信息系统软件工程的原理与方法. 北京: 科学出版社

胡海波. 2013. 标准化管理. 上海: 复旦大学出版社

赖均. 2016. 软件工程. 北京: 清华大学出版社

李满春, 陈刚, 陈振杰, 等. 2011. GIS 设计与实现. 2 版. 北京: 科学出版社

刘瑜, 张毅, 邬伦. 2003. 空间数据工程理论框架研究. 地理与地理信息科学, (01): 12-15

南惠斌. 2013. 浅谈计算机网络工程规划和施工设计. 电子技术与软件工程, (16): 62

戚安邦. 2003. 项目管理学. 天津: 南开大学出版社

萨默维尔. 2011. 软件工程. 9 版. 程成译. 北京: 机械工业出版社

汪应洛. 2010. 系统工程. 北京: 机械工业出版社

王波. 2014. 网络工程规划与设计. 北京: 机械工业出版社

吴芳华, 张跃鹏, 金澄. 2001. GIS 空间数据质量的评价. 测绘科学技术学报, 18(1): 63-66

吴信才. 2009. 空间数据库. 北京: 科学出版社

吴信才. 2015. 地理信息系统设计与实现. 3 版. 北京: 电子工业出版社

徐宗本, 张茁生. 2011. 信息工程概论. 北京: 科学出版社

杨卫东. 2005. 网络系统集成与工程设计. 2 版. 北京: 科学出版社

杨永崇. 2016. 地理信息系统工程概论. 西安: 西北工业大学出版社

郁滨. 2009. 系统工程理论. 合肥: 中国科学技术大学出版社

曾衍伟. 2004. 空间数据质量控制与评价技术体系研究. 武汉: 武汉大学博士学位论文

张殿明, 韩冬博. 2016. 网络工程项目设计与施工. 北京: 清华大学出版社

张海藩. 2010. 软件工程. 北京: 清华大学出版社

张新长, 任伏虎, 郭庆胜, 等. 2015. 地理信息系统工程. 北京: 测绘出版社

张新长, 马林兵, 张青年. 2010. 地理信息系统数据库. 北京: 科学出版社

Abraham S, Henry F. K, Sudarshan. S. 2006. 数据库系统概念. 5 版. 杨冬青, 马秀莉, 唐世渭, 等译. 北京: 机械工业出版社

Ron Patton. 2006. 软件测试. 2 版. 张小松, 王钰, 曹跃译. 北京: 机械工业出版社